1,200+ SUDOKU

Puzzles

EASY PUZZLES

Collin Deloach

your mission

is to solve the puzzle by filling in the empty cells with numbers from 1 to 9 without repetition in each row, column, and sub-grid.

The goal is to use logic and deduction to find the missing numbers and complete the puzzle.

						3		2
				8		4	9	1
	1				3			
2			7	4	1	9		6
6			8	9	2			7
9		1	6	3	5			4
			4				8	
8	4	6		7				
7		9						

Without repetition in each sub-grid

						3		2
				8		4	9	1
	1				3	5		
2						9		6
6			8		2	1		7
9		1				8		4
			4			7	8	
8	4	6		7		2		
7		9				6		

Without repetition in each column

Without repetition in each row

1	2	3	4	5	6	7	8	

						3		2
				8		4	9	1
	1				3			
2						9		
6			8		2			
9		1						
1	2	3	4	5	6	7	8	
8	4	6		7				
7		9						

Easy # 1

```
6 . . | 9 . . | 7 . 4
9 . . | . . 6 | . . .
. . 3 | 2 8 . | . 5 9
------+-------+------
2 . 9 | . . 5 | 4 . .
8 6 . | . 2 . | . 1 7
. . 1 | 6 . . | 9 . 3
------+-------+------
1 5 . | . 7 3 | 2 . .
. . 2 | . . . | . . 6
. 9 . | 4 . 2 | . . 5
```

Easy # 2

```
. 4 . | 6 . . | 1 3 7
2 . . | . 4 8 | 6 . .
. . 6 | 3 . 5 | . . 2
------+-------+------
. 6 2 | . . . | . . 9
4 . . | . . . | . . 8
3 . . | . . . | 7 5 .
------+-------+------
7 . . | 8 . . | 3 9 .
. . 5 | 2 9 . | . . 4
9 8 1 | . . . | 4 . 2
```

Easy # 3

```
9 . . | . . . | . 3 5
. . 6 | 7 3 . | 8 . .
. 8 . | . 5 4 | 9 . .
------+-------+------
. 9 1 | . . 8 | . . 7
. 5 2 | . 7 . | 6 1 .
4 . . | 1 . . | 3 8 .
------+-------+------
. . 5 | 9 4 . | . 7 .
. . 9 | . 8 7 | 1 . .
1 7 . | . . . | . . 3
```

Easy # 4

```
. . 2 | . 8 . | . . .
6 . 9 | 2 . 1 | . 4 .
. . . | 6 . 5 | . 1 .
------+-------+------
5 . . | . 8 1 | 7 . .
2 . 7 | . 5 . | 8 . 9
. 3 8 | 9 . . | . . 2
------+-------+------
. 2 . | 1 . 3 | . . .
. 7 . | 5 . 9 | 3 . 1
. . . | . 4 . | 7 . .
```

Easy # 5

```
. . 7 | . . . | 2 . .
4 . . | 8 . 3 | . 7 .
. 2 8 | . 6 . | 9 . 4
------+-------+------
. . . | 2 4 . | 3 9 .
9 . 2 | . . 6 | . 7 .
6 5 . | 9 3 . | . . .
------+-------+------
7 . 6 | . 5 . | 3 8 .
. 9 . | 1 . 8 | . . 6
. . . | 3 . . | 7 . .
```

Easy # 6

```
1 . . | 8 3 . | 4 . .
. . 2 | . 1 4 | . . 5
. . 8 | 6 . . | 7 3 .
------+-------+------
. . 3 | . 4 9 | 2 . 6
. 6 . | . . . | . 5 .
2 . 1 | 5 8 . | 9 . .
------+-------+------
. . 4 | 1 . . | 3 5 .
3 . . | 2 9 . | 6 . .
. . 7 | . 6 5 | . . 2
```

Easy # 7

```
. . 7 | 2 . . | . . .
2 4 . | 1 7 . | 5 6 8
. 9 . | . . . | . . 2
------+-------+------
7 8 . | . 2 4 | . . 6
3 . . | 9 . 8 | . . 1
4 . 2 | 5 . . | . 9 3
------+-------+------
5 . . | . . . | 8 . .
8 3 6 | . 5 1 | . 4 9
. . . | . 3 6 | . . .
```

Easy # 8

```
. 2 . | . . 9 | 1 . 6
6 . . | . . . | 7 . 9
. . 1 | . 6 . | 4 . .
------+-------+------
. 7 2 | 5 . . | 6 9 .
4 . . | 9 . 7 | . . 2
. 8 6 | . 1 . | 3 7 .
------+-------+------
. 6 . | 8 . . | 5 . .
3 . 8 | . . . | . . 7
2 . 4 | 5 . . | . 6 .
```

Easy # 9

```
. 4 . | 1 2 . | 3 . .
. . . | 5 8 . | . 9 .
6 8 . | 4 3 . | 7 . .
------+-------+------
. 9 . | . . . | . . 2
6 3 . | 2 1 9 | . 5 8
8 . . | . . . | 9 . .
------+-------+------
. 9 . | 5 8 . | 4 3 .
. 7 . | 4 9 . | . . .
. . 2 | . 6 7 | . 1 .
```

Easy # 10

```
4 3 . | 5 . . | 1 . .
. . . | 3 6 . | 4 . .
6 . . | 4 8 2 | . . 5
------+-------+------
. . . | 9 5 2 | . . 4
2 . 3 | . . 7 | . . 9
1 . 5 | 7 2 . | . . .
------+-------+------
3 . . | 9 4 1 | . . 2
. 2 . | 8 6 . | . . .
. . 4 | . . 7 | . 9 3
```

Easy # 11

```
7 . . | . . 3 | 9 . 4
. 9 1 | . . 2 | 6 . 7
2 4 . | 9 7 . | . . .
------+-------+------
. 7 . | . . 9 | . 8 2
6 . . | . . . | . . 9
5 3 . | 8 . . | . 7 .
------+-------+------
. . . | 3 5 . | . 4 8
3 . 5 | 2 . . | 7 6 .
4 . 2 | 7 . . | . . 3
```

Easy # 12

```
. . 9 | 5 . . | . 1 .
. . 1 | . . 6 | 5 . 7
2 . 7 | 1 4 3 | 6 . .
------+-------+------
. . . | 2 7 . | 4 3 .
. . 8 | . . . | 9 . .
. 2 4 | . 6 9 | . . .
------+-------+------
. . 2 | 8 3 5 | 7 . 9
6 . 5 | 7 . . | 3 . .
. 8 . | . . 2 | 1 . .
```

Easy # 13

3	4				1	8		7
		8	3		2		9	
9					4			
			4	8	7	2		
4		7				9		1
	6	1	7	2				
			2					9
	7		5		3	1		
1		9		6			3	2

Easy # 14

	2		6	4				7
6	7	5		9				
3	8			1	2	5		9
						3	5	8
	9						1	
5	6	8						
7		2	8	3			9	5
				5		2	8	4
8				2	6		7	

Easy # 15

					1	7		6
6	5	7		8	9	1		
4		9						8
			3	8		5	2	
		3	1		5	4		
5	8		4	2				
9						3		4
		8	6	5		2	1	9
3		1	7					

Easy # 16

	7	5			4			3
			7		1	4		5
	4		3		5		8	
	9			3	6			
	2	6				8	9	
		4	9				5	
	3		5		2		6	
8		2	1		9			
1			8			2	4	

Easy # 17

				8	4	3		
6								5
		1	5		4	7		2
		6	3		1		9	7
	7	9		4		2	1	
1	2		8		7	3		
2		7	9		6	8		
5								1
		1	8	7				

Easy # 18

		4			8		6	1
				6		2		8
6	1			2	7		3	
		9			1			
2		7	5	9	6	4		3
			8			5		
	4		6	8			9	2
8		2		4				
5	6		9			8		

Easy # 19

	4	7	8		1	9		
3		8	2					
	1						5	
6	7		9		3	5		
9		4		8		6		7
		3	7		2		9	4
	9					1		
				7	2			9
		2	5		6	7	4	

Easy # 20

	3					5		
2		5	1					
1	7		6		9			2
	5	7	2		1			8
6		1		4		5		7
9			8		5	6	1	
5			3		4		7	1
				2	8			4
	9						3	

Easy # 21

	1		5			2		
4		8	2		1		5	3
				7				
2	5		6			3		7
	9	7	3		4	1	2	
1		6			9		4	8
			6					
6	7		9		5	4		1
		5			7		6	

Easy # 22

5			2	1				9
			5		3	7		
	9	1			3		4	2
8		5			7			
		9	7		5	4		
		2			6			5
6	1		8			2	5	
	2	8		7				
3				4	2			6

Easy # 23

3		8		4	7		1	
	9					8		
6			5		8	9		
	6		3			7	8	
2		5		7		4		9
	8	1			9		2	
	3	7		6				8
		9				7		
	7		1	5		2		3

Easy # 24

9			6	5		7		2
			8	2	1			
	6					5		
2	3		9			1		8
4	7		5		2		3	6
6		9			1		4	5
	7					2		
			7	9	6			
3		6		2	8			7

Easy # 25

9	5		3			4		
2			9	4			8	3
	4	8		2				
			4			5		
	8	6	5	3	9	2	1	
		3			7			
			9			8	4	
7	9			8	6			1
		2			4		7	9

Easy # 26

	7	2	1				6	
	1		5	8	6	4	2	
6					7		3	
5	8			2	4			
	3						9	
			3	1			8	4
	6		4					9
2	3	7	5	9		4		
5					2	1	7	

Easy # 27

	9	1			4	8		
4			2					9
8	3	2			7			
1	5			6				7
	4			9			5	
6				7			1	8
			5			4	8	1
5					9			2
		3	1			7	9	

Easy # 28

3				4	2			8
8	9		6			2	7	
	2	6		5				
		2			8			7
		1	5		7	4		
6		7			5			
			7			3	5	
	1	9		3			4	2
7			2	9				1

Easy # 29

	8	5		3	6	1	7	
4								
			4	8			5	
	5	8				6		
9	2	6	5		7	3	8	1
	1					2	9	
	9			5	4			
								6
4	2	8	7			5	3	

Easy # 30

			5		8	4	6	
5	4				6	9		
6			9		4			3
1				9		7		
2	7						3	1
	6		1					4
9			4		2			7
		8	3				2	6
	2	3	8		1			

Easy # 31

	5		6			4		
4			7			6	1	
8			1		5	9		
3	1		4			8		
	8	7	3		1	6	5	
	2		8			7	3	
	7	8		3				9
2	9			4				5
	4			9			1	

Easy # 32

	7					8	5	
				1	6		4	7
		6	2		8	1		3
6	8					5		
			9	4	2		1	9
		4						
8		5	3		9	4		
3	4		8	6				
1	9						3	

Easy # 33

		8				9		
	2	9	8		4	7		
	3		2	9	1			
4	1			8			7	3
	7		1		3		2	
8	6		9				1	4
			7	8	5		4	
		4	6		9	3	8	
	8					6		

Easy # 34

	2			3				6
			6					
3		6	1		2	7	9	
	6	7		1	8			9
1	3		4		9		7	5
2		5	6			3	4	
	8	9	5		7	4		2
			3					
7			2				5	

Easy # 35

5		7				6		
	8			4	1			7
2	9			8		5		
1		5	9	2				
	7	9		1		8	5	
				5	6	4		9
	8		3			9	6	
9			2	7			8	
		1				3		5

Easy # 36

			7	5	1	4	8	
	1	8		6				7
			5			2		
	4			3	9	7	6	
	8	7				9	5	
	9	3	5	8				1
			2			8		
8				4		3	7	
	2	9	6	7	8			

Easy # 37

```
7 . 3 | 1 4 . | 6 . 5
. . 5 | . 6 2 | . . .
. . . | . . 2 | . . .
------+-------+------
. . 1 | . . . | 5 . 6
4 7 6 | 3 . 5 | 8 9 1
8 . 9 | . . . | 7 . .
------+-------+------
. 1 . | . . . | . . .
. . 2 | 5 . . | 9 . .
5 . 4 | . 3 6 | 2 . 8
```

Easy # 38

```
7 . 1 | 6 9 4 | . 8 .
. 2 5 | . . . | 4 . .
. . 7 | . 5 . | . . .
------+-------+------
3 . 8 | . 5 1 | 7 . 6
1 . . | . . . | . . 8
4 . 2 | 8 6 . | 1 . 9
------+-------+------
. . . | 1 . 7 | . . .
. . 7 | . . . | 8 1 .
. 1 . | 2 4 6 | 9 . 5
```

Easy # 39

```
8 . . | 2 . . | 1 . .
. 3 9 | 1 . 6 | . 8 2
. . . | . 8 . | . . .
------+-------+------
9 4 . | 6 . . | 8 3 .
7 . 3 | 9 . 5 | 2 . 6
. 2 5 | . 8 . | . 7 1
------+-------+------
. . . | . 2 . | . . .
1 5 . | 3 . 7 | 4 9 .
. . 7 | . . 1 | . . 3
```

Easy # 40

```
5 . . | . 6 2 | . . 3
. . . | . 9 7 | . . .
9 6 8 | . . . | . . 1
------+-------+------
. . 2 | . . 4 | . 1 5
4 8 . | 2 . 1 | . 7 9
7 3 . | 5 . . | 8 . .
------+-------+------
8 . . | . . . | 5 9 7
. . 9 | 4 . . | . . .
1 . . | . 9 5 | . . 2
```

Easy # 41

```
2 8 5 | . . . | 4 9 .
4 1 . | 9 . . | . . 7
9 6 . | . . . | . . .
------+-------+------
. . . | 2 5 . | 1 . 9
8 . . | 6 . 9 | . . 4
1 . 4 | . 8 3 | . . .
------+-------+------
. . . | . . . | 7 8 .
6 . . | . . 7 | . 4 1
. 4 8 | . . . | 9 2 3
```

Easy # 42

```
. . 1 | 6 5 9 | 8 . .
. . . | 1 . . | 5 . 6
. . 6 | . 3 . | . 1 .
------+-------+------
. . 2 | . 6 4 | . 5 .
. 6 9 | . . . | 1 3 .
. 8 . | 3 9 . | 7 . .
------+-------+------
. 3 . | . 8 . | 2 . .
9 . 7 | . . 3 | . . .
. . 8 | 5 7 2 | 3 . .
```

Easy # 43

```
. 1 7 | . 6 2 | . . 8
. 6 . | . . . | 7 9 .
. . . | 3 8 . | 1 6 .
------+-------+------
7 9 . | . . 1 | . . .
. . 5 | 1 7 . | . . .
. 2 . | . . . | 8 3 .
------+-------+------
4 1 . | 3 9 . | . . .
2 8 . | . . . | 4 . .
6 . 9 | 8 . 5 | 3 . .
```

Easy # 44

```
. 8 . | 6 9 . | . 3 .
3 . 9 | . . 2 | . 6 1
. . . | 8 . . | 2 . 5
------+-------+------
. 7 8 | . . . | 5 . .
. . 3 | 5 . 8 | 1 . .
. . 6 | . . . | 4 8 .
------+-------+------
6 . 7 | . 5 . | . . .
9 4 . | 7 . . | 6 . 8
. 2 . | . 1 6 | . 4 .
```

Easy # 45

```
4 6 . | 2 . . | 1 7 .
7 . . | . 5 . | . . .
. . . | 4 . 6 | 9 . .
------+-------+------
. 9 . | . . 2 | 4 . 3
3 2 . | . 1 . | . 9 7
6 . 7 | 3 . . | . 1 .
------+-------+------
. . 6 | 1 . 8 | . . .
. . . | . 3 . | . . 9
. . 5 | 6 . 9 | . 8 2
```

Easy # 46

```
1 . 8 | 4 . 3 | . . 5
. . 3 | . . . | 7 . .
4 9 . | 2 . . | . . .
------+-------+------
. 6 1 | 5 . 9 | . . 7
8 5 . | . 4 . | . 1 6
9 . . | 1 . 2 | 5 8 .
------+-------+------
. . . | . 1 . | . 5 2
. . 5 | . . . | 3 . .
2 . . | 7 . 6 | 8 . 1
```

Easy # 47

```
. . . | 8 . 1 | . 5 .
1 . 8 | 9 . 4 | . 6 .
. . 6 | . 3 . | . . .
------+-------+------
5 . . | . . 9 | 2 8 .
9 . 2 | . 4 . | 6 . 5
. 6 1 | 2 . . | . . 4
------+-------+------
. . . | . 2 . | 5 . .
. 3 . | 1 . 5 | 9 . 7
. 1 . | 4 . 7 | . . .
```

Easy # 48

```
. 6 4 | . . . | 2 8 .
. . 9 | . 8 1 | . 4 .
. . . | 7 . 6 | . . .
------+-------+------
. 2 1 | 8 . . | 4 5 7
4 . . | . . 7 | . . 6
. 7 8 | 1 . . | 3 4 2
------+-------+------
. . . | . 3 . | 8 . .
. 5 . | 4 2 . | . . 9
. 8 3 | . . . | 7 5 .
```

Easy # 49

4	8		1	7			5	6
		5			2		8	
			3	8			9	
5		7	6	2				
6								9
			4	7	5			2
	5			1	4			
	6		8			1		
2	1			5	6		4	3

Easy # 50

	3			6	1			5
		5				6	8	
9			7	8				3
2	5				3	7		
4	6			7			2	9
		1	2				3	8
5				3	7			2
	7	2				8		
6			5	1			7	

Easy # 51

2		5				4		
			8		1	6	9	
9		8	5	3			2	1
1		2	7				6	
	8						1	
	5				6	2		8
8	7			6	2	1		9
	9	3	1		7			
		1					3	6

Easy # 52

	8	4			3			
2			3				9	
	9	3	4					7
4	3			5			7	8
		7	8		4	2		
8	6			9			3	1
3				5	7	2		
	5			1				3
		8			6	1		

Easy # 53

	2			4		6		
	5	3			7			1
6	7		1	9		8		
4		9					8	2
		8			1			
2	3				6			9
		6		8	2		1	7
3			6			4	5	
	8		3				9	

Easy # 54

	1		2		4	9		
		6	7		1		3	2
2				8			1	4
				2		1	4	
			3		6			
	6	5		4				
7	8			9				1
5	9		1			8	3	
		1	5		2		8	

Easy # 55

			4					7
		7	2		9		8	3
		1	8		3			
5		3	9			1		
7	1			2			9	5
	2				5	7		8
			6		2	8		
9	6		1		8	4		
1				5				

Easy # 56

		3	9	5	7		1	
	5	9					6	
2	1				6			7
	3			6				1
8		6				9		5
1				9			4	
6			4				7	3
	2					1	8	
	8		6	2	1	4		

Easy # 57

5		4			9		2	
3		9		8	7	5		
						3		9
			8	9		7	1	
9			5	2	1			6
	1	2		7	4			
7		3						
		6	7	1		9		8
	4		9			6		3

Easy # 58

1				4		9		
	4	5		7			2	3
			9	2				
	8	3		1				6
2	9	4		6		8	3	1
5				4		9	7	
			9	1				
6	7			8		4	5	
	3		4					7

Easy # 59

				2				
	8		3		7		4	
7	1		4		8		3	5
9		2	7		6	1		
1				4				8
		4	1		9	6		7
5	2		8		4		1	3
	7		9		1		6	
				7				

Easy # 60

		3			1	5	4	
		6	3	4			2	
1		2				9		3
		7			5		9	
4	9		2		6		3	5
	6		4			8		
2		9				4		6
	3			1	4	2		
	1	4	8			3		

Easy # 61

```
. . 2 | . . . | 7 . .
9 . . | 2 7 . | . 4 5
. 1 . | 5 6 . | . . .
------+-------+------
5 . 8 | 9 . . | . 6 1
3 . 4 | 7 . 5 | 8 . 2
2 9 . | . . 6 | 3 . 7
------+-------+------
. . . | 4 9 . | 2 . .
8 2 . | . 5 1 | . . 4
. 4 . | . . 5 | . . .
```

Easy # 62

```
. 9 5 | . . . | . . .
. 6 . | 5 1 . | 2 4 .
8 . . | 4 . . | 9 6 .
------+-------+------
1 3 . | . 5 8 | . . .
. . 4 | 7 3 1 | 6 . .
. . . | 2 4 . | . 5 1
------+-------+------
. 8 7 | . . 4 | . . 3
4 9 . | . 2 5 | . 7 .
. . . | . . . | 4 9 .
```

Easy # 63

```
6 . . | 2 9 3 | 4 7 .
. . . | . 6 . | 5 . .
. 5 . | . . . | . 1 6
------+-------+------
. 2 9 | 1 3 . | 7 6 .
. . 6 | . . . | 1 . .
. 1 8 | . 4 6 | 3 5 .
------+-------+------
2 4 . | . . . | . 9 .
. . . | 5 . 4 | . . .
. 6 5 | 3 7 9 | . . 1
```

Easy # 64

```
3 . 8 | . 2 . | . . 7
. . 7 | 8 . 5 | . . .
. . 6 | . 3 8 | 2 4 .
------+-------+------
5 . 1 | 6 8 7 | . . 9
8 . 7 | 5 4 . | 2 . 1
9 8 6 | 1 . 2 | . . .
------+-------+------
. 3 . | 7 5 . | . . .
7 . . | 9 . . | . . .
. . . | . . 1 | . 2 .
```

Easy # 65

```
3 6 5 | . . . | . 9 2
. 9 7 | 4 . . | 1 . .
. 4 2 | . . . | . . .
------+-------+------
. . . | 5 2 . | 7 . 9
. . 9 | 3 . 1 | 2 . .
7 . 3 | . 8 6 | . . .
------+-------+------
. . . | . . . | 3 1 .
. . . | 4 . . | 3 9 7
9 3 . | . . . | 6 2 8
```

Easy # 66

```
. 1 9 | . . . | 7 5 .
. 7 . | 1 2 . | . . 6
. 6 . | . . 4 | . 1 2
------+-------+------
. 4 . | . . 1 | . . 9
6 . 3 | 9 . 7 | 1 . 5
5 . . | 3 . . | . 8 .
------+-------+------
1 3 . | 2 . . | . 6 .
7 . . | . 1 6 | . 9 .
. 5 6 | . . . | 2 7 .
```

Easy # 67

```
3 2 9 | . 6 4 | 7 . .
8 . 5 | . . . | . . 3
. . . | . 1 2 | . . 5
------+-------+------
. . . | 9 8 . | 7 . 6
. . 8 | 6 . 2 | 5 . .
9 6 . | 7 5 . | . . .
------+-------+------
4 . 1 | 2 . . | . . .
7 . . | . . 3 | . . 8
. . 2 | 3 7 . | 1 6 4
```

Easy # 68

```
. 9 . | . . 1 | 6 . .
6 . 1 | 4 . 9 | . 3 7
. . . | . 6 . | . . .
------+-------+------
7 6 . | . . 4 | 3 . 8
. 1 4 | 2 . 3 | 5 7 .
5 . 9 | 6 . . | 2 1 .
------+-------+------
. . . | . 1 . | . . .
3 8 . | 5 . 7 | 9 . 2
. . 7 | 9 . . | . 5 .
```

Easy # 69

```
. 2 . | . . 7 | . 5 .
1 9 . | . 8 7 | . . .
. 6 3 | 4 5 . | . . 8
------+-------+------
8 . 2 | . . . | 4 7 .
6 . . | . . . | . . 5
. 5 4 | . . . | 1 . 2
------+-------+------
5 . . | 2 6 8 | 3 . .
. 6 3 | . . . | . 9 7
. 8 . | 1 . . | . 4 .
```

Easy # 70

```
. 9 . | . . . | . . 8
6 . . | 8 . 2 | . 9 1
. . . | 4 9 5 | . 6 .
------+-------+------
. 8 9 | 2 . . | 6 3 .
. 4 . | 3 . 1 | . 7 .
. 3 6 | . . 9 | 1 4 .
------+-------+------
. 1 . | 7 2 3 | . . .
2 7 . | 9 . 6 | . . 4
9 . . | . . . | 2 . .
```

Easy # 71

```
1 4 . | . . . | 7 2 9
. . 8 | . . 6 | 5 4 .
. . . | . . . | 1 6 .
------+-------+------
4 . 5 | . 1 7 | . . .
. . 1 | 8 . 9 | 4 . .
. . . | 2 3 . | 9 . 5
------+-------+------
. 8 9 | . . . | . . .
. 5 4 | 9 . . | 6 . .
3 1 2 | . . . | . 9 4
```

Easy # 72

```
4 . 1 | 3 . . | . . 8
. 6 . | . . 5 | . . 2
5 . . | 6 8 4 | 9 . 3
------+-------+------
7 5 . | . . 1 | 9 . .
6 . . | . . . | . . 9
. . . | 5 3 . | . 8 7
------+-------+------
3 . 5 | 2 7 8 | . . 1
9 . . | 4 . . | . 2 .
2 . . | . . 1 | 3 . 4
```

Easy # 73

```
. . 2 | . . 8 | . 6 .
7 . 4 | . 9 2 | . 5 .
. . . | 3 6 9 | . . .
------+-------+------
4 7 . | . 6 . | 5 . .
. 3 1 | 4 . 5 | 8 7 .
. . 6 | . 7 . | . 9 3
------+-------+------
. . 3 | 6 5 . | . . .
. 5 . | 3 1 . | 6 . 4
. 1 . | 2 . . | 7 . .
```

Easy # 74

```
. . 2 | 9 3 4 | . . 5
6 . . | . 7 8 | . . 3
3 . 2 | . 8 6 | . 1 .
------+-------+------
8 6 . | . . . | 1 . .
. . . | . . . | . . .
. . 7 | . . . | 5 8 .
------+-------+------
. 8 . | 9 7 . | 3 . 6
4 . 3 | 5 . . | . . 1
7 . 6 | 3 4 8 | . . .
```

Easy # 75

```
. . . | . . . | . . 2
. 1 . | . 4 2 | . . .
. 9 5 | 7 3 . | 1 4 .
------+-------+------
. 7 . | . . . | 4 1 .
5 4 3 | 9 . 1 | 7 6 8
. 8 6 | . . . | . 5 .
------+-------+------
. 3 1 | . 9 4 | 6 2 .
. . 2 | 1 . . | . 8 .
7 . . | . . . | . . .
```

Easy # 76

```
. . . | . . 2 | . . .
. . . | 8 1 . | 9 . .
7 8 . | 4 2 . | 6 . 1
------+-------+------
8 . 7 | . 9 . | . . 5
5 9 . | 8 . 2 | . 1 6
2 . . | 3 . 9 | . . 4
------+-------+------
1 . 5 | . 7 6 | . 4 9
. 7 . | 5 9 . | . . .
. . 8 | . . . | . . .
```

Easy # 77

```
. . . | 2 5 . | 9 . .
. . . | . . . | . . 7
3 2 4 | 9 . 6 | . . 5
------+-------+------
2 . 3 | . 1 8 | . . .
. 6 4 | 8 . 7 | 5 2 .
. . 5 | 2 . . | 7 . 9
------+-------+------
4 . 6 | . 8 3 | 9 7 .
8 . . | . . . | . . .
. . 2 | . 6 7 | . . .
```

Easy # 78

```
. . 9 | 2 4 . | 5 . 7
2 . 6 | . . . | . . .
. 8 . | 5 . . | 9 . 6
------+-------+------
. 4 3 | . 2 8 | . . .
5 . . | 1 3 4 | . . 9
. . . | 7 5 . | 2 4 .
------+-------+------
1 . 8 | . . 5 | . 3 .
. . . | . . . | . 6 5
6 . 5 | . . 7 | 2 1 .
```

Easy # 79

```
7 . . | . 6 3 | . . .
. . 2 | . 3 5 | . . 4
6 3 . | . 2 . | . . 5
------+-------+------
. . 7 | . . 4 | 6 9 .
8 . . | 6 . 9 | . . 2
. 6 1 | 5 . . | 7 . .
------+-------+------
2 . . | . 9 . | . 3 7
3 . . | 2 5 . | 4 . .
. . 5 | 8 . . | . . 9
```

Easy # 80

```
. . 5 | . . . | . . 9
2 . . | 3 8 . | . . .
. 1 . | 5 9 . | . 3 4
------+-------+------
. 3 6 | 1 . . | . 2 8
. 7 4 | 9 . 3 | 6 5 .
1 5 . | . . 8 | 7 9 .
------+-------+------
5 6 . | . 3 2 | . 4 .
. . . | . 4 1 | . . 5
4 . . | . . 3 | . . .
```

Easy # 81

```
5 . . | . 3 1 | . . .
3 . . | 9 . . | 6 . .
6 . 2 | . 7 4 | 8 . 3
------+-------+------
. . . | 9 2 6 | 7 . .
. . 5 | . . . | 2 . .
. 6 9 | 7 8 . | . . .
------+-------+------
8 . 1 | 2 6 . | 9 . 4
. 4 . | . . 3 | . . 2
. . . | 8 4 . | . . 6
```

Easy # 82

```
. 2 . | . 5 . | 6 . .
1 . 3 | . . 2 | . . .
. . 5 | 4 3 6 | 2 . .
------+-------+------
. 5 . | 2 1 . | 3 . .
. 9 1 | . . . | 7 2 .
. . 6 | . 9 8 | . 4 .
------+-------+------
. . 7 | 9 4 1 | 5 . .
. . 7 | . . . | 4 9 .
. . 9 | . 2 . | . 7 .
```

Easy # 83

```
. . 9 | . . . | 5 . .
7 . . | 8 . 9 | . 1 .
1 3 . | . 4 6 | 9 . .
------+-------+------
. . 3 | 5 . . | 7 6 .
5 2 . | . 9 . | . 4 3
. 9 7 | . . 1 | 8 . .
------+-------+------
. . 6 | 9 2 . | . 7 1
. 5 . | 7 . 4 | . . 8
. 7 . | . . . | 5 . .
```

Easy # 84

```
. . 8 | 3 1 . | . 2 .
. 9 6 | . . . | . . .
1 . . | . 7 6 | . 8 3
------+-------+------
6 8 5 | 9 . . | 7 . 2
9 . 4 | . . 7 | 5 1 6
8 4 . | 7 2 . | . . 9
------+-------+------
. . . | . . . | . 1 5
. 6 . | . . 3 | 8 2 .
```

Easy # 85

	9	8			2	7		3
			3	8		9	7	
	5		4					
			7			2	6	9
7	1		8		9		3	4
9	4	6		5				
					5		8	
	7	1			4	8		
4			9	1		6	5	

Easy # 86

1			7				3	
3					6		5	7
5	9		3	8	4			6
			9	5		4		8
2								1
8		9		6	1			
9			2	4	7		1	5
7	6		5					4
		2			9			3

Easy # 87

	6		4		9		7	
	8			3	5			4
5			6	8			2	
	3			1	6		9	5
		6				8		
8	5		3	7			4	
	7			4	1			9
6			7	9			5	
	4		2		8		1	

Easy # 88

2			3			4	5	
		1	7		4		8	2
	4		2		5	9		
			2			4	5	
		8		1				
	1	6		5				
	4	6		2		3		
6	9		4		3	8		
7	3			9				4

Easy # 89

	4		3	9	1		5	8
		1			7		6	
5	7		4				1	
	9	3		5	8			
	6						2	
			6	4		8	9	
	3				5		7	4
	1		8			2		
6	5		7	3	2		8	

Easy # 90

				1	5			9
	5		9	8	6		4	
1	9		4			2		
				3	4	6	9	
	6	1				7	3	
	2	4	7	6				
		9			7		1	3
	1		3	9	2		6	
6			8	5				

Easy # 91

		9	5	2	7		1	
	1	5					2	
3	6				9			7
	9			8				5
4		8				7		1
5				7			3	
6			7				5	2
	7					8	4	
	5		6	4	8	3		

Easy # 92

		3	5	7		9	6	4
	9					5	7	3
	7		9				1	
				3	6	4		
			7		1			
		2	8	4				
	4				5		9	
2	6	9					4	
7	8	5		9	4	2		

Easy # 93

	1					7	2	4
	7		6				1	
			4	1	7	6	5	8
				1	5	4		
			3		8			
			1	2	9			
1	2	7		8	6	9		
	3				7		8	
9	8	6					7	

Easy # 94

			5	2	4		7	8
9				1			4	2
7	4			8	6	5		
5		1				8		
	9				7			5
		9	7	5			3	4
4	5		8					7
1	2		4	6	3			

Easy # 95

	2		3	1			4	6
		1						2
6			5	2				
	8	9	7				6	5
	6	4	1		8	2	9	
7	3				5	4	1	
				7	1			3
8						6		
2	1			8	6		5	

Easy # 96

				4		7		
8			3		7	1	5	
3			9		5			
6		3	4				9	
	1	4		9			6	7
7					1	4		2
			2		3			7
	3	2	1		9			6
		6		8				

Easy # 97

	7		3	1				9
8	6			7	9		4	
			5	8		2		
2						1		
	9	6	1	3	2	8	5	
		8						2
	4		7	2				
	2		5	8			9	7
1				6	4		3	

Easy # 98

7		2	1					9
5	4	3				1	7	
1		6						
			5	4			2	1
3			6		1			7
2	7			3	8			
						9		3
	3	7				5	1	8
6					9	7		2

Easy # 99

			2		6			4
	6	2	3		7			1
		1		8				
	4			3	9			2
	3	9		7		1	4	
1		6	9				7	
				9		4		
8				6		4	3	5
6				7		5		

Easy # 100

7			9			5	3	
5		9	8		3			
	1		5		7		9	
		6	7				4	
	4	1			6	2		
	5				4	9		
	6		2		5		7	
			4		8	2		1
	9	2			1			8

Easy # 101

9		2	6	4		5		1
							7	
8				5	9			
3					2			8
2	8	7	5		4	1	3	6
5		6						7
			9	6				5
	9							
6		5		1	7	3		4

Easy # 102

			3	2				
7	4			8		6		1
		1			4			5
1	2			4		7		
5	8	3		6		9	4	2
		6		3			5	8
2			4			3		
9		5		1			7	4
				9	2			

Easy # 103

		3			1	5		2
			6	2		1		
1			3	7			9	6
5			8		9		6	7
				4				
4	9		1		6			3
6	4			2	8			9
	8		7	1				
2		5	6			1		

Easy # 104

3			9			2		5
		9				1	4	
		2	3	1	4		7	
2				9		7		
1	4						9	8
		6		4				2
	6		2	5	9	8		
	2	8				5		
7		3			6			9

Easy # 105

1		5	3	6				
	6			4			9	
4	3				7	5	1	6
2			4	9		1		
		1				2		
	6		5	1				7
6	5	9	8				3	1
	2			1			5	
			3	9	6			2

Easy # 106

			5			4	6	
	6	7	1	3				9
2			9		4	7		
1	2			6		3		
3			2					8
	4		7			9	2	
		2	5		9			1
5				8	2	9	7	
6	9			7				

Easy # 107

1			9	8				
2		4		6	1	5		
	7	6	4				8	
5		2	8		4	3		
				2				
		7	1		5	9		4
	3				8	6	7	
		8	3	9		4		5
				4	6			8

Easy # 108

		7				4		1
6		1	3					
5			2	8		7	6	9
	5	8	4	9				
1			6		8			4
			1	5		9	8	
3	8	2		5	7			6
					6	2		3
7		4			5			

Easy # 109

4			3	1				6
		5				2	1	
	6			2	7			5
8	5				6	3		
9	2			3			8	4
		7	8				6	1
2			5	7			3	
	3	8				1		
5				6	3			8

Easy # 110

	7	8				9	4	2
3					8	5		7
						6		8
8	5			4	2			
7			8		6			9
			1	9			7	5
9		3						
5		7	3					6
1	8	2				7	9	

Easy # 111

		4	7	3	9		5	
		3				4	9	
7			5			8		6
9				2		5		
4	7						2	1
		6		7				9
3		9			7			8
	2	1				7		
	6		2	1	8	9		

Easy # 112

		8	5		3	2		
	5	7			4			6
			1		6		5	4
		3		1		7		
	4	1				5	8	
	8		2			1		
3	7		6		9			
2			7			9	3	
		4	3		2	7		

Easy # 113

	4				3		2	
			1	2	5			
7		6		5	4		9	
6	7			2		9		
	1	8	6		9	3	7	
		2		7			5	1
	9		1	8		2		6
		1	2	9				
	8		4				7	

Easy # 114

	3		5	6	8			7
			5	7		9	4	
	6						3	8
		8		1			7	
5		3				2		1
	9			5		8		
1	2						5	
	8	6			5	4		
9			1	2	4		8	

Easy # 115

	4			1	9			
								8
	9	2	6	3		1	5	
	7					2	4	
4	2	8	1		3	5	6	7
	1	6					8	
	6	1		5	8	7	3	
9								
			9	6			1	

Easy # 116

	2				1			
1	4			7		8	6	
		8	4		5			2
			1	8	6			5
	1	6				2	7	
9		7	6	5				
6			3		4	7		
	7	2		9			5	4
			5				2	

Easy # 117

	7	5	6		8			
4			5		2			7
		2	7				5	8
	9		2					1
1	4						9	3
5					1		7	
7	3					4	6	
9				3		5		2
			1		6	4	3	

Easy # 118

	2	5	4			8		
8			3	5	6	7	2	1
			7				5	
		1		8				
2	4		6		1		8	7
				4		3		
	6			3				
1	3	2	9	6	8			5
		9			4	1	6	

Easy # 119

		6	9	2		5		
		9	6	5	8	7		4
	7			4				
7				6		9		
9		3				1		6
			2		1			7
				8			2	
6		1	2	9	4	3		
		8		3	5	6		

Easy # 120

	6	2	4	8	3			7
				2		5		
1	5						3	
	7	9		5	6	4	2	
		6				7		
	1	3	7	4		8	6	
	2						7	6
			6		2			
6			1	3	4	5	8	

Easy # 121

2			5	9		4		6
		5			8		2	
6			7	4			5	8
	7	4	9	3				
					7	4	5	3
3	9			8	7			5
	6		2			1		
5		2		1	3			7

Easy # 122

5				6	7	8	1	
1	3			9				
		8	3		5			4
	6		1				4	7
2				4				6
4	5				8		3	
7			5			9	4	
				8			5	1
	8	5	4	2				9

Easy # 123

2	1	6				7		3
	9		3	6		7		
		4	2		8		6	
		8					4	9
		7				2		
5	3					6		
	5		8		9	3		
	3		7	2		5		
7			5			4	1	8

Easy # 124

	2	5		8	4	6		1
3	6		1		2			
1					8			3
	9			8	5			4
	5					1		
4		1	2			8		
9		4						7
			5		1		6	8
5		6	9	3		1	4	

Easy # 125

2		6		7			4	
4	8						1	
		7		3	9			8
9	4		6	2				
	6	8		9		4	7	
				4	1		3	6
6			2	8		7		
	9						5	4
	7			5			6	1

Easy # 126

			8			4		2
			6	9				
5	4			1		7		8
8	9			4		5		
2	1	6		7		3	4	9
		7		6			2	1
3		2		8			5	4
				3	9			
9			4			6		

Easy # 127

	9	5	1		2	6		
1	3							8
7	8		6	5				
		3				6	1	
		2	7	4				
5	4				7			
			6	1		9	7	
9						5	4	
		7	4		9	3	1	

Easy # 128

	2	8		3		7		
3				2	7	6		
		1			8			2
1				6			9	8
		4	8		9	3		
5	8		7					1
7			4			9		
		2	3	7				6
		3		9			1	2

Easy # 129

				5	7			9
4					8		7	
2		1		9	4		6	
	1	2		7				6
3	5		2		6		1	8
7				1		5	9	
	6		5	3		2		7
	3		4					1
5			7	6				

Easy # 130

6	5					4	2	
		2	9					6
			8		5	7		
2	8		7		6			
7	9		4		8		3	1
		3			9		8	4
	2	6			4			
9					2	1		
5	3						2	8

Easy # 131

1		2	4		3		6	
4				7				
			2		8		3	
		8			7		9	3
9		4		8		1		7
7	5		1			4		
	4		3		5			
				6				9
	9		8		1	3		5

Easy # 132

		1	2	9			3	5
2	5			3	1			
					6			8
7	9	5		2				
1		6	5		3	2		4
				8		5	7	6
3			8					
				3	6		4	2
8	7			4	5	6		

Easy # 133

								1
			8	9		7		
	8	2	4	1		9		5
2		8			7	3		
	7	3	8		1	5	9	
		1	6			4		7
3		9		2	5	7	4	
	2		3	7				
8								

Easy # 134

		3	9					1
	5				2			9
9	7		4	8			6	5
	5	8	6	2				
	6						1	
			7	8	5	2		
4	2			5	6		3	7
6			9			4		
5				4	7			

Easy # 135

		5	9		8		4	2
								5
		4	3		5	8		7
2	8				3			9
	5	1	2		6	7	8	
4			5				3	1
6		8	7		9	1		
1								
5	3		8		1	9		

Easy # 136

9			4	3	1	8		
	1		2				7	
		3	8			5	6	
	9	7			2		4	
3								9
1		4			7	6		
2	5				1	6		
	4			6		9		
	3	8	7	9				1

Easy # 137

	5	8		1	9	3		7
7						1		4
4	3		7		5			
	6				1	8		9
	8					7		
9		7	5				1	
		8		7		3	1	
6		9						2
8		3	6	4		7	9	

Easy # 138

			6			2	4	
		4		8				6
			6	4	2	3	9	
		5		4	7			2
4		3					6	8
9			8	3		1		
		9	2	1	5	8		
8				9		5		
	3	1			8			

Easy # 139

								9
	9		5		4		3	2
	5		9		3	8		7
9		8			7			6
	4	3	2		1	7	9	
5			8			3		1
1		6	3		5		7	
4	3		7		8		6	
7								

Easy # 140

2			1			8		
5			8	4		6	3	
		4	2	9				
		5		2			6	3
3		1	5		6	7		9
4	9			3		2		
			5	2	9			
	6	2		7	9			5
		3			8			7

Easy # 141

			7		2	3		
8				4				
9	7		8		3	5		
	2				4	6		3
6	8			2			9	4
4		1	9				8	
		6	2		9		3	1
				5				6
		8	3		1			

Easy # 142

6		3	4					2
	7				5			9
5			7	2	6	8		4
1	5			3	8			
7								8
			5	4			2	1
4		5	9	1	2			3
8			6				9	
9				3	4			6

Easy # 143

		7	6			5		1
	9				1		2	
			9			4	6	8
		3		5			8	6
4				1				9
9	6			3			5	
7	8	2			5			
	4		2				1	
1		6			4	8		

Easy # 144

4			6		3	1		
		9		4	8			5
	8		9			4	3	2
1	5					6		
		3				9		
		4					7	8
2	6	1			7		9	
7			3	9		8		
		8	5		6			7

Easy # 145

	3		1	2		8		
		2	7				4	
	1			8			7	2
9		7	3		4			
	8		9		7		6	
		4			1	5		7
2	4			9			8	
	9				6	1		
		3		1	8		2	

Easy # 146

		2			8	3	5	
	5	4		7	6			9
			9	3	5	7	4	
8		9					7	
	2					9		4
2								
	3	8	5	6	1			
2			4	9		5	1	
	9	5	7			4		

Easy # 147

9		3			2		8	
7		2		5	1	3		
							9	1
			8	1		4	5	
3			5	4	6			2
	5	1		2	7			
2		9						
		6	1	7			2	9
		4		2			8	6

Easy # 148

			5		7			4
5			1	4	9			3
1				3			5	
4				7	5		3	
8	5					6	7	
	9		2	6				1
	8			5				6
3			7	9	6			8
9		6			8			

Easy # 149

2			6					9
	3	4		8	9		1	
9				1	3	6		
		7	3				6	
	9	2		6		7	3	
	6				1	4		
		3	4	2				6
	8		1	5		2	4	
4					7			1

Easy # 150

	4	9		3	1	5	7	
		5	2					9
		6		5	8			
				2	4		9	3
	6						4	
9	2		3	7				
			7	1		9		
1				5	4			
	8	7	4	9		1	2	

Easy # 151

	8		3	7	5			
4						7		
1	7		6		4			8
	2	8		6	7	4		
	9		1		2		5	
	5	1	7			8	2	
5			8		7		9	6
	6							7
			2	6	9		1	

Easy # 152

	8		3	9		2		4
6		2	7					5
9		4	2	6	8			
		9					7	8
8	4				5			
			1	3	2	6		7
4				9	8			2
2		1		8	4		5	

Easy # 153

3	2	6		1	8	4	5	
	1					2		
				6				3
7	4		1			5	6	
	6		5		2		8	
	9	2			7		3	4
9			7					
	5						7	
	7	4	8	9		3	2	1

Easy # 154

	1	9	8	7				
5				2				9
7		2			4	1	8	5
		6	2	5			1	
	9						2	
	2			8	3	9		
2	5	1	6			3		7
8				3				1
			1	7	2	5		

Easy # 155

			7		4			
4		5						3
9	7		2	1	3	8		
8	6			4	9		2	7
		9				8		
5	3		8	2			1	9
		9	5	3	2		4	1
7						9		8
			9		7			

Easy # 156

	8		4		2			
				9				3
	1		8		3	2		6
8	5		9			4		
9		6		4		3		5
		3			6		7	9
7		8	6		4		5	
5				1				
			7		8		3	

Easy # 157

```
. . 2 | . . . | . . .
. 3 8 | 4 . 7 | . 2 .
6 . 5 | 3 . 2 | . 7 .
------+-------+------
. . 9 | 5 . . | 2 . 6
5 2 . | 1 . 8 | . 4 3
3 . 1 | . . 6 | 7 . .
------+-------+------
. 5 . | 7 . 3 | 1 . 9
. 9 . | 6 . 5 | 4 3 .
. . . | . . 5 | . . .
```

Easy # 158

```
. 4 3 | . 5 8 | . . .
8 . . | 3 6 . | 4 5 .
. . . | . . 2 | 7 . .
------+-------+------
4 6 9 | . 3 . | . . .
2 . 8 | 4 . 5 | 1 . 3
. . . | 7 . . | 2 9 4
------+-------+------
. 5 7 | . . . | . . .
9 7 . | 1 4 . | . . 2
. . . | 5 2 . | 3 1 .
```

Easy # 159

```
7 . 5 | . . 9 | 6 . .
. 9 . | 2 3 6 | . . 1
1 2 . | . . . | . . 3
------+-------+------
9 . . | . 8 . | 2 . .
. 8 4 | . . . | 1 6 .
. 2 . | 6 . . | . . 5
------+-------+------
6 . . | . . . | . 8 4
2 . . | 7 4 8 | . 5 .
. . 7 | 6 . . | 3 . 2
```

Easy # 160

```
. . . | 5 . 4 | 8 . .
. 7 . | . 1 . | . . .
5 6 . | 7 . 8 | 9 . .
------+-------+------
4 . . | . 1 3 | 8 . .
7 3 . | . 4 . | . 1 6
. 1 2 | 6 . . | . . 7
------+-------+------
. . 3 | 4 . 6 | . 2 8
. . . | 9 . . | . 3 .
. . 7 | 8 . 2 | . . .
```

Easy # 161

```
1 . . | 9 . . | . . .
. 2 8 | 4 7 . | 9 6 1
. . 6 | . . . | . 7 .
------+-------+------
. 9 2 | . . 7 | . 8 5
. 4 . | 6 . 2 | . 9 .
8 1 . | 5 . . | 6 3 .
------+-------+------
. 5 . | . . . | 2 . .
7 6 1 | . 3 4 | 8 5 .
. . . | . . 5 | . . 3
```

Easy # 162

```
7 2 . | . 5 . | . 1 .
. 9 . | . . 2 | 7 . .
. . 5 | . 7 1 | . 4 .
------+-------+------
. . 9 | . . 4 | 2 . 3
. 8 . | 2 . 3 | . 5 .
2 . 6 | 1 . . | 9 . .
------+-------+------
. 7 . | 5 1 . | 4 . .
. . 1 | 8 . . | . 3 .
. 5 . | . 3 . | . 9 7
```

Easy # 163

```
. . 9 | 5 4 8 | . . 7
5 . 1 | . 3 . | . 9 .
. 9 . | . 7 . | . . .
------+-------+------
6 . . | 9 2 1 | . . 8
2 . 8 | . . 5 | . . 9
4 . 5 | 8 1 . | . . 3
------+-------+------
. . . | 7 . 2 | . . .
. 5 . | . 4 . | 9 . 6
9 . 3 | 6 2 5 | . . .
```

Easy # 164

```
4 9 . | 3 1 5 | . . .
. . 5 | . 2 . | . 1 6
. . . | 9 . . | . . 5
------+-------+------
6 4 . | 8 5 . | 7 . .
1 5 . | . . . | . 8 4
. 2 . | . 6 4 | . 3 1
------+-------+------
8 . . | . . 9 | . . .
5 7 . | . 3 . | 1 . .
. . . | 1 8 7 | . 5 2
```

Easy # 165

```
6 1 . | . 8 3 | . 4 .
. 8 . | 9 5 . | . . 3
. . . | . 2 6 | . 7 .
------+-------+------
7 . . | . . . | 5 . .
. 3 1 | 5 9 7 | 6 2 .
. . 6 | . . . | . . 7
------+-------+------
. 4 . | 8 7 . | . . .
5 . . | . 1 4 | . 9 .
. 7 . | 2 6 . | . 3 8
```

Easy # 166

```
. 2 . | . 7 4 | 8 . .
. . 5 | 2 8 . | . 1 .
. 7 . | 9 . 6 | . 4 .
------+-------+------
. 1 6 | 3 2 . | . 7 .
5 . . | . . . | . . 6
. 3 . | . 4 5 | 1 8 .
------+-------+------
. 5 . | 7 . 8 | . 2 .
. 6 . | . 3 1 | 7 . .
. . 1 | 5 6 . | . 9 .
```

Easy # 167

```
4 5 7 | . 8 2 | . 6 1
. . . | . . 4 | 7 . .
. 8 . | . . . | . . 5
------+-------+------
. 1 9 | 8 . . | . 4 6
. 4 . | 6 . 5 | . 2 .
5 3 . | . . 9 | 1 7 .
------+-------+------
6 . . | . . . | . 9 .
. . 3 | 9 . . | . . .
1 9 . | 2 3 . | 8 5 7
```

Easy # 168

```
6 9 . | . . 2 | 5 . 1
7 2 . | . 6 . | . 3 8
. 8 . | . . 4 | . . .
------+-------+------
. . . | . 4 1 | 8 9 .
. 4 . | 2 . 7 | . 1 .
. 5 3 | 6 8 . | . . .
------+-------+------
. . . | 1 . . | 4 . .
. 1 8 | . 7 . | . 3 9
9 . 7 | 4 . . | . 5 6
```

Easy # 169

	9							2
2		5		6	3		4	
		1	7		2			9
	1		5				2	3
7		8		3		9		6
4	2				9		8	
5			3		1	2		
	3		4	7		5		8
9						3		

Easy # 170

6	4	1					8	7
2		8	7			5		
9		7						
			1	4		7	2	
		6	9		7	8		
	8	2		6	3			
						6		5
		9			5	2		8
8	6					3	7	1

Easy # 171

9	2				3		7	4
	7				2			
			4	9		1		8
					2	8	4	3
	4	7				8	6	
2		8	5	6				
7			2			9	5	
			6				7	
	8	5		4			9	6

Easy # 172

		2	8	9		3		
			5		1			
6		9			5		2	
4		1	2		9	6		8
	5			1			2	
2		6	7		8	1		9
1		4			9			7
			9		7			
		3		6	2	4		

Easy # 173

		5			3			
	9	1		4		5		2
	4	8			1		6	7
			3	6	8			5
		3	1		9	6		
2		7	4	5				
9	8		3			7	4	
5		6		9		2	8	
			6			3		

Easy # 174

8		6	3		9	2		7
9			2		8			3
				5				
	7		1		2	4	5	
		3		9		7		
	1	2	4		7		9	
				2				
1		7		4				2
7		8	9		3	6		5

Easy # 175

	5					1	4	
		3			5			2
8				4	3	5		
1		8		9		5		4
	2		4		1		8	
7		5		3		6		1
	8	2	9					5
5			7			9		
	6	7					1	

Easy # 176

	3		8	2	1	7	6	9
6		2	4					1
			7			2		
7				4				
	5	8	6		2	4	9	
				8				6
		3		5				
8				4	9			3
5	6	9	2	3	7		8	

Easy # 177

	5	7				4		
2				3	6		7	
9	8			2		5		
		6	5	9	8			
7		9		6		2		5
					5	4	3	9
		2		1			4	9
	9		8	7				2
		6				1	5	

Easy # 178

9			4			6	7	
7	4		2		6			
		8	7		9	4		
	3		9			1		
	8	1				5	3	
		7			1		4	
		3	5		7	9		
			1		2		5	8
		5	4			8		2

Easy # 179

	4		5	6		8	9	
	1		8	2				
		5		3	7		6	
3						1		
8	2		1	7	3		5	9
		1						8
	7		4	9		3		
				1	6		4	
	5	6		8	2		1	

Easy # 180

	8		3	9				1
7				8	1		4	
3			2		6			9
9				1	5		2	7
		2				4		
8	7		4	3				5
1			8		9			4
	9		7	5				2
6				2	4		7	

Easy # 181

							1	
1		8	9	6				3
	7	3		5	1			2
3					5	4		8
1	2		3		7		6	9
6		4	9					1
5			7	1		9	3	
4			5	3	2		8	
	3							

Easy # 182

	5	8		7	3			
				3				
4	8	6			1	9	2	
5	3		7		8			6
	1			6			8	
8			5		3		7	9
	2	4	1		6	8	3	
				9				
		6	3		4	1		

Easy # 183

						4	1	
9		2		7	5			
	5		2	6		9		7
6	9	8			2			
	4	5	9		7	3	2	
				1		4	9	8
8		1		3	9		4	
			7	4		2		3
		7	1					

Easy # 184

	9				5		2	8
			7			4	9	
5	4			9	8			7
		2			9			
	1	7	8	5	2	6	4	
			3			5		
1			6	4			8	3
	9	4		8				
8	3		9			7		

Easy # 185

		1		7		5	8	
	3			8	1			
7	8	9	5		4			
	1	6	8	4		3	2	
	7	2		9	3	8	1	
			7		2	6	4	8
			3	1			5	
	2	7		6			1	

Easy # 186

					3		8	9
9	8	5		1	4		3	
7	4							1
				2	1	5		6
		2		3		5		7
5			1	7	6			
4							2	7
		1		9	5	3	6	4
2	3		8					

Easy # 187

		4				7		
2	1		6					
	3	5	1		4		8	
9		3	8		2		7	
8	5			1			9	3
	2		3		6	8		5
	6		7		9	5	3	
				3		6	8	
		8			4			

Easy # 188

				2		9		
8			3	7				1
9	2		5	8	1			7
7				1			9	
4	1					7	6	
	9			4				3
6			2	7	3		1	4
1			8	6				5
		3		5				

Easy # 189

9	2	6	3		5			
	1			7	8			
7				9			3	5
6	7		8	4			5	3
8	3			2	6		7	9
1	6			5				7
			7	6			8	
			2		1	5	6	4

Easy # 190

	3					1	7	5
1			3	5		9	8	2
	5		2				3	
				3	8			1
			6		9			
3			7	4				
	6				5		9	
5	7	3		9	2			4
2	9	4					5	

Easy # 191

		2			5		3	
9	5		8				2	
		8		6	4	2	9	7
			4	6		9	7	
			3					1
			3	8		7	4	
3	9		5	6	1		7	
		6			9		5	8
	2		7			1		

Easy # 192

7				1	6	5		
		3	8	9				
		4	7	5			2	
	1							3
	8	9	3	6	1	7	2	
3							8	
5		7		8	9	3		
					3	5	4	
		6	4	2				1

Easy # 193

1		7			9			
	9			3		4		
		3	5	7	4	9		
	3		9	1		7		
	2	1				6	9	
		4		2	8		5	
		6	2	5	1	3		
		2		9			6	
			6			5		2

Easy # 194

	9		3		6	1		
8		3	1	7			6	
				8			5	3
3	1				8			2
	7			1			4	
4			5				9	1
2	5			6				
	3			4	9	8		5
		8	2		3		1	

Easy # 195

	4			5	1	3		
	5	1	6			4		
3		8				1		7
	7		1			6		
1	8		3		7		4	2
	9			2			8	
5		3				8		4
	4			5	2	1		
	7	4	1			3		

Easy # 196

7					1			
6	3				7	4	9	
5	9			4		2		1
			2	3	5			6
1			4		8			7
9		2	1	7				
2		5		3			4	8
	1	6	8				3	9
			7					2

Easy # 197

		2	8					1
7	5		1		2	8	6	
				4				
	1	8	3			4	6	
4		9	6		5	1		2
3	2				9	5	7	
	3	4	9		8		2	5
8					4	3		

Easy # 198

1			6	2			3	
	8		4	7			6	2
		6			9	4		
	3				4			6
2	5			3			1	9
9			1				3	
		2	3			5		
6	1			8	5		4	
		5		4	1			3

Easy # 199

				7	9			
4			1	9				3
5	9	1						2
		2			1		8	5
9	5		3		4		2	7
1	3		7		4			
3					2	6	9	
8			4	6				1
		5	9					

Easy # 200

	6		7	9			8	2
7	5							
		4	8				6	5
	3	9		7	4			
8			1	3	9			6
			2	8		9	7	
1	4				8	3		
							5	8
5	8			2	7		1	

Easy # 201

	3		1			7		6
1		4						
		6	9	2		1		4
	8	9			1	2		
5			8	3	6			1
			7	9		3	8	
2		1		8	9	5		
						4		9
4		5			1		7	

Easy # 202

		6			9	1		8
					9			2
9	1					3	5	7
	8	9		5	3			
		1	9		2	7		
		4	7		8	1		
3	9	4					7	1
6		7						
1		8	6			2		

Easy # 203

8				4	6	3	5	
	6		3			9		1
		5	2			7		
	7	8					2	4
6								8
5	4					1	7	
		4				1	8	
2		9				5		1
	3	6	7	8				5

Easy # 204

			7	4		8		
4				3	1			
	2	7	1	8		4	6	
8	6		5	7				
	9						1	
			6	1		8	5	
	1	8		5	4	3	7	
		3	6					8
		9		3	2			

Easy # 205

	9		5					6
1		4	6		7	9	5	
				9				
	1	3	7			4		9
4	2		1		8		7	5
8		5			9	2	6	
			5					
	6	8	4		2	1		3
2					6		4	

Easy # 206

		6		5	2		1	
1	7							3
	4	9		6				7
7	2		9	4				
9		1		2		7		6
				7	3		9	5
6				8		9	3	
2						7	8	
	9		4	1		6		

Easy # 207

7	8	6			3	5	9	1
	1					2		
					1			3
9	6		1			8	3	
	5		8		2		4	
	4	2		7			9	1
6			4					
		8					7	
	2	9	5	7		4	8	6

Easy # 208

7	9	4			6			
8		1			5			9
	5		7				1	
	8	2		3			6	
		5		1		2		
	3			6		8	9	
	2				1		7	
4			8			1		6
			2			9	8	5

Easy # 209

9	1			7	5	4		
		6						9
	8		3		9			6
		8	1			9		5
3	2			5			6	7
4		9			6	2		
1			5		8		9	
6						5		
		5	4	3			1	2

Easy # 210

1		7	9					
			1	4		8	9	
				2	6	1		
3		1	4			2		8
	4			3			7	
5		6			2	3		1
		5	3	6				
	6	2		9	4			
				8	9			6

Easy # 211

	9	2		4	1			6
		9	3	2	7	8		
		1			5	2	4	
1		4					6	
	5					4		7
	2	8	7		6			
	1	5	2	8	4			
4				3	5		1	2

Easy # 212

1		6		2	7	5	3	
5	9		6		3			
	8					1	7	
9					4	6	1	
6								3
	1	3	9					7
	2	9					6	
			4		6		2	5
	6	5	1	9		3		4

Easy # 213

2					9	1	3	
		6				5	8	
	9				8			2
6	5			7			2	8
		1	6		4	3		
4	2			9			1	6
3			2				7	
	6	4				2		
	7	2	4					1

Easy # 214

8	4			5	6		2	1
		7						
			7	8				4
4	8							6
3	6	9	4		1	2	5	8
2							3	9
9				4	7			
					6			
7	3		8	1			4	5

Easy # 215

	5	3				1		
2				5	4			8
1			7	3			2	
		4	2				1	6
8	6			4			3	9
5	2				6	7		
	4				7	1		3
6				4	2			1
	5					6	4	

Easy # 216

			6		3	5		2
1	9							8
6	5		1	7		9	3	
9	3		4			2		
		6				3		
		1			2		6	9
	6	4		2	9		5	3
3							2	7
7		5	3		4			

Easy # 217

```
2 5 . | . 7 . | 4 . 8
. . 4 | 2 . 6 | . 3 .
3 . . | . . 5 | . . .
------+-------+------
. . . | 5 4 8 | 6 . .
5 . 8 | . . . | 3 . 7
. 1 7 | 8 6 . | . . .
------+-------+------
. . . | 6 . . | . . 3
. 8 . | 9 . 2 | 7 . .
7 . 3 | . 1 . | . 2 6
```

Easy # 218

```
4 . . | 5 . 9 | 8 . 7
. 2 . | . . . | 1 9 .
. . . | 7 4 2 | 6 . .
------+-------+------
. 9 4 | . . . | . . 1
. . . | 3 6 5 | . . .
6 . . | . . . | 3 7 .
------+-------+------
. 6 8 | 9 4 . | . . .
. 3 7 | . . . | . 8 .
1 . 9 | 8 . 3 | . . 6
```

Easy # 219

```
3 4 . | 2 . 5 | . . 9
. 1 9 | 3 . 6 | . . 2
. 2 . | . . . | . . .
------+-------+------
. 6 . | 5 . . | 3 1 .
4 . 3 | 8 . 1 | 2 . 7
. 7 5 | . . 2 | . 9 .
------+-------+------
. . . | . . . | 7 . .
6 . . | 7 . 3 | 5 2 .
7 . . | 6 . 4 | . 8 3
```

Easy # 220

```
2 . . | 4 . . | . . 7
. 9 . | 5 . . | 1 . 6
. . 8 | . 3 9 | . 2 5
------+-------+------
8 7 . | . . . | 3 4 .
. . 9 | . 8 . | . . .
. 3 2 | . . . | . 7 1
------+-------+------
9 5 . | 7 8 . | 2 . .
6 . 4 | . . 2 | . 1 .
3 . . | . . 1 | . . 8
```

Easy # 221

```
6 . . | 3 . 2 | . 5 .
. 7 . | 8 . 6 | 3 . 4
. . 3 | . 9 . | 2 . 6
------+-------+------
. . . | 3 . . | 6 2 .
. . 4 | . 7 . | . . .
7 1 . | . 2 . | . . .
------+-------+------
9 . 8 | . 5 . | 6 . .
5 . 1 | 6 . 9 | . 4 .
. 6 . | 1 . 3 | . . 9
```

Easy # 222

```
. . 9 | 4 . 7 | 6 8 .
. . . | 6 9 . | . 5 1
5 . . | . . . | . 3 7
------+-------+------
7 9 . | . . . | 3 . .
. . . | 2 1 4 | . . .
. . 1 | . . . | . 2 6
------+-------+------
2 6 . | . . . | . . 8
1 8 . | 7 9 . | . . .
. 7 3 | 8 . 2 | 1 . .
```

Easy # 223

```
. 9 . | 1 . . | 7 . .
. . . | 3 . . | . 5 1
1 . 4 | . . 8 | . . 6
------+-------+------
4 . 3 | 7 . . | 6 . .
6 . 9 | 4 . 3 | 2 . 7
. 5 . | . . 2 | 1 . 4
------+-------+------
3 . 1 | . . 5 | . . 8
2 8 . | . 4 . | . . .
. . 5 | . . 7 | . 1 .
```

Easy # 224

```
1 . 5 | 2 . . | . . .
. 4 . | . . . | 6 . .
8 3 . | 1 . 4 | . . 9
------+-------+------
. 8 7 | 9 . 5 | . . 6
3 . 9 | . 1 . | 8 . 7
5 . . | 8 . 2 | 3 9 .
------+-------+------
2 . . | 6 . 7 | . 3 8
. 9 . | . . . | 4 . .
. . . | . 8 9 | . . 2
```

Easy # 225

```
5 . 8 | . 1 . | . 2 3
9 . 4 | . . 6 | 8 1 .
6 . . | . 3 . | . . .
------+-------+------
. . . | 2 4 . | . 5 9
3 . . | 1 . 7 | . . 6
8 2 . | 3 6 . | . . .
------+-------+------
. . . | 6 . . | . . 2
. 9 3 | 7 . . | 4 . 8
2 5 . | . 4 . | 1 . 7
```

Easy # 226

```
. 2 . | 9 . . | . . .
8 9 5 | 1 2 3 | . . 7
. . 1 | . . 6 | 8 2 .
------+-------+------
. . . | 6 . 9 | . . .
5 6 . | 2 . 8 | . 3 4
. . 8 | . 3 . | . . .
------+-------+------
. 5 7 | 6 . . | 3 . .
3 . . | 9 7 2 | 4 5 8
. . . | . 4 . | . 7 .
```

Easy # 227

```
. . . | . 5 3 | 1 2 .
7 1 3 | 9 . . | . 8 5
2 . . | . 8 . | . . 7
------+-------+------
. . 1 | . 7 8 | . 4 .
. . 8 | . . . | 2 . .
. 2 . | 6 3 . | 8 . .
------+-------+------
1 . . | . 6 . | . . 3
5 6 . | . . 4 | 7 1 8
. . 8 | 7 5 1 | . . .
```

Easy # 228

```
. 4 . | 1 9 . | . 2 .
. 6 . | . . . | 9 7 1
. . 1 | 3 . . | . . .
------+-------+------
8 7 . | 9 . . | 6 . .
6 3 . | 2 . 4 | . 1 7
. . 2 | . . 3 | . 9 4
------+-------+------
. . . | . . . | 1 7 .
5 1 6 | . . . | . 4 .
. 9 . | . 5 2 | . 8 .
```

Easy # 229

9				6				7
8		6			3	4	2	9
	4	7	2	8				
		5	6	9			4	
	7						6	
	6			2	1	7		
			4	8	6	9		
6	9	4	5			1		8
2				1				4

Easy # 230

	3		7	5		6		
	4	2						
5				1	4	3		7
4	8	3	2				1	6
2	9				1	5	8	4
3		9	1	6				2
						8	5	
	4			7	3		6	

Easy # 231

	3		9		1		2	
				4				
6	1		2		3		8	9
		8	5		9	4		7
2				3				8
9		5	7		8	3		
1	8		3		2		4	6
				9				
	5		8		7		9	

Easy # 232

	2	8		5				
9				6	3			5
3	4		8			6	9	
		2				5		7
		4	5		2	9		
5		1				3		
	5	3			7		6	1
1			3	4				8
				2		7	3	

Easy # 233

				5	1			4
			4	8			9	2
6		4	9					
4		3	8			2		5
	8			3				6
1		7			5	4		3
					2	1		9
5	1			9	8			
7			3	1				

Easy # 234

	8				1		5	4
	7		8	4				3
	3	1				8	9	
	2				5			9
9		4	3		7	5		8
7			4				6	
	9	3				7	4	
8				1	4		3	
1	4		6				8	

Easy # 235

5				4			9	1
	4	1				3	6	7
							2	4
4		9		3	7			
1			4		2			6
			8	6		1		9
6	5							
8	7	4				6	1	
9	1		5					2

Easy # 236

	8	1			9		2	4
4				5			1	3
9		3	1	4				
		4			1	7		9
2								1
6		5	7			4		
				5	6	3		7
3	9		4					5
5	6		9			2	4	

Easy # 237

		4	7				2	3
8			2		4			7
	7	2	6		3			
	1		4					5
5	8						1	9
2					5		7	
			5		6	8	9	
1			9		2			4
7	9				8	6		

Easy # 238

		1	4	2		3	6	
8					7		9	
		4	3	8		1		7
1	3		5	4				
				3	6		4	5
5		9		6	1	7		
	7		2					1
	1	2		5	4	9		

Easy # 239

			1		5			
9	3						1	5
	2			7	8		3	
8	7		5		4		9	1
		6		9		8		
3	9		8		1		7	4
	8		4	1			2	
7	1						6	8
			6		9			

Easy # 240

6			3	8	9			4
	4			5				9
8		9			4			
	8		1	9				2
4	5						9	3
7					3	5		6
			5			3		7
2			6				5	
5			2	7	8			6

Easy # 241

```
. 4 2 | . 1 9 | 8 . .
5 . . | 6 . . | . . 9
9 . . | . 8 2 | . 6 .
------+-------+------
. 3 . | 2 . . | 6 . .
. 5 9 | . 6 . | 2 3 .
. . 6 | . . 8 | . 4 .
------+-------+------
. 2 . | 4 5 . | . . 6
4 . . | . . 3 | . . 8
. . 1 | 8 7 . | 4 5 .
```

Easy # 242

```
. 1 . | 9 . . | 2 4 8
. . . | . 8 1 | 7 . 5
7 . . | . . . | 3 . 2
------+-------+------
2 . 1 | . . . | . 3 .
. . . | 6 5 9 | . . .
. 5 . | . . . | 6 . 8
------+-------+------
6 . 8 | . . . | . . 4
5 . 4 | 2 1 . | . . .
. 3 2 | 4 . 6 | . 5 .
```

Easy # 243

```
8 . . | . . 7 | . . .
6 5 . | . 4 . | 3 . 8
9 4 . | . . 6 | 1 2 .
------+-------+------
. . . | 7 2 8 | . . 9
7 . . | 6 . 5 | . . 2
1 . 3 | 4 8 . | . . .
------+-------+------
. 9 5 | 7 . . | . 4 1
2 . 8 | . 5 . | . 9 3
. . . | 2 . . | . . 7
```

Easy # 244

```
. . 4 | 2 . 7 | . . .
4 . . | . . . | . . .
. 7 2 | . 8 6 | 9 3 .
------+-------+------
. 2 7 | . . 6 | . . .
1 6 5 | 7 . 9 | 2 8 3
. . 3 | . . . | 1 5 .
------+-------+------
. 5 4 | 2 9 . | 8 7 .
. . . | . . . | . . 6
. . 1 | . 7 4 | . . .
```

Easy # 245

```
. . . | . 7 . | . 3 .
1 3 7 | . 6 9 | 8 . 2
6 . . | . . . | 1 . .
------+-------+------
8 4 . | 6 . . | 2 . 7
7 . . | 2 . 1 | . . 9
5 . 1 | . . 4 | . 8 3
------+-------+------
. . 2 | . . . | . . 4
4 . 8 | 9 5 . | 3 6 1
. 5 . | 4 . . | . . .
```

Easy # 246

```
1 7 8 | . . . | 4 . .
. 5 3 | . . . | 2 1 .
2 . . | . 8 . | . . 5
------+-------+------
3 9 . | . 6 . | . . 4
. 2 . | . 5 . | . 9 .
6 . . | . 4 . | . 3 1
------+-------+------
9 . . | . . 5 | . . 8
. . 7 | 3 . . | 4 5 .
. . . | 9 . . | 2 1 3
```

Easy # 247

```
. . 7 | . 3 . | . . .
5 . . | . 9 6 | . . 4
4 . 8 | . . 3 | . . 7
------+-------+------
9 . 6 | 3 . 2 | 7 . 8
. 1 . | . 8 . | . 6 .
8 . 4 | 6 . 7 | 2 . 9
------+-------+------
7 . 9 | . . 6 | . . 1
6 . . | 2 7 . | . . 5
. . . | 1 . 8 | . . .
```

Easy # 248

```
. 4 . | 5 1 . | 6 . .
. . 5 | . . 9 | 2 . .
3 . . | 2 8 . | . 1 5
------+-------+------
6 . . | . . 2 | . 5 .
7 1 . | . 6 . | . 9 4
. 9 . | 4 . . | . . 6
------+-------+------
4 5 . | . 3 7 | . . 2
. . 1 | 6 . . | 7 . .
. . 7 | . 2 4 | . 6 .
```

Easy # 249

```
. . . | . 2 . | 8 . .
. 5 6 | 3 7 1 | . . 8
8 4 . | . . . | . 2 .
------+-------+------
. 8 5 | . 3 4 | 7 1 .
. . 4 | . . . | 8 . .
. 2 3 | 8 6 . | 9 4 .
------+-------+------
. 7 . | . . . | . 6 1
4 . . | 7 5 3 | 2 8 .
. . . | 6 . 2 | . . .
```

Easy # 250

```
4 8 . | 7 2 . | 6 9 .
. . . | . 3 . | . . .
. . . | 8 6 . | . . 2
------+-------+------
. 4 8 | . . 1 | . 5 .
9 7 . | 5 . 3 | . 6 8
. 6 . | 8 . . | 2 3 .
------+-------+------
8 . . | 9 3 . | . . .
. . 5 | . . . | . . .
. 9 7 | . 5 4 | . 2 3
```

Easy # 251

```
3 5 . | . 8 9 | . 6 2
. . 4 | . . . | . . .
. . . | 6 3 . | . 7 .
------+-------+------
2 7 . | . . . | 1 . .
5 9 1 | 8 . 3 | 7 2 4
. . 4 | . . . | . 3 9
------+-------+------
. 3 . | . 9 6 | . . .
. . . | . . 6 | . . .
1 8 . | 4 5 . | . 9 3
```

Easy # 252

```
2 . . | . . . | . 3 9
. 9 . | 8 5 . | 7 . .
3 . . | . 7 . | 4 1 .
------+-------+------
. . . | 1 4 . | 8 3 .
7 . 3 | . 8 . | 9 . 4
5 4 . | 2 3 . | . . .
------+-------+------
. 2 4 | . 6 . | . . 7
. 7 . | 9 1 . | 4 . .
6 3 . | . . . | . . 8
```

Easy # 253

```
5 . . | 9 . 6 | . . 2
. 6 4 | 8 . 7 | . . .
. . 8 | 4 . . | . 6 1
------+-------+------
. 1 . | 7 . . | . . 9
6 2 . | . . . | . 4 7
7 . . | . 5 . | 2 . .
------+-------+------
3 9 . | . . 1 | 5 . .
. . . | 3 . 8 | 9 1 .
1 . . | 5 . 9 | . . 4
```

Easy # 254

```
. 6 . | . 5 1 | 2 . .
1 . 5 | . 7 4 | . . 9
. 4 . | 3 . . | . 1 .
------+-------+------
. . 1 | 4 . . | . . 6
2 . 3 | . 6 . | 5 . 8
6 . . | . . 2 | 3 . .
------+-------+------
. 8 . | . . 6 | . 5 .
4 . . | 8 9 . | 1 . 2
. . 6 | 2 4 . | . 8 .
```

Easy # 255

```
. . 7 | 5 . . | . 1 .
. 8 . | . . 6 | . 5 7
. 2 . | 8 7 . | 6 . .
------+-------+------
4 . 5 | 2 . . | 1 . .
. 6 . | 4 . 5 | . 3 .
. . 1 | . . 8 | 9 . 5
------+-------+------
. . 2 | . 8 6 | . 7 .
7 1 . | . 4 . | . 6 .
. 4 . | . . 3 | 8 . .
```

Easy # 256

```
6 . . | . . . | . . .
. 4 2 | . 1 9 | 8 3 .
. . . | 6 2 . | 4 . .
------+-------+------
. 2 4 | . . . | 9 . .
5 9 7 | 4 . 8 | 2 1 3
. . 3 | . . . | 5 7 .
------+-------+------
. . 5 | . 4 6 | . . .
. 7 6 | 2 8 . | 1 4 .
. . . | . . . | . . 9
```

Easy # 257

```
6 . . | . . 8 | 9 . .
. 9 8 | 1 . 6 | . 2 4
. . . | . 9 . | . . .
------+-------+------
9 2 . | . . 1 | 4 7 .
8 . 1 | 5 . 4 | 3 . 2
. 3 6 | 9 . . | . 8 5
------+-------+------
. . . | . 8 . | . . .
7 4 . | 3 . 2 | 6 5 .
. . 2 | 6 . . | . . 3
```

Easy # 258

```
4 6 . | . . 3 | 7 . 1
. . 3 | . . 1 | . . .
7 1 . | 6 . . | 8 . .
------+-------+------
5 7 2 | . . . | . 8 .
. 4 6 | . . . | 3 2 .
. 3 . | . . . | 1 7 6
------+-------+------
. . 7 | . . 9 | . 4 3
. . . | 5 . . | 9 . .
9 . 1 | 3 . . | . 5 7
```

Easy # 259

```
. . . | 4 . 3 | . . .
6 3 . | . . . | . 2 .
. 8 4 | 7 1 2 | . . 9
------+-------+------
. 9 5 | . 3 8 | 7 4 .
. . 8 | . . . | 9 . .
. 6 2 | 9 7 . | 1 8 .
------+-------+------
8 . . | 6 2 7 | 3 1 .
. 4 . | . . . | . 9 8
. . . | 8 . 4 | . . .
```

Easy # 260

```
. . 1 | 7 . . | 2 . .
8 . . | 5 1 . | 3 4 7
. . 7 | . . . | 1 8 5
------+-------+------
. . . | . 8 3 | . . 4
. . . | 1 . 2 | . . .
6 . . | 9 4 . | . . .
------+-------+------
7 6 3 | . . . | 4 . .
5 1 9 | . 7 4 | . . 6
. . 4 | . . 5 | 7 . .
```

Easy # 261

```
1 . . | 3 . . | 9 8 5
. 3 . | . 8 1 | 7 . .
. . 8 | 6 . 5 | . 4 .
------+-------+------
7 . 4 | . . . | . 6 .
. 5 . | . . . | . 3 .
. 8 . | . . . | 1 . 2
------+-------+------
. 1 . | 7 . 6 | 2 . .
. . 2 | 5 3 . | . 1 .
6 4 9 | . . 2 | . . 3
```

Easy # 262

```
9 . . | 8 . 1 | . . 2
. . 4 | 7 . . | . 1 3
. 1 7 | 4 . 5 | . . .
------+-------+------
. 3 . | 5 . . | . . 8
1 2 . | . . . | . 7 5
5 . . | . . 9 | . 2 .
------+-------+------
. . . | 6 . 4 | 8 3 .
6 8 . | . . 3 | 9 . .
3 . . | 9 . 8 | . . 7
```

Easy # 263

```
. 3 . | 2 7 . | . 6 .
1 . . | . 6 . | . . .
. 7 . | 4 5 1 | 3 8 .
------+-------+------
. . 9 | . 8 . | . . 1
. 8 3 | . . . | 5 7 .
. 5 . | . 3 . | 9 . .
------+-------+------
9 4 6 | 2 . 3 | . 5 .
. . . | . 4 . | . . 9
. 2 . | . 1 5 | . 3 .
```

Easy # 264

```
5 4 . | . . . | . 1 2
. 2 . | 9 4 . | . 6 .
. . . | . 1 . | 7 . .
------+-------+------
8 7 . | 2 . 4 | . 5 9
. . 1 | . 7 . | 2 . .
2 5 . | 3 . 9 | . 7 4
------+-------+------
. . . | 4 . 3 | . . .
. 6 . | . 5 2 | . 8 .
7 8 . | . . . | . 4 3
```

Easy # 265

	9							1
				9	6			
8	2	3		6	5		9	7
	8	7	9				6	2
	5		2		1		4	
1	4			3	9	7		
7	1		5	3		8	2	4
		8	4					
2						3		

Easy # 266

3	8	1				7	4	
4		5						
2		7	5					9
			3	4			7	2
7			8		9			4
8	2			6	1			
5					8	2		7
						9		8
	7	8				4	6	1

Easy # 267

	4				8			
3		5			4		1	8
1		8	5				6	
7	2	1				6		
	5	3				2	4	
		4				1	8	5
	1				9	3		4
9	8		4			7		1
				7			9	

Easy # 268

4				2		6		7
	8		3		6	9		4
		6	4		7		5	
				4		7	6	
			9		8			
	1	8		7				
	6		1		4	2		
1		5	6		2		9	
3		2		5				6

Easy # 269

				3	8	5		2
		2				4		1
	5		4		2		7	8
4		1					5	
			6	5	4			
	7					8		3
2	1		8		6		3	
7		8				9		
9		5	3	1				

Easy # 270

1		6		5			4	2
					6	3		
		3	4					8
9				8		7	1	
8	7	1		9		3	4	6
	3	5		4				2
5					4	1		
			8	3				
	4	2		7		5		9

Easy # 271

9			4			1		6
	8				5	7		
	5	9	8	7		4		
7			2		4			
5	9						2	3
	6		9					7
		6	2	3	1	7		
	2	3				9		
8		7			9			1

Easy # 272

4			5	3			6	
		2				4		7
		7		6			1	9
			9	1	7			5
	7	6		5		1	4	
1		3	2	7				
2	1			8		6		
7		8				5		
	6			4	9			1

Easy # 273

5		1		6	7	8		
6							7	
			2	1				9
2		9			8	1	4	
	4	7	1		6	3	5	
	3	6	2			7		8
7			8	5				
	1							5
		5	9	1		4		7

Easy # 274

	3		5	1		2		
9		2						8
	5			6	2		9	
1			9			6	8	
	7	3		2		9	4	
	9	5			6			2
	4		2	8			6	
5						8		3
		6		3	1		5	

Easy # 275

		1	9	4				3
	4		3	2		5	9	
3					1			6
	1			9	7			
	9	7		1		6	3	
		5	4				1	
4			7					5
	5	6		8	4		2	
1				6	5	9		

Easy # 276

	3	2					7	
	7	9	3					8
5			7			9		
3		7		4		8		2
	8		2		3		5	
2		6		9		7		1
		4			1			7
7					4	5	8	
	2					1	6	

Easy # 277

8		6	3				1	
			2	4	5			
5			9	1	6			8
			5	3		7	9	
6	3					8	5	
1	5		7	6				
7			5	4	1			2
		1	2	8				
	9				7	8		1

Easy # 278

6	5			8		7		
2		8			9	4		
4				2				5
7				4		1		8
5	2		8		1		9	7
9		1		7				3
8				6				4
		5	4			3		6
		6		1			7	9

Easy # 279

	2	6						9
1	9	3		7	8	5		
					4	1	6	
			3	2			7	5
		2	7		1	6		
7	3		5	6				
	8	4	1					
		1	9	5		4	8	7
	5					9	2	

Easy # 280

8	6			5	1		3	
	3	5		2	8		4	
4			6			8		
			7	2	5			1
7		8	5	1				
		9			4			3
	1		7	9		4	8	
	8		1	6			7	2

Easy # 281

	6			7			2	
2	3	4	5				1	7
				2	1	4		3
		3		6	7			9
		9				3		
5			3	4		2		
9		2	6	1				
3	1				8	6	4	2
	4			3			9	

Easy # 282

	4		8				6	
8	9	1				3		
2		6			4			9
	2	5		7			3	
		4		6		5		
	7			3		2	9	
1			2			6		3
			5			9	2	4
	5				6		8	

Easy # 283

	7	8			5		3	9
9					6		8	4
5		4	8	9				
		9			8	2		5
3								8
1		6	2			9		
			6	1	4			2
4	5		9					6
6	1		5			3	9	

Easy # 284

6		5	7					
			1	5		8	6	
				6	4	9		
2		4	8			6		9
	3			4			1	
7		8			1	2		4
		2	6	8				
	5	7		1	2			
					5	3		2

Easy # 285

	6	2			5		4	3
				9		5	2	
3			2	8				7
6		3				2		
		8	6		9	1		
		9				6		5
1			4	2				6
	9	7		6				
2	8		7			4	1	

Easy # 286

		5	3			4	2	
		6						9
1	2		4	9	5			
5	3		7	8		1		
7	9					2	5	
	4			2	9	7	8	
			2	5	3		6	7
2						6		
8	5			1		2		

Easy # 287

2	5			6				
		6	7	5		9	2	
	4	7	9					5
			5					4
1	2		4	9	7		8	6
9					3			
6				5	7	3		
	7	3		2	1	8		
				7			5	2

Easy # 288

				5				
	9		1		4		5	
	1	8	7		2	6	3	
9		5	4		1			7
	2			7		1		
1			9		5	4		3
	8	6	2		7	5	1	
	7		5		8		2	
				3				

Easy # 289

				8				
	9				2	8		
8		2	4		9		3	1
1	8				4	3		5
	2	4	6		3	7	1	
7		9	8				6	2
3	5		7		1	9		6
		1	9				7	
			2					

Easy # 290

4		7	5		1			2
	1	6					5	
2	5	7	3					
2					1	6		
			1	2	9			
	7	3						4
			6	3	8	2		
	8				4	7		
3			9		7	5		6

Easy # 291

		1	3	8		7		6
4			7	1			3	
	3				4		9	
		4			7			2
2		7		4		3		9
6			1			4		
	1		2				6	
	4			9	6			7
9		6		5	1	8		

Easy # 292

			3	5				4
3		4	9				6	
		5	4	8	1	9		
			7	9	4	1		
	3	1			7	2		
	9	6	2	1				
		3	7	4	6	1		
	4				2	3		7
1			8	5				

Easy # 293

9	3				7	8		
6			8	5		3		
		4		9				
7	5	8			3	1	4	
3			4					9
4	8	5			2	3	7	
		2			8			
1		3	7			6		
8	2					4	1	

Easy # 294

							1	
		7	5		1	6	2	
		1	4		6		8	7
6	8				5		4	
1		9	8		3	2		6
	7		1				9	5
5	1		6			9	4	
	3	6	2			4	9	
	9							

Easy # 295

	7	2		9				5
5			8	1	7			
	8		7			3	2	4
	7	5						6
8								1
2					4	9		
6	1	3		8		5		
		9	5	6				8
4			1		2	6		

Easy # 296

	2		1		3			4
			7			6		
6		4		8		7	3	
4	8		2	7				
2		5			4			6
			5	9		7	2	
5	3		4		2			9
	6			5				
9			3		7		6	

Easy # 297

			8	9		6	5	1
1		6	5				4	8
8			2			3		
3					7			
9	1	4				3	8	2
		7						5
	8				5			3
2	7				8	5		6
5	6	3		1	7			

Easy # 298

		1	3					8
7		5		4		3	9	
			5	1				
6			8		2	7		
8	2	7		6		1	3	5
	1	4		3				9
			8	1				
	3	9		2		4		6
4					3	7		

Easy # 299

	1	8	9			4		
	4			1	8	2		
2		7				8		5
	5		8			9		
8	7		2		5		4	3
		6			3		7	
1		2				7		4
		5	4	8			2	
		4			1	3	8	

Easy # 300

	3		7	1				
		8					1	
1			2	8			3	6
4		5	9				7	3
3		6	8		4	1		5
2	9				7	6		8
8	1			4	3			7
	4					3		
				9	8		2	

Easy # 301

					7	1	5	
	3		9		5		8	6
2								9
	2		1		3	4		8
	4	8		5		3	6	
3		6	7		8		1	
9								3
6	8		4		2		7	
	7	3	8					

Easy # 302

8		6	9	2	5			
9		3	7					1
	4		1	3		5		9
		4					1	3
3	8					7		
1		9		7	2		3	
4					8	9		6
			3	6	9	1		7

Easy # 303

6				5	8			
7	1	2	3		4			
		5		2		4		3
5		1	8	9		3		4
3		8		7	1	2		5
1		6		4		5		
			7		6	9	4	1
		5	1					8

Easy # 304

			2		3	4		8
	5		8		7		1	
8	6				4	3		
	7				2			6
4	2						8	5
5			1				2	
		1	6				9	7
	4		7		1		6	
6		7	3		9			

Easy # 305

	7			6	3			4
	4	6	7	8			2	9
				2		6	1	7
3	2	7						
9								5
						8	7	2
4	3	2		9				
7	8			5	6	2	9	
6			3	1				4

Easy # 306

			3	4	2		6	
	4							7
6			7		8		4	9
	7	4	8			6	5	
	3		5		9		1	
	5	6			4	9	3	
8	1		4		6			3
4							8	
	9		1	8	5			

Easy # 307

	9	2		3	6	1		
				1	9	4		
		7	4	5			8	
	1							3
3		6	1	7	8	2		5
8							1	
	2			8	7	9		
		1	3	6				
		4	2	9		5	3	

Easy # 308

9	7	2	6					
4	3					7		
6		1	4		8			2
3					2	4		
		8	9	5				
	6	5						9
9			5		1	4		3
	1				6	5		
			2	4	1	9		

Easy # 309

7			5		9		6	
		1	3	4			2	5
5						7		
3		5			2	6		
4	7			3			8	9
		8	7			5		1
		3						7
8	2			9	1	3		
	5		6		3			2

Easy # 310

		8	6	7		1		9
4			1	2				
	6							7
	5	1	8		4			2
	9	3	7		1	6	5	
8		6			2	7	3	
9							1	
			9	8				6
6		5		1	4	9		

Easy # 311

1	3	7		8	5	4		
					4	7		1
9		5						8
			6	8		3	2	
		6	4		3	9		
3	8		9	2				
5						6		9
6		4	7					
		8	1	3		2	4	5

Easy # 312

2		9	3					1
5	8						4	2
		1		9	2			8
		4	2					3
	2	5	8			4	1	6
7					6	5		
4			1	2		8		
8	9						1	5
1				9	2			6

Easy # 313

9			7		8	2	1	
2			4		9		6	8
							9	
	1	8			4		7	
3		9	1		5	8		6
	2		9			4	3	
	3							
8	5		6		7			3
	9	4	8		3			7

Easy # 314

	6	3			4		5	
7		8		1			3	
		4		3		2		
		6		7		8	1	
8		7	1		2	5		9
	1	2		4		7		
		5		9		4		
	7			2		3		5
	4		8			9	2	

Easy # 315

3			2	6				5
2			3	5	7		1	9
		9		1				
	9			3				2
8	2						3	4
6				4			9	
			7			6		
4	3		6	2	1			8
7				8	5			3

Easy # 316

			3	7				
2					6	3		
	4	6		9		7		8
	8	5		2				1
7	6	3		1		8	5	2
4				6		9	3	
1		9		5		4	6	
		8	6					9
				3	2			

Easy # 317

	5				6		3	
6	4	8		3	5			7
3	2	7					5	
7			4	5				
			8		9			
				1	2			5
	3					1	8	6
1			6	8		5	2	3
	8			3				9

Easy # 318

	4	3		8	9	7		
	9		1	6				
2		8	3					6
	7	4	6		3	5		
				4				
		2	9		7	1	3	
5				6	8			2
			3	8		6		
		6	5	1		3	7	

Easy # 319

5			2			1		
	3	2		1	4		8	
7	4		6	8		3		
			8	9	3			4
8		9	7	4				
	5		8	9			6	3
	2		3	7		9	5	
		3			6			2

Easy # 320

	8	4				2	3	
	5				7		8	1
	2		8	1				5
	7				8			4
5		9	4		2	8		3
3			9				6	
2				8	5		4	
8	9		1				5	
	3	5				1	2	

Easy # 321

	7	5	6	4				2
		9			3	4		
8		1			2		3	
2	9					3	6	
5								4
		6	4				8	9
	5		7			1		3
		2	8			6		
4				9	5	7	2	

Easy # 322

1			3	6				
6			7	2		3		9
		5		4	1			8
	2					6		
9	4		5	8	6		2	7
		6					5	
3			8	5		9		
4		2		3	9			1
				7	2			6

Easy # 323

5						3		7
		6			5		9	
	2			7	6			5
	3	2		4		5	7	
9			7		3			2
	8	5		6		1	3	
2		9	4				5	
	5		8			4		
1		8						3

Easy # 324

	2		4	3			6	1
		1			6			9
	9		1	5		3	2	
4		3	5	7				
				4	3	1		7
	1	9		8	7		4	
2			9			8		
5	7			6	4		1	

Easy # 325

5	7			3	8		6	
							2	8
2	6				7	9		
			9	8		3	1	
6			3	1	4			7
	8	3		7	5			
		1	7			9	4	
7	2							
	4		8	5			7	2

Easy # 326

	4	9	1		3			
		2				8		6
1	6			7	8	3		4
	9				5	6		1
	1						3	
3		6	9				8	
4		1	6	9			5	3
9		7				1		
			5		1	7	4	

Easy # 327

								9
	3		5		9		6	8
	9		2		6	3		1
1		6			5			2
	4	9	1		7	6	8	
3			9			5		4
9		5	6		4		2	
7	6		8		2		4	
4								

Easy # 328

			9		6			
	9		5	8	1	2		4
		6				3	9	
8		5	3	1		9		2
9								3
7		3		4	9	6		1
	5	4			8			
6		9	1	2	8		3	
			6		4			

Easy # 329

	6			1				5
5	8			7		4		
	1	7			3	6		
	4			6		2	7	
1	5		7		2		4	3
	3	2		4			9	
		5	6			9	8	
		8		2			3	4
7				8			6	

Easy # 330

9	7	2					3	
5	6	4		9	3			2
		3				5		9
2			6	3				
			4		1			
			8	7				3
	4		9				1	
8			5	4		3	7	9
	9					8	4	5

Easy # 331

	5				7	9	3	
8			7					
		1	6	9		2		
	5	2	4					6
	8	7	5		6	4	3	
3				2	8	1		
		6		2	7	5		
					4			7
2	7	8				3		

Easy # 332

		3	1	2	7	5		
3					7			
4	1			9				3
	6		3	8	5	4		
5	8					3	1	
1	2	5	4		9			
1				2		6	3	
		7				8		
9	3	6	8	1				

Easy # 333

				1	4		3	
	1					2		
5	3			2	6			1
3	4				8	7		9
7		1	9		2	5		3
2		5	4				8	6
4			3	9			1	2
		3					9	
	6		2	8				

Easy # 334

	5	9	6		7			1
		7						
6		3	2		1			7
		4	9			7	5	
7	9		8		3		6	2
	6	8			5	1		
4			5		9	2		6
						9		
9			1		6	8	4	

Easy # 335

	9	7		3		2		6
		2			5			
3	8			7			4	1
			5	4	8		2	
	5	7		9	4			
6		1	3	2				
9	8		5			1	3	
			4			5		
2		4		9		6	8	

Easy # 336

9	1	2		3	5			
		8			6			5
5		7			2		1	9
	4							8
6	8	5				9	7	3
2							4	
1	2		5			4		6
8			2			5		
			4	9		1	8	2

Easy # 337

	2	4	8	5	3			
	6	8	7			1		
9			1	6		8	3	
	9					6		1
4		6					7	
	8	1		7	5			6
		9			4	2	8	
			6	2	8	7	1	

Easy # 338

		9			5			2
5	8			7		4		1
			2	1				
3	4			9		6		
2	5	1		6		9	3	4
		8		5			2	7
				2	9			
7		6		3			5	8
4			5			7		

Easy # 339

	2			9	7			6
3			6	1			9	
	5		8		3		7	
6	8		7	4			1	
	9				7			
	3			5	1		6	9
	4		9		2		3	
	6			8	5			7
8			4	3			5	

Easy # 340

4			3	5		7		
	3			2	1			5
		2	6			8	1	
8		7	9	3		2		
	4						8	
		9		1	4	5		7
		4	2			5	3	
7			4	8		6		
		8		9	7			2

Easy # 341

5					2	8	3	
3	8			4			2	6
				8				4
		5				3	1	7
4		7				6		2
8	2	3				4		
9					1			
	3	1			4		9	8
	4	6	9					3

Easy # 342

	1		7		8			
	4		5		2	7		8
				9				4
3	8		2			1		
4		1		5		2		3
		5			3		4	7
1				3				
2		6	1			7		9
			6		5		7	

Easy # 343

5	9				3	1	8	
6		3	5	1				
		1			2	6	5	
1				5	3			4
		8			5			
2		7	4					1
	3	6	1			2		
			2	7	4			6
	7	2	3				1	8

Easy # 344

4	7		2			5		
8			6	1			4	7
	2	1		4				
			7			9		
	8	5	4	9	3	6	1	
	3			2				
			5			1	2	
9	1			2	4			5
		2			9		3	4

Easy # 345

	6	8	7				1	
4			1	8		5	6	
	9	2	6	3	5			
		4					8	1
9	8					7		
			8	2	6	1	7	
	1	6		7	3			8
	4				9	6	2	

Easy # 346

4		5			1	8	7	
2	9		8	7				
	7			5	1	2		
5				9			8	7
	3						4	
9	1		3					5
	2	3	7			5		
			5	3			1	2
	5	4	1			6		3

Easy # 347

	6	4	8		9			
7			4		3			6
		3	6				4	9
	1		3					5
5	7						1	2
4				5		6		
6	2				7	8		
1			2		4			3
			5		8	7	2	

Easy # 348

		2	7			8		
	7		4			3		9
4				2	5	1	6	
	5	7					8	4
2								1
8	9					2	5	
	4	6	1	8				2
7		3			6		1	
		5				9	4	

Easy # 349

```
. 4 2 | . . . | 3 5 .
8 . 3 | 7 . . | 6 . .
6 . . | . 8 3 | 4 . .
------+-------+------
5 . . | 3 . . | 7 . .
2 3 . | 4 . 5 | . 1 6
. . 9 | . . 1 | . . 2
------+-------+------
. . 5 | 6 3 . | . . 4
. . 6 | . . 8 | 1 . 3
. 8 4 | . . . | 2 6 .
```

Easy # 350

```
7 . 8 | 6 . . | 4 . .
3 . 1 | 7 8 5 | . . .
. 5 . | 9 1 . | 3 . 7
------+-------+------
1 . . | . . . | 5 6 .
. . . | . . . | . . .
. 3 5 | . . . | . . 4
------+-------+------
2 . 7 | . 5 3 | . 4 .
. . . | 2 9 7 | 6 . 8
. . 3 | . . . | 1 7 5
```

Easy # 351

```
. 5 . | 7 8 . | 4 . 1
8 . . | 6 9 . | . . .
. 6 . | 3 . . | . . 7
------+-------+------
5 . . | . 6 . | 1 4 .
3 4 . | 5 . 1 | . 9 2
. 8 9 | . 4 . | . . 6
------+-------+------
4 . . | . . 7 | . 2 .
. . . | . 5 6 | . . 9
6 . 1 | . 2 9 | . 5 .
```

Easy # 352

```
. . 9 | 6 4 1 | 8 . .
. 3 . | . . 9 | 1 . 7
1 . . | 8 7 . | . . .
------+-------+------
. 6 1 | 9 5 . | . . .
. 2 5 | . . 6 | 7 . .
. . . | 6 2 3 | 9 . .
------+-------+------
. . . | 8 4 . | . . 6
5 . 7 | 2 . . | . 1 .
. . 6 | 3 1 5 | 7 . .
```

Easy # 353

```
. . 8 | . . 9 | . . 7
. 5 6 | . . . | 4 9 .
3 9 . | . . 2 | . . .
------+-------+------
5 . . | . 8 2 | 4 . .
. 8 1 | 2 . 4 | 7 5 .
. 4 9 | 1 . . | . . 3
------+-------+------
. . . | 4 . . | . 1 6
. 6 3 | . . . | 9 2 .
9 . . | . 8 . | . 3 .
```

Easy # 354

```
7 . . | 9 . . | 1 . .
. 8 1 | . . . | 7 2 .
. . . | . 5 . | . 3 8
------+-------+------
. 5 7 | 3 . . | . . 1
. 9 3 | 2 . 5 | 6 4 .
4 . . | . . 9 | 2 5 .
------+-------+------
1 7 . | . . 2 | . . .
. 4 8 | . . . | 5 7 .
. . 9 | . . 7 | . . 6
```

Easy # 355

```
8 4 . | . . . | . 2 9
. 6 . | 9 3 . | 4 . .
. 9 . | . . 8 | 3 7 .
------+-------+------
. 1 . | . . 7 | 2 . .
3 . 2 | 4 . 6 | 9 . 7
. . 6 | 3 . . | . 5 .
------+-------+------
. 3 8 | 5 . . | 9 . .
. . 9 | . 8 3 | . 4 .
4 2 . | . . . | . 3 6
```

Easy # 356

```
3 . . | . . . | 8 . 7
. . 4 | 9 5 . | 2 6 3
8 . 6 | 1 . . | . . .
------+-------+------
5 4 . | 7 2 . | . . .
. . 8 | 6 . 5 | 7 . .
. . . | 8 4 . | 5 2 .
------+-------+------
. . . | . 6 1 | . 9 .
9 5 1 | . 4 3 | 6 . .
7 . 3 | . . . | . 4 .
```

Easy # 357

```
7 1 . | . . . | 3 . .
6 . 8 | . 9 . | . 7 .
. . 9 | . 2 5 | . . 1
------+-------+------
5 7 . | 8 6 . | . . .
. 8 1 | . 5 . | 7 9 .
. . . | 7 3 . | . 2 8
------+-------+------
8 . . | 6 1 . | 9 . .
. 9 . | . 4 . | 8 . 3
. 5 . | . . . | . 4 7
```

Easy # 358

```
3 . . | . . 4 | . . 9
9 . . | 1 3 4 | 7 . .
. 1 . | 7 . . | . 6 2
------+-------+------
. 4 . | . 8 . | . . 7
. 9 1 | . . . | 8 5 .
6 . . | . 1 . | . . 4
------+-------+------
4 3 . | . . 1 | . 2 .
. . 6 | 8 5 2 | . . 4
5 . 8 | . . . | . . 1
```

Easy # 359

```
. 1 . | . 9 6 | . . .
4 3 7 | 5 . 8 | . . .
9 . . | . 4 . | . 5 8
------+-------+------
7 9 . | 6 2 . | . 8 5
. . . | . . . | . . .
6 5 . | . . 3 | 7 . 9
------+-------+------
1 7 . | . 8 . | . . 9
. . . | 3 . 1 | 8 7 2
. . . | 9 7 . | . 6 .
```

Easy # 360

```
. . . | . . 8 | 1 2 6
6 8 . | 4 5 . | 7 3 .
. . 1 | . . 9 | 2 4 .
------+-------+------
3 7 6 | . . . | . . .
. . 5 | . . . | 8 . .
. . . | . . . | 2 6 7
------+-------+------
. . . | 1 2 4 | . 7 .
. 6 8 | . 3 7 | . 1 4
4 9 7 | . 6 . | . . .
```

Easy # 361

```
5 . . | . . 3 | 6 9 .
. 3 4 | . 5 9 | . 2 .
. . . | . 2 . | 5 . 4
------+-------+------
6 . . | . . 5 | . . .
2 . 1 | 9 3 6 | 4 . 7
. . . | 8 . . | . . 3
------+-------+------
4 . 5 | . 9 . | . . .
. 1 . | 7 4 . | 9 8 .
. 9 8 | 5 . . | . . 2
```

Easy # 362

```
2 . . | 1 . 4 | 3 . .
. 4 6 | 3 . 5 | . . 8
. 1 3 | . 7 . | . 4 .
------+-------+------
3 . 1 | . 4 . | . . .
. . 8 | . 6 . | . . .
. . . | 1 . 8 | . 9 .
------+-------+------
. 3 . | . 2 . | 7 5 .
6 . 7 | . 3 2 | 9 . .
. 7 4 | . 9 . | . . 3
```

Easy # 363

```
. 1 7 | . . . | 6 4 .
3 8 . | 6 . . | . 7 .
4 . . | 3 7 . | 5 . .
------+-------+------
1 . . | 8 . . | 9 . .
7 . 8 | 5 . 4 | 3 . 1
. 2 . | . . 3 | . . 5
------+-------+------
. 4 . | 3 6 . | . . 7
. 7 . | . . 2 | . 3 6
. 3 5 | . . . | 4 1 .
```

Easy # 364

```
5 . 3 | 8 1 2 | . . .
8 . 6 | 9 . . | . . 4
. 7 . | 4 6 . | 2 . 8
------+-------+------
. . 7 | . . . | . 4 6
. . . | . . . | . . .
6 5 . | . . 9 | . . .
------+-------+------
4 . 8 | . 9 1 | . 6 .
7 . . | . 5 8 | . . 3
. . . | 6 3 8 | 4 . 9
```

Easy # 365

```
. 2 . | . 9 1 | . . 7
. 6 . | 8 . 3 | . 1 .
3 . . | 7 4 . | . 9 .
------+-------+------
7 8 . | 1 5 . | . 4 .
. . 9 | . . . | 1 . .
. 3 . | . 6 4 | . 7 9
------+-------+------
. 7 . | . 8 6 | . . 1
. 5 . | 9 . 2 | . 3 .
8 . . | 5 3 . | . 6 .
```

Easy # 366

```
. . . | . 8 5 | . . 1
. 1 . | 7 9 . | . 8 4
. . 7 | . . 1 | 6 5 .
------+-------+------
. 6 . | 3 . 4 | . 9 8
. . . | . 2 . | . . .
4 2 . | 1 . 8 | . 7 .
------+-------+------
. 5 6 | 8 . . | 1 . .
2 8 . | . 5 3 | . 4 .
3 . . | 9 1 . | . . .
```

Easy # 367

```
9 2 . | . 1 7 | 8 . .
. . . | 8 2 . | . 9 7
3 . . | 6 . . | . . .
------+-------+------
. . . | 7 . . | 9 1 5
4 . 7 | 2 . 9 | 6 . 8
6 5 9 | . 3 . | . . .
------+-------+------
. . . | . . 3 | . . 2
7 4 . | . 6 2 | . . .
. . 6 | 9 4 . | . 5 3
```

Easy # 368

```
4 5 . | 2 . . | . . 1
3 . . | . 8 . | . . .
. . 1 | 3 5 4 | 9 . .
------+-------+------
. 9 . | 7 6 2 | 1 . .
1 4 . | . . . | 3 6 .
7 6 3 | 4 . 5 | . . .
------+-------+------
. 6 8 | 2 1 4 | . . .
. . . | 8 . . | . 4 .
4 . . | . 9 . | . 1 7
```

Easy # 369

```
6 9 . | . . 7 | . . .
5 . 4 | . . . | 3 . 9
. . 3 | . . 2 | . 4 .
------+-------+------
. 3 . | . . 6 | 4 . 7
1 . 8 | 7 . 5 | 6 . 2
7 . 5 | 2 . . | . 1 .
------+-------+------
. 8 . | 4 . . | 2 . .
4 . 7 | . . . | 9 . 1
. . . | 5 . . | . 3 4
```

Easy # 370

```
8 . 7 | 4 . . | . . 9
2 . 6 | 8 1 5 | . . .
. 3 . | 9 7 . | 5 . 8
------+-------+------
. . 3 | . . . | . 9 7
. . . | . . . | . . .
7 2 . | . . 4 | . . .
------+-------+------
9 . 8 | . 4 1 | . 7 .
. . 7 | 6 8 9 | . . 4
3 . . | . 2 8 | . . 6
```

Easy # 371

```
5 . . | . . . | 4 9 .
. 3 . | 8 2 . | 6 . .
6 . . | 9 . . | 3 7 .
------+-------+------
. . . | 4 7 . | 3 1 .
3 . 2 | 5 . . | 4 . 6
4 5 . | 3 8 . | . . .
------+-------+------
. 8 3 | . 6 . | . . 4
. . 6 | . 1 5 | . 2 .
2 4 . | . . . | . . 7
```

Easy # 372

```
1 . . | 3 5 . | 4 8 .
. . 2 | 6 8 7 | 4 . .
. . 8 | 5 9 . | . 3 .
------+-------+------
. . . | 1 . . | . 5 3
2 5 . | . . . | 9 . .
. 1 . | . . 2 | 8 6 .
------+-------+------
. . . | . . . | . . .
. . . | 5 6 8 | 3 9 .
. 3 8 | . 9 7 | . . 5
```

Easy # 373

		9			8	6		
	1		2				7	8
		9			2	3	4	
		5		7		4		2
3				8				9
9		2		5		7		
1	6	4			7			
8	2				3		4	
		3	6			8		

Easy # 374

		9		8			5	
			5			1		7
		5	9	1	6	8		
		1		7	5		8	
	5	3				7	2	
	6		4	2		9		
	8	7	6	2	3			
2		6			3			
	3			5		2		

Easy # 375

	9	4			2	1		3
				7		8	2	
7			3	9				4
6	7					8		
	4		8		7		1	
	3					5	7	
2				1	3			5
	6	3		8				
5		9	6			7	3	

Easy # 376

	2				4	1		
	5		9	1	4	6		
9			2				5	8
5				2			6	
1		4			2			7
	3			4				5
6	9				3			2
		3	5	8	2		7	
	7	5				8		

Easy # 377

		7		8		4	2	
9	6	8	2		4			
	3			7	5			
	7	9	5	1		2	4	
2	5			6	9	8	7	
		7	9				5	
		6			3	1	9	4
	9	3		4			7	

Easy # 378

	3	8				9		
9				6		3		
		4	1	8	3	9		
8			7	3		2		
6		9				1		3
		5		1	6			4
		6	2	5	8	4		
		2		4				6
			6			5	1	

Easy # 379

	8			9				
		8	5	2	9	6		
	7	5		1				8
		3		8	4	6	7	
	6	4				8	5	
	5	2	6	7		1		
5				2		3	8	
	1	8	3	4	5			
			9			4		

Easy # 380

			6	8	1	5		7
2					4	9		1
1		6		9	2		3	
9	2					3		
			4				7	9
	9		8	4		1		2
5		1	7					3
4		2	1	5	9			

Easy # 381

	6				3		2	
9	7	3		2	6	4		
4	5	2					6	
			4	7	6			
			9		8			
			1	5	6			
2						3	9	1
		1	3	9		2	5	6
	9		2					8

Easy # 382

		2	4	5				
6		3		9	2			8
9	1		6				5	
3		8	5		6			7
			3					
1			2		8	6		4
	7			5			1	9
5			7	4		8		6
				6	9	5		

Easy # 383

		4		9		7		
7	3		5	8				
9		8			1	4	5	3
2			9	4			3	
	7						9	
	9			5	6			7
3	4	9	2			8		6
				3	8		4	9
		5		6		3		

Easy # 384

1		4	6		7	2		5
					9			
	9	8			2	3		
	7		2		8		3	9
2				7				6
8	4		9		3		2	
		6	5		9	7		
				4				
9		2	7		6	5		1

Easy # 385

```
. 5 2 | 3 . 6 | . . .
. . 3 | 2 . . | . 5 9
7 . . | 8 . 5 | . . 4
------+-------+------
. 9 . | 6 . . | . . 8
5 4 . | . . . | 2 6 .
6 . . | . 7 . | 4 . .
------+-------+------
9 . . | 7 . 8 | . . 2
1 8 . | . 9 7 | . . .
. . . | 1 . 3 | 8 9 .
```

Easy # 386

```
6 . . | . . 1 | . . .
8 5 . | . . 6 | 4 7 .
9 7 . | . 4 . | 2 . 1
------+-------+------
. . . | 2 5 9 | . . 8
1 . . | 4 . 3 | . . 6
7 . 2 | 1 6 . | . . .
------+-------+------
2 . 9 | . 5 . | . 4 3
. 1 8 | 3 . . | . 5 7
. . . | 6 . . | . . 2
```

Easy # 387

```
. 2 . | . 4 . | 9 . 3
5 . 7 | 1 9 2 | . . .
. . . | 7 . . | . . 2
------+-------+------
3 . 5 | 8 2 . | 6 . .
9 . 2 | . . . | 8 . 5
. . 4 | . 3 5 | 1 . 9
------+-------+------
8 . . | . 7 . | . . .
. . 9 | 8 6 2 | . . 4
2 . 6 | . 1 . | . 9 .
```

Easy # 388

```
9 . . | 3 6 . | . . 7
. 4 . | 1 . . | . . .
8 . . | . 6 2 | 1 . .
------+-------+------
7 . 8 | 5 . . | 3 . .
1 . 4 | 8 . 3 | 2 . 5
. 2 . | . . 7 | 9 . 4
------+-------+------
4 7 1 | . . . | . . 2
. . . | . 5 . | 1 . .
3 . . | . 7 1 | . . 8
```

Easy # 389

```
. 9 . | . 6 8 | . 7 .
. . . | 5 . 2 | . . .
2 7 . | . . . | 3 6 .
------+-------+------
. 3 8 | 6 . 7 | 1 5 .
7 . . | . 5 . | . . 2
. 5 6 | 8 . 4 | 7 3 .
------+-------+------
. 6 4 | . . . | 5 1 .
. . . | 4 . 6 | . . .
. 1 . | . 7 3 | . 9 .
```

Easy # 390

```
2 . 4 | . 8 . | 3 5 .
7 9 . | 3 . . | 1 8 .
. . . | . 6 . | 4 . .
------+-------+------
4 . 1 | 9 6 . | . . .
. 9 5 | . 3 6 | . . .
. . . | . 4 8 | 7 . 2
------+-------+------
. 6 . | . . 9 | . . .
8 7 . | . 6 . | . 1 5
1 2 . | 5 . . | 9 . 4
```

Easy # 391

```
. 2 . | 9 . . | 7 . .
. 8 1 | 3 . . | . . 9
5 9 . | . 2 . | . . 6
------+-------+------
. 5 . | 1 . . | 8 3 .
. 1 8 | 3 . 7 | 4 6 .
3 7 . | 2 . . | 1 . .
------+-------+------
2 . . | 8 . . | . 4 7
1 . . | 7 . . | 6 9 .
. 6 . | 4 . . | 2 . .
```

Easy # 392

```
8 . . | . 1 9 | . . .
1 . . | 3 . . | 2 . .
2 5 . | . 6 7 | . 4 1
------+-------+------
. . . | 3 5 6 | 2 . .
. 8 . | . . . | 5 . .
. 3 2 | 6 4 . | . . .
------+-------+------
4 9 . | 5 2 . | . 3 7
. . 7 | . . 1 | . . 5
. . . | 4 7 . | . . 2
```

Easy # 393

```
. . . | 4 . . | . . .
. 9 . | 4 3 . | 1 . 8
. 8 . | 7 5 2 | 4 . .
------+-------+------
6 2 . | 3 . . | . 8 .
. 5 7 | 1 . 8 | 9 4 .
. 4 . | . 5 . | . 7 6
------+-------+------
. 2 9 | 8 3 . | 6 . .
5 . 8 | . 4 1 | . 3 .
. . . | . . 8 | . . .
```

Easy # 394

```
. . . | . . . | 6 . .
5 . 7 | 8 6 . | 1 2 .
. . . | 5 1 . | . . 4
------+-------+------
. 7 5 | . . 4 | 3 . .
4 . 3 | 5 . 6 | 2 . 1
. . 6 | 9 . . | 8 4 .
------+-------+------
7 . . | 3 4 . | . . .
. 3 1 | . 7 2 | 4 . 8
. 5 . | . . . | . . .
```

Easy # 395

```
7 . 3 | . 2 . | . 5 1
5 . . | . 7 . | . . .
. 1 . | 3 . 9 | 8 . .
------+-------+------
. . . | 7 8 2 | 1 . .
1 5 . | . . . | 8 4 .
. 8 7 | 6 4 . | . . .
------+-------+------
. . 5 | 7 . 3 | . 6 .
. . 4 | . . . | . . 5
8 6 . | . 1 . | 4 . 3
```

Easy # 396

```
. . . | . 9 8 | . . 5
. . . | 4 3 . | . 9 7
3 . 9 | 2 . . | . . .
------+-------+------
8 . 6 | 7 . . | 5 . 9
. 1 . | . 8 . | . 4 .
7 . 2 | . . 4 | 8 . 6
------+-------+------
. . . | . . 3 | 6 . 1
2 3 . | . 4 6 | . . .
6 . . | 9 7 . | . . .
```

Easy # 397

2		4		6			1

Grid:

```
. 2 . | 4 . 6 | . . 1
. . 4 | 3 5 . | . 9 2
. 8 . | . . . | 4 . .
------+-------+------
. 3 1 | . . 8 | 9 . .
9 5 . | . 4 . | . 7 8
. . 6 | 2 . . | 1 4 .
------+-------+------
. . 8 | . . . | . . 1
2 1 . | . 7 4 | 3 . .
6 . . | 5 . 1 | . 8 .
```

Easy # 398

```
2 . . | 7 1 . | . 8 .
. . 9 | . . . | 6 . 4
. . 8 | . 6 . | . 2 3
------+-------+------
. . . | 4 3 5 | . 2 .
. 1 2 | . 9 . | 8 4 .
9 . 4 | 2 7 . | . . .
------+-------+------
7 2 . | . 8 . | 4 . .
4 . 1 | . . . | 3 . .
. 8 . | . 5 9 | . . 1
```

Easy # 399

```
. 5 3 | . . 8 | . . 6
. . 9 | . . 1 | 4 . .
4 . 8 | 6 2 . | . 7 .
------+-------+------
1 2 . | . . . | 7 . 9
. 7 . | . . . | . 6 .
9 . 5 | . . . | . 4 2
------+-------+------
. 4 . | . 7 9 | 6 . 8
. 7 5 | . . . | 2 . .
5 . . | . 4 . | . 3 1
```

Easy # 400

```
4 . . | . 7 9 | 8 . .
. 9 2 | . 5 4 | . 7 .
1 . . | 8 . . | . . 4
------+-------+------
. . 3 | 9 . . | 8 . .
. 4 1 | . 8 . | 3 9 .
. 8 . | . . 7 | 2 . .
------+-------+------
2 . . | . 3 . | . . 7
. 5 . | 7 6 . | 1 2 .
. . 9 | 2 1 . | . . 8
```

Easy # 401

```
7 . . | . 6 1 | 2 . .
. . . | 2 . 6 | . . 9
. 1 2 | . 9 5 | . 8 .
------+-------+------
4 . . | . . 1 | . . .
5 . 9 | 3 4 2 | 8 . 7
. . . | 6 . . | . . 3
------+-------+------
. 7 . | 2 6 . | 9 4 .
9 . 6 | . 7 . | . . .
. 2 3 | 4 . . | . . 6
```

Easy # 402

```
. . 9 | . . . | . . .
. 1 4 | . 6 2 | . 8 5
6 . . | 4 8 . | . . .
------+-------+------
. 3 . | 7 . . | 8 5 .
8 4 . | 9 . 3 | . 2 1
. 9 6 | . . 8 | . 4 .
------+-------+------
. . . | . 9 1 | . . 8
9 6 . | 5 3 . | 2 1 .
. . . | . . . | 3 . .
```

Easy # 403

```
9 5 . | 4 1 . | . 3 7
. 7 . | . 3 6 | . . .
. . . | . . 6 | . . .
------+-------+------
. 4 . | . . . | . 7 3
1 3 9 | 5 . 7 | 8 2 4
2 8 . | . . . | 9 . .
------+-------+------
. . 4 | . . . | . . .
. . . | 6 7 . | . 8 .
7 1 . | . 5 3 | . 6 2
```

Easy # 404

```
. 5 . | 6 9 . | . . 3
. 3 . | . . 7 | . 6 9
. 6 8 | . . . | 5 4 .
------+-------+------
. 7 . | . . 6 | . . 8
3 . 2 | 8 . 5 | 6 . 4
4 . . | 2 . . | . . 1
------+-------+------
. 4 3 | . . . | 9 5 .
6 2 . | 9 . . | . . 3
5 . . | . 6 3 | . 8 .
```

Easy # 405

```
5 7 . | 6 . . | . . 3
. 9 . | . 7 3 | . . 8
2 . 3 | . . . | 6 . 9
------+-------+------
. 2 . | 5 . . | . . 4
. 3 5 | 8 . . | 9 7 2
1 . . | . . 7 | . 8 .
------+-------+------
7 . 8 | . . . | 9 . 2
9 . . | 7 6 . | . 3 .
3 . . | . . 1 | . 6 7
```

Easy # 406

```
. 7 . | . 8 4 | 2 . 9
9 . . | 5 . 7 | . 3 .
. 2 5 | . 1 . | . . .
------+-------+------
. . 8 | 2 . . | 3 4 .
. 6 . | . 3 . | . 8 .
. 3 7 | . . 9 | 5 . .
------+-------+------
. . . | 9 . . | 7 2 .
. 4 . | 7 . 1 | . . 3
7 . 9 | 3 6 . | . 1 .
```

Easy # 407

```
1 . . | 2 9 . | 5 . .
. . . | . . . | 7 3 .
4 . 9 | 8 5 . | 6 . .
------+-------+------
. 4 6 | . . 8 | 1 3 7
. . . | . . . | . . .
9 3 1 | 6 . . | 5 8 .
------+-------+------
. 7 . | . 8 1 | 2 . 9
6 1 . | . . . | . . .
. 9 . | 2 7 . | . . 5
```

Easy # 408

```
. 5 . | . . . | 4 9 .
2 . . | . . 9 | 3 5 .
. . 3 | . . 5 | . . 8
------+-------+------
4 . 2 | . 1 . | 5 . 9
. . 8 | . 9 . | 4 . 2
6 . 5 | . . 3 | 7 . 4
------+-------+------
5 . . | 6 . . | 1 . .
. 2 8 | 1 . . | . . 5
. 7 6 | . . . | . 4 .
```

Easy # 409

	4			2		7		5
1			3					
	5	9	6			4		2
4		6		3	8			
		7	4	1	6	3		
			7	9		6		4
8		4			1	2	5	
					3			8
9		5		4			6	

Easy # 410

				4		7	6	
8			6	3				1
	2	6			7		5	8
2		8				6		
		3	2		4	9		
		4				2		7
6	3		1			5	9	
9				5	6			2
		4	1		2			

Easy # 411

		1						
9		4	5		1		8	
	5	6	3		8		1	
		2	4			1		9
4	1		7		6		3	5
5		7			9	8		
	2		9		4	3	5	
	4		8		5	7		2
						4		

Easy # 412

4	8		1	6		3		9
			9			1	8	2
1			8	5	4			
9	1	5						
	3				7			
					9	6	1	
		8	5	2				4
5	9	4		3				
6		1		7	8		9	3

Easy # 413

3	5			4		2		1
4	9		5				8	7
	8				6			
			6	2			3	8
	6		4		9		2	
7	1		5	8				
			2				6	
8	2			9		3	7	
9		3	6			5	1	

Easy # 414

			9		6	8		
	3			7				
9	2		3		8	1		
6					7	4	8	
3	4			6			7	2
	7	5	2					3
		4	6		2		5	8
				1			4	
	3	8		5				

Easy # 415

4			3		8		6	
	1			4	7			2
		7	1			8	4	5
6		2					3	
	8						1	
	4				9			7
5	6	3			9	1		
9			8	1			7	
	7		2		3			9

Easy # 416

	4		1		6			3
		1		8		6	4	
5			7		4	1	2	
			1				6	4
			2		5			
9	5			6				
	3	9	4		8			2
	8	7		3		4		
4			9		1		8	

Easy # 417

1	8							2
2	6		5	8		9	7	
			9		2	6		1
5	7		8			4		
			2			7		
			8		9		2	5
8			6	2		7		
	2	5		1	4		6	7
3							5	4

Easy # 418

		8				3		
1	4		7					
9		2	1		8			5
	6	9	5		4			3
2	5			1			9	6
4			9		7	5	2	
7			3		6	2		9
					9		5	7
		5				8		

Easy # 419

	2	4			6		8	
3		7		2			5	
		8		4		3		
		5		8		2	1	
4		3	2		1	5		6
	1	6		5		9		
		2		7		8		
7				1		6		5
	3		8			7	9	

Easy # 420

	4	1	7		9	2		5
9			5				7	
				8				
5		7	3			8	2	
6	8		2		1		9	7
	3	9			6	4		1
				3				
	5				8			3
8		3	6		5	9	1	

Easy # 421

5			6	8	4			9
8		4				9		
	9			2				4
	8		1	4				7
9	2						4	6
3				6	2		5	
7				5			2	
			2			6		3
2			7	3	8			5

Easy # 422

			8			7		
1				9		3	6	
	3	5	6	7	1			
	9	1	4	2			5	
	7	4				1	3	
	6			3	7	2	4	
		3	1	9	4	8		
1	2		5					3
	3			8				

Easy # 423

			9	2	5			
9		4	7	5			2	8
						3		
4	9				1			6
7		8	6		3	9		2
2			9				5	3
	6							
8	7			6	4	3		5
		9	8	3				

Easy # 424

9	2					3		
3	5		7	4				
6		4	2		8	7		
		9				2	7	
			8	5	1			
1	4					5		
		5	1		6	9		2
			7	2		5	6	
	6					1	4	

Easy # 425

								7
	5	4	9	1		3	8	
		6		8	4			
		2				6	5	
6	7	5	8		1	9	3	2
		9	8				7	
			4	9		8		
	8	9		3	7	1	2	
4								

Easy # 426

	2	3	8				6	9
				3	9	8		7
	9	7	5			3		
1		8	9					3
		9				2		
3					1	4		5
		5			3	7	8	
7		1	4	5				
2	3				8	5	4	

Easy # 427

	9			8	1		7	
7	2					8	4	
		6		2				
1	4		8		7		6	5
		7		6		2		
8	6		1		3		4	7
		3		8				
3	8					5	6	
	5		7	4		9		

Easy # 428

	5		3			6	8	
8				9			5	7
		4	5		8		9	6
				2		6	1	
			1		4			
2	8			3				
3	4		8		7	1		
2	8			5				3
		9	2		3		8	

Easy # 429

				1	4	7		
							5	
3		1	9	5			2	4
1	3				7			8
8		7	1		5	4		2
5			6				7	9
4	8			3	2	9		7
	1							
		3	8	7				

Easy # 430

		4			5			8
	9		7	4		5	2	
	2		9	3			7	6
7		2	1	9				
					7	6	1	
								9
2	3			1	9		8	
	8	1		6	2		5	
5				3			2	

Easy # 431

	2		9		7		5	
		6		4	9			3
	1	9			3			4
	7				6	1		
	6	3				2	9	
		2	5				6	
5				1		7	8	
7		1	4		8			
	3		7		5		1	

Easy # 432

4								
		1	7	6			5	4
		2	1	4	8			3
	2	9	5			6		
8		6	4		7	5		9
		4			1	3	2	
6			3	5	9	4		
7	4			1	6	8		
								6

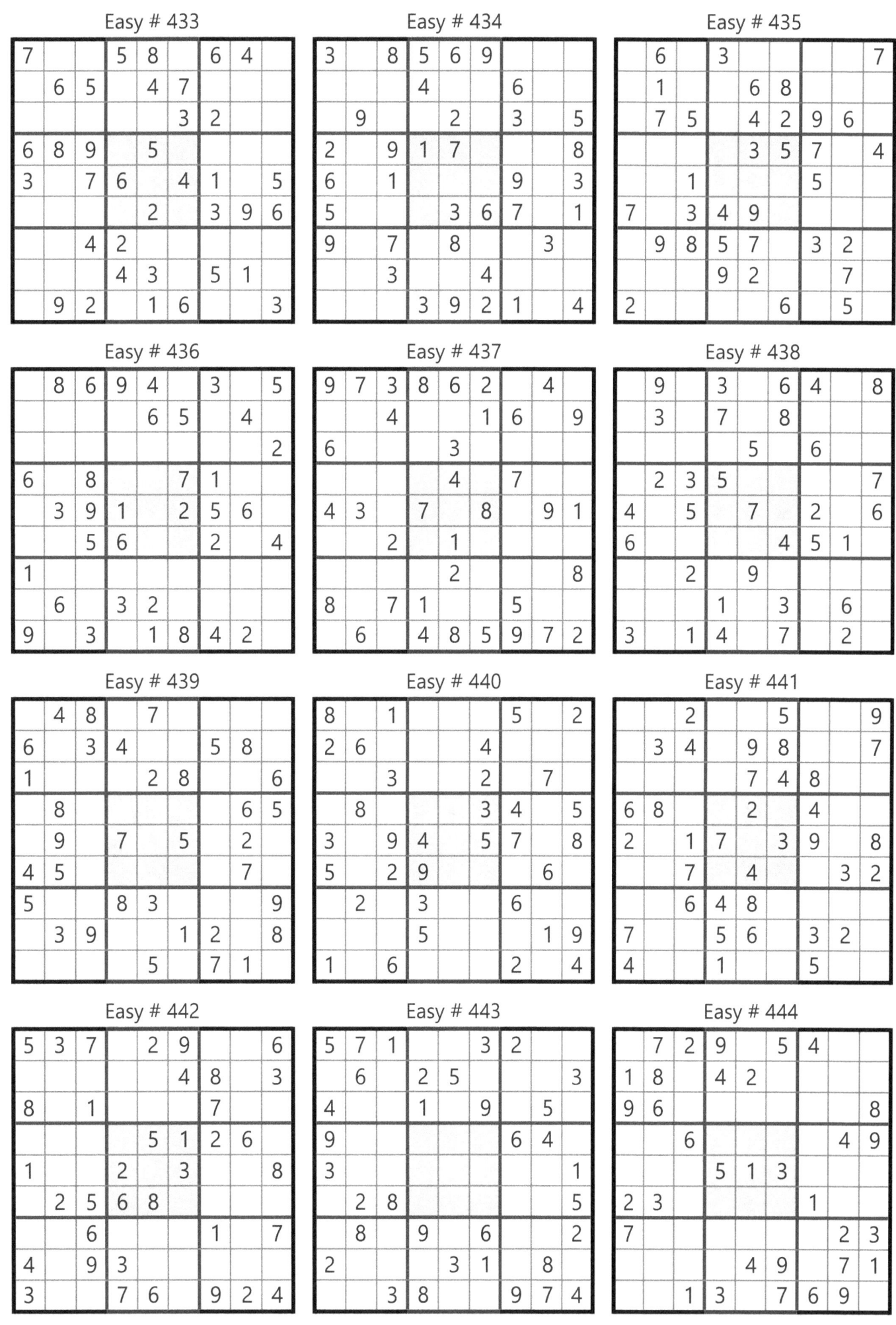

Easy # 445

```
. . 5 | . . . | . 6 .
. 7 . | 9 4 . | 5 . 8
. . 6 | 5 . 1 | . . 3
------+-------+------
. 5 9 | . . 8 | . 3 .
6 . 4 | . 9 . | 1 . 2
. 2 . | 6 . . | 7 5 .
------+-------+------
5 . . | 3 . 9 | 8 . .
8 . 2 | . 1 7 | . 9 .
. 9 . | . . 6 | . . .
```

Easy # 446

```
5 7 . | . . 1 | . . .
9 6 2 | . . . | . . 8
8 . . | 5 . . | . 2 .
------+-------+------
5 8 . | . 4 . | . 7 1
. . 9 | 3 . 1 | 6 . .
1 6 . | . 2 . | . 8 3
------+-------+------
. 4 . | . . 8 | . . 9
6 . . | . . 3 | 8 4 .
. . 8 | . . . | 3 1 .
```

Easy # 447

```
. . . | . . . | . . 3
. 1 2 | 6 5 . | 7 9 .
. 4 . | . . 7 | 1 . .
------+-------+------
. 8 . | . . . | 2 4 .
4 2 3 | 7 . 5 | 9 6 8
. 7 6 | . . . | . 3 .
------+-------+------
. . . | 1 6 . | . 7 .
. 6 7 | . 9 3 | 8 5 .
1 . . | . . . | . . .
```

Easy # 448

```
6 . . | 2 . . | . . .
. 5 4 | 3 1 . | 9 2 6
. 9 . | . . . | 1 . .
------+-------+------
. 4 2 | . . 1 | 5 . 7
. . 3 | 9 . 4 | 2 . .
5 . 6 | 7 . . | 8 9 .
------+-------+------
. . 7 | . . . | . 4 .
1 6 9 | . 8 3 | 7 5 .
. . . | . . 7 | . . 8
```

Easy # 449

```
. . 6 | 5 7 2 | . . 8
. 9 . | . . 3 | 5 . 7
7 . 8 | . 2 1 | . 6 .
------+-------+------
. 3 6 | . . . | . . 2
9 . . | . . . | 6 8 .
. 9 . | 8 6 . | 7 . 4
------+-------+------
6 . 7 | 2 . . | 8 . .
5 . 3 | 7 1 4 | . . .
```

Easy # 450

```
. . 6 | . 4 7 | . 3 .
7 4 . | . 2 1 | . . 5
. . 1 | 9 . . | 7 . .
------+-------+------
. 7 . | 1 . . | . . 6
3 9 . | . 6 . | . 4 8
6 . . | . . 3 | . 9 .
------+-------+------
. . 8 | . . 6 | 4 . .
1 . . | 8 5 . | . 7 3
. 6 . | 3 1 . | 8 . .
```

Easy # 451

```
1 . 2 | . 3 4 | 9 . 8
. 9 7 | . . . | 2 . .
. 5 . | 9 6 . | . . .
------+-------+------
. . . | 7 1 . | 3 2 .
5 . . | . . . | . . 1
7 2 . | 3 8 . | . . .
------+-------+------
. . 8 | 4 . 2 | . . .
. 4 . | . . 9 | 1 . .
6 . 8 | 1 2 . | 4 . 7
```

Easy # 452

```
. 9 . | 6 3 . | 7 . .
. 1 . | 7 8 . | 6 . .
. 5 2 | . 9 8 | . . .
------+-------+------
6 2 8 | 4 . 3 | . . .
7 . . | . . . | . . 8
. 9 . | 5 3 6 | 7 . .
------+-------+------
. 4 7 | . 1 9 | . . .
2 . 4 | 9 . 5 | . . .
. 6 . | 2 5 . | 8 . .
```

Easy # 453

```
9 . . | . 2 . | . . 3
. . 1 | . 6 . | . 9 5
. 3 4 | . . 6 | . . 2
------+-------+------
6 . 7 | . 3 . | . . 1
1 4 . | 7 . 6 | . 2 9
8 . . | . 1 . | 7 . 4
------+-------+------
5 . 8 | . . 3 | 9 . .
4 1 . | . 7 . | 5 . .
3 . . | . 5 . | . . 6
```

Easy # 454

```
8 . . | . . 4 | . 2 .
. 2 9 | 1 5 . | 6 8 .
. . . | 3 2 . | . 7 .
------+-------+------
5 . 8 | 6 4 . | . . .
. . 6 | . . . | 7 . .
. . . | 9 5 4 | . . 8
------+-------+------
. 8 . | . 1 9 | . . .
. 1 4 | . 8 6 | 3 9 .
. 6 . | 2 . . | . . 1
```

Easy # 455

```
. . 1 | 8 4 . | 3 . .
. 7 . | 5 . 1 | . 2 .
. 6 . | . 3 2 | 8 . .
------+-------+------
. 5 8 | 2 9 . | . 4 .
3 . . | . . . | . . 2
. 1 . | . 7 4 | 3 8 .
------+-------+------
. . 5 | 9 1 . | . 7 .
. 9 . | 3 . 6 | . 1 .
. . 8 | . . 5 | 7 2 .
```

Easy # 456

```
9 . . | 7 . . | 8 6 .
. . 5 | 3 . 6 | 4 . .
7 6 . | 9 . 1 | . . .
------+-------+------
. . 8 | . 1 . | . 3 .
. 4 6 | . . . | 1 7 .
. . 1 | . . 5 | . 4 .
------+-------+------
. . . | 2 . 9 | . 8 3
. . 8 | 5 . 3 | 7 . .
. 3 2 | . . 8 | . . 5
```

Easy # 457

```
. . . | 3 . . | 8 6 .
. 9 8 | 5 . . | 1 . .
8 2 . | . . 6 | 9 7 .
------+-------+------
9 . 2 | . . . | . . 8
5 . . | 2 . 3 | . . 4
3 . . | . . 6 | . . 2
------+-------+------
. 5 8 | 1 . . | 4 7 .
. . 4 | . 7 8 | 2 . .
1 3 . | . 2 . | . . .
```

Easy # 458

```
. . 2 | 5 . . | . 8 7
. 8 5 | 2 . 1 | . . .
3 . . | 4 . 8 | . . 6
------+-------+------
. 7 . | 1 . . | . . 4
8 6 . | . . . | . 5 1
1 . . | . 3 . | 6 . .
------+-------+------
7 . . | 3 . 4 | . . 5
. . . | 9 . 2 | 4 7 .
9 4 . | . . 7 | 3 . .
```

Easy # 459

```
. . . | 4 . . | . 6 8
7 . . | 9 . . | 5 . .
. 8 5 | . . . | 7 1 .
------+-------+------
. 4 7 | 6 . . | . . 5
. 9 6 | 1 . 4 | 2 3 .
3 . . | . . 9 | 1 4 .
------+-------+------
. 3 8 | . . . | 4 7 .
. . 9 | . . 7 | . . 2
5 7 . | . . 1 | . . .
```

Easy # 460

```
. . . | . 6 7 | 2 . .
. 2 6 | 5 . . | . . 8
. 7 . | 2 1 3 | . 5 .
------+-------+------
. . . | 4 5 . | . 2 3
6 3 . | . . . | . 4 9
5 8 . | 9 3 . | . . .
------+-------+------
. 6 . | 4 2 8 | . 3 .
2 . . | . 9 4 | 6 . .
. . 3 | 1 7 . | . . .
```

Easy # 461

```
. 8 . | . 5 . | . 3 .
5 9 . | . . 4 | 1 8 6
3 . 6 | 1 9 . | . . .
------+-------+------
7 . . | 5 8 . | 6 . .
. . 3 | . . . | 5 . .
. . 5 | . 1 2 | . . 3
------+-------+------
. . . | 6 9 8 | . . 5
6 5 8 | 7 . . | . 9 2
. 1 . | . 2 . | . 6 .
```

Easy # 462

```
. . 2 | . 7 1 | 4 . .
. . . | . . 9 | . . 5
6 7 9 | . . . | 8 . .
------+-------+------
1 . . | . 3 2 | 8 . .
. 6 3 | 1 . 8 | 9 5 .
. 4 5 | 2 . . | . . 6
------+-------+------
. . 6 | . . . | 5 9 2
9 . . | 3 . . | . . .
. . 8 | 9 2 . | 1 . .
```

Easy # 463

```
. . 3 | . 5 9 | . . 2
4 . . | 3 8 . | . . 9
. 7 . | . . . | 3 4 .
------+-------+------
7 . 8 | . 4 . | 5 . .
1 . 4 | . 3 . | 2 . 6
. 3 . | 8 . . | 9 . 4
------+-------+------
. 2 7 | . . . | 9 . .
8 . . | . 7 3 | . . 1
9 . . | 5 2 . | 8 . .
```

Easy # 464

```
3 5 6 | 4 9 1 | 8 . .
8 . . | . 2 . | 5 9 .
. 9 . | . 3 . | . . .
------+-------+------
. . . | . 8 . | . . 6
. 8 3 | 6 . 4 | 5 2 .
1 . . | . 2 . | . . .
------+-------+------
. . . | 1 . . | 4 . .
6 4 . | 2 . . | . . 7
. . 9 | 8 4 7 | 6 1 5
```

Easy # 465

```
. . . | . 1 . | 4 . .
. . 2 | . 3 7 | 8 . .
5 . 8 | . . . | 1 . 4
------+-------+------
7 . 3 | 4 . 6 | 5 . 1
. 9 . | . 5 . | . 7 .
8 5 7 | . 1 3 | . . 6
------+-------+------
3 . 1 | . . . | 9 . 7
. 7 6 | 1 . . | 2 . .
. . 9 | . 5 . | . . .
```

Easy # 466

```
. 4 . | 3 . 9 | 7 . .
. 3 . | . . . | . . 4
1 . . | 2 8 . | 6 3 .
------+-------+------
3 2 . | . 6 . | . . 7
. 8 4 | . 2 . | 5 9 .
5 . . | 4 . . | . 1 3
------+-------+------
. 5 6 | . 9 1 | . . 2
2 . . | . . 4 | . . .
. . 3 | 7 . 2 | . 6 .
```

Easy # 467

```
. 8 4 | . . 7 | . 6 2
2 6 7 | . 9 8 | . . .
. . 5 | . . 1 | . 8 .
------+-------+------
3 . . | . . . | 5 . .
5 1 8 | . . . | 6 9 4
. 7 . | . . . | . . 3
------+-------+------
. 5 . | 7 . . | 8 . .
. . 3 | 6 . . | 2 7 5
7 2 . | 8 . . | 3 1 .
```

Easy # 468

```
. . 5 | . . . | 9 4 .
. 6 . | 1 7 . | . . 2
. . 2 | . 9 . | . 3 6
------+-------+------
. . . | . 4 3 | 8 6 .
7 . 6 | . 5 . | 2 . 4
. 5 4 | 6 1 . | . . .
------+-------+------
6 1 . | . 2 . | 4 . .
2 . . | . 8 5 | . 7 .
. 4 7 | . . . | 3 . .
```

Easy # 469

6		8	1	4		7		5
		5		7	9			
							9	
		1				5		7
4	6	7	8		5	3	2	1
3		2				6		
	1							
		9	5		2			
5		4		8	7	9		3

Easy # 470

1		7	9	4	3			
9		5	6					2
	8		2	5		3		9
		8					2	5
5	1					6		
2		9		6	4		5	
8					1	9		7
			5	7	9	2		6

Easy # 471

2	8				9	5		
9			5		8			4
			2		1	8	9	
6					5		7	
3	7						4	6
	9		6					8
	3	4	1		6			
5			8		3			7
		1	4				3	9

Easy # 472

9			7	4	8			
	5					6	9	
	6	9	2		4			
2		5			6		7	
6		1		9		3		8
	9		2		6		4	
		2		5	9	1		
5	8					4		
		4	7	8				2

Easy # 473

9	8		1			6		
		6			8	7		
	1		3	2	6		9	5
	2	3		9	5			
	7						4	
			7	1		5	2	
7	9		8	3	4		5	
	6		5			4		
	3				9		8	1

Easy # 474

	4		9				3	
2		3			4			1
9	1	8			6			
	2	7		5			6	
		4		3		7		
	5			6		2	1	
		7				1	2	4
8			2			3		6
	7				3		9	

Easy # 475

3				1				
	9	4	6		2			
	4	9	2	5	3	1		
	3			9		4		
	4	7				8	9	
	6			8			3	
	9	8	6	4	1	7		
	5			7	2	9		
				5				6

Easy # 476

1		3	7		4		9	
			3		6		4	
7				8				
		6			8		5	4
5		7		6		1		8
8	2		1			7		
				9				5
	7		4		2			
	5		6		1	4		2

Easy # 477

		8	7		3	4		
	6		5	9		2		
		5		8	4		9	
3	2	1	5		8			
6								3
	1			4	6	9	2	
	2		6	3		7		
	3			1	2		8	
	6	8			9	5		

Easy # 478

	8		4			3	2	
			9					8
6			2		1		9	3
	4	6	2	9				
1		8				6		9
				4	6	1	5	
4	3			5		8		1
8					4			
		1	3		7		6	

Easy # 479

3				1	5	8		
	8						1	9
		7	4	9		3		
8		6			3		4	
1		2		4		7		6
	5		6			9		3
		8		3	4	6		
4	6						9	
		1	8	5				4

Easy # 480

	6				3	9		4
				7		6	8	
3		8		6	4			7
	9				6			
7	2	4	3	9	8	5		
			1				3	
2			5	8		4		1
	8	6		4				
4		1	6				7	

Easy # 481

7			9			6		2
				1		6		8
	2	8	3	5				9
3		7			8	5		
5				7				4
		6	2			9		7
1				4	7	2	9	
8		9		2				
	7		1		9			3

Easy # 482

			8	7		1	2	9
9		1	2			8	6	
		8	4				3	
		3						5
6	1	7				4	8	3
5						2		
	8				2	3		
	5	4				8	9	2
3	9	2		1	5			

Easy # 483

1	9			3	5			7
2			4	8			6	
				7	9			4
	7					3		
5		3	7	2	6	8		1
		6					7	
7			3	5				
	1			6	2			9
4			1	9			3	8

Easy # 484

		7			8	4		
		7			3	9	2	
1			3				8	6
		5		6		9	3	
	2			8			7	
	7	3		5		6		
3	8				2			9
4	1	9				6		
			2	4			8	

Easy # 485

9		8	6	7		3		5
							2	
3				5	2			
6					5			3
5	8	7	9		3	6	1	4
1		4						8
			2	3				1
	6							
7		3		9	5	4		2

Easy # 486

		2		5	7			3
		5	6		9	7		
1			2	3		8		
9		8	4	2		5		
	1						9	
		4		7	1	3		8
		9		4	8			5
		1	5		3	2		
8				1	9		6	

Easy # 487

	6		3	5	4		8	
		6					5	9
	3			8		6		
	5		9	6	8			
	1	6			2	9		
		4	7	2			3	
		1		6			2	
2	4				1			
	8		9	4	2		1	

Easy # 488

6	7							5
8	5		3	2				
	3	1	5			6	8	
		8					6	7
			6	8	4			
3	2				1			
		2	4		3	7	5	
			7	2			9	8
9							1	3

Easy # 489

1				4		5	6	
7		4	5			1	8	
				8				4
	5					2	1	7
2	6						3	5
3	1	8					9	
5						7		
	2	6				5	7	
	7	1	2					9

Easy # 490

		9	1	8		6		3
	1				4		5	
4			6	9			1	
		4			6			2
2		6		4		1		5
3			9			4		
	4			5	3			6
	9		2				3	
5		3		7	9	8		

Easy # 491

1				4		3	8	
7							1	2
	2		5	6		4		
				8	3		5	1
4		1		5		2		3
6	3		7	1				
		4		2	8		3	
9	1							5
		7	3		9			4

Easy # 492

	6	3	4	9		7		5
			6		7		2	3
	4	5				1		
	5	7	8					2
6								7
4				2	6	5		
	7					2	9	
3	9		7		8			
8		6			2	5	3	7

Easy # 493

3			4		1		5	
	5	8		6		3		
	6	4	3		5			7
4	9			2				
			7		9			
				1			2	3
9			8		3	1	7	
		1		5		2	3	
	3		1		2			6

Easy # 494

1			9		3	4	6	
9			1		5		7	3
							9	
	9	4			6		2	
5		3	7		8	6		9
	1			4		3	8	
	6							
3	5		6		4			2
	8	2	3		1			6

Easy # 495

	8		7				4	
6			4	8		1	3	7
	4					6	9	8
				4	3			6
			5		1			
4			9	2				
7	1	2					8	
8	9	4		1	7			2
	5				8		1	

Easy # 496

1		3			2	6	5	
			9		1			2
	5		1	8			7	
5	3							1
8			3		9			4
9						2	3	
	4			6	1		3	
7		9		3				
	1	8	7			4		6

Easy # 497

	3				6			2
2	5					1	3	
1		7			4			
3				7	4	2		
	8	9	4		5	6	7	
	5	4	6					9
			5			2		3
	4	2				9	1	
8			2				6	

Easy # 498

9								
	6		8	4	7			9
	5		9	1		6		2
	7	3	1				6	
8	4		2		6		9	5
	9				4	3	8	
6		4		9	2		1	
7			5	6	1		3	
								6

Easy # 499

5		4		9		6	2	
				1	8			
7		6		4		5		
		3	1		5			9
1			9	8	5			7
9		5		2	7			
	9			5		2		6
		3	1					
4	6		8			3		5

Easy # 500

	1	3			2	4		8
4					1			
	5	2	4					3
8	3	9				2		
2	7					5	9	
	6					1	3	7
6				9	3	8		
			8					2
3		8	2			5	9	

Easy # 501

		8	5	3			6	1
6	3		1	9	8			
1	9		4			2		
3						4	8	
								2
	8	6						
	6				3		1	8
			7	5	1		4	9
7	1			8	6	2		

Easy # 502

			2	1				
	9		4			8		
	8	5		6			3	4
		3		4			8	2
4	2	7		5		1	9	6
9	6			1		5		
3	4			8		9	7	
		1			4		2	
			2	7				

Easy # 503

4		5	1		2	3	9	
	2				4			1
				7				
	5	7		6	2			4
2	1		3		5		7	8
3		9	8			1	6	
				6				
6			7				4	
	3	1	4		8	6		7

Easy # 504

						5		
5			8		1	7		6
8			5		6	9	2	
	2	5			9	4		
1	6		7		3		9	5
		8	2			3	6	
	4	3	6		8			9
6		1	9		2			4
		9						

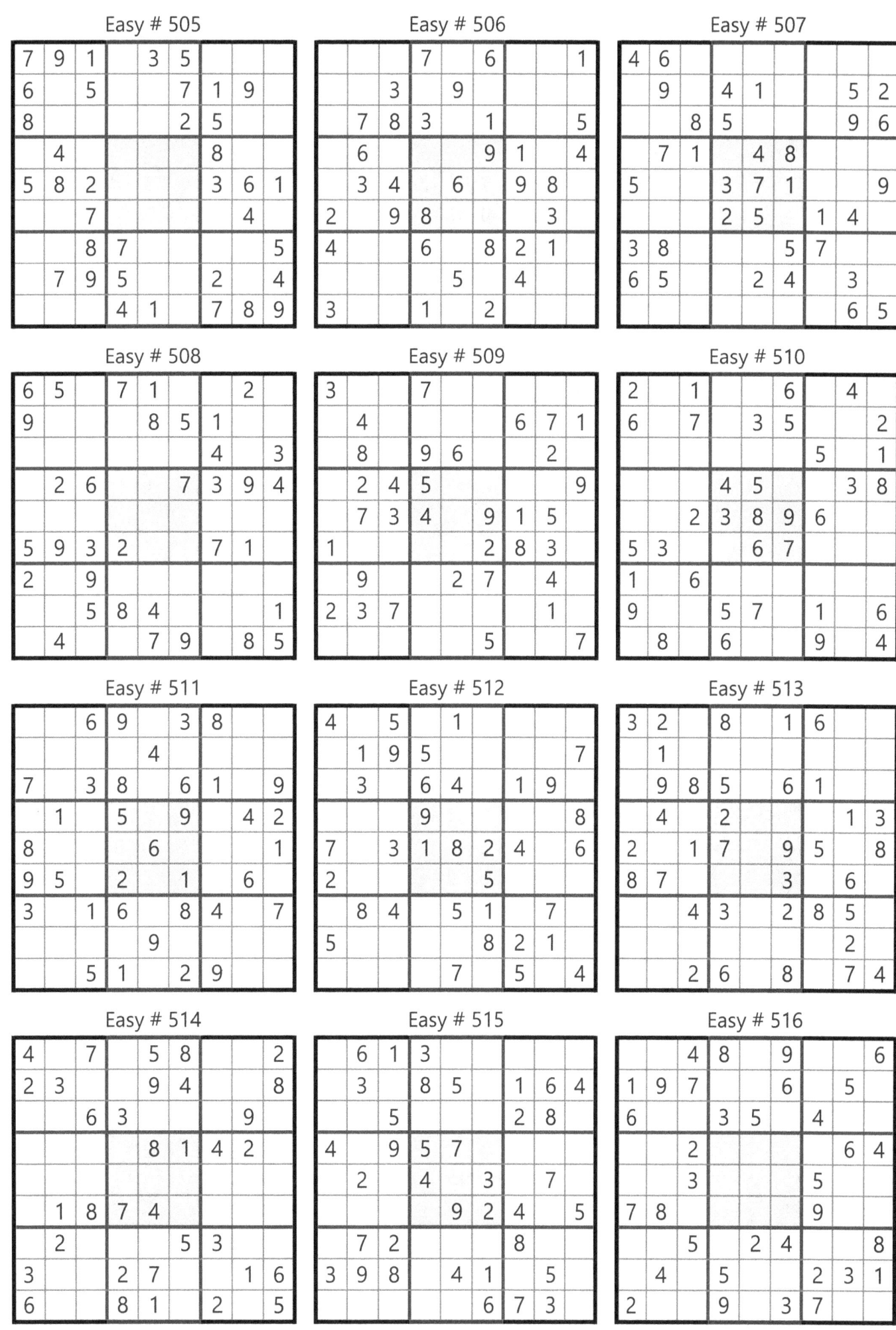

Easy # 517

	2				5			
8	1			7		4		
			4	2	8		9	1
9				6	3		4	7
1	4						3	2
3	6		2	1				8
5	3		7	4	1			
		1		9			6	4
			5				1	

Easy # 518

		2	1	5		3		6
3		6						
	4		3			9		2
	8	1		3	5			
7			8	4	2			3
			9	1		4	8	
6		7			3		9	
						6		1
5		3		8	1	7		

Easy # 519

4			7				1	
1	3			9		7		8
				6	5			
	8			7		6		1
6	2	7		3		9	5	4
9		4		5			3	
			6	2				
7		8		1			4	2
	5				7			6

Easy # 520

7			9	6	3	5		
1	5			4	7	8		
								7
		5			4	9	2	
8		7	5		1	6		3
	2	3	6			7		
5								
		4	1	7			6	5
		2	4	5	8			9

Easy # 521

1		7		5				
	6	8	1			3		9
	3			9	6		5	
7							2	5
8			5		7			3
4	5							6
	4		6	8			1	
6		5			2	9	4	
				7		6		2

Easy # 522

			5	7	8	3	2	
	7				6			
	3	8		9				5
		2		1	4	9	5	
	5	3				7	4	
	1	4	7	3		8		
3				2		5	1	
			6				3	
	4	6	9	5	3			

Easy # 523

7				9		8	6	
2			6	8			7	
6		1			2			3
9				6		1		
	7	4	1		2	6	3	
	3		4					5
3		7			8			2
	2			6	7			1
4	6		8					7

Easy # 524

		7	3					
			7	4		9	5	
	8	3		5	2			4
			3			4	8	2
4		6	2		7	5		9
2	1	8		9				
6			9	1		2	7	
	2	9		7	6			
						4	3	

Easy # 525

	2			3			8	7
		7	8				5	
	1		2	7		3		
6		8	1			5		
	3		6		8		4	
		5			2	9		8
		1		2	3		7	
	6					4	2	
7	5			6			3	

Easy # 526

9			8	6				3
		3		2	4			1
	1					6	2	
5		1			3		8	
7		2		8		5		9
	4		5			3		6
	5	8				6		
2			1	4		8		
1				3	8			5

Easy # 527

6		8		2	3	9		
9			7	8				
	1	7	9				3	
8		2	6		4	1		
				5				
		3	8		9	5		6
	9				8	7	1	
				9	2			4
		6	4	7		8		5

Easy # 528

		8		6			7	1
5	3		2	7	8			
			3					8
1	5		9	8		4		
7	8					9	5	
	6			1	5		2	7
9					3			
			7	9	4		8	6
8	4			2		7		

Easy # 529

```
6 3 1 | . . . | . 9 .
. . . | . 5 . | . . 1
. 2 . | . 6 1 | . 4 .
------+-------+------
9 . . | . 6 8 | 3 . .
. 1 3 | 4 . 2 | 9 5 .
. 6 4 | 5 . . | . . 2
------+-------+------
. 8 . | 2 7 . | . 6 .
3 . . | 1 . . | . . .
. 4 . | . . 7 | 1 9 .
```

Easy # 530

```
8 . 6 | 5 . . | . 9 .
. 5 . | . . 7 | . . .
7 . 9 | . . 6 | 5 4 .
------+-------+------
9 4 3 | . . . | . . 6
2 6 . | . . . | . 3 8
1 . . | . . 7 | 2 9 .
------+-------+------
. 9 4 | 6 . . | 8 . 3
. . . | 4 . . | . 6 .
. 1 . | . . 3 | 9 . 4
```

Easy # 531

```
. 3 . | 5 2 7 | 6 . .
. 5 2 | . . . | 9 . .
8 . 6 | . . 9 | . . 7
------+-------+------
. . 3 | . 9 . | . . 6
1 9 . | . . . | . 5 2
6 . . | . 5 . | 4 . .
------+-------+------
9 . . | 4 . . | 7 . 3
. . 8 | . . . | 1 6 .
. . 1 | 9 8 6 | . 4 .
```

Easy # 532

```
. . 5 | . 3 . | . . .
4 . 9 | 5 . 7 | . 2 .
. . . | 4 . 1 | . 7 .
------+-------+------
1 . . | . 3 7 | 8 . .
5 . 8 | . 1 . | 3 . 9
. 6 3 | 9 . . | . . 5
------+-------+------
. 5 . | 7 . 6 | . . .
. 8 . | 1 . 9 | 6 . 7
. . . | . 2 . | 8 . .
```

Easy # 533

```
8 . 3 | . 2 4 | . . 1
1 . 5 | . . 8 | . 6 .
. . . | . . . | 4 . 5
------+-------+------
. . . | 6 4 . | . 2 9
. . 1 | 2 9 7 | 8 . .
4 2 . | . 8 3 | . . .
------+-------+------
5 . 8 | . . . | . . .
. 9 . | 8 . . | 7 . 6
7 . . | 4 3 . | 5 . 8
```

Easy # 534

```
. 4 . | 9 2 7 | 8 1 .
. 8 . | 3 4 . | . 6 .
7 . . | . 6 . | . . .
------+-------+------
. 5 . | . 1 . | . 7 .
1 8 . | . . . | 2 4 .
2 . . | . 8 . | 5 . .
------+-------+------
. . . | . 9 . | . . 5
3 . . | . 7 2 | . 8 .
5 9 6 | . 3 8 | . 2 .
```

Easy # 535

```
. . . | 1 9 . | . . 7
. . . | . 5 . | . . .
1 6 . | 2 5 . | 3 9 .
------+-------+------
. 1 6 | . . 7 | . 8 .
7 8 . | 1 . 5 | . 3 9
. 5 . | 4 . . | 7 2 .
------+-------+------
. 9 8 | . 6 3 | . 7 2
. . 1 | . . . | . . .
6 . . | 8 7 . | . . .
```

Easy # 536

```
7 2 . | . 9 8 | 3 . .
. . . | . . . | . . 7
6 . . | 1 7 3 | 5 . .
------+-------+------
. . 9 | . . 2 | 4 5 .
4 . 2 | 8 . 7 | 9 . 1
. 5 6 | 3 . . | 7 . .
------+-------+------
. . 7 | 4 2 6 | . . 9
9 . . | . . . | . . .
. . 1 | 9 3 . | . 7 8
```

Easy # 537

```
. 1 . | 8 . 9 | . 5 4
. . 6 | . . . | 9 . 2
. . . | . 5 1 | 3 . 6
------+-------+------
1 . 9 | . . . | . 2 .
. . . | 7 3 8 | . . .
. 3 . | . . . | 5 . 7
------+-------+------
4 . 3 | 9 1 . | . . .
5 . 7 | . . . | 4 . .
9 2 . | 4 . 7 | . 3 .
```

Easy # 538

```
. 7 . | 4 1 9 | . . 8
8 4 . | . . . | . . 1
5 . 2 | . . 7 | 9 . .
------+-------+------
7 . . | . 6 . | 4 . .
. 6 3 | . . . | 8 9 .
. . 4 | . 9 . | . . 2
------+-------+------
. . 5 | 9 . . | 1 . 4
9 . . | . . . | . 6 3
4 . . | 5 3 6 | . 2 .
```

Easy # 539

```
. . . | . . . | 4 . 7
2 1 . | 3 5 . | . 8 .
6 . . | . 9 1 | 5 . .
------+-------+------
. . 8 | 2 . 3 | 7 6 4
1 6 7 | 8 . . | 3 5 .
. . 1 | 9 4 . | . . 5
------+-------+------
. 4 . | . 3 6 | . 9 1
8 . . | 6 . . | 2 . .
. . . | . . . | . . .
```

Easy # 540

```
. . . | 6 . . | 3 . .
7 4 . | 3 . . | 2 . 9
. 1 6 | . 4 . | 5 . 7
------+-------+------
. 5 2 | 9 1 . | . . .
. . 3 | 8 . 4 | 6 . .
. . . | 3 6 7 | 1 . .
------+-------+------
4 . 8 | . 9 . | 1 5 .
9 . 7 | . . 8 | . 2 6
. . 1 | . 3 . | . . .
```

Easy # 541

	4		3	6	1	2		
	3	2				6		
5		7			4			1
		4		8				3
9	8						1	2
3				1		5		
7			1			3		6
		1				9	8	
		3	7	9	8		5	

Easy # 542

7	4		5	9		6		
				4		3	7	
		1	7		6			5
	7	5			4		2	
		9		5		8		
	8		3			1	5	
4			2			7	5	
	2	3		6				
		7		8	1		3	4

Easy # 543

	1		5					6
					1			
4		8	6		3	1	5	
	4	7	3			8		1
8	9		4		2		3	5
2		5			1	9	6	
		6	2	8		9	4	7
				5				
9					6		8	

Easy # 544

			9		2			
6	9		4	3	1	7		
2		5						1
7	8			2	6		4	9
	6						7	
5	1		7	4			3	6
9						6		7
		6	5	1	4		2	3
			6		9			

Easy # 545

		9		2				7
3	7				9			
5			6	3	7			9
	3	1	7					4
9		2				7		6
8				6	2	5		
2			4	8	3			5
			2				6	8
4				5		2		

Easy # 546

	3	6	4			5	1	2
				7				
5					3		4	
6		7			9	5	3	
4	5		1		6		8	7
	1	2	8			4		9
	9		7					3
				9				
1		4	3		8	9	7	

Easy # 547

8			2		7	3		
		7		5	9		6	8
	2	6		4				
	5		6			9	3	
		1		3		5		
	7	3			8		2	
			8			6	7	
7	8		3	1		4		
		9	7		4			3

Easy # 548

3		2	4			9	8	
		5	3				4	
			8	6		3	2	5
		3						8
5	4	9				7	6	1
8						5		
2	3	6		7	4			
	5				9	4		
	1	4			3	6		2

Easy # 549

						4	7	6
4		5		1	6			
		6	9	3				
	5	3			1	6	2	
7				2				1
	6	2	3			9	8	
			9	2	8			
		1	4			3		9
9	4	5						

Easy # 550

	6		3			2		
		1	2		8	3		
	3		5			4	7	
	4	5		7		8		
9	1		6		5		7	4
	7			2		5	6	
1	3			6		7		
	9	6			4	2		
	2			9			1	

Easy # 551

		5		1	8			
						8		
6		3	2	9		1		5
		2				5		1
9	6	1	3		5	4	7	2
4		7				6		
5		9		3	1	8		4
	2							
			8	5		7		

Easy # 552

					5			2
	8		1	4		3		5
7		4		8	2			
8	1	3		5				
4	7		2		1		8	9
				7		6	1	3
			9	2		1		7
1		2		6	7		9	
5			8					

Easy # 553

		3	2	7	1			4
2				5				
1		7		6			3	
		4		9	8	6		3
3		1			2			8
9		8	2	1		7		
	1			4		3		9
		5						1
8		5	6	3	1			

Easy # 554

7			8	4		1		
	5		2	9			8	4
		8			3	2		
	1				2			8
4	6			1			7	3
3			7				1	
		4	1			6		
8	7			5	6		2	
		6		2	7			1

Easy # 555

					8	7		
	4	7			9		6	3
	3	5		4				2
			1	5		4	2	
	1		4	9	2		8	
	2	4		8	7			
4				6			3	1
3	5		2			6	4	
		9	8					

Easy # 556

	1	9			6	3	2	5
	2			9			4	
3		4	5	1				
		8	9	2				3
4								9
9			5	7	4			
			3	1	9			2
	5			7			3	
2	9	3	8			7	1	

Easy # 557

9			5		6	3		7
6			2		7	8	9	
						6		
	7	8			5	2		
4	6		8		1		7	3
		9	6			4	5	
		4						
	5	6	7		4			2
7		1	3		2			4

Easy # 558

7		3	2		8	4		
2								
5	4		3		1	2		
1			8				3	5
	3	7	9		5	6	2	
6	8				2			4
		1	6		3		8	2
								6
		6	1		7	3		9

Easy # 559

		9		1				
	2	4	7		5			
3		7			9			2
6		1	2		7	3		4
	9			1			2	
2		3	8		4	1		7
1		6			7			8
		5		3	2	6		
			7		8			

Easy # 560

7		9			3		2	
4				2				6
8	5		1	6		3		
	4	3					1	2
		8			6			
6	1				4	9		
		6		4	8		3	5
3			9					1
	8			5		2		7

Easy # 561

		1			5	9		2
4		5	9	1	6	3		
		8	3				6	
			4	2		7	3	
		4					6	
	1	7		5	3			
	8				9	4		
	2	1	7	8	5			3
5		9	2			8		

Easy # 562

	5		8		3		2	
			6					
3	7		2		5		8	9
1		6	3		4	7		
7				2				5
		2	7		1	4		3
9	6		5		2		7	8
				3				
	3		1		7		4	

Easy # 563

	3	5	8			7	4	
8	1							6
9	6		4	5				
		1					4	8
			7	9	2			
5	2					9		
			4	8			3	9
3							5	2
		9	2		3	1	8	

Easy # 564

		2		3				9
3			6	4	9			2
4	1				2			
		3	2	1				4
1		5				2		7
9				5	8	6		
			7				5	6
7			5	6	1			3
5				2		7		

Easy # 565

8		6		5	7		2	
		7			3		4	
				1	4	5		
6	8			4		2		
	1	9	6		2	3	8	
		4		8			5	1
		1	4	2				
	9		7			8		
	2		1	9		4		6

Easy # 566

8	2				6	1		
7		9	5	3			6	
4					1			3
	6	4				5		1
	7						3	
3		5				2	4	
6			2					5
	3			4	7	6		9
		7	9				1	8

Easy # 567

		1	3				4	
9	4						1	2
			8			9		7
8	1		7			4		
3	7		2		8		5	6
		6			3		2	8
1		4			2			
6	9						8	1
	3				1	5		

Easy # 568

	8			1	6		2	
2	7		9	5	3		1	
			8		9			
	9			7				4
5	1					7	2	
4			2			5		
	4		3					
	5		2	6	8		4	3
	2		5	9			6	

Easy # 569

4	2		5		8			
7		5		6	1	4	8	
	9					7	1	
2				3	5	7		
5								8
	7	8	2					1
	6	2				5		
5	4	7	2		8			3
			3		5		6	4

Easy # 570

6			3	8			7	
3				7		8		5
		8		5				1
	5	4	6				1	
7			4		5			9
	1				3	5	2	
4				9		3		
1		8		4				7
	6			3	7			8

Easy # 571

	3							1
		9	6		3			7
8		7		2	5		3	
	8		1				9	5
4		1		3		8		2
3	9				7		6	
	5		3	4		7		9
1			9		2	6		
9							1	

Easy # 572

4		1		3				5
	2		4		5	1		
5		6	1		8		7	
	1	4		5				
		7		6				
				4		7	9	
	6		3		1	2		9
	3	5		9			1	
1				2		3		8

Easy # 573

	4	9		7			6	5
5	7		8				2	3
				9			8	
		6	2	3	4			
			8	1		7	9	
				8	9	5	4	
		4			8			
3		5			1		2	9
7		1		3		4	6	

Easy # 574

		6		4	3		9	
3	8						6	2
	1	4	2				3	
		8	1				5	
1		3	9		6	8		4
	7				4	9		
	3				7	2	4	
9	4						8	6
	6		4	2		3		

Easy # 575

	3			6	2	1		
		7	1	8			6	
	9		4		7		2	
	4	1	2	5			8	
6								2
	7			9	8	6	1	
	5		6		3		7	
	1			4	9	2		
		4	5	7			9	

Easy # 576

	6	5	7			9		
				9	3	2		5
	3	9	6				7	1
9		3	2					7
		1				4		
7					4	6		2
4	8				6	7	1	
5		6	4	7				
		7			9	5	4	

Easy # 577

```
. . 7 | 9 8 . | . 3 5
9 5 . | . 3 7 | . . .
. . . | . . 2 | . . 1
6 8 5 | . 9 . | . . .
7 . 2 | 5 . 3 | 9 . 4
. . . | 1 . . | 5 6 2
3 . . | 1 . . | . . .
. . 3 | 2 . . | . 4 9
1 6 . | . 4 5 | 2 . .
```

Easy # 578

```
. . 2 | . . 7 | 6 . 4
7 3 . | . . 4 | 2 . 8
. 6 1 | 8 2 . | . . .
. 7 . | . . 1 | 8 2 .
. . 9 | . . . | 3 . .
. 1 4 | 9 . . | . 7 .
. . . | . 7 9 | 4 6 .
3 . 7 | 4 . . | . 9 5
9 . 6 | 2 . . | 7 . .
```

Easy # 579

```
. . . | 6 . . | . 4 5
. . 6 | 8 2 . | 9 . .
2 9 . | . . 5 | 8 3 .
6 . 7 | . . . | . . 4
9 . . | 4 . 6 | . . 3
8 . . | . . . | 6 . 1
. 2 1 | 7 . . | . 6 8
. 5 . | . 3 8 | 1 . .
7 8 . | . 4 . | . . .
```

Easy # 580

```
6 . 8 | 2 3 7 | 4 . .
. 3 . | 9 4 7 | . . .
. . . | 6 . . | 8 . .
. 4 . | 7 . . | . . 8
7 . 1 | . . 5 | . . 4
8 . . | . 1 . | 9 . .
. 9 . | . 2 . | . . .
. 7 3 | 5 . 2 | . . .
. 5 6 | 4 9 1 | . 7 .
```

Easy # 581

```
1 9 3 | . . . | . 7 .
6 2 8 | . 1 7 | . . 3
. 7 . | . . 6 | . 1 .
3 . . | 2 7 . | . . .
. . . | 8 . 4 | . . .
. . . | . 5 9 | . . 7
. 8 . | 1 . . | . 4 .
5 . . | 6 8 . | 7 9 1
. 1 . | . . . | 5 8 6
```

Easy # 582

```
1 2 . | 5 . . | 3 . .
. 7 . | 4 3 1 | . 2 .
. . . | . 8 6 | . . 7
. . . | 7 5 9 | 4 . .
. 1 5 | . . . | 2 7 .
. 3 7 | 9 1 . | . . .
3 . . | 8 2 . | . . .
. 9 . | 7 6 3 | . 8 .
. . 4 | . . 9 | . 3 2
```

Easy # 583

```
2 7 . | . 6 5 | 3 . .
. 5 . | . . 1 | 9 . .
. . . | 8 9 . | 6 . .
7 . 2 | . 9 . | . 3 .
. 4 8 | 7 . 3 | 2 1 .
. 9 . | . 2 . | 6 . 8
. 8 . | 9 3 . | . . .
. . 4 | 5 . . | 2 . .
. . 3 | 8 4 . | . 9 7
```

Easy # 584

```
. . . | 9 7 . | 8 . .
3 7 . | . 1 . | . 9 .
. . . | 2 . 3 | 7 6 1
8 4 . | . 2 7 | 9 5 .
. . . | . . . | . . .
7 9 8 | 6 . . | 1 4 .
7 5 2 | 4 . 1 | . . .
. 9 . | . 5 . | . 4 1
. . 3 | . . 9 | 8 . .
```

Easy # 585

```
. . . | . . . | 8 . 7
. 3 . | . 9 7 | . 6 .
9 1 7 | . . . | . 2 .
2 . . | . . 9 | 4 1 .
. 7 1 | 6 . 3 | 2 8 .
. 9 6 | 8 . . | . . 3
. 6 . | . . . | 5 7 2
. 4 . | 3 5 . | . 9 .
1 . . | 7 . . | . . .
```

Easy # 586

```
2 . . | . . . | . . .
. 9 1 | 7 . . | . 5 2
. 8 9 | 2 4 . | . . 6
. 8 3 | 5 . . | 7 . .
4 . 7 | 2 . 1 | 5 . 3
. . 2 | . . 9 | 6 8 .
7 . . | 6 5 3 | 2 . .
1 2 . | . 9 7 | 4 . .
. . . | . . . | . . 7
```

Easy # 587

```
. 7 . | . . 9 | . 5 .
8 4 9 | . 5 7 | 2 . .
2 1 5 | . . . | . 7 .
. . 2 | 4 7 . | . . .
. . . | 8 . 3 | . . .
. . . | 6 1 7 | . . .
5 . . | . . . | 9 8 6
. 6 9 | 8 . . | 5 1 7
. 8 . | 5 . . | . 3 .
```

Easy # 588

```
. 4 . | 7 . . | . . 5
7 . 3 | . . . | 9 . .
6 . 8 | 5 . . | . 4 .
4 7 . | . 1 . | . 9 3
. . 6 | 2 . 9 | 8 . .
8 9 . | . 5 . | . 2 4
. 8 . | . . 2 | 4 . 1
. 4 . | . . . | 2 . 9
1 . . | . . 4 | . 6 .
```

Easy # 589

		7		2				1
5			4	6	1			7
6	1					7		
		6	8	1				3
7		2				1		4
9				4	2	5		
			2				4	9
2			3	9	6			5
3				5		2		

Easy # 590

4			3			5		
5	3			1	7		8	
	8	1		9	5		4	
				6	9	1		7
6		5	1	7				
	7		6	2		4	5	
	5		7	3			6	9
		2			4			8

Easy # 591

			7			4	5	3
		9	3			6	1	
7					1			8
2				6			3	5
		4			1		7	
3	7				2			6
4			8					1
	1	3				4	5	
5	9	8			6			

Easy # 592

6			1			3		
	1	3	7					2
	7	4					1	
7		1		8		2		4
	2		4		7		6	
4		9		3		1		5
	4					5	9	
1					8	6	2	
		8			5			1

Easy # 593

9			3	7	6		1	4
		6			8			5
8	4		9					6
7		3		4	1			
5								2
			5	9		1		7
3					4		9	8
6			1			2		
4	5		8	3	2			1

Easy # 594

	6	2	9		3			
		9	2				6	1
7			5		6			8
		1		3				5
6	8						2	3
3					7		8	
1			7		5			2
4	5				1	7		
			4		9	5	1	

Easy # 595

	3	7		2	4		8	5
		2						
1			3	5				
	9		1			8	5	
3	7		2		5		9	1
	4	1			6		2	
				1	9			8
					5			
4	1		7	8		9	3	

Easy # 596

4						6		2
		8			6		3	
	3				8	5		1
	4	2		9		3	6	
1			4		7			5
	7	3		8		1	4	
3		9	7				1	
	5		3			9		
7		4						3

Easy # 597

	7		3	2		6		
9	1	5			7			2
		6	4		9		7	
		8					6	7
		3				2		
4	5					9		
	8		9		3	5		
6			2			8	1	3
	2		8	6		4		

Easy # 598

		6	4	1		8		2
4				5		6		
		8	9	2		5	4	
2	9		1	3				
			9	2		3	4	
	1	3		5	9	4		
	8		6					7
6		4		7	3	9		

Easy # 599

	1			2	5	6		
	7	5	6			1		
4		5			9			7
	2			5		4		
3	1		4		7		9	5
	9		3			8		
1		9				7		6
	7			5	1	4		
	5	3	6			1		

Easy # 600

		7		3				4
3			2	1	4			7
1	5				7			
		3	7	5				1
5		6				7		9
4				6	8	2		
		9					6	2
9			6	2	5			3
6			7			9		

Easy # 601

```
. . 1 | . . 9 | 3 . .
6 9 8 | . 3 1 | . 5 .
5 3 7 | . . . | 1 . .
------+-------+------
. 5 . | 8 1 . | . . .
. . . | 6 . 2 | . . .
. . . | 4 7 . | 1 . .
------+-------+------
. . 3 | . . . | 6 9 4
. 4 . | 9 6 . | 7 3 1
. . 6 | 3 . . | 2 . .
```

Easy # 602

```
1 . . | 4 9 . | 2 . .
4 . . | . 6 . | . 1 7
. . 9 | 5 . . | . . 6
------+-------+------
. 3 8 | 9 . . | 7 . .
5 . . | 3 . 6 | . . 4
. . 7 | . . 2 | 3 6 .
------+-------+------
7 . . | . . 3 | 1 . .
3 1 . | . 4 . | . . 9
. . 4 | . 1 9 | . . 2
```

Easy # 603

```
1 5 . | 7 . . | 4 . .
9 . . | 3 4 5 | . . 1
. . . | . 8 6 | . 9 .
------+-------+------
. . . | 9 7 2 | . . 3
5 . 7 | . . . | 1 . 9
4 . 9 | 2 5 . | . . .
------+-------+------
. 4 . | 8 1 . | . . .
2 . . | 9 6 4 | . . 8
. . 3 | . 2 . | . 1 4
```

Easy # 604

```
5 9 7 | . 8 2 | 1 . .
4 . 2 | . . . | . . 8
. . . | . 1 7 | . . 5
------+-------+------
. . . | 3 8 . | 9 6 .
. . 3 | 1 . 9 | 4 . .
9 8 . | 4 6 . | . . .
------+-------+------
3 . 1 | 7 . . | . . .
2 . . | . . 3 | . . 4
. . 8 | 5 9 . | 6 1 2
```

Easy # 605

```
. . 8 | 4 2 . | . . .
6 . . | . . 1 | 5 7 .
. 7 . | 5 6 3 | . 8 .
------+-------+------
9 3 . | 1 8 . | . . .
7 8 . | . . . | 5 1 .
. . . | . 5 9 | . 6 8
------+-------+------
. 2 . | 6 4 8 | . 9 .
6 7 9 | . . . | . . 3
. . . | . 7 2 | 6 . .
```

Easy # 606

```
. 7 . | . . 9 | 2 . 6
. . 2 | . . 6 | . 4 .
6 . . | . . . | 3 . 9
------+-------+------
. 3 7 | . 5 . | 6 9 .
4 . . | 9 . 3 | . . 7
. 1 6 | . 2 . | 8 3 .
------+-------+------
8 . 1 | . . . | . . 3
. 6 . | 1 . . | 5 . .
7 . 4 | 5 . . | . 6 .
```

Easy # 607

```
5 1 . | 2 6 3 | . . 7
. 3 . | . . 4 | . . 2
. 7 4 | 3 . 1 | . . .
------+-------+------
. 9 . | . 2 6 | . . 5
. 5 . | . . . | 3 . .
3 . 6 | 1 . . | 2 . .
------+-------+------
. . 5 | . 3 2 | 7 . .
6 . 9 | . 8 . | . . .
7 . 5 | 9 4 . | 6 3 .
```

Easy # 608

```
. 8 . | . 9 4 | 5 . .
. 9 1 | 2 . . | 4 . .
4 . 3 | . . . | 8 . 2
------+-------+------
. 3 . | 1 . . | 6 . .
1 4 . | 5 . 8 | . 3 9
. . 7 | . . 9 | . 5 .
------+-------+------
5 . 9 | . . . | 3 . 8
. . 4 | . . 7 | 9 2 .
. . 8 | 9 2 . | . 4 .
```

Easy # 609

```
. . . | 6 . . | . 9 .
. . . | . 3 4 | 7 . .
4 . 5 | . 6 9 | . . 2
------+-------+------
7 . 3 | . . 2 | . 8 4
9 8 . | 4 . 6 | . 5 1
6 1 . | 3 . . | 2 . 9
------+-------+------
5 . . | 7 4 . | 9 . 8
. . 9 | 2 5 . | . . .
. 4 . | . . . | 5 . .
```

Easy # 610

```
. 6 2 | . . . | 5 7 .
7 . . | 1 2 . | 8 . .
1 3 . | 5 . . | 2 . .
------+-------+------
6 . . | 3 . . | 4 . .
2 . 3 | 8 . 7 | 1 . 6
. 9 . | . 1 . | . . 8
------+-------+------
. 2 . | . 9 . | . 1 5
. 7 . | 1 5 . | . . 2
. 1 8 | . . . | 7 6 .
```

Easy # 611

```
. 9 . | 6 . 5 | . . 3
3 . 1 | 4 7 . | . 6 .
. . . | 8 . . | 5 1 .
------+-------+------
. 4 9 | . . 1 | 7 . .
. 7 . | . 9 . | . 2 .
. . 5 | 3 . . | 6 9 .
------+-------+------
. 1 6 | . 3 . | . . .
. 8 . | . 2 9 | 3 . 6
9 . . | . 8 . | 6 . 4
```

Easy # 612

```
. 2 . | . 8 . | . . 3
. . . | 3 . . | 2 5 .
. 3 . | 2 5 6 | . 1 .
------+-------+------
. 4 . | . 2 9 | . . 5
2 6 . | . . . | . 3 8
1 . . | 8 6 . | 7 . .
------+-------+------
. 1 . | 5 7 4 | . 8 .
. 7 6 | . . . | 8 . .
8 . . | . 1 . | . 4 .
```

Easy # 613

4	7	5	2			3	1	
	8			3			7	
			1	4	8		5	
5			7	3	9			
3								8
		8	6	4				3
7		3	1	5				
	5			6			4	
	1	6			9	5	3	7

Easy # 614

		8	9	2			3	
	9		1		4		7	
	2			5	8	1		
	5			6	9	8	4	
9								2
	8	2	5	7			1	
	9	7	4				8	
	1		3		2		6	
	7			1	6	4		

Easy # 615

				1				6
		1		7	3	8		
	8	5	6	2	4	7		
		6		5			9	
2	7					5	8	
	9			8		2		
	2	8	3	1	9	4		
	8	2	6		3			
9			4					

Easy # 616

4	3	1		5	2			8
	2				4		5	
5	6	8				2		
8			3	2				
			1		9			
			7	6				2
	5				7	1	4	
	1		5			9		
7			4	1		2	6	5

Easy # 617

	3			2	6		1	
4		6		7				
	1	8	4			9		6
6						9	1	
5			7		9			2
9	4							7
8		5			3	2	6	
				9		7		3
	9			6	8		5	

Easy # 618

7	6	2	9		5			
		1			6		5	9
8				1	4			
1	2		4	3			9	5
9	4			7	2		6	1
			1	2				4
2	8			5			1	
			7		8	5	3	2

Easy # 619

	9	2	6	8		7		
					6			
4		6		5	3		8	
	5				4		1	7
	4	1	3		6	2	5	
7	9		8			6		
	2		5	8		3		6
		5						
	6		1	4	9	5		

Easy # 620

		6				2	1	
5			9			4		7
	2	5	6	1		9		
1				3		9		
2	5					3	8	
		7		5				1
	7		3	8	4	1		
6		1			5			4
	3	8				5		

Easy # 621

2		1	3		8		5	4
	8		5			3		
				9				
3	5		7			4		9
	6	9	4		2	8	3	
8		7			6		2	1
				7				
	5				9		7	
7	9		6		5	2		8

Easy # 622

		5		9				
4			1	2	8		9	5
1			4	6				2
	5			1				4
3	4						1	7
6				7			5	
8				3	2			1
7	1		6	4	9			3
				8		6		

Easy # 623

			9			5	2	
	1			2	9		6	
9		6		5	3	4		
	7				6			
5	3		8	7	9		1	4
			2				8	
		1	9	2		7		5
8		9	7				2	
2	5				1			

Easy # 624

				1	6	5		3
		3				7		4
	6		8		7		1	2
6		7					4	
				9	5	8		
	5					1		9
7	4		2		9		5	
1		9				2		
2			5	7	6			

Easy # 625

7					5	6	3	
	5		4	2	3		1	
		3	1	6				
4	3		5	8				
9	8						4	6
				4	9		7	5
				1	2	4		
	4		7	3	8		6	
	6	8	9					3

Easy # 626

				7				
		4			5			7
5	7		1		4	9	3	
	3	7			1		2	9
1		5	6		9	3		8
4	8		7			6	5	
	9	2	8		3		6	4
3			4			8		
				5				

Easy # 627

	5		2		1		3	9
9							2	
			7	9	8			5
2		9	1			5		4
7			4		3			6
4		5			9	3		7
3			6	1	4			
	9							1
6	1		9		5		7	

Easy # 628

	9	8	7		5			3
	8				2		4	
2		5	9			8		
	2			5				1
1		5		2		8		4
3			9			2		
	2			4	3			5
	9		1				3	
4		3		6	9	7		

Easy # 629

			9		8			
2			6	8	7	9	5	4
	4	8	3				7	
	9			3				
1		6	4		8	3		5
				6			4	
	6				3	5	2	
4	1	5	8	2	9			6
		2			1			

Easy # 630

	4	7	5			8		9
	2				8		4	1
9			3					
8		2		1	6			
		3	2	5	8	6		
			9	3		2		8
					3			5
4		6		7			8	
7		8			2	1	4	

Easy # 631

	2		1				5	6
		7			2	3	8	
		6			3	1		
		7		9		5		4
4				6				1
5		2		7		9		
		3	6			4		
2	1	5			4			
6	7				5		8	

Easy # 632

	8				1	5		
6		5	3	2		8		7
			9	5		4		
8	2		7	1				
7								4
				6	2		8	1
	8		3	6				
1		3		8	7	6		9
		7	5			3		

Easy # 633

1			6				3	4
2				4		7	9	
	7			3			1	
8	4			1			2	
	2	6	8		4	3	7	
	5			2			6	8
	1			9		4		
	6	2		8				9
5	9				1			7

Easy # 634

	6					4	1	2
		2	9					
	7		2	4			5	
3	1		4			6		
6	9		5		7		2	1
		5			9		4	7
	4			8	5		3	
						2	1	
8	2	6					7	

Easy # 635

1	6	3				4		
				2				6
		5		1	6	8		
4					1	3	9	
	3	6	8		5	2	4	
	8	1	2					5
		9	5	7		1		
3			6					
		8				6	7	4

Easy # 636

4	3						8	
			2		8	5	3	
5	8		1	4		2		7
7	1		4			6		
		8				7		
		4		2			1	8
8		1		3	6		7	5
	4	5	8		7			
	9						6	1

Easy # 637

	8	5	3					2
3					6			
	6	2			5	3		4
4	2	1					5	
5	7						8	1
	9					6	2	7
2		4	5			8	1	
			4					5
9					1	2	4	

Easy # 638

		9			4	3		2
8			6	2			1	4
				9	7		6	
5			4		9		8	1
				1				
7	4		8		6			3
	9		2	4				
4	8			7	5			9
2		3	9			5		

Easy # 639

2			5		4			1
		7	2			5	3	8
	1			7	9			2
1		2					6	
	7						9	
	5					4		3
4			1	6			7	
8	6	9			7	1		
	3		9		5			6

Easy # 640

1	7		5		4			6
	5							
	2	6	1		9			5
	9		4			1	2	
7		1	8		2	5		3
	3	4		5		6		
9			3		1	4	5	
						3		
3			9		7		8	1

Easy # 641

1		8		4	6			3
	9		8			4		
6	2			7	3			1
				3	5	1	6	
	3	5	2	6				
9			3	5			1	7
		1			7		8	
8			1	2		5		9

Easy # 642

		3	5	9		4		
				3			6	7
9	4				7	5	1	
3		2						6
4			6		3			1
5						3		8
	9	8	2				3	5
2	5			6				
		7		1	5	8		

Easy # 643

	4		8	2	6	9		
		2						
	8		3	7		2		1
4	5		1				7	
	7	6	2		3	5	1	
	2			8			9	4
2		3		8	7		6	
					7			
		7	9	1	5		2	

Easy # 644

2			8	6		4	3	
	4		2		7	1		
	5							2
1	8				5			3
	6	3		2		5	9	
7			4				2	1
5							1	
		7	6		1		5	
	1	4		9	2			8

Easy # 645

	6	4		7	3		5	9
2		5	9		4			
9							7	2
		1			7		6	3
		6				9		
3	9		4			7		
1	3							8
			6		9	5		7
6	5		1	2		3	9	

Easy # 646

		6		1	4		3	9
	9	5		3				
4			6		9	7		
	8		3			4	9	
		2		4		1		
	4	7			5		2	
		4	9		8			3
				6		5	8	
3	5		7	2		9		

Easy # 647

7							3	
3	1	5		7	9		6	4
						1	5	
6		8	7				4	1
1			4		3			9
2	3				8	6		5
		2	8					
8	6		9	2		7	5	3
	4							8

Easy # 648

5	4	6		2	1		7	
			1			4	2	
7	2	8				1		
	7			6	1			
				5		9		
				3	8		1	
		2				5	4	3
		5	2			9		
	3		4	5		8	2	1

Easy # 649

4	7			2	8		5	9
		3						
			5	4			1	
9	1						6	
7	8	6	2		4	1	9	3
	3						4	8
	4			8	5			
					5			
6	2		3	7			8	4

Easy # 650

	6	1	5	9		7	4	2
		8					6	
9			6					
	9	4			6		7	1
	3		8		4		5	
6	1		2			8	3	
					3			7
	2					4		
7	4	3		2	5	1	8	

Easy # 651

			5			8		
	8	1				9	7	
	4			7	6		1	
	9	6	7			1	2	5
1				5				8
	5	7	6			3	1	9
	2		1	9			4	
	7	3				5	2	
			3		7			

Easy # 652

2	3	6		7				
8	7			5	2	6	1	
1			9	6			2	
					2	7	9	
4								8
7	2	5						
	1			3	9			6
	8	7	6	4			5	2
				8		7	9	1

Easy # 653

6	4			2				
		2	5	6		3		4
1		5	3				6	
			6			1		
4	9		1	3	5		2	7
	3				8			
	2				6	5		8
5		8		4	9	7		
				5			4	6

Easy # 654

				2			6	9
	9				7	1		3
6		7		9	1	2		
	3			9				
8	2		1	7	3		5	6
			4				7	
		8	5	6		4		1
4		1	9				2	
9	6			1				

Easy # 655

4	5	1		7	3			6
			6	1				4
3		9				7		
			2	7	8	5		
2			6		5			9
	7	5	9	8				
		3				9		2
6		2	4					
7			1	5		3	6	8

Easy # 656

5		9		2			6	7
7					1			
3		2			5	4	8	
			1	4			7	3
1			5		9			4
8	6		2	7				
	9	3	1			2		8
			4					1
4	7			9			3	6

Easy # 657

								5
6	1			2	5	4		
5			9	3	8	1		
		1			2	9	7	
4		5	1		6	3		8
	7	8	3			5		
		7	2	1	4			9
		2	6	5			3	1
1								

Easy # 658

4	9	2			5		8	
5			3	8		1		
		1	7		9			5
		6				5	1	
		3			8			
2	7				9			
6			9		3	2		
		8		6	1			7
	1		8			6	3	4

Easy # 659

	7				3		1	8
			7	2	9			
6			9	8		4		3
5			3		7	6		4
				4				
2		3	6		9			1
3		6		2	5			7
		7	8	3				
8	1		7				5	

Easy # 660

6		7		2	8	9		5
5			3				6	
1				5	4			
			3	7	6	2		
		1				7		
	6	3	2	9				
			9	8				6
	8				5			7
9		4	7	6			3	8

Easy # 661

	7		3		8		2	
	9	4	1		6	5	8	
				7				
6			8		3	7		2
		8		6		1		
9		3	7		2			8
				9				
	8	7	6		1	4	5	
	1		5		7		6	

Easy # 662

	9	8				3		
					6	1	5	
7	5	1		3	9		6	
			2	3	4		7	
	2		6		7		8	
3		7	8	4				
	3		1	7		9	4	6
	6	2	5					
		9				8	2	

Easy # 663

	9			5	2	1		
		8	7	4				
		3	9	1		6	7	
5							8	
7		4	8	2	5	9		6
	8							7
	1	9		7	4	8		
				8	1	3		
		2	3	6			5	

Easy # 664

3			4	8		7	6	
	4	6		7	3			
					1		9	
6	2	8		4				
1	3		6		7		5	4
			9		2	1	6	
	7		9					
		7	1		5	4		
	9	2		5	6			1

Easy # 665

2		1						
6		4	1					5
3	7	9			4	2		
			3	2			4	6
4			7		5			2
7	6			8	9			
	4	7				2	8	9
1				7		6		4
						5		7

Easy # 666

	6	7		8	2			5
				9	3		8	
	2				1			3
7		6		3			5	
9	4		6		5		1	7
	3			7		9		8
4			2				7	
	9		3	5				
5			9	4		6	3	

Easy # 667

		5				7		
1		2	8				6	3
	7	9		3			8	4
	6	7	1	5				
	1		4		8		5	
			7	3	9	2		
6	9			4		7	1	
3	2				5	4		6
	5				1			

Easy # 668

	8		2		3		1	9
		7				3		6
				1	8	4		7
8		3				6		
			5	4	2			
	4					1		5
9		4	3	8				
1		5				9		
3	6		9		5		4	

Easy # 669

	2				1	6	3	
1	4	3	2	9			7	
	8		7					9
			4	6			5	7
	4						9	
2	5			1	7			
8					3		4	
	6		2	5	8	7	1	
	3	1	6				8	

Easy # 670

		6	4	2		1	9	
	5	4	1					2
9	2			6				
			2					5
8	9		5	1	4		3	6
1					7			
				4			2	9
6					2	4	7	
	4	7		9	8	3		

Easy # 671

7			1	6			5	3
		1			7	8		9
				3	9		7	
8			4		5		3	6
				2				
2	5		7		3			1
	4		6	7				
9		8	3			7		
3	2			9	4			5

Easy # 672

	7	8	2	9	3			
	1	2	4			6		
5			6	1		2	3	
	5						1	6
8		1					4	
8		1						
	2	6		4	9			1
	5				8	7	2	
			1	7	2	4	6	

Easy # 673

```
4 6 2 | 9 . 5 | . . .
. 1 . | . 7 8 | . . .
. . 7 | . 2 . | 5 9 .
------+-------+------
. 7 4 | 8 3 . | 9 5 .
. . . | . . . | . . .
. 9 8 | . 6 4 | 2 7 .
------+-------+------
. 4 1 | . 5 . | 7 . .
. . . | 7 4 . | . 8 .
. . . | 6 . 1 | 3 4 5
```

Easy # 674

```
. 9 . | . . 3 | . . .
7 . 4 | . 8 . | 9 5 .
8 . 1 | . . 4 | . 6 2
------+-------+------
. . . | 3 2 1 | 9 . .
. . 3 | 4 . 7 | 2 . .
. 5 6 | 8 9 . | . . .
------+-------+------
1 7 . | 3 . . | 6 . 8
. 9 2 | . 7 . | 5 . 1
. . . | 2 . . | 3 . .
```

Easy # 675

```
. . . | . . . | . 9 2
. 2 6 | . . . | 5 7 8
1 . . | . 2 . | 3 6 .
------+-------+------
2 . 3 | . 5 8 | . . .
6 . . | 2 . 9 | . . 7
. . . | 4 7 . | 6 . 3
------+-------+------
3 6 . | 1 . . | . . 9
4 8 2 | . . . | 7 6 .
7 1 . | . . . | . . .
```

Easy # 676

```
7 . . | 4 8 . | 6 5 .
. . 6 | . . . | . . .
3 . . | 7 6 1 | 2 . .
------+-------+------
9 3 . | 5 . . | . . 8
8 . 1 | 6 . 4 | 9 . 5
6 . . | . . 7 | . 3 2
------+-------+------
. . 8 | 2 5 9 | . . 6
. . . | . . 8 | . . .
. 6 4 | . 7 8 | . . 1
```

Easy # 677

```
2 4 . | 7 3 . | . . .
. . 3 | . 5 . | 1 . .
5 . 7 | . . 6 | 2 4 3
------+-------+------
8 . . | 5 1 . | . 2 .
. 2 . | . . . | 8 . .
. 3 . | . 4 2 | . . 6
------+-------+------
3 1 4 | 9 . . | 7 . 2
. . 8 | . 2 . | 4 . .
. . . | 7 1 . | . 3 8
```

Easy # 678

```
. . . | . 6 3 | . . 9
6 . . | . . . | 5 . .
9 8 . | . 5 4 | . 6 .
------+-------+------
3 9 . | . 1 2 | 7 . .
. 2 6 | 7 . 5 | 8 9 .
. 5 8 | 3 . . | . 4 1
------+-------+------
. 3 . | 9 7 . | . 5 6
. . 9 | . . . | . . 7
4 . . | 5 1 . | . . .
```

Easy # 679

```
. . 3 | 6 1 . | 9 . .
1 . 9 | 4 8 . | . . 6
. . . | . . . | 5 4 .
------+-------+------
3 8 . | . . 5 | 9 7 4
4 7 6 | 8 . . | . 2 5
. 6 7 | . . . | . . .
------+-------+------
5 . . | . 3 8 | 2 . 9
. 3 . | 9 1 . | 4 . .
. . . | . . . | . . .
```

Easy # 680

```
. 6 . | . . . | 1 . 7
. . 2 | 9 8 . | . . 6
. 9 . | 5 . 1 | . 2 3
------+-------+------
9 . 1 | . . . | 7 . .
. . . | 4 8 5 | . . .
. 8 . | . . . | 2 . 4
------+-------+------
1 7 . | 3 . 4 | . 8 .
3 . 8 | 1 9 . | . . .
2 . 4 | . . . | 3 . .
```

Easy # 681

```
8 . . | . . . | . . .
. 3 1 | . 2 4 | 7 5 .
. . . | 8 1 . | 3 . .
------+-------+------
. 1 3 | . . . | 4 . .
9 4 6 | 3 . 7 | 1 2 5
. . 5 | . . . | 9 6 .
------+-------+------
. 9 . | . 3 8 | . . .
. 6 8 | 1 7 . | 2 3 .
. . . | . . . | . . 4
```

Easy # 682

```
5 9 . | 4 8 . | 7 3 1
. . 8 | 9 . . | . . .
2 . . | . . . | . 9 .
------+-------+------
3 8 . | . 9 5 | 1 . .
. 6 . | 2 . 3 | . 4 .
. 5 9 | 7 . . | 6 2 .
------+-------+------
. 7 . | . . . | . . 3
. . . | . 6 1 | . . .
6 3 1 | . 7 4 | . 2 5
```

Easy # 683

```
. . . | 6 . . | 7 . .
. 3 . | . 8 . | 1 . 4
1 . 5 | 4 7 3 | . . .
------+-------+------
8 . 3 | 2 9 . | . . 5
7 . 2 | . . . | 3 . 1
4 . . | . 1 7 | 9 . 2
------+-------+------
. . . | 1 3 8 | 2 . 6
3 . 9 | . 5 . | . 1 .
. . 1 | . . 6 | . . .
```

Easy # 684

```
. . 5 | 3 . 1 | 7 4 .
. . . | 7 5 . | 2 6 .
2 . . | . . . | 9 1 .
------+-------+------
1 5 . | . . . | 9 . .
. . . | 8 6 3 | . . .
. 6 . | . . . | . 8 7
------+-------+------
8 7 . | . . . | . . 4
6 4 . | 1 5 . | . . .
. . 1 | 9 4 . | . 8 6
```

Easy # 685

2			7	8		5		
	9						6	1
	5			6		2		3
				1	3		4	2
	2	8		9		1	5	
9	1		2	7				
7		2		5			1	
1	8						3	
		5		4	9			8

Easy # 686

		2	6			9	5	7
2		3					1	
7		9	5				8	2
1					4			
6	7	8				1	2	3
		4						5
3	4				2	5		9
	2				5			1
5	9	1		7	4			

Easy # 687

			3				1	
5			4		1	9	6	
4			8		9			
2	4		3			8		
	3	6		8		1	2	
	1			6			3	7
		7		4				1
7	4	6		8				2
	2		5					

Easy # 688

	8	6		3				4
	1				2			
6	2			7		1	8	
			2	4	8			7
	8	1				4	9	
2		4	5	9				
	4	5		8			6	9
			9				1	
1			2		6	5		

Easy # 689

		4			5		1	
2			8	4		5		9
9			2	7			6	8
		8	9	3	2			
					8	6	3	2
7	9			3	2			1
1		3		6	9			5
	5		7			9		

Easy # 690

	9					7		
3	6			7	8			9
				9	5		6	
6	5				4	1		2
1		9	2		7	3		6
7		3	5				4	8
	8		7	4				
5			6	2			9	7
		6				2		

Easy # 691

5								9
				3	8	6		
	1		9		6		7	4
	5		8		1	2		7
	2	7		6		1	4	
1		4	3		7		8	
4	7		2		5		3	
	3	1	7					
9								1

Easy # 692

7		3	2	5		1		8
4				1	7			
						6		
9						3		4
3	4	6	1		5	8	9	2
1		2						6
	7							
			7	2				1
2		1		8	6	9		5

Easy # 693

		4		7	3		1	9
2		9		5				
	1		2		4	8		
7			9			3		8
		6		8		7		
4		8			1			2
		3	4		5		8	
				1		9		4
1	4		8	6		5		

Easy # 694

	4	8		3		7		1
1			8		5		6	
		6			4			
			4	1		5	7	
7		4			3			6
3	2		7	5				
			5		6			
	7		9		8			3
6		3		2		5	8	

Easy # 695

			8					3
7				4	8	6		
6	8		3			4	5	
		7				6	1	9
3		9				5		4
8	4	6				3		
	6	1					2	8
	3	5	2					6
2					1			

Easy # 696

1			7	3			4	
	5	3				1		
4				5	8			2
		8	4				1	9
2	9			8			3	6
5	4				9	7		
9			8	4				1
	5					9	8	
	8			7	1			3

Easy # 697

		5		7	6	2	8	
5		7		8				3
			4	3		9		
7		5		1	4	3		2
8		3	2	6		7		4
		4			2	3		
3				5		2		9
1	5	2	9		6			

Easy # 698

		8		4	5	3		
4	7	9				6		
				9		1		
	5			2	8		6	
7		2	5		6	9		1
3		1	8				7	
	9		2					
		7			1	8	9	
		6	9	8		5		

Easy # 699

	1		3	5			9	
8	5						6	1
			6		4			
2	4		1		5		8	3
		6		4		1		
1	8		7		3		4	5
			5		7			
4	2						5	7
	9			8	1		2	

Easy # 700

9			7					
		1	8	6			3	
		2				7	6	4
	2	3	5					8
	9	7	2		8	5	4	
4					3	9	1	
3	7	9				4		
		8		3	7	2		
					5			7

Easy # 701

	1		6	3	8	9	4	
	6		1	5			3	
4				9				
		4		6			1	
7	1				6	2		
	5			2		4		
				8				5
	8			7	3		6	
	2	6	5	1	9		7	

Easy # 702

9	8	6			5	2		1
7	4							9
					3		6	4
				8	7	1		5
	7		5		6		4	
8		5	1	4				
2	3		6					
1							9	7
	6			9	1		5	3

Easy # 703

9		7		6			5	
	6	8			3		1	
		1		8		9		
		5		1		6	4	
8		9	6		4	5		3
	4	3		5		2		
		6		7		1		
	9		1			7	2	
	7			4		3		5

Easy # 704

	9	4		1	6		3	
		1						6
			2	9	7			
	7	2			3		9	8
8	6		9		1		5	4
5	1		2			3	6	
		6	3	4				
9						4		
	4		7	9		6	8	

Easy # 705

		8	1			9		
	6		3			4		2
5				7	6	3	8	
	9	5					1	7
6								5
8	7					2	9	
	3	6	9	5				8
1		4			8		2	
		7			2	5		

Easy # 706

		9	4				3	
6		5		8	2			1
1	4			3	6			2
			2	7	6	1		
	7	2	5	6				
4			1	5			7	9
9			2	7		1		8
	1				8	4		

Easy # 707

			3				5	
9		1	7			4	6	
2	5			4		8	7	
5	6		1	3				
	1		8		7		3	
				5	4		9	2
2	6		8				1	5
9	4				3	6		8
	3				1			

Easy # 708

2			5		3		6	
	4		7	6				9
6	1	5			9	7		
3						4	2	
9								5
	7	8						6
		9	8			3	1	2
7				9	5		8	
	8		3		4			7

Easy # 709

			9		6			
		5	2	4		7		
	3	4				9	5	
	8	6	5		4	3	2	
9				6				5
	5	3	1		2	6	4	
	6	8				4	1	
		7		3	5	8		
				4		1		

Easy # 710

6				2	9	3		
	9	3	6	1	4			
	4		7	8				
5		1	2	4				
9		4			3			2
			3	5	6			4
			9	8		6		
	8	6	7	4	5			
	9	6	5					1

Easy # 711

	8			4	3	7		
3	9		6	7				2
							5	1
2		9			6	1	5	8
8	3	1	2			6		7
	2	8						
5				6	8		3	4
		3	4	5			7	

Easy # 712

	8		6	4		1		9
	2		7					6
4			2	5				
8				2		9	1	
7	1		8		9		5	3
	4	5		1				2
			8	2				5
1					6		3	
2		9		3	5		8	

Easy # 713

					5	7		8
	7	1		4	5	9		
	8						2	
	3	5		7			8	9
8		9		6		4		5
4	5		8		3	1		
	2						1	
	9	5	6		2	8		
3		6	7					

Easy # 714

1					8		7	
				2				
	8	9	7		1	5		6
9		2			3	1	8	
7	1		5		9		4	2
	5	6	4			7		3
5		7	8		4	3	2	
					3			
	3		2					8

Easy # 715

	4				8			
	5	1		6				4
8	1		2		5	9		
			8	5	9			6
	8	9				4	2	
3		2	9	6				
	2	4		3			6	1
9			7		1	2		
			6			4		

Easy # 716

4	6		3	9		8	7	2
		8	7					
	2							9
7	4				9	5		6
3			2		4			7
8		6	5				2	1
5							4	
					5	1		
2	8	9		1	3		6	5

Easy # 717

			1	5		7		
6		9		2				5
			6		9	3	8	2
9		6		4	1	5		8
2		5	8	3		9		1
4	6	8	7		3			
5				6		8		7
		1		8	5			

Easy # 718

	1	8				3		
2	6				3			7
		5	8	1	7		6	
	5			3				6
4		3			8			1
6				8			9	
	4		3	2	6	9		
3			9				7	5
	2					6	4	

Easy # 719

	7			4				
2					5		6	7
4	6	1	8	7	9	2		
				2				1
	2	4	1		8	6	5	
9				5				
		7	2	8	3	1	9	6
1	8		5					3
				9			8	

Easy # 720

		2		8				
			7		9		1	
9		7	4		5		2	
1					4	3	7	
4		3		5		2		1
	2	9	3					5
	8		9		1	4		6
	9		5		6			
				3		1		

Easy # 721

			7	8		6		
	3							
8		2		1	4	7		9
9		6				5		
2	5	4	1		8	9	6	3
		3				8		4
5		1	3	2		4		8
						7		
		8		4	7			

Easy # 722

3								6
				4	3	8		
	8		5		7		4	2
	9		4		8	2		3
	2	3		1		4	7	
4		7	3		9		5	
2	4		1		6		3	
	1	9	8					
6								5

Easy # 723

7			5				6	
	5	1		6	8	9		
3		8		2	9	1		
				9	4		1	8
9	4		3	8				
		7	9	4		2		1
		5	1	3		7	4	
	1				2			5

Easy # 724

	8	1			9			
	6		3	8	7		9	
9				6			7	
6			9	1			8	
5	1						2	9
	7			5	4			3
	5			9				2
	2		5	3	1		6	
			2			5	3	

Easy # 725

	7	2	4		5			
3			9		2			8
	4		7			2		6
		6	5					9
2		8				7		5
5				3	8			
1		9			6		3	
6			3		9			7
			1		4	6	9	

Easy # 726

	3		1		7			4
4		8		9		3		
9		1	3		4		5	
2	1			6				
			5		2			
				7			3	6
	2		8		3	7		5
		7		4		6		3
3			7		6		9	

Easy # 727

4		9		6	7	8	5	
	3					4	7	
8	1		9		5			
1				2	9	4		
9								5
	4	5	1					7
		2		9		6	8	
	6	1				9		
	9	8	4	1		5		2

Easy # 728

5					4	1		
	3	4	1		5		7	2
				8				
3	8				9	4	5	
1		5	7		3	6		8
	2	7	6				1	9
				9				
7	1		4			6	8	9
		9	8					4

Easy # 729

			2					9
9	1			4		6		3
	5	7	3			4		8
8	9		7	2				
7			6		3			2
				9	4		1	5
5		4			2	8	6	
1		8		6			9	7
2					7			

Easy # 730

3								
5		6	8		3		2	
1	8		9		2		3	
7			5			6		3
	3	5	4		1	8	9	
4		8			6			2
	7		6		5		8	9
	5		2		8	7		4
								5

Easy # 731

2	1		9		3	5		
		9	1		4			3
3	6			2			9	
8		1		7				
		5		8				
			4		9			7
	4			3			7	9
9			4		7	2		
		8	6		9		4	5

Easy # 732

			1		3			
5		8	4		7		1	
			8		5		2	
2					4	9	8	
4		9		7		1		2
	1	5	9					7
	5		7		6			
	3		5		2	4		6
			9		2			

Easy # 733

```
. . . | 3 5 . | . 8 4
1 6 . | . 8 7 | 5 . .
3 . . | 1 . . | . . .
------+-------+------
. . . | 1 . 7 | 6 5 .
2 . 5 | 7 . 3 | 4 . 8
6 9 7 | . 4 . | . . .
------+-------+------
. . . | . . 5 | . . 1
. . 2 | 4 9 . | . 3 7
4 7 . | . 3 2 | . . .
```

Easy # 734

```
. . . | . 7 . | . . .
. 4 9 | . 5 2 | . . .
5 . 1 | 2 . 4 | 9 . 6
------+-------+------
8 7 . | 5 . 3 | . 1 .
1 . . | . 2 . | . . 4
. 2 . | 1 . 8 | . 3 5
------+-------+------
6 . 7 | 4 . 2 | 1 . 9
. . 5 | 8 . 1 | 3 . .
. . . | . 5 . | . . .
```

Easy # 735

```
. . . | 5 9 3 | . 6 .
. . 6 | 2 . 4 | 1 9 .
. 9 . | . . . | 2 . .
------+-------+------
9 2 . | 4 . . | . 7 6
. 5 . | 7 . 1 | . 8 .
6 7 . | . 9 . | . 5 1
------+-------+------
. . 9 | . . . | . 4 .
. 8 4 | 9 . 6 | 5 . .
. 1 . | 8 4 7 | . . .
```

Easy # 736

```
7 . . | 2 5 . | 1 4 .
1 . . | 6 8 3 | . 2 .
. 2 . | . . . | . . .
------+-------+------
3 . 9 | 5 . . | . . 1
8 6 . | 4 . 1 | . 7 2
2 . . | . 8 9 | . 6 .
------+-------+------
. . . | . . 1 | . . .
. 3 . | 7 1 5 | . . 9
. 1 8 | . 2 4 | . . 5
```

Easy # 737

```
3 8 . | 2 7 . | 6 . .
. . 9 | 6 . 1 | . . 3
. . . | 4 . 8 | 1 . .
------+-------+------
. 9 2 | . 8 . | 7 . .
. . 7 | . 9 . | 5 . .
. 1 . | 3 . . | 9 6 .
------+-------+------
. 6 8 | . 3 . | . . .
9 . . | 4 . 6 | 2 . .
. . 4 | . 5 9 | . 3 6
```

Easy # 738

```
3 . . | . 7 8 | . . 2
5 . . | 9 4 . | 3 . .
. 4 7 | . . . | . 5 .
------+-------+------
. 8 . | 3 . . | 5 . 6
2 . 6 | . 8 . | 4 . 1
7 . 3 | . . 6 | . 9 .
------+-------+------
. 7 . | . . . | 8 6 .
. . 8 | . 9 5 | . . 4
6 . . | 8 3 . | . . 5
```

Easy # 739

```
. . . | 8 9 2 | 3 . .
9 . 8 | 6 . . | . 4 1
6 . 3 | 1 . 8 | . . .
------+-------+------
. 8 9 | 2 . . | . 1 .
. . 4 | . . 5 | . . .
. 1 . | . 5 6 | 2 . .
------+-------+------
. . 1 | . 8 3 | . . 5
7 5 . | . . 6 | 1 . 4
. 3 6 | 5 1 . | . . .
```

Easy # 740

```
5 . . | . . 4 | 7 . .
. 6 . | 2 9 . | 5 4 .
. 7 . | 5 3 . | . 6 9
------+-------+------
9 . 2 | 3 8 . | . . .
. . . | . . . | . . .
. . . | . 2 9 | 8 . 5
------+-------+------
7 5 . | . 1 8 | . 2 .
. 8 3 | . . 4 | 2 . 5
. . 6 | 7 . . | . . 1
```

Easy # 741

```
1 . 8 | . 2 5 | 4 . .
. . . | . . 4 | . 1 2
. 2 . | . 8 5 | . . 7
------+-------+------
. 7 . | . . 2 | . . .
6 4 . | 5 8 7 | . 9 1
. . . | . 3 . | . 8 .
------+-------+------
3 . 5 | 2 . . | . 4 .
2 1 . | . 5 . | . . .
. . 6 | 9 1 . | 3 . 5
```

Easy # 742

```
8 . 3 | . 1 . | . . 5
. 5 . | 9 . 6 | 3 . .
9 . 1 | 5 . 3 | . 7 .
------+-------+------
. 9 4 | . 2 . | . . .
. . . | 7 . 4 | . . .
. . . | 6 . 2 | 5 . .
------+-------+------
. 4 . | 8 . 5 | 7 . 6
. . 5 | 6 . 2 | . 1 .
6 . . | . 3 . | 5 . 2
```

Easy # 743

```
. . . | . . 8 | . 9 .
8 9 3 | . 6 1 | 4 . 5
. . 6 | . . . | . . 3
------+-------+------
. 7 5 | 6 . . | 8 . 4
. . 8 | 4 . 3 | 1 . .
3 . 2 | . . 7 | 9 5 .
------+-------+------
4 . . | . . . | 7 . .
5 . 7 | 1 2 . | 3 6 9
. 2 . | 7 . . | . . .
```

Easy # 744

```
4 . . | 1 6 . | . 9 2
. . . | 3 4 . | . . 6
. . . | 2 5 . | 4 1 3
------+-------+------
. . 4 | . . . | . . 2
3 6 9 | . . . | 7 5 8
2 . . | . . . | 3 . .
------+-------+------
1 4 5 | . . 7 | 6 . .
. . 3 | . . . | 9 6 .
. . 8 | 6 . . | 4 5 1
```

Easy # 745

			2	1	7			4
2	4	7	3				1	5
	9			5			2	
		4		9	5			8
		8				4		
3			4	7		2		
	7			4			8	
4	1				6	9	7	2
8		2	9	1				

Easy # 746

5			2	6		8		
8				4	6			2
2	7						5	9
4				2	7			
	3	8	7		5	9	2	
		9	3					1
9	8						6	5
3		2	6					8
		5		2	8			7

Easy # 747

	7	4		5				
5		9	4				6	
2			3	7		5		9
			9				8	
	6	2	5	8	1	7	3	
	1				4			
8		7		4	5			6
	4				8	1		5
			6			4	7	

Easy # 748

	1		9	3		5	6	
		3			5			8
	6		1	2			9	7
9		6	4	1				
			9	7	4			1
6	2			4	1		8	
5			2			6		
	8	4		7	6		5	

Easy # 749

5					7			
8	2			3		9		5
1	3				8	4	6	
			7	6	5			1
7			8		2			6
4		9	3	5				
	1	2	7				3	4
6		5		2			1	9
			6					7

Easy # 750

2					3			
	3	4			1	2		8
	5	1	2					4
8	4	9					1	
1	7						5	9
	6					3	4	7
6					9	4	8	
4		8	1				5	9
		8						1

Easy # 751

8	3			7		5		
		5	2	8			9	3
	2				4			
9				1	6		5	7
3	5						6	2
6	1		2	3				8
			4			3		
4	6		7	5	3			
		3		9			1	5

Easy # 752

						4		8
4		8		1	7	5		
5		2			8		3	
			1	8		7	6	
8			5	3	6			9
	6	3		7	2			
	2		8			9		4
		9	7	6		8		1
7		4						

Easy # 753

	6			7			4	2
	8		6	2		7		
		2	4				3	
1		4	8			3		
	7		1		4		9	
		3			6	5		4
	1				9	6		
		8		6	7		2	
2	3			1			7	

Easy # 754

6		1		5			8	7
			8					3
	3		9		7	1		
	9	6	1	8				
5		3			6			8
			9	6	5	4		
		5	7		2		6	
3				9				
9	7			4		3		5

Easy # 755

	1			2				3
	3		1	7	6		4	
			3			1	7	
	9			1	5			7
1	6					3	2	
4			2	6			8	
	8	6			2			
	4		7	8	9		2	
2				4			9	

Easy # 756

			5		4	6	3	
3		5	2	7			9	4
9		2				8		
4		9	1				6	
	5						4	
	2				6	9		5
		4				7		6
5	1			6	9	4		3
	3	7	4		1			

Easy # 757

5		2			1		6	
9					3			7
1	7		6	4		8		
	3	4					9	8
		8				6		
2	9					7	4	
		7		8	9		1	6
8			2					4
	2		7			3		5

Easy # 758

3			7				1	
			2	4		3	6	7
6		7	1			2	9	
7						2		
9	1	3				8	4	5
		2						3
1	8				7	6		4
4	7	6		5	1			
	3				9			1

Easy # 759

2		3	1			7		
	7		4	3	6	8	9	2
					8			3
	9		7					
1	2		6		9		8	7
				1		4		
6				4				
4	9	2	5	6	7		3	
		5			1	9		6

Easy # 760

3	6			2	7			
					8			7
		2	4	6			9	8
2	9	4		8				
6		3	7		4	2		5
			3			4	1	9
4	7			1	3	5		
8			2					
			5	7			4	3

Easy # 761

		4		3	2		6	8
	6		9		4	5		
9		8		7				
3			8			2		5
		1		5		3		
4		5			6			9
				6		8		4
		2	4		7		5	
6	4		5	1		7		

Easy # 762

	4							
7	8			1	9	6		2
		1	8	2				
5			3				2	6
8		2	4		5	7		9
4	1				2			8
				4	7	2		
1		4	6	5			9	7
							5	

Easy # 763

7		2	8	9				
	9	5	4		3		8	
4		1						2
	1				8			4
		3	7	6				
9		6				7		
5					9			6
	7		6		5	4	1	
			8	4	5			7

Easy # 764

4		1	3	2			9	7
3				1	5		4	
				7		1	3	8
7	5	3						
	9						6	
						2	7	3
5	4	7		9				
	1		5	8				4
2	3			6	1	7		9

Easy # 765

						6		4
	5	1	8	2			3	
		9		7	5			2
1	3				8	4	9	6
6	9	5	3				2	8
5			7	4		2		
	4			8	9	5	7	
9		3						

Easy # 766

	2	1					7	
5			4	8		1		
4				9	1			2
	8		2			9		7
3		5		1		2		6
2		4			9		1	
6			1	7				9
		9		5	8			4
	4				7	5		

Easy # 767

	3			5			8	
2	8	1	4				6	5
				6	1	2		3
		2		8	5			7
		5				3		
3			9	1		5		
5		8	6	2				
9	6				7	8	5	2
	2			9				1

Easy # 768

				1	5	7	3	
	7					4	8	
5			6		8	9		1
	8	5						4
			2	3	6			
3						2	1	
4		8	9		2			3
	2	1					9	
	3	9	8	5				

Easy # 769

```
. 6 9 | . . . | 2 1 .
. . . | 2 . 1 | . . .
. . 5 | . 3 8 | 9 . .
------+-------+------
. 8 3 | 1 . 7 | 6 2 .
4 . . | . 6 . | . . 8
. 9 6 | 8 . 2 | 3 7 .
------+-------+------
. . 8 | 7 2 . | 5 . .
. . . | 4 . 6 | . . .
. 3 2 | . . . | 4 8 .
```

Easy # 770

```
1 . . | . 4 3 | . 2 .
. 5 3 | . . . | 8 1 .
4 6 . | 8 . . | . 3 .
------+-------+------
5 . . | 6 . . | . 7 .
3 . 6 | 2 . 1 | 4 . 5
. 9 . | . . 4 | . . 2
------+-------+------
. 3 . | . 9 . | . 4 8
. 4 2 | . . . | 1 5 .
. 1 . | 4 8 . | . . 3
```

Easy # 771

```
. . . | . 4 . | . . .
4 7 . | 1 . 5 | 9 . 8
. . 5 | . . 7 | . 4 .
------+-------+------
8 . 4 | . . 1 | . 9 3
. 1 7 | 6 . 9 | 8 2 .
2 5 . | 4 . . | 6 . 7
------+-------+------
. 8 . | 5 . . | 2 . .
9 . 3 | 2 . 8 | . 5 6
. . . | . 7 . | . . .
```

Easy # 772

```
. . 3 | . . 2 | . . 8
9 6 . | 8 4 . | . 7 3
. . . | 9 3 . | . . 4
------+-------+------
. 7 4 | 1 9 . | . . .
. 5 . | . . . | 8 . .
. . . | 7 8 1 | 4 . .
------+-------+------
5 . . | . 2 6 | . . .
4 8 . | . 1 3 | . 9 2
2 . . | 7 . . | 4 . .
```

Easy # 773

```
. . 7 | . 1 . | . 9 .
. . . | 9 4 . | 2 8 .
9 2 8 | 5 . . | 4 . 1
------+-------+------
. 8 . | . 7 1 | . . 3
. 3 . | . . . | 8 . .
5 . . | 8 2 . | . 9 .
------+-------+------
8 . 4 | . . 6 | 2 7 9
3 9 . | 7 4 . | . . .
. . 2 | . . 8 | . 3 .
```

Easy # 774

```
8 . . | . . 3 | 6 . 1
. . . | . 8 9 | . 4 .
. . 5 | 4 6 . | 3 2 .
------+-------+------
. . 7 | 3 . 8 | 2 5 .
. . . | . 2 . | . . .
. 3 9 | 5 . 4 | 1 . .
------+-------+------
. 5 3 | . 9 7 | 8 . .
. 8 . | 6 3 . | . . .
1 . 6 | 8 . . | . . 7
```

Easy # 775

```
1 9 . | 5 . . | . . .
. . . | 4 9 . | 1 7 .
. . . | . 1 8 | . 6 .
------+-------+------
2 8 . | 7 . . | . 1 6
. . 3 | . 8 . | 4 . .
5 7 . | . . 4 | . 2 8
------+-------+------
. 2 . | 1 7 . | . . .
. 5 9 | . 4 2 | . . .
. . . | . 9 . | . 3 2
```

Easy # 776

```
8 . . | 3 . 2 | 4 . 6
. . . | . . 8 | . . .
3 . . | 8 . 6 | 1 9 .
------+-------+------
. 9 8 | . . 1 | 5 . .
2 6 . | 4 . 7 | . 1 8
. . 3 | 9 . . | 7 6 .
------+-------+------
. 5 7 | 6 . 3 | . . 1
. . 1 | . . . | . . .
6 . 2 | 1 . 9 | . . 5
```

Easy # 777

```
. . . | 5 9 . | . 2 3
. . . | . 2 7 | . . 6
9 . 2 | 1 . . | . . .
------+-------+------
7 . 4 | 3 . . | 6 . 2
. 8 . | . 7 . | . 5 .
3 . 1 | . . 5 | 7 . 4
------+-------+------
. . . | . . 9 | 4 . 8
4 . . | 2 3 . | . . .
1 9 . | . 5 4 | . . .
```

Easy # 778

```
. . 3 | . . 9 | . 6 2
9 8 . | . 3 2 | . . 5
. . . | 5 . 8 | 3 . .
------+-------+------
. . 6 | . . 3 | . . .
. 1 5 | 2 9 6 | 7 8 .
. . . | 4 . . | 9 . .
------+-------+------
. 3 8 | . 2 . | . . .
1 . . | 7 8 . | . 2 4
2 4 . | 3 . . | 5 . .
```

Easy # 779

```
5 7 6 | 3 . 8 | . . .
1 . . | . 5 9 | . . .
. . 9 | . 7 . | 3 . 5
------+-------+------
9 . 4 | 5 8 . | 1 . 2
. . . | . . . | . . .
7 . 2 | . 6 1 | 5 . 9
------+-------+------
2 . 7 | . 4 . | 9 . .
. . . | 1 9 . | . . 3
. . 7 | . . 2 | 4 5 8
```

Easy # 780

```
. 5 . | . 7 . | 6 . .
. . . | 6 . . | . 8 5
. 6 . | 5 8 2 | . 9 .
------+-------+------
. 4 . | . 5 1 | 8 . .
. 2 5 | . . . | 7 6 .
. . 9 | 7 2 . | . 3 .
------+-------+------
. 9 . | 8 3 4 | . 7 .
2 3 . | . . 7 | . . .
. . 7 | . 9 . | . 4 .
```

Easy # 781

			9		5			
1		5	3					8
	2		7	5	8	9	1	6
9				3				
	4	7	1		5	3	6	
				7				1
4	1	6	5	2	9		7	
7					3	6		2
		2		4				

Easy # 782

4				7				
2	7	9	6	4	3	8		
	8				1		4	2
				8			9	
8		7	9		6	2		1
	3			1				
6	9		1				5	
		4	8	6	5	9	2	3
				3				6

Easy # 783

		5	7	4				3
4				2			8	
		7		8		6	5	
9	1		4					6
		2	1		8	7		
6				3			8	1
	5	1		7		4		
	6				1			5
7				5	4	3		

Easy # 784

							4	
1		2	8	9		6		3
		3		6	4			
		8				3		6
9	1	6	2		3	5	7	8
5		7				1		
		4	3		7			
3		9		2	6	4		5
	8							

Easy # 785

4		5		2	1	6		3
2				4	3			
1			9				4	
			3	8	5	2		
		1				7		
8	2	1	5					
	2				5			9
			6	9				7
9		3	4	8		1		2

Easy # 786

	2	9	4	6	8	5		
		6		1	5	8		
					2			9
		5		8			9	
8	7					3	5	
	9			7		1		
1				4				
	8	6	3		4			
	3	2	5	1	7	8		

Easy # 787

	9		7	6		4		8
4		6	8	3	9			
8		3	5		1			
6					9	5		
	4	9						1
		4			6	8		9
		2	7	8	5			3
2		8		9	4		1	

Easy # 788

3	8				7		1	6
	1	9		6		5		2
		7			5			
			2	3	8			9
		5	6		4	7		
2		1	5	7				
			7			2		
9		2		3		4	6	
8	5		4			1	3	

Easy # 789

		5			2			
2		4		3		6	9	
	9		4		1			5
				2	9		6	1
	6	2				3	5	
7	3		6	1				
6			8		4		3	
	5	3		7		1		4
			1			5		

Easy # 790

		6						8
7	4			1	2	6		
	3		5		6			4
		7	8			3		2
9	8			6			7	1
6		3			4	5		
8			3		1		5	
		2	6	9			4	3
3					8			

Easy # 791

			5		2		4	3
4		5			3		1	
		3	1		4	6		
		8			1			9
9		7				8		6
3			8			4		
	1	4		7	9			
	2		6			3		7
7	6		2		8			

Easy # 792

		4	5	6			3	2
		6	9				1	
	5		3	4				
	3			1		7		5
	6	5	2		4	1	8	
2		1		3			4	
			5	3		7		
	9				8	3		
1	2			7	9	4		

Easy # 793

	9	3		7	8		2	
5	7		9					4
		8	6	4				
	3	2	4		9		1	
			3					
	5		8		2	9	6	
			9	7	4			
1				4			7	5
	4		1	6		2	9	

Easy # 794

9				8			1	5
		6	2		1		3	9
	1		9		5	7		
				9		1	5	
		3		6				
	6	4		5				
		1	4		9		8	
4	7		1		8	3		
2	8			7				1

Easy # 795

	9	2			3			8
	1	3		6	5	2		
						9	5	
			8	5		4		6
	2		6	4	7		3	
6		5		3	1			
	3	9						
		7	5	1		3	9	
4			3			8	7	

Easy # 796

			3		9	8	2	
3		9	6	1			4	7
8			5	2		6		
4	9	7						
	1					3		
				4	2	9		
	8		2	6				4
9	3			7	4	6		8
5	4	6		9				

Easy # 797

	8		5	7	6	3		
		7						
	5		4	1		7		2
8	9		2				1	
	1	6	7		4	9	2	
	7				5		3	8
7		4		5	1		6	
						1		
		1	3	2	9		7	

Easy # 798

5	2						8	
3			5	8	6		2	
	7	1			3	6		
	3			9		5		
9		4				2		6
		5		6			1	
		7	6			8	5	
	5		7	4	9			1
	6						4	9

Easy # 799

9			8	2		4		7
	1		7			9		6
4		7						
8	5			7	2			
		3	5	1	9	7		
			6	8			5	1
					8			4
3		4			7		6	
7		2		5	8			3

Easy # 800

1	6		5					
5			3	9		8	6	1
		9					7	3
	2	8	9	4				
7			8		5			4
			2	7	9	8		
4	7					3		
2	3	5		8	6			9
					1		4	5

Easy # 801

	2	6					5	
3				6	7			4
5			9	2		3		
	7		3			5		8
4		8		7		2		1
6		3			8		9	
		7		9	5			2
8			7	3				5
	6					7	8	

Easy # 802

	5			9	1	8		
	7		5	1		6		
9	6					2	5	
	4			8	2			
1		2	6		7	5		8
		7	1			3		
6	2					1	7	
		5		9	1	6		
	1	9	3			5		

Easy # 803

				7	2		4	
7	6		3	4		2		8
						1		
6		7			9			5
3	8		5		1		7	2
2			7			4		1
		5						
8		3		5	6		1	4
	7		8	1				

Easy # 804

5			8			3		1
3				2		6	9	
		4		3		8		
2		6		9		1		
	7	5	4		2	9	6	
		9		8		4		2
		8		7		5		
	5	3		4				9
4		7			6			8

Easy # 805

	7							
1		4		9	8	3		6
		3	1		5			
6		5				2		
4	2	8	9		1	6	5	7
		7				1		8
		1		8	3			
2		9	7	4		8		1
						3		

Easy # 806

7					8	9		6
3	1	9	5	6	2		7	
		6		3				
				7				1
	3	7	1		5	8	9	
2				8				
			2			5		
	6		7	5	4	2	1	9
1		5	8					4

Easy # 807

9					3	6		
6	5						8	9
	1	8			7			
		9			1		7	6
2	4		7		5		3	1
5	7		3			4		
			5			9	6	
7	6						4	8
		2	6					3

Easy # 808

						6		
8	9		4	6		7		3
			9	3		1		
9		8			1			5
5	1		9		6		3	7
6			2			1		4
	8		5	1				
3		5		8	7		4	1
		9						

Easy # 809

	1		3	7	4			9
	3	6				5	1	
	6						7	4
		1		6			9	
4		7				2		6
	8			4		1		
1	2						5	
	3	9			8	6		
8			1	5	6		2	

Easy # 810

		2						9
3		7	8	9		4	5	2
	5		4					
4		3			9		1	7
8			2		3			4
5	7		1			2		6
					1		6	
2	9	5		6	8	7		1
1						3		

Easy # 811

7	6			2	1	9		
5		2	7	1				
		1		3	5	7		
1				7	2			8
		9			7			
3		4	8					1
	2	5	1		3			
			3	4	8			5
	4	3	2				1	9

Easy # 812

			5		2			9
	1		9	8			3	
7		9			2		1	6
	7	1				9		
		8	7		5	4		
		5				7	2	
8	9		3			6		4
	4			6	9		7	
5		3		7				

Easy # 813

							4	
4			6		1	9	2	
9			8		4		7	1
	2	1			8		6	
5		4	2		3	1		7
	9		4			8	5	
1	3		7		6			5
	4	8	1		5			6
	5							

Easy # 814

1			6	4		7		
			2	8				6
3		8		5	9			2
		2				5		
9	5		2	1	7		4	3
	7				2			
6			3	8		5		4
2			5	9				
		3		7	1			8

Easy # 815

5			2		9	3		
	9	7	3		1			6
	2	3		8			9	
3		2		9				
			6		7			
				2		6		4
	3			5		8	1	
7			8		3	5	4	
		8	9		4			3

Easy # 816

4		9	7		1		6	
1		8		4		7		
	7		9		2			1
3	9			5				
			6		3			
				2			7	5
7			2		5		4	
		2		1		5		7
	3		8		7	2		6

Easy # 817

2	3						8	
5		9		3			1	
		1		7	6			9
9	4		5	2				
	1	2		8		7	9	
			6	9		2	8	
7			8	4		1		
	2			1		9		6
	5					7	2	

Easy # 818

2						4		
	7		5		4		2	8
			9	2	8			3
7		3	4			5		9
8				3		9		7
9		5			2	4		1
5			6	4	7			
4	3		2		1		5	
	1							4

Easy # 819

5		6						7
	9		8	1	5			
	2	4		9				6
6		1	2	4				
2	5			1			6	9
			6	7	2			8
9			3			7	2	
	2	4	5				9	
1						6		3

Easy # 820

9	6	8	4	2	1			5
	4			3	2	9		
		2	8					
			3			8		
6		3	2		9	1		7
	9			1				
			7		5			
	5	6	3				1	
1			8	5	2	6	7	9

Easy # 821

1	5	2			7			
	9		3				7	
3		8			5	6		
5	1			8			4	
7				3				2
	8			4			5	7
		1	2			5		3
	3				9		2	
			8			9	1	6

Easy # 822

9			7	4	6		3	
		5				1	9	
		8	2		7			4
1	6					3		5
	3					4		
5		8					9	6
8			9			2	1	
		3	8			6		
	9			3	5	4		7

Easy # 823

1			7			9		
9	3		2	5		8	1	
6				1	4			
			7	3	2	9		
	6					3		
	7	9	2	8				
			8	5				9
8	4		3	9		7	5	
		5			1			3

Easy # 824

	2		1	8		9		
5	7	3			2			8
		9	6		5		2	
		4				9	2	
		1			8			
6	3				5			
	4		5		1	3		
9			8			4	7	1
		8		4	9		6	

Easy # 825

		9	2	3			7	
8	7							4
		2		5	7	8		
3			8			4	5	
	9	1		7		6	8	
	2	8			5			7
		6	7	4		5		
2							4	9
	5			9	3	2		

Easy # 826

1	2		8	6		4		
		7		9			1	2
			1		8			9
		3			2			
8		6	5	3	1	7		4
			9			5		
9		8		7				
5	1		3			9		
	7		1	9			3	8

Easy # 827

		9	4					3
8	1		3		9	4	5	
			7					
	3	4	6				7	5
7		2	5		1	3		9
6	9				2	1	8	
			6					
	6	7	2		4		9	1
4					7	6		

Easy # 828

		2		7	1		5	8
	8		6				4	
1			5			3	9	
4	2					7		6
			1			2		
7		8					3	4
	9	6			8			3
	7			3		2		
5	1		4	2		8		

Easy # 829

9			7					
	3		2	8			6	
	5					8	7	1
	6	5	4					2
	7	9	5		2	1	4	
1					6	3	9	
6	9	7					1	
	2			6	7		5	
					4			7

Easy # 830

4			8		6	1		9
		1						8
		2	1	5	4			
	1	8	6			7	4	
		2	7		9	3		
	4	7			1	2	9	
	9	3	6	7				
1					6			
6		3	1		4			2

Easy # 831

		1		5	4			
	4			9		5	7	
9	8	5	7		2			
	3	4	5	2		6	1	
	6	9			8	1	4	5
			9		6	2	3	5
	9	6		3				4
			1	4		7		

Easy # 832

								8
		8	4		9	6		3
		4	8		6		5	2
8	5				2			7
	6	9	3		1	8	2	
4			5				6	1
1	7		6		4	2		
9		6	2		5	7		
2								

Easy # 833

	4	2	9		8			6
		6						
9		7	6		3			4
		8	3			2	9	
7	9		5		2		6	1
	3	1			6	4		
1			8		7	5		9
						1		
8			1		9	6	3	

Easy # 834

3						8		6
				8		3		
		8	5	4	2		9	1
5	4		6	2			1	8
	8						6	
6	7			9	8		2	3
8	3		2	1	4	6		
			3		9			
9		5						4

Easy # 835

5							1	3
3		4	5		6			
	2	6		1	8		4	5
		9			1		2	8
		2			5			
8	5		6			1		
2	4		9	3		8	5	
			2		5	4		1
9	8							7

Easy # 836

6						8		4
		8	2	5	7		9	3
			8		6			
2	5		4	7			3	8
		8					4	
4	1			9	8		7	6
			6		9			
8	6		7	3	5	4		
9		2						5

Easy # 837

		3			1	5		
1	7	6		5	3			8
5	8	2			3			
8			6	3				
			7		4			
				9	2			3
		5				7	9	1
9			1	7		2	3	5
		7	5		4			

Easy # 838

	4	1	5	2		3		7
			7		4		8	1
	8	2					4	
	5	3	2					6
4								3
2					7	4	5	
	9					5	6	
1	2		4		3			
5		4		8	6	1	3	

Easy # 839

1	6		7			9		
	2		6	3	8		7	
				1	2			6
			5	7	8	6		
	8	1				4	5	
	9	7	4	8				
8			3	2				
	1		5	6	9		8	
		6			4		1	5

Easy # 840

							7	2
3	2				4	6		
4	5			1	7			3
			6	7		1		9
		3		1	9	8		4
7		1		4	5			
8			7	5			2	4
		9	4				8	6
2	4							

Easy # 841

	4	2						
	5	6	4			8		
3	1	9					5	2
			9	2		6		5
		5	3		8	2		
6		3		7	1			
5	3					1	2	7
		4			3	5	6	
						3	8	

Easy # 842

	4			6			5	
9		7	3	4				
6	3				8	7	9	4
2			6	5		9		
		9				2		
		4		7	9			8
4	7	5	1				3	9
				3	5	4		2
	2			9			7	

Easy # 843

	9			6			4	
7		8	1	9				
6	1				2	8	7	9
5			6	4		7		
	7					5		
	9		8	7				2
9	8	4	3				1	7
				1	4	9		5
	5			7			8	

Easy # 844

			3	4	5			
	8			1			4	
9		2		5	8		6	
2	9		4		6			
3	7	2		6	1	9		
	4		9			5	3	
	6		3	7		4		2
	7		8		9			
		3	4	6				

Easy # 845

		7	3	2		1		
4		9				7		8
			4		9			
9		8	6		4	2		3
	3			8			5	
6		2	9		3	8		7
			8		5			
3		5				9		2
		1		9	6	3		

Easy # 846

3			1	6	2	7		
								6
6	8			9	5	2		
		9			8	4	7	
4		8	5		6	9		1
	7	3	2			6		
		1	9	2			6	5
9								
		6	4	8	3			9

Easy # 847

	6	1	7	4			2	3
	7			1	8			6
			2		1	5	7	
8	2	7						
3								9
					4	7	2	
6	8	2		3				
1			8	5			6	
7	4			9	1	2	3	

Easy # 848

4	1	6	8			5	9	
	7			5			1	
				9	4	7		6
6				1	5	3		
5								7
		7	2	4				5
1		5	9	6				
	6			2			4	
	9	2			3	6	5	1

Easy # 849

	3		4			5	6	
6		8		9			5	2
				2				8
	9	6	3	2				
1		3				8		6
				1	7	3	2	
8					1			
5	1			6			7	3
		7	5		2		8	

Easy # 850

		2			5	1	4	
		8	2	4			9	
5		9			3			2
		6			1		3	
4	3		9		8		2	1
	8			4		7		
9		3				4		8
	2			5	4	9		
	5	4	7			2		

Easy # 851

1			5				9	
	6		2	3				
3			6	1		7	2	
	2			9		6		8
6	1		7		3		4	9
9		7		2			3	
	7	9		8	5			3
				6	2		8	
	5				4			2

Easy # 852

					5	7	3	
	3		4	8	2		1	
	1	2	6					8
				3	6		4	9
6	2						3	1
3	8		9	2				
4					9	1	8	
	9		3	7	8		5	
		8	5	1				

Easy # 853

9			5	1				
		8		7	4			6
2			8	6		5		3
	7					9		
1	5		9	4	7		3	8
		9				5		
8		6			5	1		9
4			2	3		7		
				9	6			2

Easy # 854

				6				
2			4		1			8
1		7	8		2	4		3
	3		5		4	9	6	
		8		2		3		
	5	4	9		3		2	
3		1	2		8	7		6
5			3		9			4
				4				

Easy # 855

	7			2	5	9		6
4			7			8	3	
		2	4			1		
5		4					7	1
	2						9	
3	1					2		5
		5			3	7		
	4	8			6			9
7		6	9	1			2	

Easy # 856

	3				1	8		
6		1	8		3		7	4
			2					
2	6			5	1			3
	8	3	4		6	9	2	
7		4	9				5	8
			5					
8	4		1		9	2		5
		5	2				1	

Easy # 857

	8		3		2		4	1
				4	6	8		
6								7
	9		4		8	1		6
	1	6		5		4	2	
4		2	6		9		3	
7								3
	5	9	8					
1	4		5		7		6	

Easy # 858

8					9		4	
	5	9			7			
3		6				9		1
	6				8	1		7
2		8	7		1	6		4
9		1	2				5	
5		3				7		9
			1			2	3	
	9			8				5

Easy # 859

7				1				8
1	3				6		7	
9		8		3			2	
2				7			4	3
8		1	3		4	6		2
6	4			2				5
	9			4		2		6
	8		7				5	9
3				9				7

Easy # 860

		2	3	6		4	1	
5					9		8	
		3	4	5		2		9
2	4		7	3				
				4	1		3	7
7		8		1	2	9		
	9		6					2
2	6			7	3	8		

Easy # 861

		9		6	4		5	7
	4		9		5	1		
5		3		7				
2			7			4		5
		8		4		6		
4		1			3			8
				9		3		2
		4	5		2		7	
3	7			1	8		5	

Easy # 862

8			9	3		6		
9				7	6			4
		4	6				2	
	3		4			7		2
5		8		6		4		1
4		9			7		6	
	9					2	8	
1				6	2			7
		7			8	3		9

Easy # 863

			2		8		9	
6		2	1		9		7	
1				5				
		8			5		3	9
3		1		8		6		5
5	4		6			1		
				7				3
	3		8		6	9		4
	1		9		4			

Easy # 864

8			5	2				9
			7		1			
2	4						8	7
1	6		8		2		5	4
		7		1		8		
4	8		3		5		2	1
6	1						3	2
			2		3			
9				4	8			6

Easy # 865

2		3	9					4
5			1	4	2	6		9
	1				5			8
7	5			3	6			
1								6
			5	9			4	7
6			2				8	
9		5	8	7	4			3
8				3	9			2

Easy # 866

				2	6	1		8
	8		5		1	6	9	
1						4		5
4		5					8	
			3	8	5			
	9					2		6
6		9						7
	4	1	6		3		2	
8		7	2	4				

Easy # 867

5		1	3	7				
7					2		3	1
	8	3			5		6	7
		7			3	9		5
6								3
4		2	9			7		
2	4		5			6	7	
1	5		7					2
				2	4	1		9

Easy # 868

	9		6			7		
		4		5		6		9
		2	4	9			5	
3	6		2				7	
		5	3		6	8		
	7				4		1	6
	2			4	5	9		
9		7		3		5		
		3			8		4	

Easy # 869

5	3	7		6				2
		5		3				8
2				9				
		8		7		4	5	
	4	7		6		8	2	
2	3		4			6		
				4			8	
3			6		1			
9			3		8	1	7	

Easy # 870

		9	5	3	2	8		4
	5				9	7		
1		2	8			3		
	9	6		1	4			
		5				4		
			9	8		6	3	
		7			1	2		8
		4	2				7	
9		8	7	6	3	1		

Easy # 871

	4	9	8		3		2	7
			2					
2			7		8			
9	6		3			2	4	
1		4	9		5	7		3
	7	5			2		1	8
		1			8			4
			7					
8	5		4		1	6	9	

Easy # 872

2	3		4	6	9			
	4							6
			8	3		7		
8	7			9	3			1
1		6	3		4	5		2
5		4	8			6	9	
	6		9	2				
3							2	
		2	7	3			1	6

Easy # 873

8	7		9	6			2	1
			7	2			6	
		2			5		9	
1		6	4	7				
3								9
				1	9	4		6
	5		1			6		
	3			5	8			
9	6			4	2		5	7

Easy # 874

			3					4
2				5	7	3		
7		3	4			6	5	
	2				9	7	1	
4	1					6	5	
3	7	5				4		
	9	7			4	8		3
	6	4	8					7
8				9				

Easy # 875

	3			6	4		7	
5	8	6					2	
					8			9
4				1	2	3		
	1	5	4		2	9	8	
	9	7	3					5
8			1					
	5					8	9	3
	2		8	3			4	

Easy # 876

			4	8				
3				6		4		
	6	9		2			8	7
	5	7		3				1
8	4	6		1		5	7	3
9				6		4	2	
1	2			5		6	9	
	7		6					2
				4	3			

Easy # 877

```
. 5 . | . . . | . 6 .
. . . | 2 4 . | 9 . .
. . 7 | 6 . 4 | 1 3 .
------+-------+------
. . 5 | 9 . 7 | . 1 8
1 . 8 | . 4 . | 3 . 7
3 7 . | 2 . 1 | 9 . .
------+-------+------
. 3 1 | 8 . 5 | 2 . .
7 . 2 | 1 . . | . . .
. 6 . | . . . | 7 . .
```

Easy # 878

```
8 . 6 | . . 9 | . 3 1
3 . 7 | . 8 . | . 2 .
. . . | . . 5 | 6 . .
------+-------+------
. . . | 4 7 . | 8 . 2
4 . . | 8 9 2 | . . 5
2 . 8 | . 5 6 | . . .
------+-------+------
. . 9 | 5 . . | . . .
. 8 . | . . 1 | . 3 4
7 3 . | 2 . . | . 1 8
```

Easy # 879

```
. 4 . | 5 9 . | . 1 .
1 . . | . . . | 3 . 5
. 8 . | 6 3 . | . 4 .
------+-------+------
. 2 1 | . . 4 | . . 6
. 7 5 | . 6 . | 2 8 .
9 . . | 2 . . | 4 3 .
------+-------+------
. 1 . | . 4 6 | . 2 .
2 . 6 | . . . | . . 3
. 5 . | 1 9 . | 6 . .
```

Easy # 880

```
7 . 1 | . 8 . | . 5 .
3 . . | . 2 . | . . 1
2 8 . | . . 6 | . 3 .
------+-------+------
5 . . | 3 . . | 4 8 .
1 . 2 | 8 . 4 | 6 . 5
6 4 . | . 5 . | . . 9
------+-------+------
. 1 . | 3 . . | 9 7 .
8 . . | . 7 . | . . 3
. 7 . | . 4 . | 5 . 6
```

Easy # 881

```
. 7 9 | 5 . 4 | . . 2
. . 5 | . 3 . | . . .
. . 7 | . 8 . | . . 4
------+-------+------
. 8 . | . 3 4 | . 6 .
. 5 6 | . 8 . | 3 9 .
1 . 3 | 9 . . | . 5 .
------+-------+------
5 . 4 | . 1 . | . . .
. . . | 2 . 6 | . . .
6 . 8 | . 9 1 | 4 . .
```

Easy # 882

```
9 . 7 | . . 4 | 8 6 .
5 . . | . . 1 | . . .
4 . 2 | . 7 . | . 3 5
------+-------+------
. . . | 1 8 . | 5 9 .
1 . . | 4 . 2 | . . 8
6 3 . | 7 5 . | . . .
------+-------+------
8 5 . | . 2 . | 9 . 3
. . . | 8 . . | . . 1
. 2 9 | 1 . . | 7 . 6
```

Easy # 883

```
9 7 5 | . 8 3 | . . 2
4 6 . | . . . | . 7 .
. . . | . 1 . | 4 5 .
------+-------+------
. . . | 9 6 2 | 8 . .
6 . . | 8 . 5 | . . 4
. 9 8 | 2 4 . | . . .
------+-------+------
1 3 . | 5 . . | . . .
. 2 . | . . . | 6 7 .
5 . . | 7 2 . | 8 3 1
```

Easy # 884

```
. . 2 | . 8 7 | . 4 .
7 8 . | . 3 5 | . . 9
. . 5 | 1 . . | 7 . .
------+-------+------
. 7 . | 5 . . | . . 2
4 1 . | . 2 . | . 8 6
2 . . | . . 4 | . 1 .
------+-------+------
. . 6 | . . 2 | 8 . .
5 . . | 6 9 . | . 7 4
. 2 . | 4 5 . | 6 . .
```

Easy # 885

```
. . . | . . 9 | . . 3
5 3 7 | . . . | 1 . .
. . 6 | . 5 3 | 4 . .
------+-------+------
1 . . | . . 5 | 7 2 .
. 7 3 | 4 . 6 | 9 1 .
. 4 5 | 9 . . | . . 6
------+-------+------
. . 2 | 6 8 . | 5 . .
. . 4 | . . . | 3 8 1
7 . . | 3 . . | . . .
```

Easy # 886

```
. 8 7 | . . 1 | 2 . 9
. 2 9 | 8 . . | . . 4
1 . . | . 2 . | . . .
------+-------+------
6 9 5 | . . . | 4 . .
8 7 . | . . . | 6 1 .
. 1 . | . . 8 | 9 2 .
------+-------+------
. . . | 5 . . | . . 3
9 . . | . 3 1 | 7 . .
2 . 3 | 1 . 9 | 5 . .
```

Easy # 887

```
. . 2 | 1 8 . | 9 5 .
. 9 5 | 6 . . | . . 4
8 6 . | . 5 . | . . .
------+-------+------
. . . | 9 . . | . . 7
4 2 . | 5 7 3 | . 8 1
3 . . | . . 6 | . . .
------+-------+------
. . . | . 4 . | . 6 8
6 . . | . . 7 | 5 3 .
. 8 7 | . . 6 | 5 4 .
```

Easy # 888

```
. 7 . | 3 1 . | 6 . 4
. 4 . | 8 5 2 | 3 . .
. . 3 | . . . | . . .
------+-------+------
9 2 . | 1 . . | . 4 .
. 5 8 | 6 . 4 | 7 3 .
. 3 . | . . 5 | . 8 9
------+-------+------
. . . | . . . | 4 . .
. . 2 | 7 4 1 | . 9 .
5 . 4 | . 3 6 | . . 1
```

Easy # 889

```
. . 6 | . . 2 | . 7 5
5 . . | . . . | . 4 2
. 7 . | . . 5 | 9 . .
------+-------+------
. 6 4 | . 1 . | 2 5 .
9 . . | 2 . 4 | . . 6
. 5 8 | . 7 . | 4 3 .
------+-------+------
. . 5 | 8 . . | . 1 .
3 8 . | . . . | . . 4
6 9 . | 1 . . | 5 . .
```

Easy # 890

```
6 2 . | . . . | . 9 7
. . . | 5 . 6 | . . .
1 . . | . 7 3 | . . 2
------+-------+------
9 3 . | 7 . 2 | . 8 5
. . 2 | . 5 . | 6 . .
5 7 . | 3 . 4 | . 2 9
------+-------+------
8 . . | 2 9 . | . . 1
. . . | 4 . 7 | . . .
7 4 . | . . . | . 5 8
```

Easy # 891

```
. 1 . | 4 6 . | 5 . 9
9 . 7 | 3 . . | 2 . .
5 . 6 | 9 7 1 | . . .
------+-------+------
6 . . | . . . | 1 3 .
. 5 1 | . . . | . . 2
. . . | 8 4 9 | 3 . 7
------+-------+------
. . 5 | . . . | 6 9 .
. . . | . . . | . . 1
8 . 9 | . 1 5 | . 2 .
```

Easy # 892

```
. 8 . | . . . | 7 4 3
. 7 . | 6 . . | 8 . .
. . 3 | 8 7 . | 6 2 5
------+-------+------
. . . | 8 2 3 | . . .
. . 1 | . 5 . | . . .
. . 8 | 4 9 . | . . .
------+-------+------
8 4 7 | . 5 6 | 9 . .
. 1 . | . 7 . | 5 . .
9 5 6 | . . . | 7 . .
```

Easy # 893

```
. . 4 | 7 3 5 | 1 . .
. . . | . 2 4 | . . 7
2 . 7 | 1 . . | . 9 .
------+-------+------
. . . | 6 1 7 | 5 . .
. 2 5 | . . . | 6 8 .
. 1 9 | 8 5 . | . . .
------+-------+------
. 7 . | . . 8 | 2 . 6
5 . . | 3 4 . | . . .
. . 2 | 6 7 9 | 5 . .
```

Easy # 894

```
7 . 2 | . 1 . | . 6 .
3 1 . | . . 9 | . 4 .
4 . . | . 3 . | . . 2
------+-------+------
6 . . | 4 . . | . 8 1
2 . 3 | 1 . 8 | 9 . 6
9 8 . | . 6 . | . . 5
------+-------+------
1 . . | . 7 . | . . 4
. 2 . | 4 . . | 5 7 .
. 7 . | . 8 . | 6 . 9
```

Easy # 895

```
. . 5 | 4 8 . | . . 2
. 1 4 | . . 9 | 5 . .
. . 2 | . 7 4 | . . 8
------+-------+------
. . 7 | . 4 . | . . 1
2 6 . | 1 . 5 | . 4 9
9 . . | 6 . 3 | . . .
------+-------+------
4 . 6 | 8 . 2 | . . .
. 2 9 | . . 5 | 8 . .
5 . . | . 4 2 | 1 . .
```

Easy # 896

```
. . . | 8 7 . | . . 9
7 . 9 | . 1 4 | 6 . 2
. 8 . | . . . | . . .
------+-------+------
9 . 7 | . . . | . . 4
5 3 4 | 9 . 2 | 1 6 7
6 . . | . . . | 5 . 3
------+-------+------
. . . | . . . | 4 . .
8 . 5 | 7 2 . | 9 . 1
3 . . | . 9 8 | . . .
```

Easy # 897

```
. . . | 8 . 9 | . . .
. 6 9 | . . . | 4 . .
8 . 1 | 3 5 4 | . 2 .
------+-------+------
7 . 2 | . 9 1 | 8 . 3
1 . . | . . . | . . 2
4 . 6 | 2 3 . | 1 . 5
------+-------+------
. 1 . | 6 4 3 | 5 . 9
. . 8 | . . . | 2 1 .
. . . | 1 . 8 | . . .
```

Easy # 898

```
. 7 . | . 4 . | 2 . .
2 3 6 | . . . | 7 . .
4 5 9 | . 2 7 | . . 6
------+-------+------
6 . . | 5 7 . | . . .
. . . | 9 . 8 | . . .
. . . | . 1 3 | . . 7
------+-------+------
1 . . | 4 9 . | 7 3 2
. 2 . | . . . | 1 9 4
. 9 . | 2 . . | 8 . .
```

Easy # 899

```
8 6 5 | . 2 1 | . 9 .
9 1 2 | . . . | 6 . .
. . 7 | . . 6 | 2 . .
------+-------+------
. 8 . | 5 9 . | . . .
. . . | 7 . 2 | . . .
. . . | . 8 3 | . 4 .
------+-------+------
. 6 1 | . . 8 | . . .
. 8 . | . . . | 5 6 4
. 4 . | 8 6 . | 3 1 2
```

Easy # 900

```
. 5 8 | . 6 1 | . 9 3
4 . . | 5 3 . | . . .
. . 6 | . . . | . . .
------+-------+------
. 2 . | 4 . . | 9 3 .
5 8 . | 6 . 3 | . 2 4
. 1 4 | . 7 . | 6 . .
------+-------+------
. . . | . . . | 3 . .
. . . | 4 2 . | . . 9
1 4 . | 8 9 . | 2 5 .
```

Easy # 901

6		4			1		9	2
1		8	2				6	
	2				4			
7	9	6				1		
	1	3				8	7	
		5				6	3	4
			9				1	
	5				7	9		6
9	6		1			7		8

Easy # 902

3			5	8		2		1
7			2	9				
		5		6	4			8
	6					7		
9	2		7	4	6		1	5
		7					2	
4			3	1		6		
				7	8			3
5		8			2	9		7

Easy # 903

3			7	5		4		1
	2				6	8		
7			1	2			6	3
	3	1	9	7				
					1	4	7	9
8	9			4	3			6
		6	5				3	
5		3		9	7			8

Easy # 904

	6	3			1	8		7
8				6				
	9	1	8					3
7	3	5				1		
1	4						9	5
	2					6	3	4
2					5	3	7	
		7						1
3		7	1			9	5	

Easy # 905

7	2	4				8		
		1	6				8	
6	3				4		9	
4		7		3		5		
8				6				2
		3		5		4		8
	7		2				4	6
		6			1	2		
			3			7	1	9

Easy # 906

6			3	9				
2			4	1		3		5
		4		7	8			1
	7					6		
9	3		6	8	7		5	4
		6					3	
8			2	5		7		
4		1		3	9			6
				6	1			2

Easy # 907

		4	2				5	3
5	8							
3			8	6			9	2
1		6		8	4			
	2		7	1	6		3	
			9	2		6		8
2	5			9	8			7
							2	5
4	7				2	1		

Easy # 908

	4	7				8		
8			6	7			3	
3				4	9			2
		9	3				8	5
2	5			9			7	1
4	3				5	6		
5			9	3				8
	9				6	8		7
		4				5	9	

Easy # 909

							5	9
1		5				7	3	6
	4				9		8	1
	8	1		5	3			
	5		4		7		1	
			6	2		8	7	
8	1		7				9	
5	6	2				1		7
4	7							

Easy # 910

						8	4	
5					4		1	2
	4	2				3	6	7
4		1		3	7			
2			4		8			6
			9	6		2		1
9	7	4				6	2	
1	2		5					8
6	5							

Easy # 911

5		9	1				6	
3			5	6		2		1
	2	6		3				
			6				9	
8	2	9	1	5	4	3		
	1				7			
				5		6	2	
7		5		2	8			4
	3				6	7		5

Easy # 912

		9		4				
	5	2	9		8			1
			5		7			8
	7				4	8		6
	9	6		7			4	2
3		4	2					9
9			8		3			
6			7		2	3	8	
				1		6		

Easy # 913

		7	6			4	3	9
	9		1		4			5
6				9	7		2	
	5	2						1
4								6
9						8	7	
	8		4	6				7
7			2		1		8	
5	3	1			8	6		

Easy # 914

		1	7			8		5
9			1	3	4		7	
3						4	9	
		4		2				7
	1	9				6	2	
8				1		4		
6	2							1
	8		2	6	5			4
4		3				1	5	

Easy # 915

6				9		3		
2	3			1		5	4	
1	4	5		7	3			
		8					6	
3	9	6				2	7	4
	1					8		
			8	4		6	1	5
	5	1	3				9	8
	6			1				3

Easy # 916

	5	1			6	9		
3	7						2	
6			3	2	9		7	
	6			4		3		
4		8			7			9
		3		9			1	
	3		5	8	4			1
	9					8	4	
		5	9			2	3	

Easy # 917

	9							
			1	4				6
7		4		5	2	8		1
6		8						3
2	3	7	5		4	9	6	8
9					2			4
5		3	9	7		4		2
4				2	1			
							1	

Easy # 918

3	7	4		6	5	1		
					8	7		9
2		9						3
			4	2			1	6
		2	6			7	9	
4	6		1	9				
1						3		2
5		8	7					
		7	3	1		8	6	5

Easy # 919

	8		6	4		3		
	9	7						
4				1	9	8		6
9	2	8	7				1	3
7	5				1	4	2	9
8		5	1	3				7
					2	4		
		9		6	8		3	

Easy # 920

			7				2	
3	6		8	2	1			
		1		5			3	8
5	1		4	9				6
2	4						1	3
8				3	2		9	4
1	9			6		3		
			3	1	5		4	7
	3				7			

Easy # 921

		6	8			7		
		7				5	3	6
3			7	6		4	9	8
				7	4			3
			2		9			
7			5	1				
6	7	5		9	8			1
8	1	9				6		
		2			6	9		

Easy # 922

	7	8	1		4			
2			7		3			8
	3		8			7		4
		5	3					6
6		2				5		9
7				6	8			
8		9		2		1		
5			9		7			3
			6		1	9	2	

Easy # 923

3			4			7	2	
6				2		9	5	
	9			7			3	
8	2			3			6	
	6	4	8		2	7	9	
	1			6			4	8
	3			5		2		
	4	6		8				5
1	5				3			9

Easy # 924

3	1		2			9		4
	5	8		1		7		3
			8			2		
	7	9	4	5				
		2	6			1	8	
					2	8	3	5
	5			2				
1		6		4			5	7
4		3			6		9	8

Easy # 925

```
. 1 5 | . 7 8 | . 2 .
. . . | . 4 5 | . 6 .
. 7 . | 3 9 . | 8 . .
------+-------+------
. . 6 | . . . | . . 9
1 8 . | 9 3 6 | . 4 5
5 . . | . . . | 6 . .
------+-------+------
. . 9 | . 1 2 | . 3 .
. 2 . | 7 6 . | . . .
. 6 . | 4 5 . | 7 8 .
```

Easy # 926

```
. 1 . | 4 . 9 | . . 3
2 . . | 1 . 3 | 9 8 .
. . 3 | . 8 . | 7 1 .
------+-------+------
. . . | . 5 . | . 6 9
. . . | 6 . 2 | . . .
3 5 . | . 4 . | . . .
------+-------+------
. 3 5 | . 1 . | 4 . .
. 2 4 | 3 . 7 | . . 6
8 . . | 5 . 4 | . 3 .
```

Easy # 927

```
. . . | 6 . . | . 1 .
. 8 4 | . 7 . | . 3 6
1 . . | 2 . 3 | 4 . .
------+-------+------
2 . 8 | 4 6 . | . . .
. 7 1 | . . . | 8 6 .
. . . | 2 8 7 | . . 5
------+-------+------
. . 7 | 3 . 9 | . . 8
3 2 . | . 5 . | 1 7 .
. 1 . | . . 2 | . . .
```

Easy # 928

```
3 . 7 | 1 9 . | . 8 4
. . . | 7 4 6 | 3 . .
8 . 1 | . . 2 | . . .
------+-------+------
4 . 8 | 5 . . | . 6 .
. 7 . | . . . | . 4 .
. 1 . | . . 6 | 8 . 7
------+-------+------
. . 4 | . . . | 9 . 6
. 3 9 | 4 . 5 | . . .
7 5 . | 6 8 4 | . . 3
```

Easy # 929

```
. . . | . 8 5 | . 6 .
. . 8 | . . 4 | 9 . 7
3 . . | 6 7 . | . 2 4
------+-------+------
1 . . | 4 . 8 | . 3 2
. . . | . 2 . | . . .
5 4 . | 3 . 6 | . . 9
------+-------+------
4 3 . | . . 5 | 1 . 8
7 . 9 | 8 . . | 1 . .
. 8 . | 7 4 . | . . .
```

Easy # 930

```
9 . 2 | . 5 6 | 3 . .
. 1 3 | . 8 2 | 6 . .
4 . . | 1 . . | . 8 .
------+-------+------
. . . | . . 6 | 7 . .
. . . | . . . | . 3 2
6 7 . | 9 2 . | . . .
------+-------+------
. 3 . | . . 5 | . . 1
. . 1 | 3 9 . | 4 7 .
. . 4 | 6 7 . | 5 . 3
```

Easy # 931

```
8 . 5 | . . . | 1 . 9
1 . . | . 5 . | . 4 2
3 . . | 1 4 . | . 8 .
------+-------+------
7 . . | . . 2 | . 9 .
. 9 4 | 8 . 3 | 2 1 .
. 3 . | 4 . . | . . 6
------+-------+------
. 1 . | . 5 4 | . . 8
4 5 . | 6 . . | . . 1
9 . 8 | . . . | 3 . 4
```

Easy # 932

```
. . . | 2 9 8 | 7 . .
. . 9 | . . . | . . 6
7 . . | 6 . . | 5 9 3
------+-------+------
. 9 6 | 5 . . | 4 7 .
. . 2 | 4 . . | 3 1 .
. 7 4 | . . . | 9 2 3
------+-------+------
5 . 1 | 9 . . | 7 . 2
9 . . | . . . | 5 . .
. . 3 | 1 5 4 | . . .
```

Easy # 933

```
4 . . | . . 6 | . 2 .
. . 3 | 1 8 . | 6 4 .
. . 2 | 4 9 . | 3 . 8
------+-------+------
8 1 . | 9 5 . | . . .
. . . | . . . | . . .
. . . | . 1 8 | . 5 4
------+-------+------
2 . 4 | . 7 5 | 1 . .
. 9 5 | . 6 1 | 4 . .
. 3 . | 2 . . | . . 7
```

Easy # 934

```
6 . . | 7 . 2 | 5 . .
. . 3 | 1 . 6 | . 7 8
. 7 . | . 9 . | . 2 6
------+-------+------
. . . | . 7 . | 6 . 2
. . . | 8 . 3 | . . .
3 . 4 | . 2 . | . . .
------+-------+------
9 1 . | . 5 . | . 6 .
5 4 . | 6 . . | 9 8 .
. . 6 | 4 . 7 | . . 9
```

Easy # 935

```
4 . . | 8 2 6 | . . 3
. 6 . | 3 1 . | . . .
. . 7 | . . 4 | . 1 6
------+-------+------
6 . 8 | 4 9 . | . . .
9 . 5 | . . . | 1 . 8
. . . | . 8 5 | 4 . 7
------+-------+------
1 9 . | 5 . . | 6 . .
. . . | . 3 2 | . 8 .
8 . . | 7 6 9 | . . 1
```

Easy # 936

```
. 8 . | 3 . 5 | 6 1 .
. 5 . | 9 . 1 | 7 . 8
. . . | . . . | 5 . .
------+-------+------
1 . 7 | . . . | 3 9 .
5 4 . | 7 . 2 | . 6 1
. . . | 8 5 . | 4 . 3
------+-------+------
. . . | 4 . . | . . .
3 . 5 | 1 . 4 | . . 9
. 1 2 | 6 . 9 | . . 4
```

Easy # 937

	3			9	5	6		2
5			3		2		1	
	7	2		6				
		4	6			2	5	
	8			5			9	
	1	5			7	8		
			3			4	7	
	5		2		4			6
6			7	1	8		2	

Easy # 938

9	6					7	4	
		5		3	7		9	
	7	3	2			5		
		4	7			2		
7		6	9		4	5		1
	8				1	6		
	5				3	7	1	
	4		5	7		9		
3	9						6	5

Easy # 939

9		2		6			7	1
	7		9		4	3		
3					2			
			2	7	4	1		
2	1						3	6
	6	5	1	4				
			4					3
	1	8		9		6		
6	3		5			9		4

Easy # 940

	9	7	1	6				
1	3			5	7	6	9	
6			3					8
	2		3	8		9		
		9			2			
		6		7	9		5	
2			9					7
7	6	8	4				9	1
			1	8	6	2		

Easy # 941

3	8	7				1		4
6	1		4				2	
9	4							
			8	7		6	4	
	3		9		4		1	
	6	1		3	5			
						3	2	
	9				2		6	1
1		3				4	5	8

Easy # 942

2					1			8
9	7	1		8	4	5		
8	5	4						1
		7	9	5				
			2		8			
			7	6	3			
7						1	3	9
		3	7	1		4	8	6
1			4					7

Easy # 943

4	3			1	9			
				2		9		
		1	6	4			2	7
7	1	6		2				
	4	3	9		6	1	8	
			3			6	7	5
9	6			5	3	8		
	2		1					
			8	9			3	6

Easy # 944

1			7	2				4
			6			5		
5		6	9	1	4			2
2				4		5		
8		4				2		3
		5		8				7
3			6	2	7	4		8
	7			9				
4				1	3			9

Easy # 945

7		6		8			2	1
9		4			5	6	8	
5					1			
			2	4			7	9
1			8		3			5
6	2		1	5				
			5					2
	9	1	3			4		6
2	7			4		8		3

Easy # 946

	1		4		7		5	
	8			2	5	3		
		7	3	9			2	
	4	3	5	6			9	
2								5
	7			1	9	2	3	
	3			4	1	5		
		4	6	7			1	
	6			2			7	

Easy # 947

6		1	8					2
	4	8		1	7	9		
	7		5	2				
	9	4	2			8	3	
				4				
		6	7		9	5	8	
			8	1			2	
	2		3	5			8	9
3					2	1		6

Easy # 948

	4	8	3	6	1			
			9			6		
1				7			4	3
	7	1	2	5				8
	6	2				1	4	
	3			4	6	5	2	
	1	5		8				4
		4			9			
			4	1	7	2	9	

Easy # 949

	1	5	8			6		
3			6	1		5	9	
	4	2	5	7	9			
	3					1		6
2		1					8	
			1	4	5	8	6	
	5	6		8	7			1
		3			2	4	5	

Easy # 950

	3		1	9			2	6
		4	2				3	8
1	8							
	5	9		1	4			
2			7	5	9			3
			6	2		9	1	
						8	2	
7	4				2	5		
8	2			6	1		7	

Easy # 951

		9	8					
	7		9	2			5	
		4				2	6	9
3	6		2			4		
4	8		5		7		9	6
		5			8		2	7
1	9	4					7	
	2			1	5		3	
					9	6		

Easy # 952

	3	4	9					1
	2		7	1	4		3	
			5	6	2			
			2	9		7	8	
9	4					2	3	
2	1		8	4				
		1	5	3				
	8		2	6	1		5	
7					8	3	1	

Easy # 953

	9			3	8		2	
			4		7			
2	7						3	5
8	5		3		2		4	6
		2		4		7		
3	4		8		1		5	2
1	3					6	4	
			1		3			
	6		2	5			9	

Easy # 954

						9	4	
	6	7		3	2			
2			7	8		6	3	
6	8	1		7				
9		2	6		3	5		7
				4		9	1	6
	1	4		5	6			9
			3	9		7	5	
		3	4					

Easy # 955

	7			5			1	
8				4		7	6	
1			2				5	4
3	4			1			8	
	8	2	3		4	5	7	
	9			8			2	3
9	6				1			7
	2	8		3				6
	1			6			4	

Easy # 956

7			8	1				2
		4				7	8	
	8			9	2			5
4	1				7	9		
6	7			8			5	3
		8	1				2	7
2			9	5			1	
	4	5				2		
1				4	8			6

Easy # 957

	9					3		
				9	4		5	
1	5			3	2			9
5	4				8	7		6
7		9	6		3	1		5
3		1	4				8	2
4			5	6			9	3
	2		3	8				
		5					6	

Easy # 958

4		8		7				
	7		5	4			1	8
3	5		1			4		
			4		3			
8		2	3	1	5	7		6
		1			9			
		7			4		5	9
5	9			8	2		6	
			5		8			4

Easy # 959

		1						9
5			3	9	2			
3		9	1		4	6		
2	4				1		5	6
6			2		5			3
8	1		9				4	2
		4	8		9	5		1
			6	1	7			4
1						8		

Easy # 960

	2				4		6	
4	8	1		6	2			5
6	9	5					2	
5			8	2				
			1		3			
				7	9			2
	6					7	1	4
7			4	1		2	9	6
	1		6				3	

Easy # 961

	1		2	5				9
	5		9	3		2	4	
9					1			6
		1			2		7	
	7	2		1		9	6	
	4		5			1		
5			7					4
	6	4		8	5	3		
1			6	4		2		

Easy # 962

			3	1		9		5
	6			4			3	
3	5	9	8				1	4
		5		6	4			2
		2				5		
8			5	9		3		
5	1				7	6	9	3
	9			5			2	
2		3	6	1				

Easy # 963

5	1			8	2		6	9
		7						
			7	5				1
1	5							2
4	2	3	1		9	6	8	5
6							4	3
3			1	7				
						2		
7	4		5	9			1	8

Easy # 964

2			4	8				7
			1		5			
5		1			3			2
3		5	9		1	4		8
	4			3			6	
8		9	5		4	2		3
6		4				8		5
			3		6			
7				5	9			4

Easy # 965

			9			5	4	
	1	5	8		3			
5	7			4	1	2		
1		7						5
8			7		9			6
9					4			7
	8	5	3			6	2	
		6		2	5	7		
3	9			7				

Easy # 966

7			6	3				8
2	8						9	6
			1		2			
9	3		6		8		4	1
		8		1		2		
1	6		3		5		8	9
			5		6			
6	5						1	4
4			8	9				7

Easy # 967

9			8	1			4	
	1		5	9				3
	8		3		6		7	
	5			2	8		6	9
		8			1			
1	9		5	7			3	
	3		4		1		2	
8			7	6			9	
	7			3	2			6

Easy # 968

4		1			3		8	5
9		3		4		7	2	
		7			6			
			6	5	1	7		
		6	3		9	5		
	2	8	4	7				
			5			6		
	7	5		9		2		1
1	9		6			8		4

Easy # 969

6	5			4	3	1		
							5	
	8		9	5	1	7		
		4			6	2		7
	2	6	3			5	4	9
7		8	1				5	
		5	2	6	8		4	
	4							
		9	4	1			3	5

Easy # 970

	4	6		8	3	5	7	
	7		9					4
	1			7	2			
			9	6	4			8
		1			6			
4		9	8	5				
		5	3			4		
3					7		6	
	5	2	6	4		9	3	

Easy # 971

		4	2		9		5	1
								2
		2	4		6	9		8
2	5				1			7
	9	6	8		3	2	1	
4			5				9	3
6		9	1		5	7		
1								
3	7		9		4	1		

Easy # 972

4						2		
	5		8					
6		7	3	2		4	5	8
7		8			2	6	1	
		3	4		7	8		
	6	5	1			9		4
5	2	4		9	3	1		6
				1			9	
		1						7

Easy # 973

```
. 6 9 | 7 . . | 4 . 1
. . . | 3 . . | . . 7
3 5 . | . 6 . | 9 . 2
------+-------+------
1 2 . | 4 5 . | . . .
7 . . | 8 . 6 | . . 3
. . . | 7 3 . | 5 9 .
------+-------+------
8 . 6 | . 4 . | . 2 5
5 . . | . . 7 | . . .
9 . 4 | . . 8 | 3 1 .
```

Easy # 974

```
8 . 6 | 5 . 4 | . 1 .
. . . | 8 . 6 | . 9 .
1 . . | . 3 . | . . .
------+-------+------
. 9 . | . . 5 | . 8 7
7 . 5 | . 4 . | 9 . 1
6 1 . | 7 . . | 4 . .
------+-------+------
. . . | . 7 . | . . 9
. 6 . | 4 . 2 | . . .
. 3 . | 6 . 9 | 2 . 5
```

Easy # 975

```
. . 9 | 4 . 8 | 6 . 1
1 . . | . . . | 4 . .
. . . | 3 1 2 | . . 9
------+-------+------
4 1 . | 8 . . | . 9 5
3 . . | 5 . 6 | . . 7
5 9 . | . . 1 | . 6 3
------+-------+------
6 . . | 7 8 5 | . . .
. . . | 1 . . | . . 8
7 . . | 8 1 . | 9 3 .
```

Easy # 976

```
3 . 6 | 7 . 1 | . 5 2
. 1 . | 5 . . | 7 . .
. . . | . 8 . | . . .
------+-------+------
7 5 . | 4 . . | 2 . 8
. 9 8 | 2 . 3 | 1 7 .
1 . 4 | . . 9 | . 3 6
------+-------+------
. . . | . 4 . | . . .
. . 5 | . . 8 | . 4 .
4 8 . | 9 . 5 | 3 . 1
```

Easy # 977

```
. 4 . | . 9 7 | 1 . .
. 3 . | 5 . . | . 7 .
7 . 9 | . 8 3 | . . 2
------+-------+------
. . 7 | 3 . . | . . 4
1 . 5 | . 4 . | 9 . 6
4 . . | . . 1 | 5 . .
------+-------+------
3 . . | 6 2 . | 7 . 1
. 6 . | . . 4 | . 9 .
. . 4 | 1 3 . | . 6 .
```

Easy # 978

```
9 . . | . . . | . 7 3
. 6 . | 7 9 . | 1 2 8
8 2 . | 6 . . | . . .
------+-------+------
5 . 1 | 9 4 . | . . .
. 3 . | 1 . 6 | . 4 .
. . . | 5 3 9 | . . 1
------+-------+------
. . . | . 2 . | . 6 4
7 5 6 | . 1 8 | . 9 .
3 4 . | . . . | . . 7
```

Easy # 979

```
. . 2 | 7 5 . | . . 4
7 . . | . . . | 1 . .
. . 4 | 1 . 8 | 3 . 7
------+-------+------
1 7 . | 8 . . | 4 9 .
2 . . | 9 . 3 | . . 6
9 4 . | . . 7 | . 3 2
------+-------+------
6 . 8 | 7 . 4 | 2 . .
. . 7 | . . . | . . 8
3 . . | 6 8 9 | . . .
```

Easy # 980

```
. . 6 | 9 2 . | . 8 .
3 8 . | . . . | . . 1
. . 9 | . 7 8 | 3 . .
------+-------+------
2 . . | 3 . . | 1 7 .
. 6 5 | . 8 . | 4 3 .
. 9 3 | . . 7 | . . 8
------+-------+------
. . 4 | 8 1 . | 7 . .
9 . . | . . . | . 1 6
. 7 . | . 6 2 | 9 . .
```

Easy # 981

```
9 6 . | . . . | . 5 .
2 . 3 | 6 . 8 | 1 . .
5 4 . | 1 3 . | . . .
------+-------+------
. . 9 | . . . | . 6 1
. . . | 8 4 7 | . . .
7 3 . | . . 4 | . . .
------+-------+------
. . . | 1 6 . | 4 2 .
. . 4 | 7 . 2 | 9 . 6
. 2 . | . . . | . 7 3
```

Easy # 982

```
. 7 . | . . . | . . .
2 . . | 5 6 4 | . 7 .
3 . . | 7 1 . | 2 9 .
------+-------+------
4 . 8 | 1 . . | . . 2
6 5 . | 9 . 2 | . 3 7
7 . . | . . 6 | 8 . 5
------+-------+------
. 2 6 | . 7 9 | . . 1
. 4 . | 3 2 1 | . . 8
. . . | . . . | 2 . .
```

Easy # 983

```
. . 4 | 2 . . | 1 3 .
. 2 . | . . . | 7 6 .
. 3 . | 4 7 6 | . . 8
------+-------+------
. . 3 | . 2 . | . 8 .
6 . 7 | . . . | 9 . 2
. 5 . | . . 6 | . 3 .
------+-------+------
5 . . | 3 1 2 | . 9 .
3 9 . | . . . | . 1 .
. 4 8 | . . 5 | 2 . .
```

Easy # 984

```
. . . | . . 7 | . . .
. 3 1 | 4 . 6 | 7 . 9
7 . . | 9 . . | . 4 .
------+-------+------
3 . 5 | 6 . . | 1 7 .
8 1 . | 3 . 2 | . 9 6
. 2 9 | . . 7 | 8 . 4
------+-------+------
. 8 . | . . 4 | . . 1
4 . 2 | 1 . 8 | 3 5 .
. . . | . 9 . | . . .
```

Easy # 985

4	1	8		6	2	9	3	
					9			6
		9					5	
3		1	9			6	8	
		2	8		5	7		
	5	7			4	3		9
	8					4		
1			7					
	3	5	2	4		8	7	1

Easy # 986

	1	8		3	2			7
						8		
		6	4	8	7			9
3					1		9	5
1		5	2		8	4		3
6	9		7					8
8			5	1	6	3		
		3						
4			3	7		2	8	

Easy # 987

2			4	9			5	6
		1	6				2	8
5	6							
4		7		6	9			
	3		7	1	2		6	
			8	4		7		1
						4	5	
3	5				6	8		
6	9			7	4			3

Easy # 988

	9	8	7					
6								8
3	7		1		2		9	
8		3	9		7		4	
	1	7		5		8	3	
	2		4		8	1		7
	8		6		5		7	3
2								6
				9	4	5		

Easy # 989

			3		7			
7	6							1
5		3	4	2	1		8	
8		9		7	5	4		3
		5			8			
6		1	8	4		2		5
	5		6	1	4	7		2
3						5	8	
		5		3				

Easy # 990

	8		2				3	
7	1	6			3			
2		5			1	4		
1	7			5			9	
3				2				6
	5			9			1	3
		7	6			1		2
			5			8	7	4
	2				8		6	

Easy # 991

7		9			4			
			4		7			
	1	6	2	8	5			7
	6	7		2	9	5	8	
	9						7	
	2	4	7	1		9	3	
9			8	6	2	7	4	
			1		4			
		8				1		5

Easy # 992

				6	7			3
			8	4			6	1
4		6	2					
7		9	1			3		6
	5			7			8	
1		2			8	7		9
					4	9		5
2	4			8	9			
9			6	1				

Easy # 993

					6	2	1	
8								3
	7		3		1		5	4
	8		2		7	9		5
	9	5		1		7	4	
7		4	6		5		2	
4	5		9		8		6	
3								7
		6	7	5				

Easy # 994

			4		8			5
4	3			8	9		1	
		7			5		4	3
		6			3			
8		9	2	6	4	7		1
			5			2		
2	4		6			5		
	7			4	5		6	8
5		8		7				

Easy # 995

7			3	6				
	3	4	7			5		
2	6			1	5		7	
6	1		2		8		4	
				9				
	5		6		7		9	2
	2		8	3			6	9
		7			6	4	3	
					7	1		8

Easy # 996

	5			8	6			3
		3				8	2	
4			7	2				5
1	3				5	7		
9	8			7			1	4
		6	1				5	2
3				5	7			1
	7	1				2		
8			3	6			7	

Easy # 997

	8							
	6	1	5	2		8		
	7	8	4			9	6	
3		2	4			6		
	1	5	9		6	8	7	
		8			5	1		3
5	6			8	9	4		
	2		7	6	4	3		
						6		

Easy # 998

	1	6	5				9	
		4		6	9		2	
9	7						4	5
		7	1				8	
1		9	2		4	7		6
	3				6	2		
2	6						7	4
	4		6	5		9		
	9				3	5	6	

Easy # 999

	5	3		9	7			
	2		1	4				8
1			5	7		4		
	7		4	6	2			3
	3						8	
2	1	8	5			6		
	9		3	8				2
7			2	6		3		
	4	1		7	8			

Easy # 1000

8		9		7	5		3	
	4	6		8				1
	1							8
	4		9			8	5	
6		2		5		1		7
3	8				1		2	
1						5		
9			5		4	8		
	5		3	6		9		2

Easy # 1001

				9	3			
5	9			7		1		8
	3	1				6		
	2		6			4		5
4	6	5		2		3	9	1
3		7		1			8	
	7				1	5		
1		8		4		7	2	
			6	3				

Easy # 1002

		5	8	3				
	4		6	9	7		5	
9					1	6	4	
2	7		1	5				
4	5						6	1
				6	2		9	5
	9	4	2					7
	3		9	8	5		2	
				4	3	9		

Easy # 1003

		2	3		8			1
	4				6			
3	6			7		4	2	
			6	1	2			7
	2	4				1	5	
6		1	9	5				
	1	9		2			3	5
			5				4	
4				6		3	9	

Easy # 1004

				6	7			1
	7					5		
1			4		2		9	6
8			6		1	9	7	
9		7		3		6		2
	6	2	7		8			4
6	9		3		5			7
	5					4		
3		8	1					

Easy # 1005

		3	7			2	1	
	8						9	4
	9		3	8	4			7
		4		5			7	
3		9				6		5
	2			3		4		
2			5	6	1		4	
5	6						3	
	4	8			3	1		

Easy # 1006

2	4	1		5	3			
3	7			4	1			2
	6			9				3
		8						6
9	3	6				7	2	5
4					8			
6			4			3		
1		4	3			8	9	
			8	2		6	1	4

Easy # 1007

		5		4	9	6		
9	6					3		
		2	5	7				9
	7		6			3		4
2		8		9		1		6
5		6			4		9	
4			2	7	5			
	5						2	3
			1	9	3	4		

Easy # 1008

					8			4
4	2	8		6	5	9	7	
	6					2		
3	9		6			7	8	
	8		7		2		5	
	1	2			3		4	9
	7					3		
3	9	5	1			4	2	6
1		3						

Easy # 1009

8	4						6	5
6			8	3		9		
9					7	3		8
7				8	4			
	1	9	4		6	5	8	
		5	1					2
1			8	3				9
		6		8	9			4
5	9						3	6

Easy # 1010

3						6		9
8				9		2	5	
		5	7	1			8	
				6	2	5		4
5	1			3			6	8
6		3	5	7				
	8			4	3	1		
	5	7		8				6
1		6						2

Easy # 1011

9	4		2					1
		2	4	7				
	7	3		5	1		2	
	5	7	3		8		9	
				6				
	1		7		2	3	6	
	3		8	4		6	7	
				2	5	8		
2				7			4	9

Easy # 1012

	3	2		8			4	
			6	4		1		
			3		2	9	8	5
	2	3		7	6	4	5	
	8	4	5	9		2	6	
3	7	5	1		9			
		6		5	4			
	4			3		5	1	

Easy # 1013

	3	7	6	4	1	5	9	
				9				6
6	1		8				4	
	9			8				
7		2	1		6	5		8
				7			1	
	7				8		3	5
3			2					
5	2	1	6	3	9	7		

Easy # 1014

9	7	2				6		
8		4				5	7	
	5		2				8	
3	4			1			6	
5				8				3
	1			6			7	4
	3				8		2	
		9	4			6		8
			3			5	4	7

Easy # 1015

	8		1	7	2		5	
		5	4	3				
7				6	1	8		
9	2		6	5				
8	5					1	6	
			1	9		7	5	
	7	8	9					2
			8	3	7			
	3		7	4	5		9	

Easy # 1016

2				3	5			7
9	7		5	2				
	5	6		9	8			2
	2			5		4	9	
8								5
1	3		4				2	
3		1	9			2	8	
			3	1		7	4	
7		9	2					3

Easy # 1017

2				3	4			1
8			1			2		
4		6	2	5	7			3
			6	4		7	5	
9								8
5	6		3	8				
6			9	7	1	8		4
	9			6				2
1		3	4					7

Easy # 1018

2			4		9	3		
		6	7	3				5
3	4	1			5		7	
9					2	6		
5								4
	8	7						3
	5		8			1	9	2
7				5	4	8		
		8	9		6			7

Easy # 1019

	4	6	8				2	
7		8		6	9	5		
9			3	2				
5		7	2		8	1		
				7				
	4	9			5	3		8
			8	6				2
	2	1	3			8		5
	1				2	6	4	

Easy # 1020

	3		8	2			4	7
8				6	9		2	
	1			7	5			
			6					1
	5	7	1	9	6	4	8	
1						7		
				1	2		3	
	9		3	4				6
2	8			7	5		1	

Easy # 1021

	5	4	9			7	2	
8		9	6					
	7						3	
1	4		2		8	3		
2		5		9		1		4
		8	4		6		2	5
	2						7	
				4	6			2
		6	3		1	4	5	

Easy # 1022

		9	4		2		1	3
		3	6		9	2	7	
							9	
2	1				6		4	
9		8	1		5	7		2
	3		9				8	6
	8							
	5	2	7			4	8	
6	9		2			8	4	

Easy # 1023

7				3	5		2	
8				2		6		1
	5			8	7			4
3				9	8		5	6
		8				7		
5	7		3	1				2
1				2	9		6	
2			4		7			9
	8			1	6			5

Easy # 1024

4					6			
3		8			1	5	9	
1		7		8			2	4
			6	5		4	3	
6			1		7			5
9	2		8	4				
5	4			7		3		2
	7	3	6			8		9
			5					6

Easy # 1025

			4		1			7
4	7		9	3		2		
		5	7		2		9	
7		9			4			8
		3		9		6		
6			1			5		9
	4		8		7	9		
		7		6	5		4	1
8		1		2				

Easy # 1026

5	9		6					8
7		8				6		1
	1				9	8		4
	7		5					2
	8	5	4		1	9	7	
3				9		4		
1			9	6			8	
9		4				1		7
8					3		6	9

Easy # 1027

	7	9	3		6		1	
3		2						4
5		4	1	7				
	2				1			3
		6	5	8				
7		8				5		
			1	3	9			5
9					7			8
	5		8		9	3	2	

Easy # 1028

2								6
1	4		8		7		3	
		3	6	4				
6		1	3		4		9	
	8	4		5		6	1	
	7		9		6	8		4
				3	9	5		
	6		2		5		4	1
7								2

Easy # 1029

		8			1	6		
6		3	7	5			4	
	9	2			3			7
1	5					4		8
	4						7	
8		9					6	5
9			6			2	1	
	6			4	8	7		3
		4	9			5		

Easy # 1030

4		3	9	5	7	8		
		5			3	9		1
		6	8				7	
			4	1		2	8	
		4				7		
	5	2			3	8		
	6				9	4		
3		9	1			6		
		1	5	2	6	3		8

Easy # 1031

	6							5
		2	3					
8	1			4	5		2	3	6
3	8				5	7		1
4			6		8			3
2		1	7				6	9
6	2	5		9	4		1	7
						7	9	
7							8	

Easy # 1032

	2					4		
			1	7	4	8		
	4	7	2			9		3
9		8				2	3		1
		3	8		1	7		
2		6	4			8		9
	9			6		4	2	1
		3	2	5	9			
		2					6	

Easy # 1033

```
. . . | 9 . . | 5 8 .
. . 1 | 7 . . | . . 3
3 5 . | . . . | . 2 1
------+-------+------
1 9 . | 8 . . | 3 . .
8 7 . | 2 . 9 | . 6 4
. . 6 | . . 7 | . 9 2
------+-------+------
5 6 . | . . . | . 1 9
7 . . | . . 1 | 4 . .
. 1 3 | . . 2 | . . .
```

Easy # 1034

```
8 . . | 2 . . | 4 . .
9 6 . | . 7 1 | . 5 .
. 5 2 | . 4 6 | . 1 .
------+-------+------
. . . | 1 3 5 | . 6 .
1 . . | 3 9 6 | . . .
. 2 . | 5 9 . | 3 8 .
------+-------+------
. 8 . | 1 3 . | . 7 5
. . 5 | . . 7 | . . 2
. . . | . . . | . . .
```

Easy # 1035

```
9 7 . | . 2 . | . 1 .
. . . | 3 1 . | . . 8
. . . | 7 . 9 | 5 2 6
------+-------+------
7 9 . | . 4 3 | . 5 1
1 2 . | 5 6 . | . 3 9
5 4 7 | 8 . . | 6 . .
------+-------+------
3 . . | . 5 1 | . . .
. . . | . . . | . . .
. 1 . | . 7 . | . 8 5
```

Easy # 1036

```
4 . 8 | 3 . . | 5 6 .
1 . . | . 7 6 | . . 4
. 3 6 | . 2 . | . . .
------+-------+------
. 6 . | . . . | 4 5 .
. 9 . | 2 . 5 | . 7 .
3 5 . | . . . | 2 . .
------+-------+------
. . . | 5 . . | 2 1 .
5 . . | 6 8 . | . . 9
. 8 9 | . . 1 | 7 . 6
```

Easy # 1037

```
7 5 8 | . 2 . | . . .
. 3 . | 1 8 . | . . 5
2 9 . | . 6 5 | 8 . 3
------+-------+------
. . . | . . . | 5 1 2
. 4 . | . . . | . 9 .
5 2 6 | . . . | . . .
------+-------+------
9 . 2 | 8 4 . | . 5 6
3 . . | . 7 1 | . 8 .
. . . | . 9 . | 2 3 1
```

Easy # 1038

```
. . . | 3 4 . | 7 . .
. 7 4 | . 9 2 | 6 1 .
3 . . | . . . | . . .
------+-------+------
. 4 7 | . . . | 2 . .
5 2 8 | 7 . 6 | 4 9 1
. . . | 1 . . | 5 8 .
------+-------+------
. . . | . . . | . . 2
. . 8 | 3 4 6 | . 9 7
. . 5 | . 7 3 | . . .
```

Easy # 1039

```
. . 8 | 4 . 5 | . . 2
2 3 . | 1 6 . | 4 . .
. . . | 7 . 3 | 5 . .
------+-------+------
. 8 1 | . . 3 | . 6 .
. 6 . | 8 . 9 | . . .
. 5 . | 2 . . | 8 4 .
------+-------+------
. 4 3 | . 2 . | . . .
. 7 . | 9 8 . | 2 4 .
8 . . | 7 . 4 | 1 . .
```

Easy # 1040

```
7 . 8 | 2 . . | . . 5
. 1 3 | . 9 5 | 2 . .
. 2 . | 8 3 . | . . .
------+-------+------
. 3 9 | 1 . 4 | 7 . .
. . . | . 6 . | . . .
. . 5 | 3 . 2 | 6 1 .
------+-------+------
. . . | 2 9 . | 4 . .
. . 1 | 4 8 . | 3 6 .
2 . . | . . 3 | 8 . 7
```

Easy # 1041

```
1 . . | . 6 . | . . 7
. 6 . | . 8 . | 5 . 9
. 2 . | 7 . . | . 4 6
------+-------+------
9 8 . | . 5 . | . . 4
2 . 3 | 1 . 8 | 9 . 5
5 . . | . 7 . | . 8 1
------+-------+------
3 1 . | . . 9 | . 7 .
6 . 2 | . 1 . | . 5 .
7 . . | . 3 . | . . 2
```

Easy # 1042

```
2 7 . | . . 8 | 3 . 5
3 5 . | 7 . . | 4 . .
. . 8 | . . 5 | . . .
------+-------+------
9 3 6 | . . . | 4 . .
. 2 7 | . . . | 8 6 .
. 8 . | . . . | 5 3 7
------+-------+------
. . 9 | . . 1 | . . .
. 3 . | . 1 . | 2 8 .
1 . 5 | 8 . . | 9 3 .
```

Easy # 1043

```
. . . | 6 5 8 | . 9 7
5 . . | . . 2 | . . .
9 8 . | . 3 . | 6 . .
------+-------+------
. 7 . | . 1 4 | . 3 6
6 9 . | . . . | . 5 4
1 4 . | 5 9 . | . 8 .
------+-------+------
. . 9 | . 7 . | . 6 1
. . . | 2 . . | . . 9
4 2 . | 3 6 9 | . . .
```

Easy # 1044

```
. . 3 | 7 . . | 2 . .
. 9 . | 6 5 . | . . .
. . 5 | 9 3 . | . 6 1
------+-------+------
. 6 . | . 2 . | 8 . 9
. 3 9 | 1 . . | 5 2 4
1 . 2 | . 6 . | . 5 .
------+-------+------
2 1 . | 8 7 5 | . . .
. . . | 9 6 . | 8 . .
. 7 . | . 4 6 | . . .
```

Easy # 1045

```
. 2 . | . 7 1 | 5 . .
3 6 . | 5 8 . | 4 9 .
. . . | 6 . . | 2 1 3
------+-------+------
9 4 3 | . . . | . . .
. . 8 | . . . | 6 . .
. . . | . . . | 1 3 4
------+-------+------
5 7 4 | . 3 . | . . .
. 3 6 | . 9 4 | . 2 5
. . 2 | 1 5 . | . 4 .
```

Easy # 1046

```
. 5 1 | . . . | . 4 .
9 . . | 2 6 . | 1 . .
2 . . | . 3 1 | . . 5
------+-------+------
. 6 . | 5 . . | 3 . 4
8 . 9 | . 1 . | 5 . 7
5 . 2 | . . 3 | . 1 .
------+-------+------
7 . . | 1 4 . | . . 3
. . 3 | . 9 6 | . . 2
. 2 . | . . . | 4 9 .
```

Easy # 1047

```
. 4 8 | . 3 . | . 1 5
5 . . | . 4 . | 6 9 .
. 9 . | . . 8 | . . .
------+-------+------
. . . | . 8 5 | 6 . 1
1 . 8 | . . . | . 3 9
3 . 2 | 1 6 . | . . .
------+-------+------
. . . | . 6 . | . 9 .
. . 1 | 7 . 4 | . . 3
9 3 . | . 2 . | 4 6 .
```

Easy # 1048

```
. 9 . | 8 . . | 3 . .
1 . . | 6 . 9 | 5 . .
3 . . | 7 . . | 8 6 .
------+-------+------
2 6 . | 3 . . | 1 . .
. 1 7 | 2 . 6 | 8 9 .
. 4 . | . 1 . | . 7 2
------+-------+------
4 5 . | . 3 . | . . 9
. 7 1 | . 2 . | . . 5
. 3 . | . 5 . | 6 . .
```

Easy # 1049

```
. . . | . 3 . | . . .
. 1 5 | 8 . 7 | . 2 6
7 . . | 6 . . | 8 . .
------+-------+------
6 8 . | 9 . . | 2 3 .
4 . 3 | 2 . 1 | 7 . 8
. 7 9 | . . 4 | . 5 1
------+-------+------
. . 6 | . . 3 | . . 9
3 9 . | 4 . 6 | 1 7 .
. . . | . 9 . | . . .
```

Easy # 1050

```
5 . 8 | . . . | 3 . .
. 7 . | 3 . . | . . 9
9 . 3 | 8 . . | 4 . .
------+-------+------
3 8 . | . 6 . | . 5 4
. . 4 | 5 . 8 | 7 . .
1 5 . | . 9 . | . 2 3
------+-------+------
. 3 . | . . 6 | 4 . 7
6 . . | . . 2 | . 3 .
. . 5 | . . . | 1 . 2
```

Easy # 1051

```
. 9 . | . 3 2 | . . .
1 . 7 | . 5 . | . . .
4 2 . | . . . | 9 7 .
------+-------+------
. . 9 | . . 1 | . 2 5
6 8 . | 5 . 4 | . 1 3
5 4 . | 3 . 6 | . . .
------+-------+------
2 5 . | . . . | 7 6 .
. . . | 4 . 9 | . . 2
. . 8 | 2 . . | 3 . .
```

Easy # 1052

```
2 . . | . 3 . | . . 1
. 1 . | 9 . . | 7 3 .
. 8 . | . 7 . | 2 . 4
------+-------+------
7 6 . | . 1 . | . . 8
8 . 9 | 6 . 7 | 3 . 2
5 . . | . 8 . | . 6 9
------+-------+------
9 . 8 | . 6 . | 4 . .
4 5 . | . . 1 | . 2 .
1 . . | . 4 . | . . 7
```

Easy # 1053

```
9 . . | . . 3 | 7 8 .
. 8 . | 7 9 5 | . 1 .
. . . | 1 2 6 | . . .
------+-------+------
4 5 . | 3 1 . | . . .
8 1 . | . . . | . 7 3
. . . | . 7 4 | . 9 1
------+-------+------
. . . | 8 6 9 | . . .
. 6 . | 9 2 1 | . 4 .
. 9 8 | 4 . . | . . 5
```

Easy # 1054

```
. . 2 | 9 . . | 3 7 .
2 . 6 | 7 . . | . . .
. . . | 1 8 2 | . . .
------+-------+------
5 . 2 | 9 . . | 1 . 3
. 9 . | . 5 . | . 6 .
4 . 8 | . . 1 | 5 . 2
------+-------+------
. . . | 4 5 8 | . . .
. . . | . . . | 3 7 8
. 8 1 | . 7 9 | . . .
```

Easy # 1055

```
2 . . | . 5 . | . . 6
3 5 . | . 1 . | 7 2 4
. 4 7 | 3 2 . | . . .
------+-------+------
. 8 . | 5 6 . | 4 . .
. . 4 | . . . | 8 . .
. 2 . | 7 4 . | 1 . .
------+-------+------
. . . | 3 6 2 | 8 . .
7 2 6 | 9 . . | . 4 3
8 . . | . 4 . | . . 7
```

Easy # 1056

```
8 . 9 | 5 2 . | . . 7
. . 6 | . 4 8 | . 2 .
. . . | . . . | 3 1 .
------+-------+------
7 9 . | . . 5 | 1 3 6
6 3 8 | 7 . . | . 5 2
. 6 7 | . . . | . . .
------+-------+------
. 8 . | 4 1 . | 2 . .
1 . . | 5 6 8 | . . 4
```

Easy # 1057

```
2 4 . | . 3 . | 6 . 8
. . . | 2 . . | . . 9
. 3 6 | 9 . . | 7 . 5
------+-------+------
5 8 . | 7 4 . | . . .
9 . . | 1 . 3 | . . 2
. . . | 9 2 . | . 4 6
------+-------+------
6 . 7 | . . 1 | 2 5 .
4 . . | . . 9 | . . .
1 . 3 | . 7 . | . 8 4
```

Easy # 1058

```
. 9 8 | . . . | . . .
3 . . | 9 . . | 4 2 .
. . 2 | 6 5 . | 9 8 .
------+-------+------
1 . 6 | . 9 5 | . . .
. 7 . | 1 3 2 | . 9 .
. . . | 4 6 . | 3 . 1
------+-------+------
. 5 9 | . 1 6 | 7 . .
. 8 7 | . . 9 | . . 4
. . . | . . . | 8 6 .
```

Easy # 1059

```
. . 2 | . . 6 | . 3 4
6 . . | 5 8 4 | . . 7
. 4 . | 7 3 . | . . .
------+-------+------
4 . 5 | 6 9 . | . . .
9 . 1 | . . . | 3 . 5
. . . | 5 1 6 | . . 2
------+-------+------
. . . | 7 8 . | 5 . .
5 . . | 2 4 9 | . . 3
3 9 . | 1 . . | 4 . .
```

Easy # 1060

```
4 3 . | . . . | 5 . .
1 6 7 | 5 4 . | . . 9
. . . | . 9 . | 6 1 .
------+-------+------
. . . | 2 5 7 | 8 . .
2 . 9 | . 7 . | . . 3
. 7 5 | 3 8 . | . . .
------+-------+------
9 2 . | 1 . . | . . .
5 . . | 6 7 . | 9 4 8
. 4 . | . . . | 3 2 .
```

Easy # 1061

```
. 6 . | . . . | 1 . .
9 4 . | . 1 5 | . . 6
. . . | 6 3 . | 4 . .
------+-------+------
4 3 . | . 7 8 | . 2 .
8 . 6 | 2 . 1 | 9 . 4
1 . 9 | 3 . . | 7 5 .
------+-------+------
. 5 . | 1 7 . | . . .
3 . . | 4 2 . | . 6 1
. . 4 | . . . | . 2 .
```

Easy # 1062

```
. 3 . | 8 . . | 6 1 5
. . . | . 2 . | 3 . .
. 9 . | 5 . 1 | . . .
------+-------+------
. 1 4 | 6 . . | . . 9
9 . 3 | . 8 . | 4 . 6
8 . . | . . 4 | 5 3 .
------+-------+------
. . . | 7 . 8 | . 5 .
. 9 . | . 4 . | . . .
7 . 6 | 9 . 5 | . 2 .
```

Easy # 1063

```
. 1 5 | 9 . 6 | . . 3
. 4 3 | 7 . 1 | 9 . .
. 3 . | . 6 . | . . 4
------+-------+------
5 9 . | 7 2 . | . . .
. . . | . . . | . . .
. . . | 5 9 . | 3 2 .
------+-------+------
1 . . | 4 . . | 8 . .
. 4 3 | . 8 2 | 5 . .
7 . 2 | . 6 5 | 3 . .
```

Easy # 1064

```
. 6 . | . . . | 9 5 .
4 . 2 | . 5 3 | . 6 7
. 9 7 | 6 . 2 | . . .
------+-------+------
. . 8 | . . 5 | . 3 4
. . 4 | . . 6 | . . .
6 3 . | 2 . . | 5 . .
------+-------+------
. . . | 4 . 6 | 7 5 .
7 4 . | 8 9 . | 3 . 6
3 8 . | . . . | . 1 .
```

Easy # 1065

```
9 . 5 | . . 7 | 6 2 4
8 4 . | 2 5 . | . . .
. . 6 | . 9 . | 8 . .
------+-------+------
3 . . | 9 6 . | . 4 .
. 8 . | . . . | . 9 .
. 9 . | . 2 1 | . . 8
------+-------+------
. 2 . | 1 . 4 | . . .
. . . | 4 5 . | . 6 9
4 6 9 | 3 . . | 5 . 1
```

Easy # 1066

```
. . 5 | . 9 . | . . .
9 . . | . . 5 | . . 3
. . 5 | 4 1 7 | . 6 2
------+-------+------
4 1 . | 3 7 . | . 2 5
. 5 . | . . . | . 3 .
3 8 . | . 6 5 | . 7 9
------+-------+------
5 9 . | 7 2 1 | 3 . .
6 . 4 | . . . | . . 1
. . . | 9 . 6 | . . .
```

Easy # 1067

```
4 5 3 | . 8 7 | . 9 2
. 9 . | . . . | . . 1
. . . | . 9 8 | . . .
------+-------+------
. 4 2 | 9 . . | . 8 5
. 7 . | 5 . 1 | . 6 .
1 6 . | . . 3 | 9 2 .
------+-------+------
. . 4 | 6 . . | . . .
5 . . | . . . | . 3 .
2 1 . | 7 3 . | 4 5 6
```

Easy # 1068

```
. 6 . | . . 5 | . 1 .
7 . . | 6 4 . | 3 . 2
. . 5 | 2 7 . | . 6 .
------+-------+------
5 . . | . . 2 | 8 . .
2 . 8 | . 5 . | 1 . 6
. . 3 | 7 . . | . . 5
------+-------+------
. 5 . | . . 1 | 3 2 .
3 . 1 | . 9 7 | . . 4
. 7 . | 8 . . | . 3 .
```

Easy # 1069

	8		2	5			7	1
		2						5
9			7	3				
	7	4	8			9	3	
	6	1	5		7	4	2	
8	2				3	6	5	
			1	8				2
1					7			
2	4			7	9		1	

Easy # 1070

9	6	7	1	3	5	8		
3				6				
	8				2		3	9
				8			7	
8		6	7		1	9		2
	5			2				
1	7		2				4	
				5				1
		3	8	1	4	7	9	5

Easy # 1071

			9				4	3
	7		5			8		
4		8				7		6
9		7	3				8	
5		3	6		9	1		2
	2			5	6			9
2		4				9		7
		5			7		1	
7	8			6				

Easy # 1072

	4			3	7	9		
3	8	9	4	5		2		
	6		2					5
			8	7		1	2	
	8					5		
4	1			3	2			
6				9		8		
	7		4	1	6	2	3	
	9	3	7			6		

Easy # 1073

2			7	8		6		9
		8			6		1	
9			2	5			3	7
	7	9	4	2				
				7	3	4	2	
5	9			4	2			1
	6		5			9		
1		4		3	9			6

Easy # 1074

4			6	2			7	9
		7	8					1
			7	3		6	2	4
		1						5
9	6	3				8	7	1
5						2		
1	4	2		6	5			
	7					2	1	
	5	8				7	4	2

Easy # 1075

		6	4				3	5
4		5	8		3			
	2		5		6		4	
1			6			9		
2	9						7	1
	5			9				4
	1		7		5		6	
		9		8	2			7
7	4				2	8		

Easy # 1076

					8	3	5	
	9	6					4	
1	5	3		4	6	8		
			2	4		7		1
		2	8		1	9		
4	1		9	7				
		4	5	1		7	6	8
6						2	9	
2	8	3						

Easy # 1077

			7					5
2	8		1	5	3			
		3		4			1	8
3	4		9	6			2	
9	5						8	3
	1			8	5		9	6
6	3			2		8		
			8	3	4		7	9
8					7			

Easy # 1078

		2						
			2	8				4
8	4			3	7		5	6
4	8							7
9	7	1	4		6	5	3	8
5							9	1
2	9		8	6			4	3
1				4	2			
					7			

Easy # 1079

	8		3		2			9
6		3		7				
2				1	4	6	8	
		1	6			9		4
5				9				1
9		2			8	3		
	2	8	9	5				7
				8		2		6
4			2		7		9	

Easy # 1080

		1		5				
7		6	4		3		1	
			6		7		2	
2					4	9	6	
4		9		3		1		2
	1	7	9					3
	7		3		8			
	5		7			2	4	8
				9		2		

Easy # 1081

```
. 7 . | . . . | 6 4 .
. . 3 | . . 7 | . . 5
9 . . | . . 4 | 3 7 .
------+-------+------
6 . 9 | . 2 . | 7 . 4
. 5 . | 4 . 6 | . 9 .
8 . 7 | . 3 . | 1 . 6
------+-------+------
. 9 5 | 2 . . | . . 7
7 . . | 8 . . | 2 . .
. 1 8 | . . . | . 6 .
```

Easy # 1082

```
2 . . | . . 5 | 6 . .
. 4 5 | 3 . . | 2 . .
. . 3 | 1 9 2 | 4 7 .
------+-------+------
1 . 9 | . 4 7 | . . .
. . 6 | . . . | 8 . .
. . . | 6 3 . | 9 . 7
------+-------+------
. 6 4 | 5 1 8 | 7 . .
. . 1 | . . 4 | 5 3 .
. . 2 | 7 . . | . . 8
```

Easy # 1083

```
. . . | 2 . . | 6 . .
6 . . | . 4 . | 3 8 .
. 2 7 | 5 8 6 | . . .
------+-------+------
. 7 3 | 9 6 . | . 1 .
. 6 8 | . . . | 7 9 .
. 4 . | . 3 7 | 8 5 .
------+-------+------
. . . | 8 9 1 | 4 6 .
. 1 6 | . 5 . | . . 8
. . 9 | . . 2 | . . .
```

Easy # 1084

```
. 3 . | . 5 . | . . .
9 8 . | . 3 1 | . . 4
4 2 . | 1 . 6 | 5 . .
------+-------+------
. . . | 6 9 2 | 8 . .
. 5 . | 1 . 7 | . 3 .
. 4 6 | 5 3 . | . . .
------+-------+------
. 6 2 | . 9 . | . 7 1
5 . 8 | 7 . . | . 4 9
. . . | 3 . . | 6 . .
```

Easy # 1085

```
. . . | . 6 1 | . . 5
7 1 . | . 3 4 | . . 9
3 . . | 2 8 . | . 4 .
------+-------+------
. 5 . | . . 8 | . . .
4 . 7 | 8 2 5 | 1 . 6
. . 1 | . . . | 5 . .
------+-------+------
. 8 . | . 7 9 | . . 2
5 . . | 6 1 . | . 3 4
9 . . | 3 5 . | . . .
```

Easy # 1086

```
. 3 . | 8 9 . | 2 6 .
. . 1 | . 5 4 | . 7 .
. 4 . | 2 3 . | . . .
------+-------+------
9 . . | . . . | 3 . .
5 6 . | 1 7 3 | . 8 9
. . 3 | . . . | . . 1
------+-------+------
. . . | 8 9 . | 3 . .
2 . 7 | 1 . . | 6 . .
. 5 9 | . 2 6 | . 4 .
```

Easy # 1087

```
4 . . | 6 7 5 | . 1 8
. . 8 | . 1 . | . . .
6 . . | 4 2 . | . . 7
------+-------+------
. 8 . | . 6 . | . . 4
3 4 . | . . . | 6 . 9
2 . . | . 9 . | 8 . .
------+-------+------
5 . . | . 3 7 | . . 6
. . . | . 5 . | 2 . .
9 6 . | 2 4 1 | . . 3
```

Easy # 1088

```
. 8 . | 1 7 . | . 9 .
9 . 7 | . . 5 | . 1 3
. . . | 8 . 5 | . . 4
------+-------+------
. 2 8 | . . 4 | . . .
. 9 4 | . 8 . | 3 . .
. . 1 | . . 6 | 8 . .
------+-------+------
1 . 2 | . 4 . | . . .
7 6 . | 2 . . | 1 . 8
. 5 . | . 3 1 | . 6 .
```

Easy # 1089

```
. . 7 | 5 4 . | . . 2
4 1 8 | . . 2 | . 5 .
6 . . | 1 . 9 | 4 . .
------+-------+------
9 . . | . . . | 6 7 .
2 . . | . . . | . . 1
. 3 5 | . . . | . . 4
------+-------+------
. . 3 | 9 . 7 | . . 5
. 2 . | 3 . . | 8 9 6
5 . . | . 2 1 | 3 . .
```

Easy # 1090

```
2 . . | . 6 . | . 4 7
6 9 1 | 4 . 7 | . . .
. 3 . | . 2 5 | . . .
------+-------+------
1 2 . | 5 8 . | . 7 4
. . . | . . . | . . .
5 4 . | . 9 1 | . 2 6
------+-------+------
. . . | 2 1 . | . 5 .
. . . | 9 . 3 | 7 1 8
3 1 . | . 7 . | . . 2
```

Easy # 1091

```
2 . 1 | . . 6 | . 3 .
5 4 . | 7 9 . | 6 . .
8 . . | . . 3 | . . 9
------+-------+------
. 8 6 | . . . | . 7 3
. . 5 | . . . | 9 . .
9 7 . | . . . | 8 1 .
------+-------+------
6 . . | 1 . . | . . 7
. 9 . | 8 5 . | . 6 4
. 5 . | 4 . . | 3 . 2
```

Easy # 1092

```
. . . | . 6 . | 9 . 4
. 8 6 | . 4 2 | . 5 .
7 . . | . 9 8 | 6 . .
------+-------+------
1 . . | . 8 . | . . .
2 . 4 | 3 1 6 | 5 . 7
. . . | . 9 . | . . 3
------+-------+------
. 6 3 | 1 . . | . . 9
. 7 . | 6 9 . | 4 1 .
4 . 9 | . 7 . | . . .
```

Easy # 1093

3	1				5	7		6
8	5			3		4	9	
	9				2			
			2	6	9	1		
	2		5		8		6	
	7	4	3	9				
			6			2		
	6	9		8			4	1
1		8	2			7	3	

Easy # 1094

	6	1			2			
	9		4	6	1		2	
2				3			1	
6			7	1			8	
3	2						4	1
	5			4	3			9
	8			9				3
3			8	5	6		9	
		3				4	5	

Easy # 1095

8		5			6		1	4
	4				5			
6		9	4				8	
2	1	8				6		
	6	7				9	2	
		3				8	7	5
	3			2	1			8
			1				6	
1	8		6			2		9

Easy # 1096

	4	9				1	6	
			1		2			
		6	5	9		8		
	3	2	6		9	4	5	
1				2				6
	6	4	7		5	2	9	
		8		4	6	3		
			9		7			
	2	3				9	7	

Easy # 1097

5	1		8				6	
				2				1
		6	9	1	7	4	2	5
	4			6				
8		5	7		4	2		6
				8			9	
9	5	4	3	7	6	1		
7				9				
	3				8		4	7

Easy # 1098

	2		1	6		3	8	7
1						2	6	5
6			8					1
				1	7		2	
			4		3			
	1		5	9				
4					6			3
3	8	9						6
5	6	1		3	8		9	

Easy # 1099

	9	6	2					
1	4		9		8		7	
8								3
4		5	7		6		3	
	1	7		9		4	5	
	6		4		2	1		7
7								8
	2		3		5		4	1
				4	7	2		

Easy # 1100

					5	6		
	2	8		4	6			
4			9	2		5	3	
9	3	4		5				
8		2	6		9	1		4
				8		3	7	9
	6	9		7	8			1
			1	6		8	9	
		5	4					

Easy # 1101

1			7			2	3	
3	7		6		2			
		4	3		1	7		
	9		1			5		
	4	5				8	9	
		3			5		7	
		9	8		3	1		
		5		6			8	4
	8	7			4			6

Easy # 1102

6		9	5	2		8		3
			9	8		2		
	8				4	5		
3	2		1	9				
7								5
			3	5		1	2	
		4	3			2		
		7		4	6			
5		2		1	8	4		9

Easy # 1103

5	1	3	4	6	9			7
	4				2	6	5	
		6		3				
				2			3	
1		2	6		5	9		8
	5			9				
				8		7		
	7	1	2				9	
9			3	7	6	1	8	5

Easy # 1104

					4	1	6	
	5		8		6		2	3
7								8
	7		1		5	9		2
	9	2		6		5	3	
5		3	4		2		1	
8								5
3	2		9		7		4	
		4	5	2				

Easy # 1105

```
. 1 7 | . 8 2 | . 4 .
6 . . | . . 3 | 1 7 .
. . . | 7 . 3 | . . 8
------+-------+------
9 . . | . 1 . | . . .
2 . 8 | 5 9 7 | 4 . 6
. . 3 | . . . | . . 5
------+-------+------
8 . 3 | . 6 . | . . .
. 7 5 | 9 . . | . . 3
. 6 . | 7 3 . | 8 9 .
```

Easy # 1106

```
4 1 . | 9 . . | . . 6
. 6 . | . 1 4 | . . 3
8 . 3 | . . . | 7 . 4
------+-------+------
. 7 . | 4 . . | . . 9
. 8 4 | 3 . 7 | 5 6 .
2 . . | . 5 . | . 8 .
------+-------+------
3 . 1 | . . . | 6 . 8
7 . . | 6 4 . | . 3 .
6 . . | . . 1 | . 4 5
```

Easy # 1107

```
. 5 . | . . . | . 2 3
. 3 . | . 6 . | 8 . 9
2 . . | 4 1 . | 6 . .
------+-------+------
. . . | . 9 8 | . 3 4
. 6 3 | . 4 . | 2 8 .
8 1 . | 5 3 . | . . .
------+-------+------
. . 6 | . 2 9 | . . 8
5 . 8 | . 7 . | . 6 .
3 7 . | . . . | . 4 .
```

Easy # 1108

```
. 8 . | . . . | 5 4 3
. 6 . | 5 3 . | . 9 .
5 . . | 1 . . | . . .
------+-------+------
. 4 2 | 3 . . | . . 8
. 1 8 | 9 . 6 | 4 5 .
9 . . | . 1 6 | 3 . .
------+-------+------
. . . | . 5 . | . . 4
. 3 . | 7 9 . | 2 . .
8 5 7 | . . . | 6 . .
```

Easy # 1109

```
9 6 . | . 3 4 | . . .
. . 4 | 9 7 . | . 3 6
. . . | . . 8 | . . 2
------+-------+------
5 7 6 | . 9 . | . . .
4 . 8 | 6 . 3 | 9 . 1
. . . | 2 . . | 6 5 8
------+-------+------
3 . . | . 2 . | . . .
2 5 . | . 1 6 | 8 . .
. . . | 3 8 . | . 1 9
```

Easy # 1110

```
. . . | 7 3 . | 5 6 2
. 2 . | . 6 . | . 9 .
6 5 . | . 9 . | . 7 4
------+-------+------
. . 6 | . . . | . . 7
2 4 9 | . . . | 3 8 1
7 . . | . . . | . 2 .
------+-------+------
. 9 1 | . . 6 | . 3 5
. . 2 | . . . | 4 . 9
5 3 6 | . 8 9 | . . .
```

Easy # 1111

```
2 7 5 | 1 . 8 | . . .
. . 9 | . 3 6 | . . .
. 3 . | . 7 . | 1 8 .
------+-------+------
. 2 3 | 6 4 . | 8 1 .
. . . | . . . | . . .
. 6 1 | . 5 2 | 3 7 .
------+-------+------
. 9 2 | . 8 . | . 3 .
. . . | 3 2 . | 6 . .
. . . | 5 . 9 | 2 4 8
```

Easy # 1112

```
. . 2 | . . 5 | 6 . .
. 3 7 | 1 6 . | . . 8
9 . 4 | . . 8 | . 5 .
------+-------+------
8 2 . | . . . | 5 1 .
7 . . | . . . | . . 6
. 1 6 | . . . | . 9 2
------+-------+------
. 7 . | 3 . . | 4 . 5
6 . . | 2 7 . | 3 8 .
. . 8 | 9 . . | . 1 .
```

Easy # 1113

```
. 7 2 | . . . | 4 . .
. . 6 | . 4 . | . 7 3
. 4 3 | 5 2 . | 1 . 6
------+-------+------
. 5 1 | 2 . . | . . 8
4 . . | . . . | . . 1
2 . . | . . 6 | 4 5 .
------+-------+------
5 . 4 | . 7 8 | 3 1 .
3 2 . | 4 . 1 | . . .
. 9 . | . . . | 5 8 .
```

Easy # 1114

```
. 9 . | . 6 4 | 7 . .
. 3 . | 7 4 . | 9 . .
2 7 . | . . . | . 1 3
------+-------+------
. 6 . | . 7 2 | . . .
5 . 9 | 2 . 3 | 1 . 7
. . 1 | 5 . . | 8 . .
------+-------+------
9 1 . | . . . | 3 4 .
. 3 . | 7 9 . | 2 . .
. 5 7 | 4 . . | 9 . .
```

Easy # 1115

```
. . . | 7 . . | 1 3 .
. 3 . | 5 . . | . . 7
. 7 3 | 1 2 9 | . . .
------+-------+------
. 8 . | 3 6 . | . . 1
3 . 2 | . . . | 7 . 5
9 . . | 5 2 . | 4 . .
------+-------+------
. 9 1 | 4 8 5 | . . .
5 . . | . 9 . | 8 . .
. 2 4 | . . 5 | . . .
```

Easy # 1116

```
. 1 . | . . 3 | . . .
3 7 . | . 4 . | 9 5 .
. . 9 | 7 . 2 | . . 1
------+-------+------
. . . | . 3 9 | 5 . 2
. 3 5 | . . . | 1 4 .
8 . 4 | 5 2 . | . . .
------+-------+------
5 . . | 6 . 7 | 4 . .
. 4 1 | . 8 . | . 2 7
. . . | 2 . . | . 1 .
```

Easy # 1117

```
. . . | . 7 . | . 6 .
2 . . | 1 9 . | . . 4
6 . 7 | 3 2 4 | . . 9
------+-------+------
9 . . | . 4 . | 6 . .
8 . 4 | . . . | 9 . 5
. . 6 | . 8 . | . . 1
------+-------+------
5 . . | 7 9 1 | 4 . 8
4 . . | 2 5 . | . . 3
. 1 . | . 3 . | . . .
```

Easy # 1118

```
1 . . | 3 7 . | . 9 5
. 9 . | 2 1 . | . . .
. . 7 | . . . | . 1 .
------+-------+------
6 . 8 | 4 . . | 2 9 .
9 . 5 | 7 . 6 | 1 . 8
3 4 . | . . 2 | 5 . 7
------+-------+------
. 6 . | . . . | 9 . .
. . . | 4 7 . | 3 . .
7 1 . | 6 9 . | . . 2
```

Easy # 1119

```
. 7 . | 8 . 5 | . 1 .
. 9 5 | . . 7 | . . 8
. . . | 9 . 4 | 7 . 5
------+-------+------
. 2 . | . . 8 | 6 . .
3 6 . | . . . | 1 2 .
. 7 . | 2 . . | . 5 .
------+-------+------
1 . 3 | 4 . 2 | . . .
4 . . | 1 . . | 3 7 .
. 8 . | 5 . 3 | . 6 .
```

Easy # 1120

```
9 . 8 | . 3 . | . 6 5
. 6 . | 9 . 7 | 1 . .
1 . . | . 8 . | . . .
------+-------+------
. . . | 8 6 7 | 5 . .
8 5 . | . . . | . 1 3
. 3 4 | 5 7 . | . . .
------+-------+------
. . . | 7 . . | . . 1
. . 5 | 2 . 9 | . 3 .
3 1 . | . 4 . | 9 . 7
```

Easy # 1121

```
. . . | 2 5 . | . . 8
7 . 5 | . 4 9 | . . 1
4 . . | 6 3 . | 9 . .
------+-------+------
. . 8 | . . . | . 3 .
9 7 . | 3 6 8 | . 5 2
. 5 . | . . . | 8 . .
------+-------+------
. 3 . | 7 1 . | . . 6
8 . . | 2 5 . | 4 . 9
1 . . | 4 8 . | . . .
```

Easy # 1122

```
2 . . | 5 . . | . . 9
. 5 . | 8 . . | 3 . 4
. . 8 | . 2 6 | . 7 1
------+-------+------
5 6 . | . . . | 8 9 .
. . 2 | . . . | 1 . .
. 3 9 | . . . | . 6 2
------+-------+------
7 8 . | 1 9 . | 2 . .
4 . 5 | . . . | 7 . 1
6 . . | . . 3 | . . 8
```

Easy # 1123

```
. . . | 1 . 9 | 6 5 .
. 5 . | . 4 6 | . . 7
. 1 9 | 7 8 . | . 2 3
------+-------+------
9 3 2 | . . . | . . .
8 . . | . . . | . . 1
. . . | . . 3 | 9 6 .
------+-------+------
1 9 . | 2 3 7 | 5 . .
5 . . | 6 7 . | . 3 .
3 4 7 | . 9 . | . . .
```

Easy # 1124

```
. 8 . | 9 4 . | 6 . 5
6 . . | 8 . 3 | 7 . .
1 . . | . . . | 8 . .
------+-------+------
9 7 . | . . 1 | . 5 .
4 . 5 | . 8 . | 1 . 2
. 3 . | 6 . . | . 7 8
------+-------+------
. 1 . | . . . | . . 7
. . 3 | 4 . 7 | . . 1
7 . 6 | . 2 8 | . 9 .
```

Easy # 1125

```
7 . 3 | 9 . . | 6 5 8
. 6 . | . . . | 7 . 3
. . . | . . 3 | . . .
------+-------+------
. 3 5 | . . 9 | 1 . 8
9 7 . | 4 . 8 | . 5 2
6 . 2 | 3 . . | 7 4 .
------+-------+------
. . . | . 7 . | . . .
5 . . | 6 . . | . 2 .
. 1 8 | 2 . 5 | 4 . 6
```

Easy # 1126

```
. 4 . | 6 . . | 3 9 7
. . 6 | . 3 4 | . . 8
3 . . | 2 . 9 | 5 . .
------+-------+------
5 8 . | . . . | 2 . .
. . 9 | . . 6 | . . .
. . 3 | . . . | 1 4 .
------+-------+------
. . 4 | 8 . 2 | . . 1
1 . . | 9 6 . | 4 . .
7 2 5 | . . 1 | . 6 .
```

Easy # 1127

```
1 . 5 | 3 9 . | . . .
. 7 . | . 6 . | . 5 .
. 9 6 | . . 4 | 1 7 3
------+-------+------
. . 8 | 6 7 . | . . 1
5 . . | . . . | . . 6
6 . . | . 3 2 | 5 . .
------+-------+------
7 6 1 | 8 . . | 2 9 .
. 3 . | . 2 . | . . 1
. . . | . 1 9 | 6 . 7
```

Easy # 1128

```
8 5 4 | . . . | . 3 9
. 3 1 | 6 . . | 2 . .
. 6 9 | . . . | . . .
------+-------+------
. . . | 4 9 . | 1 . 3
. . 3 | 8 . 2 | 9 . .
1 . 8 | . 7 5 | . . .
------+-------+------
. . . | . . . | 8 2 .
. . 6 | . . 8 | 3 1 .
3 8 . | . . . | 5 9 7
```

Easy # 1129

```
. 5 6 | . . . | 8 . .
. 7 8 | 3 5 . | . 2 9
. . 9 | . 8 6 | . . 7
------+-------+------
. 2 3 | 5 . . | . . 1
8 . . | . . . | . . 2
5 . . | . . 9 | 3 8 .
------+-------+------
7 . 5 | 8 . 2 | . . .
3 8 . | . 6 1 | 2 7 .
. . 4 | . . . | 1 3 .
```

Easy # 1130

```
4 6 . | . . 8 | 3 . .
. . 5 | . 3 8 | . . 4
. 2 . | 4 . 9 | . 1 .
------+-------+------
. 9 . | . . 5 | . . 6
8 5 . | . . . | . 4 2
2 . . | 1 . . | . 5 .
------+-------+------
. 8 . | 9 . 1 | . 6 .
6 . 9 | 3 . 7 | . . .
. . 1 | 6 . . | . 7 9
```

Easy # 1131

```
. . 1 | . . . | 4 3 .
6 . . | . . 2 | 9 8 .
. 2 . | . . 3 | . . 6
------+-------+------
1 4 . | . 7 . | . 6 3
. . 9 | 1 . 5 | 8 . .
5 6 . | . 2 . | . 9 1
------+-------+------
8 . . | 6 . . | . 7 .
. 7 6 | 5 . . | . . 9
. 1 5 | . . . | 6 . .
```

Easy # 1132

```
. . 8 | . . . | . 3 .
. 2 . | 7 3 . | . . .
3 . . | 1 8 . | . 2 5
------+-------+------
4 . 9 | 6 . . | . 7 2
2 . 5 | 8 . 4 | 3 . 9
1 6 . | . 7 5 | . . 8
------+-------+------
8 3 . | . 4 2 | . . 7
. . . | 6 8 . | 1 . .
. 4 . | . . . | 2 . .
```

Easy # 1133

```
. . . | . 5 2 | . . .
1 . 3 | . 6 . | 8 7 .
. . 9 | 7 . . | . . 3
------+-------+------
8 . . | . 7 . | 3 5 .
4 7 5 | . 1 . | 9 6 2
. 9 6 | . 2 . | . . 1
------+-------+------
2 . . | . . 7 | 5 . .
. 8 7 | . 3 . | 4 . 9
. . . | 5 4 . | . . .
```

Easy # 1134

```
. . . | . . 3 | . 4 .
. . 2 | . 9 4 | 6 . .
4 9 5 | . . . | 8 . .
------+-------+------
. . 8 | . . 9 | 5 . 1
5 . 4 | 6 . 2 | 3 . 8
6 . 9 | 3 . . | 2 . .
------+-------+------
. . 6 | . . 4 | 8 7 .
. . 1 | 2 7 . | 9 . .
. 5 . | 4 . . | . . .
```

Easy # 1135

```
3 . . | 4 5 . | 6 . .
. . . | . . . | . 7 8
6 . 5 | 7 2 . | 4 . .
------+-------+------
. 2 3 | . . 8 | 7 9 6
. . . | . . . | . . .
4 9 7 | 2 . . | 8 1 .
------+-------+------
. 8 . | 3 2 6 | . . 1
9 4 . | . . . | . . .
. 3 . | 6 5 . | . . 7
```

Easy # 1136

```
. . 5 | . . . | . 7 .
. 4 . | 7 . 3 | 5 2 .
. . . | 8 5 1 | 4 . .
------+-------+------
5 . 7 | 3 . 6 | . . 4
. . 8 | 6 . 2 | 9 . .
4 . 6 | . . 5 | 8 . 2
------+-------+------
. . 2 | 9 3 6 | . . .
. 3 9 | 5 . 4 | . 8 .
. 5 . | . . . | 3 . .
```

Easy # 1137

```
3 . . | 4 2 . | 8 . .
8 . 4 | 3 5 . | . 7 6
. . . | 6 . . | 4 3 9
------+-------+------
6 2 3 | . . . | . . .
. 7 . | . . . | . 1 .
. . . | . . . | 5 6 3
------+-------+------
2 8 6 | . 7 . | . . .
5 3 . | . 1 4 | 6 . 7
. 4 . | . 2 9 | . . 8
```

Easy # 1138

```
5 . . | . . 7 | 1 9 .
. . 3 | . . 5 | . . 4
. 7 4 | . 5 9 | . 3 .
------+-------+------
1 . . | . 5 . | . . .
3 . 6 | 9 7 1 | 4 . 2
. . 8 | . . . | . . 7
------+-------+------
. 6 . | 2 4 . | 9 8 .
4 . 5 | . . 9 | . . .
. 9 8 | 5 . . | . . 3
```

Easy # 1139

```
. . 5 | 7 . 4 | . 8 .
7 . . | 1 . 5 | . . 4
. . 3 | . 9 5 | 2 . 7
------+-------+------
. . . | 7 . 4 | 5 . .
. . . | 2 . 3 | . . .
. . 6 | 3 . 4 | . . .
------+-------+------
6 . 8 | 5 . 1 | . 2 .
9 . 1 | . 8 . | . . 5
. 5 . | 6 . 7 | 1 . .
```

Easy # 1140

```
9 . 6 | 3 . . | . . 7
2 7 . | . . . | . 3 8
. . 8 | . 6 7 | . . 1
------+-------+------
. . 2 | 9 . . | . . 4
. 9 7 | 1 . 8 | 2 6 .
5 . . | . . 6 | 1 . .
------+-------+------
8 . . | 6 3 . | 7 . .
6 1 . | . . . | . 8 2
7 . . | . . 5 | 3 . 6
```

Easy # 1141

```
6 2 4 . . . . 5 7
. 3 7 . . . . . .
. 5 9 3 . . 8 . .
. . . 4 7 . 9 . 5
. . 5 6 . 8 7 . .
9 . 6 . 1 2 . . .
. . 3 . . 6 5 9 .
. . . . . . 6 8 .
5 6 . . . . 2 7 1
```

Easy # 1142

```
. 2 4 8 6 5 . . .
. . . 3 9 . 2 . .
. 6 5 7 . . . . 8
. . . 2 7 4 . . 1
7 . 6 . . . 2 . 5
2 . 8 1 6 . . . .
4 . . . . 1 8 5 .
. 8 . 3 5 . . . .
. . 1 2 9 8 3 . .
```

Easy # 1143

```
6 . . 7 3 9 . 5 .
2 . 5 . 4 6 . 8 .
. . . . . . . . 6
. 5 . . . 4 1 7 .
8 6 . 5 . 2 . 3 9
. 9 1 3 . . . 6 .
5 . . . . . . . .
. 4 . 2 6 . 3 . 5
. 1 . 4 5 8 . . 7
```

Easy # 1144

```
1 . . . 9 6 2 . .
. 9 4 . 1 . 6 . .
. . 8 . . 4 . . 9
8 . . . . 2 . 5 4
. . 3 4 . 5 1 . .
7 4 . 6 . . . . 8
6 . . 3 . . 5 . .
. . 1 . 5 . 8 9 .
. . 9 1 6 . . . 2
```

Easy # 1145

```
5 . . 3 4 . 2 . .
2 8 3 . 6 . . . .
7 . 1 . 9 5 6 8 .
. . . . . . 7 1 8
6 . . . . . . . 9
3 7 8 . . . . . .
. 5 2 7 1 . 8 . 6
. . . . 8 . 4 5 7
. . 7 . 5 3 . . 2
```

Easy # 1146

```
9 . 6 3 . . . . .
. . . . 2 4 9 . .
. . . 9 1 . 8 3 .
5 . 9 1 . . 2 . 8
. 1 . . 5 . . 6 .
7 . 4 . . 2 5 . 9
. 4 2 . 3 1 . . .
. 7 5 4 . . . . .
. . . . . 8 3 . 4
```

Easy # 1147

```
5 . . 8 3 . 4 6 .
. 4 . . . . . . 2
. 2 4 . 9 . 1 . .
4 . 8 . . 6 . . 1
. 2 3 . 8 . 9 7 .
7 . . 2 . . 5 . 4
. 4 . 1 . 8 6 . .
8 . . . . . 2 . .
. 6 7 . 9 5 . . 8
```

Easy # 1148

```
7 2 . 5 1 . 8 . 4
5 . . . 2 3 7 . .
. . . 4 . 5 2 6 .
4 5 3 . . . . . .
. . 8 . . 9 . . .
. . . . . 4 1 5 .
3 4 7 . 8 . . . .
. 2 3 6 . . . . 7
1 . 5 . 9 2 . 4 8
```

Easy # 1149

```
7 . . 8 . 3 9 . .
. 9 . . . . 3 . .
2 . 3 . 4 5 . 1 .
. 7 . 2 . . . 5 3
6 . 8 . 5 . 4 . 9
. 3 1 . . 9 . 6 .
. 5 . 1 8 . 6 . 2
. . 9 . . . . 5 .
. . 2 5 . 7 . . 3
```

Easy # 1150

```
2 . 7 . . 3 9 4 .
. 3 . . . 9 . . .
9 . 4 2 . . . 1 .
4 5 6 . . . . . 1
7 2 . . . . . 3 5
3 . . . . 2 9 4 .
. 4 . . . 8 3 . 7
. . . 6 . . 8 . .
. 9 8 3 . . 4 . 6
```

Easy # 1151

```
. 9 6 . . . 7 8 .
8 4 2 . . 5 . . .
7 . . 2 . . . . 9
6 3 . . 1 . . . 5
. 7 . . 9 . . 3 .
1 . . . 5 . . 6 8
3 . . . . 9 . . 2
. . 3 . . . 7 8 6
. . 4 6 . . 5 9 .
```

Easy # 1152

```
1 . . . 5 3 . . 9
. . . . 2 . . 6 .
6 . 2 8 1 9 . . 3
3 . . . 9 . 6 . .
7 . 9 . . . 3 . 4
. . 6 . 7 . . . 5
4 . . 2 3 5 9 . 7
. 5 . . 8 . . . .
9 . . . 1 4 . . 8
```

Easy # 1153

```
. . 7 | . 5 1 | . . 3
8 3 . | . 2 . | . . 1
2 . . | . . 9 | 5 . .
------+-------+------
. . 8 | . . 5 | 6 4 .
1 . . | 2 . 4 | . . 9
. 2 4 | 7 . . | 8 . .
------+-------+------
. . 3 | 4 . . | . . 8
5 . . | . 1 . | . 3 4
7 . . | 5 3 . | 1 . .
```

Easy # 1154

```
7 . . | 9 6 . | 2 . .
. 6 1 | . . . | . 7 .
2 . . | . 1 8 | . . 3
------+-------+------
. 8 . | 2 . . | 7 . 5
3 . 5 | . 8 . | 6 . 4
1 . 2 | . . 5 | . 9 .
------+-------+------
5 . . | 8 2 . | . . 7
. 1 . | . . . | 8 5 .
. . 8 | . 9 7 | . . 6
```

Easy # 1155

```
. 7 6 | . 5 . | . . .
9 . . | . 1 7 | . . 2
2 3 . | 6 . . | 7 4 .
------+-------+------
. . 7 | . . . | 2 . 4
. . 8 | 5 . 4 | 1 . .
6 . 4 | . . . | 5 . .
------+-------+------
. 8 3 | . . 9 | . 1 7
4 . . | 7 3 . | . . 8
. . . | . 4 . | 9 5 .
```

Easy # 1156

```
. . . | . . . | . 1 8
. 8 5 | . . . | 9 6 4
2 . . | . 8 . | . 7 5
------+-------+------
8 . 7 | . 9 4 | . . .
5 . . | 8 . 1 | . . 6
. . . | 3 6 . | 5 . 7
------+-------+------
7 5 . | 2 . . | . . 1
3 4 8 | . . . | 6 5 .
6 2 . | . . . | . . .
```

Easy # 1157

```
. 2 . | . . . | . . 7
. . . | 8 2 5 | 6 . .
3 . . | 1 . 7 | 5 . 2
------+-------+------
. 6 3 | 7 . . | 8 1 .
. 5 6 | . . 8 | 3 . .
. 1 8 | . . 2 | 9 7 .
------+-------+------
6 . 7 | 2 . 9 | . . 1
. . 1 | 4 7 3 | . . .
9 . . | . . . | 7 . .
```

Easy # 1158

```
2 . . | 8 5 9 | . . .
. 7 . | . . . | . . 5
8 5 . | 7 . 1 | . 6 .
------+-------+------
9 . 1 | . . 7 | 2 . 6
6 . . | 9 . 2 | . . 8
3 . 7 | 5 . . | 1 . 9
------+-------+------
. 1 . | 3 . 5 | . 2 7
7 . . | . . . | . 3 .
. . . | 6 7 4 | . . 1
```

Easy # 1159

```
. 8 . | . 7 3 | . . 9
. . 9 | 6 3 . | . . .
7 . . | 2 4 9 | . . 6
------+-------+------
9 2 . | 7 1 . | . . .
1 5 . | . . . | 3 2 .
. . . | 2 5 . | 7 8 .
------+-------+------
2 . . | 8 9 1 | . . 3
. . . | 6 4 2 | . . .
3 . 1 | 5 . . | 9 . .
```

Easy # 1160

```
7 . . | 2 6 . | 5 8 4
. . 5 | . . . | 1 . 3
8 . 3 | 9 . . | . . .
------+-------+------
. 7 6 | 1 4 . | . . .
3 . . | 8 . 6 | . . 1
. . . | 3 7 4 | 6 . .
------+-------+------
. . . | . . 8 | 2 . 9
5 . 1 | . . . | 7 . .
9 6 2 | . 7 5 | . . 8
```

Easy # 1161

```
. 8 . | 3 4 . | 1 2 .
. . 3 | . 6 7 | . 4 .
. 5 . | 1 9 . | . . .
------+-------+------
6 . . | . . . | 5 . .
1 9 . | 5 7 6 | . 3 2
. . 5 | . . . | . . 1
------+-------+------
. . . | 5 4 . | 8 . .
. 7 . | 8 2 . | 6 . .
. 3 4 | . 1 9 | . 5 .
```

Easy # 1162

```
. . 8 | . . 1 | . . 7
. 4 . | 2 6 . | . 3 5
. 2 . | 3 8 . | 1 4 .
------+-------+------
3 . 4 | 9 2 . | . . .
. . . | . . . | . . .
. . . | 3 5 9 | . . 2
------+-------+------
. 7 9 | . 5 4 | . 1 .
4 6 . | . 9 2 | . 7 .
1 . . | 6 . . | 4 . .
```

Easy # 1163

```
6 . . | . . . | 3 . 8
. 5 . | . . 8 | 7 . 6
. . 7 | . . 6 | . 4 .
------+-------+------
. 3 5 | . 2 . | 6 8 .
4 . . | 8 . 3 | . . 5
. 9 6 | . 7 . | 1 3 .
------+-------+------
. 6 . | 9 . . | 2 . .
5 . 4 | 2 . . | . 6 .
1 . 9 | . . . | . . 3
```

Easy # 1164

```
. 2 . | . . . | 5 8 1
. 6 . | 3 1 . | . 9 .
. . 7 | 8 . . | . . .
------+-------+------
2 9 . | 4 . . | 3 . .
7 8 . | 2 . 3 | . 4 5
. . 5 | . 9 . | . 7 6
------+-------+------
. . . | . . . | 4 8 .
. 3 . | . 9 8 | . 2 .
8 7 9 | . . . | . 5 .
```

Easy # 1165

8					5		2	
			9	6				
	3	5		7			8	1
	8	6		5				3
9	2	7		1		5	6	4
1				9		2	7	
2	4			8		3	5	
				4	6			
	6		5					9

Easy # 1166

				7	1	2		
	7				3		5	4
9			2	4		6		3
8			3		7	9		6
				6				
1		3	9		2			5
3		9		1	8			7
4	5		7				8	
		7	4	3				

Easy # 1167

9					2			6
5	2	3		6	8		7	
6	8	7						2
	3		5	7				
			9		6			
			3	1		4		
3						4	2	5
	4		3	2		6	8	1
2			8					3

Easy # 1168

	1	2			5		8	7
3		4	8	7				
7				1		5	4	
		1		3	7			8
6								2
5		3	6			1		
4	6		7					1
			1	6	4			5
1	2		5			6	9	

Easy # 1169

		7		5			8	6
	6		4	1				7
		9				5	3	
			3	8	2	6		
1		6		9		7		3
	9	3	6	4				
	3	1				8		
7				2	9		1	
6	4			7		3		

Easy # 1170

		6				8		2
	7				1	9		5
1					2		7	
8	6			3			2	7
		9	6		4	5		
7	4			1			6	9
	5		7					3
3		7	4				9	
6		4				7		

Easy # 1171

		9	6	4		2	3	
5				8		7	4	
4	9		7	5	1			
7		5				1		
	8				3			7
		7	6	8		4	5	
2	4		3					1
8	5		4	2	7			

Easy # 1172

			4	9	8			
4				3		5	7	
	1		8	5		2	3	
	6		3		4	1	2	
				2				
9	3	1		8		7		
3	1		9	6		4		
7	5		4					6
		4	5	3				

Easy # 1173

	4	8		9	3	2		
9					8	3	5	
				2			9	4
5					9			
2	1		3	8	5		4	6
			7					8
4	9			3				
	7	3	9					2
		1	6	4		7	3	

Easy # 1174

	1	8			7	6		4
7	3		1	4				
4				2	1			3
	4			1		9	7	
6								1
5	2		9			4		
3		7	4					2
			2	5		3	9	
2		5	7			4	6	

Easy # 1175

2	7			5				
		5	1	2		4		7
3		1	4			2		
			2			3		
7	8		3	4	1		5	6
	4				9			
	5				2	1		9
1		9		7	8	6		
				1			7	2

Easy # 1176

3			1			7		
7				5			6	1
6	9		7	4	2			5
			9	6		2		4
8								3
4		9		5	3			
9			8	2	1		3	6
1	5		6					2
		8			9			7

Easy # 1177

```
7 . . 4 6 . . 3 .
4 . . . 3 . 6 . 9
. 6 . 9 . . . . 1
. 9 2 7 . . . 1 .
3 . . 2 . 9 . . 8
. 1 . . . 4 9 5 .
2 . . . . 8 . 4 .
1 . 6 . 2 . . . 3
. 7 . . 4 3 . . 6
```

Easy # 1178

```
. 8 7 . . 9 1 . 3
9 . . . . 1 . . .
. 1 3 8 . . . . 5
2 3 4 . . . 5 . .
8 7 . . . . . 2 9
. 9 . . . . 8 3 1
3 . . . 6 9 7 . .
. . . 4 . . . . 6
1 . 6 9 . . 3 4 .
```

Easy # 1179

```
1 3 . . 7 . . . 9
. . . . . 5 4 . .
. 7 4 . . 2 . 8 1
. . . 6 3 . 7 9 .
. 6 . 7 2 9 . 5 .
. 9 7 . 5 4 . . .
1 3 . 9 . . 8 7 .
. . 2 5 . . . . .
7 . . . 8 . . 1 6
```

Easy # 1180

```
. . . . 8 5 . . .
2 . 6 . 3 4 . . .
. 4 . 6 1 . 2 . 3
1 2 9 . 6 . . . .
. 8 4 2 . 3 7 6 .
. . . 5 . 8 2 9 .
9 . 5 . 7 2 . 8 .
. . . 3 8 . 6 . 7
. . . 3 5 . . . .
```

Easy # 1181

```
. 3 . 7 . 9 6 5 .
9 . . . . 4 . . 7
. . . 1 6 9 . . 3
4 . 7 . . . . 3 .
. . 8 3 7 . . . .
. 5 . . . 1 . . 6
3 . 2 1 4 . . . .
6 . 5 . . . . . 2
. 4 9 6 . 8 . 1 .
```

Easy # 1182

```
9 . . . 5 . 6 . 2
. . . . 8 . . 3 4
. . 3 9 8 4 . 5 .
4 . . . 1 . 5 . .
3 9 . . . . . 1 7
. . 2 . 9 . . . 4
. 2 . 1 7 6 4 . .
1 7 . . . . 9 . .
8 . 4 . . 9 . . 6
```

Easy # 1183

```
5 . . 3 1 7 . 4 .
. 9 6 . . 5 7 . .
3 4 . . . . . 1 .
. 5 . . 8 . 3 . .
8 . 2 . . 4 . . 7
. 3 . 7 . . 6 . .
. 7 . . . . 2 8 .
. . 9 7 . . 1 3 .
. 3 . 9 2 8 . . 6
```

Easy # 1184

```
. . . . 5 1 . 2 .
. . 2 8 9 4 6 . .
. 4 6 7 . . . . 9
. . . . 2 7 8 . 3
7 . 4 . . . 2 . 6
2 . 9 3 4 . . . .
8 . . . . 3 9 6 .
. . 3 2 1 9 5 . .
. 9 . . 5 6 . . .
```

Easy # 1185

```
. . 5 3 . 9 . 4 .
. . . 7 . . 1 . 9
1 4 . 2 6 . 3 . .
5 . 2 . . 1 . . 6
. . 6 . 5 . 8 . .
9 . . 4 . . 5 . 3
. . 7 . 8 5 . 3 4
3 . 1 . 4 . . . .
. 5 . 7 . . 3 2 .
```

Easy # 1186

```
. 5 . 8 . . . . .
2 . . 7 1 . . . 6
9 . . . . 1 3 8 .
6 . 9 4 . . . 7 .
8 . 5 9 . 7 3 . 4
. 3 . . . 6 2 . 5
5 6 8 . . . . . 3
7 . . . 6 8 . . 9
. . . . 4 . . 8 .
```

Easy # 1187

```
3 1 . . 8 7 9 . .
6 . . 5 . 1 . 4 .
. . 4 . . . . 1 .
. . 6 3 . . 1 7 .
2 5 . . 7 . . 8 4
. 9 1 . . 4 2 . .
. 4 . . . 7 . . .
. 3 . 7 . 6 . . 1
. . 7 9 5 . . 2 3
```

Easy # 1188

```
. 3 . 5 . . . 8 .
5 . 7 . . 1 6 . .
4 1 2 . . 8 . . .
1 4 . . 7 . . 9 .
8 . . . 5 . . . 2
. 7 . . 9 . . 1 8
. . . 7 . . 3 4 6
. 4 2 . . 1 . . 5
5 . . . 3 . 2 . .
```

Easy # 1189

						9		8
9	7					3	5	4
		6			9	7		1
	1	9		5	3			
		7	9			8	4	
			2	4		1	7	
7		1	6			8		
3	9	2					4	7
6		4						

Easy # 1190

	5			9			3	
	3	2				6	9	
	4		6				7	5
	6	8		3			4	
2	4		8		6		5	9
	1			4		8	2	
4	2			8		7		
	7	1				3	5	
	3			7			6	

Easy # 1191

7	3	1		2	8			4
				4	1			7
8		5				2		
			9	2	6	3		
9			4		3			5
	2	3	5	6				
		8				5		9
4		9	7					
2			1	3		8	4	6

Easy # 1192

3			2		6		5	
2						3		
		7	9	1			8	2
9		2			8	5		
1	3			9			4	6
		4	3			2		7
4	8			6	7	9		
		9						3
	2		5		9			8

Easy # 1193

	9		6			8		2
3			4		8			7
6	8	9		1				
	2	1						4
8		7				6		1
1					3	7		
		5		9	2	4		
2		3		4				6
5		4			2		3	

Easy # 1194

		7	1		6	4	8	
	9						5	
					4	7		9
		2	4		7		9	8
9		8		3			6	4
6	4		9			2	1	
2		3	7					
	5						1	
	8	4	3			5	9	

Easy # 1195

		4	5	3		8	2	9
6		2	1					
9					6			7
3	4		7	8				
	6		2		3	7		
			6	4		3	8	
7		9						4
				2	1			5
5	3	1		4	9	2		

Easy # 1196

	7		6				1	5
	8	9				6	3	
5			3				8	
6	4		8				7	
9	7		4		6		5	3
2			7			4	9	
8			1				6	
1	2				8	5		
7	9			4			1	

Easy # 1197

	7	6		1			2	
	8				7			6
1			6	2		4		
8					4	3		7
	9		7		3		1	
5		7	2					8
	6		1	2				4
2		9				3		
	1			3		6	8	

Easy # 1198

	3	4	9		5			8
		4		6				5
	9			7				
		6			7		5	1
	1	9		6		3	7	
2	7		3			9		
			8			1		
9			5		2			
1			6		3	5	2	

Easy # 1199

	5	2				6	9	
6				7	5	8		
7		4	9			5		
2			4			1		
5	4		8		6		7	2
			3			7		
			5			3	7	9
			6	7	9			5
			8	7			2	6

Easy # 1200

1				2	7			6
3	2					1		9
4			1	7		3		
8					6	9		
	7	9	3		4	1	6	
		4	7					5
		1		2	7			3
9	3						4	7
7		2	5					1

Easy # 1201

```
. . 1 | 6 9 7 | 5 . 2
. 7 . | . 4 . | . . .
. . 2 | 3 1 . | 4 . .
------+-------+------
8 . . | . 5 . | 7 . .
2 . 5 | . . . | 1 . 9
. . 9 | . 2 . | . . 8
------+-------+------
. . 3 | . 7 9 | 2 . .
. . . | . 6 . | . 8 .
6 . 8 | 4 3 2 | 9 . .
```

Easy # 1202

```
. . 8 | . . . | . . .
5 . 3 | 6 . 1 | . . 8
. 4 7 | 5 . 8 | . . 1
------+-------+------
. . 9 | 7 . . | 8 4 .
8 7 . | 2 . 3 | . 5 6
. 5 2 | . . 4 | 1 . .
------+-------+------
7 . . | 1 . 5 | 2 9 .
9 . . | 4 . 7 | 6 . 5
. . . | . . 7 | . . .
```

Easy # 1203

```
7 . 5 | 9 . . | . . .
. 4 . | . . . | . 8 .
2 3 . | 7 . 4 | . . 6
------+-------+------
. 2 1 | 6 . 5 | . . 8
3 . 6 | . 7 . | 2 . 1
5 . . | 2 . 9 | 3 6 .
------+-------+------
9 . . | 8 . 1 | . 3 2
. 6 . | . . . | . 4 .
. . . | . 2 6 | . . 9
```

Easy # 1204

```
. 3 4 | 8 . . | . 1 .
. . . | 7 . 4 | . . .
2 . . | 6 4 1 | 7 9 3
------+-------+------
. 7 . | . 8 . | . . .
5 . 6 | 3 . 4 | 8 . 9
. . . | . 6 . | . 3 .
------+-------+------
3 5 9 | 4 2 7 | . . 6
. . 2 | . 5 . | . . .
. 6 . | . . 8 | 9 2 .
```

Easy # 1205

```
. . . | 2 9 . | . . .
. 9 5 | . . . | . . 3
6 . 2 | . 8 . | 5 4 .
------+-------+------
7 . . | 3 . 1 | 6 . .
3 1 6 | . 7 . | 9 5 2
. 9 8 | . 5 . | . . 4
------+-------+------
. 5 4 | . 1 . | 8 . 7
8 . . | . . 5 | 6 . .
. . . | 3 9 . | . . .
```

Easy # 1206

```
. . 1 | . . 5 | 8 . 4
. . . | 9 8 4 | 6 . 3
4 . 3 | . 6 2 | . 9 .
------+-------+------
. 5 9 | . . . | . . 6
1 . . | . . . | 9 3 .
. 1 . | 3 9 . | 4 . 7
------+-------+------
8 . 5 | 4 2 7 | . . .
9 . 4 | 6 . . | 3 . .
```

Easy # 1207

```
. . 7 | . . . | . . 6
5 . . | 2 9 . | . . .
. 8 . | 7 6 . | . 2 4
------+-------+------
. 2 3 | 8 . . | . 5 9
. 1 4 | 6 . . | 2 3 7
8 7 . | . . 9 | 1 6 .
------+-------+------
7 3 . | . 2 5 | . 4 .
. . . | 4 8 . | . . 7
4 . . | . . 2 | . . .
```

Easy # 1208

```
. 2 . | . . . | . . 4
4 . 1 | . 8 6 | . 9 .
. . 3 | 5 . 4 | . . 2
------+-------+------
. 3 . | 1 . . | . 4 6
5 . 7 | . 6 . | 2 . 8
9 4 . | . . 2 | . 7 .
------+-------+------
1 . . | 6 . 3 | 4 . .
. 6 . | 9 5 . | 1 . 7
2 . . | . . . | 6 . .
```

Easy # 1209

```
. 2 6 | 5 9 7 | . . 1
4 3 . | . . . | . 7 .
. . . | 6 . 3 | . . .
------+-------+------
. 1 8 | . . 3 | 2 5 6
. . 2 | . . . | 1 . .
. 4 7 | 1 5 . | . 9 2
------+-------+------
. . 2 | . . 6 | . . .
. 6 . | . . . | . 1 2
2 . . | 4 7 5 | 3 9 .
```

Easy # 1210

```
8 3 . | . 4 . | 6 . .
1 . 7 | . 5 . | . 8 .
4 . . | . 8 . | . . 2
------+-------+------
3 . . | . 7 . | . 5 1
7 . 1 | 5 . 2 | 9 . 6
2 5 . | . 4 . | . . 7
------+-------+------
6 . . | . 9 . | . . 4
. 7 . | . 2 . | 6 . 8
. 4 . | 1 . . | . 2 9
```

Easy # 1211

```
. 6 . | . . . | . 5 .
. . 3 | 5 . 8 | 4 2 .
. . . | . 1 8 | . . 7
------+-------+------
. . 6 | 7 . 3 | . 4 9
4 . 9 | . 8 . | 2 . 3
2 3 . | 1 . . | 4 7 .
------+-------+------
3 . 1 | 4 . . | . . .
. 2 4 | 9 . 6 | 1 . .
. 5 . | . . . | . 3 .
```

Easy # 1212

```
5 . 1 | . . . | 4 . .
. 8 . | 5 . . | . . 2
3 . 6 | 2 . . | 8 . .
------+-------+------
8 5 . | . 9 . | . 4 1
. . 3 | 7 . 4 | 6 . .
6 4 . | . 2 . | . 7 8
------+-------+------
. 6 . | . . 7 | 8 . 9
9 . . | . . 8 | . 3 .
. . 8 | . . . | 7 . 4
```

Easy # 1213

				6	8			2
7							9	
3		8		7	9	1		
6		2			1	8	4	
	4	9	8		7	5	3	
	5	7	6			9		1
		3	2	8		4		9
	8							3
9			1	3				

Easy # 1214

3	1	8	4			7		5
				1	5		4	
								9
1		3			6	2		
	7	8	2			9	5	1
		5	1			9		4
2								
	1			7	9			
8		7			2	3	4	9

Easy # 1215

2								
	5		6	1		4		2
	9		5	2	8			7
	3	9	4				1	
8	1		2		6		4	3
	2				5	9	7	
1			7	4	3		2	
6		2		5	1		8	
								1

Easy # 1216

4				8	1			3
3		9	7			6	1	
	7	1		2				
	1						3	6
	5		2		6		8	
7	6					2		
			6			2	4	
	9	5			4	8		1
6			1	9				5

Easy # 1217

	6		5			3		1
9		1						
		3	9	8		5		2
	8	4		9	6			
5			7	4	8			3
			2	5		9	8	
1		5		2	9	7		
						1		5
7		6			5		4	

Easy # 1218

	2		8		5			3
3		4		9		5	7	
			7			2		
4	8		3	7				
2		9				7		4
				8	4		6	9
		2			8			
	5	8		6		9		2
9			5		1		4	

Easy # 1219

	3	8	2	1				5
4		7			5		9	
		6			9	1		
5	6					9	2	
8								1
	2	1					4	6
		5	4		2			
	8		3			7		9
1				6	8	3	5	

Easy # 1220

	6		5	2			4	
		1	3					
	8				7	3	2	
8	4		9			5		
1	3		8		5		9	7
		7			4		1	6
3	1	4					7	
					9	3		
	5			4	3		8	

Easy # 1221

	5	6			4	2	3	
4							1	6
				7	3		4	5
1	6					5		
			8	5	6			
		2					7	3
5	9		7	1				
3	2							9
		4	1	3		8	7	

Easy # 1222

4			6			2	7	9
		6		2	4		1	
	2		5		9	3		
1	3				5			
		9			6			
		2					4	8
		4	1		5		8	
	8		9	6		4		
5	7	3			8			6

Easy # 1223

		7		5	6		1	
	5		2	9		6		
		2	8		3	9		
		9		6	4	7	8	
8								1
	7	5	1	2		4		
		6	5		9	1		
	3			8	1		7	
9			7	4		8		

Easy # 1224

	7		4	8		5	1	
4					7		2	6
				1	2	7		
	6		3		5	1	8	
				9				
	9	5	7		1		4	
		3	8	7				
6	2		1					7
	1	9		2	3		5	

Easy # 1225

6				4				
			1		7		2	
1		7	3		9		6	
		2			3		1	8
8		3		9		2		6
7	6		8			9		
	4		7		2	5		3
	7		9		5			
				8				2

Easy # 1226

		9						3
6			7	1				
	5		9	3			7	2
	7	8	5				6	1
	4	2	3		7	8	9	
5	9				1	4	3	
9	8			7	6		2	
			2	5				9
2						7		

Easy # 1227

			8	4				1
		5		1		9	4	
	1		5	3			8	2
	9		6		2		3	8
			7					
2	7		1			8		5
7	8			4	6		2	
	4	9	8			1		
6			3	1				

Easy # 1228

	8		9				1	4
			2			8	7	3
		4			7	9		
		2		5		1		6
6				4				9
1		8		2		5		
		7	4			6		
8	9	1			6			
4	2				1		3	

Easy # 1229

	8		1	2				
	2		6	5			3	1
4				7	8		9	
		5						2
	3	7	4	9	2	5	6	
2					4			
	1		9	4				3
5	7			1	3		8	
				6	5		2	

Easy # 1230

	8		9		7		5	2
	9		8		5	6		3
								8
8		6			3			1
	7	5	2		4	3	8	
9			6			5		4
3								
4		1	5		9		3	
7	5		3		6		1	

Easy # 1231

	9			3	1			8
1		8		2	4	6		
			1				2	3
	5			8				
2	4		7	5	1		9	6
			3			7		
3	2		9					
		9	1	3		5		2
7		1	5			3		

Easy # 1232

9		3			7		4	8
	7				8			
4		8	3			2		
1	5	4				2		
	3	9				5	7	
		7				4	8	3
	4			6	9			7
		1				6		
6	8		7			1		4

Easy # 1233

8	3							
		9	6				4	3
	4		8	7			6	5
	1	7		8	9			
6			2	1	7			4
			5	6		7	8	
3	6			5	8		2	
2	9				6	1		
							3	6

Easy # 1234

		1	7		8			
		2	1		4		6	8
			5			4		
	1	9	5					7
6	5			7			9	4
4					6	3	5	
	9			2				
1	3		6		7	9		
			3		1	4		

Easy # 1235

3	4				9	1	8	
		9			8			
8	1		3			7		
1	6	2						7
4		3				9		2
9						8	3	1
		1			5		9	4
			6			5		
		5	8	9			1	6

Easy # 1236

			7	4	6			
		9		3			1	
		6		7	9		4	8
			4		1		5	7
	7	9	8			6	2	1
8	1			4			6	
1		8		5	3		6	
	3				2		4	
			7	4	5			

Easy # 1237

5		6			3		9	
4	8		2	1		3		
7					9			1
	7	3					2	9
		4				1		
1	2					7	6	
3			6					2
		1		7	4		3	8
	4		8			9		5

Easy # 1238

1		4		6	2			7
	5					4		
9			3		4	5		
	9		1			2	4	
8		3		2		6		5
	4	7			5		8	
		1	2		9			4
		5					2	
2			7	3		8		1

Easy # 1239

	7							2
		3	6		2			7
2		8		5	4		1	
	3		8				2	4
6		9		4		7		5
1	2				7		9	
	4		1	6		8		9
8			4		3	2		
7							4	

Easy # 1240

			3	2			4	6
4		9	1					3
3		2	9			1	5	
2	3		6				1	
5								7
	1				7		6	9
	7	8			9	5		1
1				3	7			4
9	4		7	1				

Easy # 1241

5	1	8						
9	2		5		4		7	
4								3
2		6	7		1		3	
	9	7		5		2	6	
	1		2		8	9		7
7								4
	8		3		6		2	9
					2	7	8	

Easy # 1242

	4		8			7		
8		2				5		1
			9				6	8
2		9	7			1		
1		4	2		9	3		7
	6				3	8		2
3	5			2				
9		8				6		5
		6			7		8	

Easy # 1243

	7	4	6					3
5	6			4				
		1	2	5		7	4	
		7						8
3	1		4	8	9		5	2
9				6				
	5	8		6	4	3		
			3			6	5	
6				8	4	9		

Easy # 1244

9	5		8			7	1	
			9		5	2		
1				6				
	2				8	9		3
3	8			7			2	1
5		1	3				7	
				3				2
	5	7		4				
	6	5		2			4	8

Easy # 1245

2		1	6		3	4	8	
	3				2			6
				7				
	1	7			5	3		2
3	6		4		1		7	9
4		8	9			6	5	
				5				
5			7				2	
	4	6	2		9	5		7

Easy # 1246

6	2	3		7				
7	4			9	2	3		8
	8		1	3				2
						2	1	7
	5						4	
2	7	9						
8				6	1		3	
4		7	3	5			2	9
				4		7	8	1

Easy # 1247

	5				4		2	8
	3		9			7		
6	4		2	5	7		9	
			6	8		9	1	
	6							7
	1	5			4	9		
	8		5	1	3		4	9
		3			2		6	
4	2		8				3	

Easy # 1248

				3		4		
5	8		4	2	9			7
3				7	6			8
4				5			1	
7	2						8	5
	1			8				2
8			2	4				6
2			8	6	3		9	1
		1		9				

Easy # 1249

4	6					5	2	
			4		6			
	5		9	3		1		
6	2		8		4		3	9
		9		2		7		
8	3		6		9		2	5
	1			6	8		9	
			2		7			
9	7					6	3	

Easy # 1250

	8					2		
	3	2		1				4
	2		5	7		6		3
	4	5			8		6	
6		7		2		9		8
	1		3			2	4	
3		4		9	2		5	
1			7		4	8		
	8					4		

Easy # 1251

9			6	3				5
	6	2						
7						3	6	4
4	1		3			7		
2	7		5		9		4	6
	5			2			9	3
6	8	7						9
				6	4			
3			8	5				1

Easy # 1252

		5	9		1			3
2	9	3			8		6	
7			6	3		8		
		1					7	5
		8			9			
6	4				3			
		6		8	9			4
	8		4			5	1	2
4			1		7	6		

Easy # 1253

9	7		4					
5			7		8		1	
	8			3	6	9		5
		3	9			1	6	
	2			1			3	
	1	8			5	7		
8		5	1	2			4	
	6		8		4			1
				5		8	9	

Easy # 1254

	7	1				8		
			9		8	1		5
	5	8	4	7			3	9
	3	4	7					6
8								3
7					9	4	8	
4	8			1	6	3	5	
5		7	8		3			
		2				6	4	

Easy # 1255

2		7		8		3	9	
			5	6				
	3				2	4		
6		3		2			7	
8	5	4		9		6	1	2
	9			5		8		4
		6	2			5		
			1	6				
	4	1		3		2		7

Easy # 1256

6	4			3	1	8		
2			7		8		6	
			8					9
		4	9			2	1	
9	5			8			3	4
	8	2			6	7		
2						9		
	9		2		3			7
		1	8	5			2	6

Easy # 1257

5				1				
			6		9		8	
7		6	5		8		2	
		9			1		4	8
4		5		9		7		1
1	3		7			5		
	4		9			7	8	3
	5		8		3			
				2				4

Easy # 1258

3			7			8		
9				3	5			
8	6			1	2		4	3
			7	6	1	8		
	9					6		
	7	8	1	4				
4	5		6	8		7	2	
			4	2				8
		2			3			6

Easy # 1259

				5	7	4		9
5	7		6			2	8	
4	6		8					5
7		5	9			8		
2								3
		8				3	9	6
8				5			3	4
	1	3			6		2	8
6			4	3	8			

Easy # 1260

2							4	
		7	4					
3	4		9	7		5	6	1
6	7				4	3	1	
	8		2		6		9	
	3	4	5				8	2
8	6	1		5	9		2	3
						8	1	
	5							6

Solution

Solution # 1

```
6 2 5 9 3 7 8 4 1
9 8 7 1 5 4 6 3 2
4 1 3 2 8 6 7 5 9
2 3 9 7 1 5 4 6 8
8 6 4 3 2 9 5 1 7
5 7 1 6 4 8 9 2 3
1 5 6 8 7 3 2 9 4
7 4 2 5 9 1 3 8 6
3 9 8 4 6 2 1 7 5
```

Solution # 2

```
5 4 8 6 2 9 1 3 7
2 7 3 1 4 8 6 9 5
1 9 6 3 7 5 4 8 2
8 6 2 5 1 7 3 4 9
4 5 7 9 3 6 2 1 8
3 1 9 4 8 2 7 5 6
7 2 4 8 5 3 9 6 1
6 3 5 2 9 1 8 7 4
9 8 1 7 6 4 5 2 3
```

Solution # 3

```
9 2 4 8 1 6 7 3 5
5 1 6 7 3 9 8 2 4
7 8 3 2 5 4 9 6 1
3 9 1 6 2 8 5 4 7
8 5 2 4 7 3 6 1 9
4 6 7 1 9 5 3 8 2
6 3 5 9 4 1 2 7 8
2 4 9 3 8 7 1 5 6
1 7 8 5 6 2 4 9 3
```

Solution # 4

```
1 5 2 7 8 4 9 6 3
6 8 9 2 3 1 5 4 7
7 4 3 6 9 5 2 1 8
5 9 6 3 2 8 1 7 4
2 1 7 4 5 6 8 3 9
4 3 8 9 1 7 6 5 2
9 2 5 1 7 3 4 8 6
8 7 4 5 6 9 3 2 1
3 6 1 8 4 2 7 9 5
```

Solution # 5

```
5 1 7 4 9 2 8 6 3
4 6 9 8 1 3 2 7 5
3 2 8 7 6 5 9 1 4
8 7 1 6 2 4 5 3 9
9 3 2 5 8 1 6 4 7
6 5 4 9 3 7 1 2 8
7 4 6 2 5 9 3 8 1
2 9 3 1 7 8 4 5 6
1 8 5 3 4 6 7 9 2
```

Solution # 6

```
1 5 6 8 3 2 4 9 7
7 3 2 9 1 4 8 6 5
9 4 8 6 5 7 3 2 1
5 8 3 7 4 9 2 1 6
4 6 9 3 2 1 7 5 8
2 7 1 5 8 6 9 4 3
6 2 4 1 7 3 5 8 9
3 1 5 2 9 8 6 7 4
8 9 7 4 6 5 1 3 2
```

Solution # 7

```
1 5 7 2 8 6 9 3 4
2 4 3 1 7 9 5 6 8
6 9 8 4 3 5 1 7 2
7 8 9 3 1 2 4 5 6
3 6 5 9 4 8 7 2 1
4 1 2 5 6 7 8 9 3
5 2 1 6 9 4 3 8 7
8 3 6 7 5 1 2 4 9
9 7 4 8 2 3 6 1 5
```

Solution # 8

```
8 2 7 4 3 9 1 5 6
6 4 3 1 2 5 7 8 9
5 9 1 7 8 6 2 4 3
1 7 2 3 5 8 6 9 4
4 3 5 9 6 7 8 1 2
9 8 6 2 1 4 3 7 5
7 6 9 8 4 2 5 3 1
3 5 8 6 9 1 4 2 7
2 1 4 5 7 3 9 6 8
```

Solution # 9

```
9 4 7 1 2 6 3 8 5
2 1 3 7 5 8 6 9 4
5 6 8 9 4 3 2 7 1
7 5 9 8 3 4 1 6 2
6 3 4 2 1 9 7 5 8
8 2 1 6 7 5 9 4 3
1 9 6 5 8 2 4 3 7
3 7 5 4 9 1 8 2 6
4 8 2 3 6 7 5 1 9
```

Solution # 10

```
4 3 8 5 7 9 1 2 6
9 5 2 1 3 6 8 4 7
6 7 1 4 8 2 9 3 5
7 8 6 3 9 5 2 1 4
2 4 3 6 1 8 7 5 9
1 9 5 7 2 4 3 6 8
3 6 7 9 4 1 5 8 2
5 2 9 8 6 3 4 7 1
8 1 4 2 5 7 6 9 3
```

Solution # 11

```
7 5 6 1 8 3 9 2 4
8 9 1 4 5 2 6 3 7
2 4 3 9 7 6 8 1 5
1 7 4 5 6 9 3 8 2
6 2 8 3 4 7 1 5 9
5 3 9 8 2 1 4 7 6
9 1 7 6 3 5 2 4 8
3 8 5 2 9 4 7 6 1
4 6 2 7 1 8 5 9 3
```

Solution # 12

```
4 6 9 5 8 7 2 1 3
8 3 1 9 2 6 5 4 7
2 5 7 1 4 3 6 9 8
9 1 6 2 7 8 4 3 5
3 7 8 4 5 1 9 2 6
5 2 4 3 6 9 8 7 1
1 4 2 8 3 5 7 6 9
6 9 5 7 1 4 3 8 2
7 8 3 6 9 2 1 5 4
```

Solution # 13

```
3 4 2 9 1 6 8 5 7
7 1 8 3 5 2 6 9 4
9 5 6 8 7 4 2 1 3
5 9 3 1 4 8 7 2 6
4 2 7 6 3 5 9 8 1
8 6 1 7 2 9 3 4 5
6 3 5 2 8 1 4 7 9
2 7 4 5 9 3 1 6 8
1 8 9 4 6 7 5 3 2
```

Solution # 14

```
9 2 1 6 4 5 8 3 7
6 7 5 3 9 8 4 2 1
3 8 4 7 1 2 5 6 9
4 1 7 2 6 9 3 5 8
2 9 3 5 8 4 7 1 6
5 6 8 1 7 3 9 4 2
7 4 2 8 3 1 6 9 5
1 3 6 9 5 7 2 8 4
8 5 9 4 2 6 1 7 3
```

Solution # 15

```
8 3 2 5 4 1 7 9 6
6 5 7 2 8 9 1 4 3
4 1 9 3 7 6 5 2 8
1 7 4 9 3 8 6 5 2
2 9 3 1 6 5 4 8 7
5 8 6 4 2 7 9 3 1
9 6 5 8 1 2 3 7 4
7 4 8 6 5 3 2 1 9
3 2 1 7 9 4 8 6 5
```

Solution # 16

```
2 7 5 6 8 4 9 1 3
6 8 3 7 9 1 4 2 5
9 4 1 3 2 5 7 8 6
5 9 8 2 1 3 6 7 4
3 2 6 4 5 7 8 9 1
7 1 4 9 6 8 3 5 2
4 3 9 5 7 2 1 6 8
8 6 2 1 4 9 5 3 7
1 5 7 8 3 6 2 4 9
```

Solution # 17

```
7 5 2 1 6 8 4 3 9
6 3 4 2 7 9 1 8 5
8 9 1 5 3 4 7 6 2
4 8 6 3 2 1 5 9 7
3 7 9 6 4 5 2 1 8
1 2 5 8 9 7 3 4 6
2 4 7 9 1 6 8 5 3
5 6 3 4 8 2 9 7 1
9 1 8 7 5 3 6 2 4
```

Solution # 18

```
9 2 4 3 5 8 7 6 1
3 7 5 1 6 9 2 4 8
6 1 8 4 2 7 9 3 5
4 5 9 2 3 1 6 8 7
2 8 7 5 9 6 4 1 3
1 3 6 8 7 4 5 2 9
7 4 1 6 8 5 3 9 2
8 9 2 7 4 3 1 5 6
5 6 3 9 1 2 8 7 4
```

Solution # 19

```
5 4 7 8 3 1 9 2 6
3 6 8 2 5 9 4 7 1
2 1 9 6 7 4 8 5 3
6 7 1 9 4 3 5 8 2
9 2 4 1 8 5 6 3 7
8 5 3 7 6 2 1 9 4
7 9 6 4 2 8 3 1 5
4 8 5 3 1 7 2 6 9
1 3 2 5 9 6 7 4 8
```

Solution # 20

```
8 3 9 4 2 7 1 5 6
2 6 5 1 3 8 7 4 9
1 7 4 6 5 9 3 8 2
3 5 7 2 6 1 4 9 8
6 8 1 9 4 3 5 2 7
9 4 2 8 7 5 6 1 3
5 2 6 3 8 4 9 7 1
7 1 3 5 9 2 8 6 4
4 9 8 7 1 6 2 3 5
```

Solution # 21

```
7 1 3 5 4 6 2 8 9
4 6 8 2 9 1 7 5 3
5 2 9 8 7 3 6 1 4
2 5 4 6 1 8 3 9 7
8 9 7 3 5 4 1 2 6
1 3 6 7 2 9 5 4 8
3 8 1 4 6 2 9 7 5
6 7 2 9 8 5 4 3 1
9 4 5 1 3 7 8 6 2
```

Solution # 22

```
5 4 3 2 1 7 8 6 9
2 8 6 9 5 4 3 7 1
7 9 1 6 8 3 5 4 2
8 6 5 4 2 1 7 9 3
1 3 9 7 6 5 4 2 8
4 7 2 3 9 8 6 1 5
6 1 4 8 3 9 2 5 7
9 2 8 5 7 6 1 3 4
3 5 7 1 4 2 9 8 6
```

Solution # 23

```
3 5 8 9 4 7 6 1 2
1 9 7 6 3 2 8 5 4
6 4 2 5 1 8 9 3 7
9 6 4 3 2 5 7 8 1
2 3 5 8 7 1 4 6 9
7 8 1 4 6 9 3 2 5
5 2 3 7 9 6 1 4 8
4 1 9 2 8 3 5 7 6
8 7 6 1 5 4 2 9 3
```

Solution # 24

```
9 1 3 6 5 4 7 8 2
5 4 8 2 1 7 3 6 9
7 6 2 8 9 3 5 1 4
2 3 5 9 4 6 1 7 8
4 7 1 5 8 2 9 3 6
6 8 9 7 3 1 2 4 5
1 9 7 4 6 5 8 2 3
8 2 4 3 7 9 6 5 1
3 5 6 1 2 8 4 9 7
```

Solution # 25

```
9 5 1 3 7 8 4 2 6
2 6 7 9 4 5 1 8 3
3 4 8 6 2 1 7 9 5
1 7 9 4 6 2 5 3 8
4 8 6 5 3 9 2 1 7
5 2 3 8 1 7 9 6 4
6 1 5 7 9 3 8 4 2
7 9 4 2 8 6 3 5 1
8 3 2 1 5 4 6 7 9
```

Solution # 26

```
8 7 2 1 4 3 9 6 5
3 1 9 5 8 6 4 2 7
6 4 5 2 9 7 8 3 1
5 8 7 9 2 4 3 1 6
4 3 1 6 7 8 5 9 2
2 9 6 3 1 5 7 8 4
7 6 8 4 3 1 2 5 9
1 2 3 7 5 9 6 4 8
9 5 4 8 6 2 1 7 3
```

Solution # 27

```
7 9 1 6 5 4 8 2 3
4 6 5 2 3 8 1 7 9
8 3 2 9 1 7 5 6 4
1 5 8 3 6 2 9 4 7
3 4 7 8 9 1 2 5 6
6 2 9 4 7 5 3 1 8
9 7 6 5 2 3 4 8 1
5 1 4 7 8 9 6 3 2
2 8 3 1 4 6 7 9 5
```

Solution # 28

```
3 7 5 9 4 2 1 6 8
8 9 4 6 3 1 2 7 5
1 2 6 7 5 8 9 3 4
4 5 2 3 1 6 8 9 7
9 3 1 5 8 7 4 2 6
6 8 7 4 2 9 5 1 3
2 6 8 1 7 4 3 5 9
5 1 9 8 6 3 7 4 2
7 4 3 2 9 5 6 8 1
```

Solution # 29

```
2 8 5 9 3 6 1 7 4
4 3 9 7 1 5 6 2 8
1 6 7 4 8 2 9 5 3
3 5 8 1 2 9 4 6 7
9 2 6 5 4 7 3 8 1
7 1 4 3 6 8 2 9 5
8 9 3 6 5 4 7 1 2
5 7 1 2 9 3 8 4 6
6 4 2 8 7 1 5 3 9
```

Solution # 30

```
3 9 7 5 1 8 4 6 2
5 4 2 7 3 6 9 1 8
6 8 1 9 2 4 7 5 3
1 3 4 2 8 9 6 7 5
2 7 9 6 4 5 8 3 1
8 6 5 1 7 3 2 9 4
9 1 6 4 5 2 3 8 7
7 2 8 3 6 1 5 4 9
4 5 3 8 9 7 1 2 6
```

Solution # 31

```
7 5 1 2 6 9 3 4 8
4 3 9 7 5 8 2 6 1
8 6 2 4 1 3 5 9 7
3 1 5 6 4 7 9 8 2
9 8 7 3 2 1 6 5 4
6 2 4 9 8 5 1 7 3
1 7 8 5 3 6 4 2 9
2 9 6 1 7 4 8 3 5
5 4 3 8 9 2 7 1 6
```

Solution # 32

```
2 7 1 4 9 3 6 8 5
9 3 8 5 1 6 2 4 7
4 5 6 2 7 8 1 9 3
6 8 9 1 3 7 5 2 4
5 1 3 9 4 2 7 6 8
7 2 4 6 8 5 3 1 9
8 6 5 3 2 9 4 7 1
3 4 7 8 6 1 9 5 2
1 9 2 7 5 4 8 3 6
```

Solution # 33

```
1 4 8 3 7 6 2 9 5
6 2 9 8 5 4 7 3 1
5 3 7 2 9 1 4 6 8
4 1 2 5 6 8 9 7 3
9 7 5 1 4 3 8 2 6
8 6 3 9 2 7 5 1 4
3 9 6 7 8 5 1 4 2
2 5 4 6 1 9 3 8 7
7 8 1 4 3 2 6 5 9
```

Solution # 34

```
9 2 1 7 4 3 5 8 6
8 7 4 9 6 5 2 1 3
3 5 6 1 8 2 7 9 4
4 6 7 3 5 1 8 2 9
1 3 8 4 2 9 6 7 5
2 9 5 6 7 8 3 4 1
6 8 9 5 1 7 4 3 2
5 1 2 8 3 4 9 6 7
7 4 3 2 9 6 1 5 8
```

Solution # 35

```
5 1 7 3 9 2 6 4 8
3 8 6 5 4 1 9 2 7
2 9 4 6 8 7 5 3 1
1 4 5 9 2 8 7 6 3
6 7 9 4 1 3 8 5 2
8 3 2 7 5 6 4 1 9
7 5 8 1 3 4 2 9 6
9 6 3 2 7 5 1 8 4
4 2 1 8 6 9 3 7 5
```

Solution # 36

```
2 3 6 7 5 1 4 8 9
9 1 8 3 6 4 5 2 7
4 7 5 8 9 2 6 3 1
5 4 2 1 3 9 7 6 8
1 8 7 4 2 6 9 5 3
6 9 3 5 8 7 2 1 4
7 5 4 2 1 3 8 9 6
8 6 1 9 4 5 3 7 2
3 2 9 6 7 8 1 4 5
```

Solution # 37

```
7 2 3 1 4 9 6 8 5
9 4 5 8 6 2 1 7 3
1 6 8 5 7 3 4 2 9
2 3 1 9 8 7 5 4 6
4 7 6 3 2 5 8 9 1
8 5 9 6 1 4 7 3 2
6 1 2 4 9 8 3 5 7
3 8 7 2 5 1 9 6 4
5 9 4 7 3 6 2 1 8
```

Solution # 38

```
7 3 1 6 9 4 5 8 2
6 2 5 3 1 8 4 9 7
9 8 4 7 2 5 6 3 1
3 9 8 4 5 1 7 2 6
1 5 6 9 7 2 3 4 8
4 7 2 8 6 3 1 5 9
5 4 9 1 8 7 2 6 3
2 6 7 5 3 9 8 1 4
8 1 3 2 4 6 9 7 5
```

Solution # 39

```
8 7 4 2 5 3 1 6 9
5 3 9 1 4 6 7 8 2
2 1 6 7 8 9 3 5 4
9 4 1 6 7 2 8 3 5
7 8 3 9 1 5 2 4 6
3 9 8 5 2 4 6 7 1
1 5 2 3 6 7 4 9 8
4 6 7 8 9 1 5 2 3
6 2 5 4 3 8 9 1 7
```

Solution # 40

```
5 4 7 1 6 2 9 8 3
2 1 3 8 4 9 7 5 6
9 6 8 3 7 5 2 4 1
6 9 2 7 8 4 3 1 5
4 8 5 2 3 1 6 7 9
7 3 1 5 9 6 8 2 4
3 2 4 6 1 8 5 9 7
8 5 9 4 2 7 1 6 3
1 7 6 9 5 3 4 3 2
```

Solution # 41

```
2 8 5 3 7 1 4 9 6
4 1 3 9 2 6 8 5 7
9 6 7 5 4 8 3 1 2
3 7 6 2 5 4 1 8 9
8 5 2 6 1 9 7 3 4
1 9 4 7 8 3 2 6 5
5 3 1 4 9 2 6 7 8
6 2 9 8 3 7 5 4 1
7 4 8 1 6 5 9 2 3
```

Solution # 42

```
4 7 1 6 5 9 8 2 3
2 9 3 1 4 8 5 7 6
8 5 6 2 3 7 4 1 9
3 1 2 7 6 4 9 5 8
7 6 9 8 2 5 1 3 4
5 8 4 3 9 1 7 6 2
1 3 5 9 8 6 2 4 7
9 2 7 4 1 3 6 8 5
6 4 8 5 7 2 3 9 1
```

Solution # 43

```
9 4 1 7 5 6 2 3 8
3 6 8 1 2 4 5 7 9
5 2 7 9 3 8 4 1 6
7 9 6 2 8 3 1 5 4
8 3 4 5 1 7 6 9 2
1 5 2 4 6 9 7 8 3
4 1 5 3 9 2 8 6 7
2 8 3 6 7 1 9 4 5
6 7 9 8 4 5 3 2 1
```

Solution # 44

```
1 8 2 6 9 5 7 3 4
3 5 9 4 7 2 8 6 1
7 6 4 3 8 1 2 9 5
4 7 8 1 6 9 5 2 3
2 9 3 5 4 8 1 7 6
5 1 6 2 3 7 4 8 9
6 3 7 8 5 4 9 1 2
9 4 1 7 2 3 6 5 8
8 2 5 9 1 6 3 4 7
```

Solution # 45

```
4 6 9 2 8 1 7 3 5
7 1 2 9 5 3 8 4 6
5 8 3 4 7 6 9 2 1
8 9 1 7 6 2 4 5 3
3 2 4 8 1 5 6 9 7
6 5 7 3 9 4 2 1 8
9 3 6 1 2 8 5 7 4
2 4 8 5 3 7 1 6 9
1 7 5 6 4 9 3 8 2
```

Solution # 46

```
1 7 8 4 9 3 2 6 5
5 2 3 6 1 8 7 9 4
4 9 6 2 7 5 1 3 8
3 6 1 5 8 9 4 2 7
8 5 2 3 4 7 9 1 6
9 4 7 1 6 2 5 8 3
7 8 4 9 3 1 6 5 2
6 1 5 8 2 4 3 7 9
2 3 9 7 5 6 8 4 1
```

Solution # 47

```
7 2 3 8 6 1 4 5 9
1 5 8 9 7 4 3 6 2
4 9 6 5 3 2 1 7 8
5 4 7 6 1 9 2 8 3
9 8 2 7 4 3 6 1 5
3 6 1 2 5 8 7 9 4
8 7 9 3 2 6 5 4 1
6 3 4 1 8 5 9 2 7
2 1 5 4 9 7 8 3 6
```

Solution # 48

```
7 6 4 9 3 5 2 8 1
3 9 5 2 8 1 6 4 7
8 1 2 7 4 6 9 3 5
6 2 1 8 9 4 5 7 3
4 3 9 5 7 2 8 1 6
5 7 8 1 6 3 4 2 9
9 4 7 3 5 8 1 6 2
1 5 6 4 2 7 3 9 8
2 8 3 6 1 9 7 5 4
```

Solution # 49

```
4 8 3 1 7 9 2 5 6
9 7 5 4 6 2 3 8 1
1 2 6 3 8 5 4 9 7
5 9 7 6 2 1 8 3 4
6 4 2 5 3 8 7 1 9
8 3 1 9 4 7 5 6 2
3 5 9 2 1 4 6 7 8
7 6 4 8 9 3 1 2 5
2 1 8 7 5 6 9 4 3
```

Solution # 50

```
8 3 7 4 6 1 2 9 5
1 4 5 3 2 9 6 8 7
9 2 6 7 8 5 1 4 3
2 5 8 9 4 3 7 1 6
4 6 3 1 7 8 5 2 9
7 9 1 2 5 6 4 3 8
5 1 4 8 3 7 9 6 2
3 7 2 6 9 4 8 5 1
6 8 9 5 1 2 3 7 4
```

Solution # 51

```
2 1 5 6 7 9 4 8 3
3 4 7 8 2 1 6 9 5
9 6 8 5 3 4 7 2 1
1 3 2 7 8 5 9 6 4
4 8 6 2 9 3 5 1 7
7 5 9 4 1 6 2 3 8
8 7 4 3 6 2 1 5 9
6 9 3 1 5 7 8 4 2
5 2 1 9 4 8 3 7 6
```

Solution # 52

```
1 8 4 5 7 9 3 6 2
2 7 6 3 1 8 5 9 4
5 9 3 4 6 2 1 8 7
4 3 2 1 5 6 9 7 8
9 1 7 8 3 4 2 5 6
8 6 5 2 9 7 4 3 1
3 4 1 6 8 5 7 2 9
6 5 9 7 2 1 8 4 3
7 2 8 9 4 3 6 1 5
```

Solution # 53

```
9 2 1 8 5 4 7 6 3
8 5 3 2 6 7 9 4 1
6 7 4 1 9 3 8 2 5
4 1 9 7 3 6 5 8 2
7 6 8 5 2 9 1 3 4
2 3 5 4 1 8 6 7 9
5 4 6 9 8 2 3 1 7
3 9 2 6 7 1 4 5 8
1 8 7 3 4 5 2 9 6
```

Solution # 54

```
8 1 7 2 3 4 9 6 5
9 4 6 7 5 1 8 3 2
2 5 3 6 8 9 7 1 4
3 7 8 9 2 5 1 4 6
4 2 9 3 1 6 5 7 8
1 6 5 8 4 7 2 9 3
7 8 2 4 9 3 6 5 1
5 9 4 1 6 8 3 2 7
6 3 1 5 7 2 4 8 9
```

Solution # 55

```
8 3 6 5 4 1 9 2 7
4 5 7 2 6 9 1 8 3
2 9 1 8 7 3 5 6 4
5 4 3 9 8 7 2 1 6
7 1 8 4 2 6 3 9 5
6 2 9 3 1 5 7 4 8
3 7 4 6 9 2 8 5 1
9 6 5 1 3 8 4 7 2
1 8 2 7 5 4 6 3 9
```

Solution # 56

```
4 6 3 9 5 7 8 1 2
7 5 9 2 1 8 3 6 4
2 1 8 3 4 6 5 9 7
9 3 5 8 6 4 7 2 1
8 4 6 1 7 2 9 3 5
1 7 2 5 9 3 6 4 8
6 9 1 4 8 5 2 7 3
5 2 4 7 3 9 1 8 6
3 8 7 6 2 1 4 5 9
```

Solution # 57

```
5 8 4 6 3 9 1 2 7
3 2 9 1 8 7 5 6 4
1 6 7 2 4 5 3 8 9
4 3 5 8 9 6 7 1 2
9 7 8 5 2 1 4 3 6
6 1 2 3 7 4 8 9 5
7 9 3 4 6 8 2 5 1
2 5 6 7 1 3 9 4 8
8 4 1 9 5 2 6 7 3
```

Solution # 58

```
1 2 8 6 3 4 7 9 5
9 4 5 1 7 8 6 2 3
3 6 7 9 2 5 1 8 4
7 8 3 2 1 9 5 4 6
2 9 4 5 6 7 8 3 1
5 1 6 8 4 3 9 7 2
4 5 2 7 9 1 3 6 8
6 7 1 3 8 2 4 5 9
8 3 9 4 5 6 2 1 7
```

Solution # 59

```
4 9 3 6 2 5 8 7 1
2 8 5 3 1 7 9 4 6
7 1 6 4 9 8 2 3 5
9 3 2 7 8 6 1 5 4
1 6 7 5 4 2 3 9 8
8 5 4 1 3 9 6 2 7
5 2 9 8 6 4 7 1 3
3 7 8 9 5 1 4 6 2
6 4 1 2 7 3 5 8 9
```

Solution # 60

```
9 7 3 6 2 1 5 4 8
8 5 6 3 4 9 7 1 2
1 4 2 7 5 8 9 6 3
3 2 7 1 8 5 6 9 4
4 9 8 2 7 6 1 3 5
5 6 1 4 9 3 8 7 2
2 8 9 5 3 7 4 1 6
6 3 5 9 1 4 2 8 7
7 1 4 8 6 2 3 5 9
```

Solution # 61

```
4 5 2 1 9 8 6 7 3
9 8 6 2 7 3 1 4 5
7 1 3 5 6 4 2 8 9
5 7 8 9 3 2 4 6 1
3 6 4 7 1 5 8 9 2
2 9 1 4 8 6 3 5 7
1 3 5 8 4 9 7 2 6
8 2 7 6 5 1 9 3 4
6 4 9 3 2 7 5 1 8
```

Solution # 62

```
4 9 5 8 6 2 1 3 7
7 6 3 5 1 9 2 4 8
8 1 2 4 7 3 9 6 5
1 3 6 9 5 8 7 2 4
5 2 4 7 3 1 6 8 9
9 7 8 2 4 6 3 5 1
2 8 7 6 9 4 5 1 3
3 4 9 1 2 5 8 7 6
6 5 1 3 8 7 4 9 2
```

Solution # 63

```
6 8 1 2 9 3 4 7 5
9 7 4 6 1 5 8 2 3
3 5 2 4 8 7 9 1 6
5 2 9 1 3 8 7 6 4
4 3 6 7 5 2 1 8 9
7 1 8 9 4 6 3 5 2
2 4 3 8 6 1 5 9 7
1 9 7 5 2 4 6 3 8
8 6 5 3 7 9 2 4 1
```

Solution # 64

```
3 5 8 9 2 4 6 1 7
4 6 2 7 8 1 5 9 3
1 7 9 6 5 3 8 2 4
5 2 1 3 6 8 7 4 9
6 9 4 2 1 7 3 5 8
8 3 7 5 4 9 1 6 2
9 8 6 1 3 2 4 7 5
2 1 3 4 7 5 9 8 6
7 4 5 8 9 6 1 3 2
```

Solution # 65

```
3 6 5 8 1 7 4 9 2
8 9 7 4 5 2 1 6 3
1 4 2 6 3 9 8 5 7
6 1 8 5 2 4 7 3 9
4 5 9 3 7 1 2 8 6
7 2 3 9 8 6 5 4 1
5 7 6 2 9 8 3 1 4
2 8 4 1 6 3 9 7 5
9 3 1 7 4 5 6 2 8
```

Solution # 66

```
2 1 9 8 6 3 7 5 4
4 7 8 1 2 5 9 3 6
3 6 5 7 9 4 8 1 2
8 4 7 6 5 1 3 2 9
6 2 3 9 8 7 1 4 5
5 9 1 3 4 2 6 8 7
1 3 4 2 7 9 5 6 8
7 8 2 5 1 6 4 9 3
9 5 6 4 3 8 2 7 1
```

Solution # 67

```
3 2 9 5 6 4 7 8 1
8 1 5 9 2 7 6 4 3
6 4 7 8 3 1 2 9 5
2 5 3 1 9 8 4 7 6
1 7 8 6 4 2 5 3 9
9 6 4 7 5 3 8 1 2
4 3 1 2 8 6 9 5 7
5 9 6 4 7 9 3 2 8
7 8 2 3 1 5 1 6 4
```

Solution # 68

```
4 9 3 7 2 1 6 8 5
6 5 1 4 8 9 2 3 7
2 7 8 3 6 5 1 4 9
7 6 2 1 5 4 3 9 8
8 1 4 2 9 3 5 7 6
5 3 9 6 7 8 4 2 1
3 8 6 5 4 7 9 1 2
9 4 5 8 1 2 7 6 3
1 2 7 9 3 6 8 5 4
```

Solution # 69

```
4 2 8 9 1 7 6 5 3
1 9 5 6 3 8 7 2 4
7 6 3 4 5 2 9 1 8
8 3 2 5 6 1 4 7 9
6 7 1 2 4 9 3 8 5
9 5 4 8 7 3 1 6 2
2 1 6 3 8 4 5 9 7
5 4 9 7 2 6 8 3 1
3 8 7 1 9 5 2 4 6
```

Solution # 70

```
3 9 4 6 1 7 2 5 8
6 5 7 8 3 2 4 9 1
8 2 1 4 9 5 7 6 3
1 8 9 2 7 4 6 3 5
5 4 2 3 6 1 8 7 9
7 3 6 5 8 9 1 4 2
4 1 5 7 2 3 9 8 6
2 7 8 9 5 6 3 1 4
9 6 3 1 4 8 5 2 7
```

Solution # 71
```
1 4 6 5 8 3 7 2 9
9 2 8 1 7 6 5 4 3
5 7 3 4 9 2 1 6 8
4 9 5 6 1 7 3 8 2
2 3 1 8 5 9 4 7 6
8 6 7 2 3 4 9 1 5
6 8 9 3 4 1 2 5 7
7 5 4 9 2 8 6 3 1
3 1 2 7 6 5 8 9 4
```

Solution # 72
```
4 9 1 3 2 7 5 6 8
8 6 3 1 9 5 7 4 2
5 7 2 6 8 4 9 1 3
7 5 4 8 1 9 2 3 6
6 3 8 7 4 2 1 5 9
1 2 9 5 3 6 4 8 7
3 4 5 2 7 8 6 9 1
9 1 7 4 6 3 8 2 5
2 8 6 9 5 1 3 7 4
```

Solution # 73
```
3 9 2 5 4 8 1 6 7
7 6 4 1 9 2 3 5 8
1 8 5 7 3 6 9 4 2
4 7 8 9 6 3 5 2 1
5 2 6 8 7 1 4 9 3
8 4 3 6 5 7 2 1 9
2 5 7 3 1 9 6 8 4
6 1 9 2 8 4 7 3 5
9 3 1 4 2 5 8 7 6
```

Solution # 74
```
1 7 8 2 9 3 4 6 5
6 4 9 1 5 7 8 2 3
3 5 2 4 8 6 9 1 7
8 6 4 7 2 5 1 3 9
5 2 1 8 3 9 6 7 4
9 3 7 6 1 4 2 5 8
2 8 5 9 7 1 3 4 6
4 9 3 5 6 2 7 8 1
7 1 6 3 4 8 5 9 2
```

Solution # 75
```
4 6 7 1 5 9 8 3 2
3 1 8 6 4 2 9 7 5
2 9 5 7 3 8 1 4 6
9 7 2 8 6 5 4 1 3
5 4 3 9 2 1 7 6 8
1 8 6 4 7 3 2 5 9
8 3 1 5 9 4 6 2 7
6 5 9 2 1 7 3 8 4
7 2 4 3 8 6 5 9 1
```

Solution # 76
```
3 1 4 9 6 5 2 7 8
6 5 2 7 8 1 4 9 3
7 8 9 4 2 3 6 5 1
8 4 7 6 1 9 3 2 5
5 9 3 8 4 2 7 1 6
2 6 1 3 5 7 9 8 4
1 3 5 2 7 6 8 4 9
4 7 6 5 9 8 1 3 2
9 2 8 1 3 4 5 6 7
```

Solution # 77
```
6 1 8 7 2 5 3 9 4
5 4 9 3 1 6 2 8 7
7 3 2 4 9 8 6 1 5
2 7 3 9 5 1 8 4 6
9 6 4 8 3 7 5 2 1
1 8 5 2 6 4 7 3 9
4 5 6 1 8 3 9 7 2
8 9 7 5 4 2 1 6 3
3 2 1 6 7 9 4 5 8
```

Solution # 78
```
3 1 9 2 4 6 5 8 7
2 5 6 8 9 7 3 1 4
7 8 4 5 1 3 9 2 6
9 4 3 6 2 8 7 5 1
5 2 7 1 3 4 8 6 9
8 6 1 7 5 9 2 4 3
1 7 8 9 6 5 4 3 2
4 9 2 3 8 1 6 7 5
6 3 5 4 7 2 1 9 8
```

Solution # 79
```
7 5 8 9 4 6 3 2 1
1 9 2 7 3 5 8 6 4
6 3 4 1 2 8 9 7 5
5 2 7 3 1 4 6 9 8
8 4 3 6 7 9 1 5 2
9 6 1 5 8 2 7 4 3
2 8 6 4 9 1 5 3 7
3 1 9 2 5 7 4 8 6
4 7 5 8 6 3 2 1 9
```

Solution # 80
```
3 4 5 2 1 6 8 7 9
2 9 7 3 8 4 5 1 6
6 1 8 5 9 7 2 3 4
9 3 6 1 7 5 4 2 8
8 7 4 9 2 3 6 5 1
1 5 2 4 6 8 7 9 3
5 6 9 8 3 2 1 4 7
7 2 3 6 4 1 9 8 5
4 8 1 7 5 9 3 6 2
```

Solution # 81
```
5 8 7 6 3 1 4 2 9
3 1 4 9 2 8 5 6 7
6 9 2 5 7 4 8 1 3
1 3 8 4 9 2 6 7 5
4 7 5 3 1 6 2 9 8
2 6 9 7 8 5 3 4 1
8 5 1 2 6 7 9 3 4
9 4 6 1 5 3 7 8 2
7 2 3 8 4 9 1 5 6
```

Solution # 82
```
7 2 4 1 5 9 6 8 3
1 6 3 8 7 2 9 5 4
9 8 5 4 3 6 2 1 7
4 5 8 2 1 7 3 9 6
3 9 1 5 6 4 7 2 8
2 7 6 3 9 8 1 4 5
8 3 7 9 4 1 5 6 2
6 1 2 7 8 5 4 3 9
5 4 9 6 2 3 8 7 1
```

Solution # 83
```
8 4 9 1 7 3 6 5 2
7 6 2 8 5 9 3 1 4
1 3 5 2 4 6 9 8 7
4 1 3 5 8 2 7 6 9
5 2 8 6 9 7 1 4 3
6 9 7 4 3 1 8 2 5
3 8 6 9 2 5 4 7 1
9 5 1 7 6 4 2 3 8
2 7 4 3 1 8 5 9 6
```

Solution # 84
```
4 7 8 3 1 9 6 2 5
3 9 6 8 5 2 4 7 1
1 5 2 4 7 6 9 8 3
6 8 5 9 4 1 7 3 2
2 1 7 5 6 3 8 9 4
9 3 4 2 8 7 5 1 6
8 4 1 7 2 5 3 6 9
7 2 3 6 9 4 1 5 8
5 6 9 1 3 8 2 4 7
```

Solution # 85
```
6 9 8 5 2 7 1 4 3
1 2 4 3 8 6 9 7 5
3 5 7 4 9 1 8 2 6
8 3 5 1 7 4 2 6 9
7 1 2 8 6 9 5 3 4
9 4 6 2 5 3 7 1 8
2 6 9 7 3 5 4 8 1
5 7 1 6 4 8 3 9 2
4 8 3 9 1 2 6 5 7
```

Solution # 86
```
1 8 6 7 2 5 3 4 9
3 2 4 1 9 6 8 5 7
5 9 7 3 8 4 1 2 6
6 1 3 9 5 2 4 7 8
2 4 5 8 7 3 9 6 1
8 7 9 4 6 1 5 3 2
9 3 8 2 4 7 6 1 5
7 6 1 5 3 8 2 9 4
4 5 2 6 1 9 7 8 3
```

Solution # 87
```
3 6 1 4 2 9 5 7 8
7 8 2 1 3 5 9 6 4
5 9 4 6 8 7 3 2 1
4 3 7 8 1 6 2 9 5
1 2 6 9 5 4 8 3 7
8 5 9 3 7 2 1 4 6
2 7 3 5 4 1 6 8 9
6 1 8 7 9 3 4 5 2
9 4 5 2 6 8 7 1 3
```

Solution # 88
```
2 6 8 1 3 9 7 4 5
9 5 1 7 6 4 3 8 2
3 4 7 2 8 5 9 1 6
8 7 3 9 2 6 4 5 1
5 2 9 8 4 1 6 7 3
4 1 6 3 5 7 2 9 8
1 8 4 6 7 2 5 3 9
6 9 5 4 1 3 8 2 7
7 3 2 5 9 8 1 6 4
```

Solution # 89
```
2 4 6 3 9 1 7 5 8
3 8 1 5 2 7 4 6 9
5 7 9 4 8 6 3 1 2
7 9 3 2 5 8 1 4 6
4 6 8 1 7 9 5 2 3
1 2 5 6 4 3 8 9 7
8 3 2 9 1 5 6 7 4
9 1 7 8 6 4 2 3 5
6 5 4 7 3 2 9 8 1
```

Solution # 90
```
4 3 6 2 1 5 8 7 9
7 5 2 9 8 6 3 4 1
1 9 8 4 7 3 2 5 6
8 7 5 1 3 4 6 9 2
9 6 1 5 2 8 7 3 4
3 2 4 7 6 9 1 8 5
2 8 9 6 4 7 5 1 3
5 1 7 3 9 2 4 6 8
6 4 3 8 5 1 9 2 7
```

Solution # 91
```
8 4 9 5 2 7 6 1 3
7 1 5 8 3 6 9 2 4
3 6 2 4 1 9 5 8 7
1 9 7 3 8 4 2 6 5
4 3 8 2 6 5 7 9 1
5 2 6 9 7 1 4 3 8
6 8 4 7 9 3 1 5 2
9 7 3 1 5 2 8 4 6
2 5 1 6 4 8 3 7 9
```

Solution # 92
```
1 2 3 5 7 8 9 6 4
8 9 6 4 1 2 5 7 3
5 7 4 9 6 3 8 1 2
9 5 7 2 3 6 4 8 1
4 3 8 7 5 1 6 2 9
6 1 2 8 4 9 3 5 7
3 4 1 6 2 5 7 9 8
2 6 9 3 8 7 1 4 5
7 8 5 1 9 4 2 3 6
```

Solution # 93
```
6 1 3 8 5 9 7 2 4
5 7 8 6 4 2 3 1 9
2 9 4 1 7 3 6 5 8
8 6 9 7 1 5 4 3 2
7 4 2 3 6 8 5 9 1
3 5 1 2 9 4 8 6 7
1 2 7 5 8 6 9 4 3
4 3 5 9 2 7 1 8 6
9 8 6 4 3 1 2 7 5
```

Solution # 94
```
3 1 6 5 2 4 9 7 8
9 8 5 3 7 1 6 4 2
7 4 2 9 8 6 5 1 3
5 3 1 2 9 7 4 8 6
2 7 8 6 4 5 3 9 1
6 9 4 1 3 8 7 2 5
8 6 9 7 5 2 1 3 4
4 5 3 8 1 9 2 6 7
1 2 7 4 6 3 8 5 9
```

Solution # 95
```
9 2 5 3 1 7 8 4 6
3 4 1 8 6 9 5 7 2
6 7 8 5 2 4 1 3 9
1 8 9 7 4 2 3 6 5
5 6 4 1 3 8 2 9 7
7 3 2 6 9 5 4 1 8
4 5 6 2 7 1 9 8 3
8 9 7 4 5 3 6 2 1
2 1 3 9 8 6 7 5 4
```

Solution # 96
```
5 2 1 8 4 6 7 3 9
8 6 9 3 2 7 1 5 4
3 4 7 9 1 5 2 6 8
6 8 3 4 7 2 5 9 1
2 1 4 5 9 8 6 7 3
9 7 5 6 3 1 4 8 2
4 5 8 2 6 3 9 1 7
7 3 2 1 5 9 8 4 6
1 9 6 7 8 4 3 2 5
```

Solution # 97
```
4 7 2 3 1 6 5 8 9
8 6 5 2 7 9 3 4 1
9 3 1 4 5 8 7 2 6
2 5 4 8 9 7 1 6 3
7 9 6 1 3 2 8 5 4
3 1 8 6 4 5 9 7 2
5 4 9 7 2 3 6 1 8
6 2 3 5 8 1 4 9 7
1 8 7 9 6 4 2 3 5
```

Solution # 98
```
7 8 2 1 5 6 4 3 9
5 4 3 8 9 2 1 7 6
1 9 6 4 7 3 2 8 5
8 6 9 5 4 7 3 2 1
3 5 4 6 2 1 8 9 7
2 7 1 9 3 8 6 5 4
4 2 8 7 1 5 9 6 3
9 3 7 2 6 4 5 1 8
6 1 5 3 8 9 7 4 2
```

Solution # 99
```
9 5 8 2 1 6 7 3 4
4 6 2 3 5 7 8 9 1
3 7 1 4 8 9 6 2 5
7 4 5 1 6 3 9 8 2
2 3 9 5 7 8 1 4 6
1 8 6 9 4 2 5 7 3
5 2 3 8 9 1 4 6 7
8 1 7 6 2 4 3 5 9
6 9 4 7 3 5 2 1 8
```

Solution # 100
```
7 8 4 9 1 6 5 3 2
5 2 9 8 4 3 7 1 6
6 1 3 5 2 7 8 9 4
9 3 6 7 8 2 1 4 5
8 4 1 3 5 9 6 2 7
2 5 7 1 6 4 9 8 3
1 6 8 2 3 5 4 7 9
3 7 5 4 9 8 2 6 1
4 9 2 6 7 1 3 5 8
```

Solution # 101
```
9 7 2 6 4 3 5 8 1
4 5 3 2 8 1 6 7 9
8 6 1 7 5 9 4 2 3
3 4 9 1 7 6 2 5 8
2 8 7 5 9 4 1 3 6
5 1 6 3 2 8 9 4 7
7 3 4 9 6 2 8 1 5
1 9 8 4 3 5 7 6 2
6 2 5 8 1 7 3 9 4
```

Solution # 102
```
6 5 8 3 2 1 4 9 7
7 4 2 9 8 5 6 3 1
3 9 1 6 7 4 8 2 5
1 2 9 5 4 8 7 6 3
5 8 3 1 6 7 9 4 2
4 7 6 2 3 9 1 5 8
2 1 7 4 5 6 3 8 9
9 6 5 8 1 3 2 7 4
8 3 4 7 9 2 5 1 6
```

Solution # 103
```
9 6 3 4 8 1 5 7 2
7 5 8 9 6 2 3 1 4
1 2 4 3 7 5 8 9 6
5 1 2 8 3 9 4 6 7
8 3 6 2 4 7 9 5 1
4 9 7 1 5 6 2 8 3
6 4 1 5 2 8 7 3 9
3 8 9 7 1 4 6 2 5
2 7 5 6 9 3 1 4 8
```

Solution # 104
```
3 1 4 9 6 7 2 8 5
6 7 9 8 2 5 1 4 3
5 8 2 3 1 4 9 7 6
2 3 5 6 9 8 7 1 4
1 4 7 5 3 2 6 9 8
8 9 6 7 4 1 3 5 2
4 6 1 2 5 9 8 3 7
9 2 8 4 7 3 5 6 1
7 5 3 1 8 6 4 2 9
```

Solution # 105
```
1 9 5 3 6 8 7 2 4
7 6 2 1 4 5 8 9 3
4 3 8 9 2 7 5 1 6
2 7 3 4 9 6 1 8 5
5 4 1 7 8 3 2 6 9
9 8 6 2 5 1 3 4 7
6 5 9 8 7 2 4 3 1
3 2 7 6 1 4 9 5 8
8 1 4 5 3 9 6 7 2
```

Solution # 106

9	3	8	2	5	7	1	4	6
4	6	7	1	3	8	2	5	9
2	5	1	9	6	4	7	8	3
1	2	5	8	9	6	4	3	7
3	7	9	4	2	5	6	1	8
8	4	6	7	1	3	5	9	2
7	8	2	5	4	9	3	6	1
5	1	3	6	8	2	9	7	4
6	9	4	3	7	1	8	2	5

Solution # 107

1	5	3	9	8	2	7	4	6
2	8	4	7	6	1	5	9	3
9	7	6	4	5	3	1	8	2
5	9	2	8	7	4	3	6	1
3	4	1	6	2	9	8	5	7
8	6	7	1	3	5	9	2	4
4	3	5	2	1	8	6	7	9
6	2	8	3	9	7	4	1	5
7	1	9	5	4	6	2	3	8

Solution # 108

8	2	7	5	6	9	4	3	1
6	9	1	3	7	4	8	2	5
5	4	3	2	8	1	7	6	9
2	5	8	4	9	3	6	1	7
1	7	9	6	2	8	3	5	4
4	3	6	7	1	5	9	8	2
3	8	2	9	5	7	1	4	6
9	1	5	8	4	6	2	7	3
7	6	4	1	3	2	5	9	8

Solution # 109

4	8	2	3	1	5	7	9	6
7	9	5	6	8	4	2	1	3
1	6	3	9	2	7	8	4	5
8	5	1	4	9	6	3	7	2
9	2	6	7	3	1	5	8	4
3	4	7	8	5	2	9	6	1
2	1	4	5	7	8	6	3	9
6	3	8	2	4	9	1	5	7
5	7	9	1	6	3	4	2	8

Solution # 110

6	7	8	5	3	1	9	4	2
3	9	4	6	2	8	5	1	7
2	1	5	9	7	4	6	3	8
8	5	9	7	4	2	3	6	1
7	3	1	8	5	6	4	2	9
4	2	6	1	9	3	8	7	5
9	6	3	2	8	7	1	5	4
5	4	7	3	1	9	2	8	6
1	8	2	4	6	5	7	9	3

Solution # 111

6	8	4	7	3	9	1	5	2
1	5	3	8	6	2	4	9	7
7	9	2	5	4	1	8	3	6
9	3	8	1	2	6	5	7	4
4	7	5	9	8	3	6	2	1
2	1	6	4	7	5	3	8	9
3	4	9	6	5	7	2	1	8
8	2	1	3	9	4	7	6	5
5	6	7	2	1	8	9	4	3

Solution # 112

4	6	8	5	9	3	2	1	7
1	5	7	8	2	4	3	9	6
9	3	2	1	7	6	8	5	4
5	2	3	4	8	1	6	7	9
6	4	1	9	3	7	5	8	2
7	8	9	2	6	5	1	4	3
3	7	5	6	1	9	4	2	8
2	1	6	7	4	8	9	3	5
8	9	4	3	5	2	7	6	1

Solution # 113

1	5	4	9	6	3	8	2	7
8	3	9	7	1	2	5	6	4
7	2	6	8	5	4	1	9	3
6	7	3	5	2	1	9	4	8
5	1	8	6	4	9	3	7	2
9	4	2	3	7	8	6	5	1
4	9	7	1	8	5	2	3	6
3	6	1	2	9	7	4	8	5
2	8	5	4	3	6	7	1	9

Solution # 114

4	3	9	5	6	8	1	2	7
8	1	5	7	3	2	9	4	6
7	6	2	4	9	1	5	3	8
6	4	8	2	1	9	3	7	5
5	7	3	8	4	6	2	9	1
2	9	1	3	5	7	8	6	4
1	2	4	6	8	3	7	5	9
3	8	6	9	7	5	4	1	2
9	5	7	1	2	4	6	8	3

Solution # 115

6	4	5	8	1	9	3	7	2
1	3	7	2	4	5	6	9	8
8	9	2	6	3	7	1	5	4
3	7	9	5	8	6	2	4	1
4	2	8	1	9	3	5	6	7
5	1	6	7	2	4	9	8	3
2	6	1	4	5	8	7	3	9
9	5	4	3	7	1	8	2	6
7	8	3	9	6	2	4	1	5

Solution # 116

3	2	9	8	6	1	5	4	7
1	4	5	2	7	9	8	6	3
7	6	8	4	3	5	9	1	2
2	3	4	7	1	8	6	9	5
5	1	6	9	4	3	2	7	8
9	8	7	6	5	2	4	3	1
6	5	1	3	2	4	7	8	9
8	7	2	1	9	6	3	5	4
4	9	3	5	8	7	1	2	6

Solution # 117

3	7	5	6	1	8	9	2	4
4	8	9	5	3	2	1	6	7
6	1	2	7	4	9	3	5	8
8	9	7	2	6	3	5	4	1
1	4	6	8	5	7	2	9	3
5	2	3	4	9	1	8	7	6
7	3	1	9	2	4	6	8	5
9	6	4	3	8	5	7	1	2
2	5	8	1	7	6	4	3	9

Solution # 118

7	2	5	4	1	9	8	3	6
8	9	4	3	5	6	7	2	1
3	1	6	8	7	2	9	5	4
9	7	1	5	8	3	6	4	2
2	4	3	6	9	1	5	8	7
6	5	8	2	4	7	3	1	9
4	6	7	1	3	5	2	9	8
1	3	2	9	6	8	4	7	5
5	8	9	7	2	4	1	6	3

Solution # 119

1	4	6	9	2	7	5	8	3
2	3	9	6	5	8	7	1	4
8	7	5	3	4	1	2	6	9
7	1	4	8	6	3	9	5	2
9	8	3	5	7	2	1	4	6
5	6	2	4	1	9	8	3	7
3	9	7	1	8	6	4	2	5
6	5	1	2	9	4	3	7	8
4	2	8	7	3	5	6	9	1

Solution # 120

9	6	2	4	8	3	1	5	7
7	3	8	2	1	5	6	4	9
1	5	4	9	6	7	2	3	8
8	7	9	3	5	6	4	2	1
5	4	6	8	2	1	7	9	3
2	1	3	7	4	9	8	6	5
4	2	1	5	9	8	3	7	6
3	8	5	6	7	2	9	1	4
6	9	7	1	3	4	5	8	2

Solution # 121

2	3	8	5	9	1	4	7	6
7	4	5	3	6	8	9	2	1
6	1	9	7	4	2	3	5	8
1	7	4	9	3	5	8	6	2
9	5	3	8	2	6	7	1	4
8	2	6	1	7	4	5	3	9
3	9	1	6	8	7	2	4	5
4	6	7	2	5	9	1	8	3
5	8	2	4	1	3	6	9	7

Solution # 122

5	9	4	2	6	7	8	1	3
1	3	7	8	9	4	2	6	5
6	2	8	3	1	5	7	9	4
8	6	3	1	5	2	9	4	7
2	7	1	9	4	3	5	8	6
4	5	9	6	7	8	1	3	2
7	1	6	5	3	9	4	2	8
9	4	2	7	8	6	3	5	1
3	8	5	4	2	1	6	7	9

Solution # 123

2	1	6	4	5	7	8	9	3
8	9	5	3	6	1	7	2	4
3	7	4	2	9	8	1	6	5
1	6	8	7	2	3	5	4	9
9	4	7	6	8	5	2	3	1
5	3	2	9	1	4	6	8	7
6	5	1	8	4	9	3	7	2
4	8	3	1	7	2	9	5	6
7	2	9	5	3	6	4	1	8

Solution # 124

7	2	5	3	8	4	6	9	1
3	6	8	1	9	2	4	7	5
1	4	9	6	7	5	8	2	3
6	9	2	7	1	8	5	3	4
8	5	7	4	6	3	2	1	9
4	3	1	2	5	9	7	8	6
9	1	4	8	2	6	3	5	7
2	7	3	5	4	1	9	6	8
5	8	6	9	3	7	1	4	2

Solution # 125

2	3	6	1	7	8	5	4	9
4	8	9	5	6	2	3	1	7
5	1	7	4	3	9	2	6	8
9	4	3	6	2	7	1	8	5
1	6	8	3	9	5	4	7	2
7	2	5	8	4	1	9	3	6
6	5	1	2	8	4	7	9	3
3	9	2	7	1	6	8	5	4
8	7	4	9	5	3	6	2	1

Solution # 126

6	3	8	7	5	4	1	9	2
7	2	1	6	9	8	4	3	5
5	4	9	3	1	2	7	6	8
8	9	3	2	4	1	5	7	6
2	1	6	8	7	5	3	4	9
4	5	7	9	6	3	8	2	1
3	7	2	1	8	6	9	5	4
1	6	4	5	3	9	2	8	7
9	8	5	4	2	7	6	1	3

Solution # 127

4	9	5	1	8	2	6	7	3
1	3	6	9	4	7	5	2	8
7	8	2	6	5	3	1	4	9
2	7	3	8	9	5	4	6	1
6	1	8	2	7	4	9	3	5
5	4	9	3	1	6	7	8	2
3	2	4	5	6	1	8	9	7
9	6	1	7	3	8	2	5	4
8	5	7	4	2	9	3	1	6

Solution # 128

6	2	8	5	3	4	7	1	9
3	9	5	1	2	7	6	8	4
4	7	1	9	6	8	5	3	2
1	3	7	2	5	6	4	9	8
2	6	4	8	1	9	3	7	5
5	8	9	7	4	3	2	6	1
7	1	6	4	8	2	9	5	3
9	5	2	3	7	1	8	4	6
8	4	3	6	9	5	1	2	7

Solution # 129

6	8	3	1	5	7	4	2	9
4	9	5	6	2	8	1	7	3
2	7	1	3	9	4	8	6	5
8	1	2	9	7	5	3	4	6
3	5	9	2	4	6	7	1	8
7	4	6	8	1	3	5	9	2
1	6	4	5	3	9	2	8	7
9	3	7	4	8	2	6	5	1
5	2	8	7	6	1	9	3	4

Solution # 130

6	5	8	1	7	3	9	4	2
3	7	2	9	4	5	8	1	6
4	1	9	8	2	6	5	7	3
2	8	4	7	3	1	6	5	9
7	9	5	4	6	8	2	3	1
1	6	3	2	5	9	7	8	4
8	2	6	5	1	4	3	9	7
9	4	7	3	8	2	1	6	5
5	3	1	6	9	7	4	2	8

Solution # 131

1	7	2	4	5	3	9	6	8
4	8	3	9	7	6	5	2	1
5	6	9	2	1	8	7	3	4
2	1	8	5	4	7	6	9	3
9	3	4	6	8	2	1	5	7
7	5	6	1	3	9	4	8	2
8	4	1	3	9	5	2	7	6
3	2	5	7	6	4	8	1	9
6	9	7	8	2	1	3	4	5

Solution # 132

6	4	1	2	9	8	7	3	5
2	5	8	7	3	1	4	6	9
9	3	7	4	5	6	1	2	8
7	9	5	6	2	4	3	8	1
1	8	6	5	7	3	2	9	4
4	2	3	1	8	9	5	7	6
3	6	4	8	1	2	9	5	7
5	1	9	3	6	7	8	4	2
8	7	2	9	4	5	6	1	3

Solution # 133

4	9	6	7	5	3	8	2	1
1	3	5	2	8	9	6	7	4
7	8	2	4	1	6	9	3	5
2	4	8	5	9	7	3	1	6
6	7	3	8	4	1	5	9	2
9	5	1	6	3	2	4	8	7
3	6	9	1	2	5	7	4	8
5	2	4	3	7	8	1	6	9
8	1	7	9	6	4	2	5	3

Solution # 134

2	4	6	3	9	5	7	8	1
8	1	5	7	6	2	3	4	9
9	7	3	4	8	1	2	6	5
1	5	8	6	2	4	9	7	3
7	6	2	5	3	9	8	1	4
3	9	4	1	7	8	5	2	6
4	2	9	8	5	6	1	3	7
6	8	7	9	1	3	4	5	2
5	3	1	2	4	7	6	9	8

Solution # 135

7	1	5	9	6	8	3	4	2
8	2	3	1	7	4	6	9	5
9	6	4	3	2	5	8	1	7
2	8	7	4	1	3	5	6	9
3	5	1	2	9	6	7	8	4
4	9	6	5	8	7	2	3	1
6	4	8	7	5	9	1	2	3
1	7	9	6	3	2	4	5	8
5	3	2	8	4	1	9	7	6

Solution # 136

9	7	5	6	4	3	1	8	2
8	1	6	2	5	9	4	7	3
4	2	3	8	1	7	9	5	6
5	9	7	1	6	8	2	3	4
3	6	2	4	7	5	8	1	9
1	8	4	9	3	2	7	6	5
2	5	9	3	8	1	6	4	7
7	4	1	5	2	6	3	9	8
6	3	8	7	9	4	5	2	1

Solution # 137

2	5	8	4	1	9	3	6	7
7	9	6	3	2	8	1	5	4
4	3	1	7	6	5	9	2	8
3	6	5	2	7	1	8	4	9
1	8	2	9	3	4	5	7	6
9	4	7	5	8	6	2	1	3
5	2	4	8	9	7	6	3	1
6	7	9	1	5	3	4	8	2
8	1	3	6	4	2	7	9	5

Solution # 138

3	5	8	6	7	9	2	4	1
2	9	4	5	8	1	7	3	6
1	7	6	4	2	3	9	8	5
6	8	5	1	4	7	3	9	2
4	1	3	9	5	2	6	7	8
9	2	7	8	3	6	1	5	4
7	4	9	2	1	5	8	6	3
8	6	2	3	9	4	5	1	7
5	3	1	7	6	8	4	2	9

Solution # 139

3	6	7	1	8	2	4	5	9
8	9	1	5	7	4	6	3	2
2	5	4	9	6	3	8	1	7
9	1	8	4	3	7	5	2	6
6	4	3	2	5	1	7	9	8
5	7	2	8	9	6	3	4	1
1	8	6	3	2	5	9	7	4
4	3	9	7	1	8	2	6	5
7	2	5	6	4	9	1	8	3

Solution # 140

2	3	7	1	6	5	8	9	4
5	1	9	8	4	7	6	3	2
6	8	4	2	9	3	5	7	1
8	7	5	9	2	4	1	6	3
3	2	1	5	8	6	7	4	9
4	9	6	7	3	1	2	5	8
7	4	8	3	5	2	9	1	6
1	6	2	4	7	9	3	8	5
9	5	3	6	1	8	4	2	7

Solution # 141

```
1 6 5 7 9 2 3 4 8
8 3 2 6 4 5 7 1 9
9 7 4 8 1 3 5 6 2
7 2 9 1 8 4 6 5 3
6 8 3 5 2 7 1 9 4
4 5 1 9 3 6 2 8 7
5 4 6 2 7 9 8 3 1
3 1 7 4 5 8 9 2 6
2 9 8 3 6 1 4 7 5
```

Solution # 142

```
6 8 3 4 9 1 5 7 2
2 7 4 3 8 5 1 6 9
5 1 9 7 2 6 8 3 4
1 5 6 2 3 8 9 4 7
7 4 2 1 6 9 3 5 8
3 9 8 5 4 7 6 2 1
4 6 5 9 1 2 7 8 3
8 3 1 6 7 4 2 9 5
9 2 7 8 5 3 4 1 6
```

Solution # 143

```
8 2 7 6 4 3 5 9 1
6 9 4 5 8 1 3 2 7
5 1 3 9 2 7 4 6 8
2 3 1 4 5 9 7 8 6
4 7 5 8 1 6 2 3 9
9 6 8 7 3 2 1 5 4
7 8 2 1 6 5 9 4 3
3 4 9 2 7 8 6 1 5
1 5 6 3 9 4 8 7 2
```

Solution # 144

```
4 7 2 6 5 3 1 8 9
3 1 9 2 4 8 7 6 5
5 8 6 9 7 1 4 3 2
1 5 7 8 3 9 6 2 4
8 2 3 7 6 4 9 5 1
6 9 4 1 2 5 3 7 8
2 6 1 4 8 7 5 9 3
7 4 5 3 9 2 8 1 6
9 3 8 5 1 6 2 4 7
```

Solution # 145

```
7 3 6 1 2 4 8 5 9
8 5 2 7 3 9 6 4 1
4 1 9 6 8 5 3 7 2
9 6 7 3 5 2 4 1 8
1 8 5 9 4 7 2 6 3
3 2 4 8 6 1 5 9 7
2 4 1 5 9 3 7 8 6
5 9 8 2 7 6 1 3 4
6 7 3 4 1 8 9 2 5
```

Solution # 146

```
9 7 2 1 4 8 3 5 6
3 5 4 2 7 6 1 8 9
6 8 1 9 3 5 7 4 2
8 1 9 3 2 4 6 7 5
7 4 3 6 5 9 8 2 1
5 2 6 8 1 7 9 3 4
4 3 8 5 6 1 2 9 7
2 6 7 4 9 3 5 1 8
1 9 5 7 8 2 4 6 3
```

Solution # 147

```
9 1 3 4 6 2 5 8 7
7 8 2 9 5 1 3 6 4
5 6 4 7 3 8 9 2 1
6 2 7 8 1 9 4 5 3
3 9 8 5 4 6 7 1 2
4 5 1 3 2 7 6 9 8
2 7 9 6 8 4 1 3 5
8 3 6 1 7 5 2 4 9
1 4 5 2 9 3 8 7 6
```

Solution # 148

```
6 3 9 5 8 2 7 1 4
5 7 8 1 4 9 6 2 3
1 2 4 6 3 7 8 5 9
4 6 1 8 7 5 9 3 2
8 5 2 9 1 3 4 6 7
7 9 3 2 6 4 5 8 1
2 8 7 4 5 1 3 9 6
3 1 5 7 9 6 2 4 8
9 4 6 3 2 8 1 7 5
```

Solution # 149

```
2 7 1 6 4 5 3 8 9
6 3 4 2 8 9 5 1 7
9 5 8 7 1 3 6 2 4
8 4 7 3 9 2 1 6 5
1 9 2 5 6 4 7 3 8
3 6 5 8 7 1 4 9 2
5 1 3 4 2 8 9 7 6
7 8 9 1 5 6 2 4 3
4 2 6 9 3 7 8 5 1
```

Solution # 150

```
2 4 9 6 3 1 5 7 8
8 1 5 2 4 7 3 6 9
7 3 6 9 5 8 2 1 4
5 7 8 1 2 4 6 9 3
3 6 1 5 8 9 7 4 2
9 2 4 3 7 6 8 5 1
4 5 3 7 1 2 9 8 6
1 9 2 8 6 5 4 3 7
6 8 7 4 9 3 1 2 5
```

Solution # 151

```
2 8 9 3 7 5 1 6 4
4 3 6 9 1 8 5 7 2
1 7 5 6 2 4 9 3 8
3 2 8 5 9 6 7 4 1
7 9 4 1 8 2 6 5 3
6 5 1 7 4 3 8 2 9
5 1 2 8 3 7 4 9 6
9 6 3 4 5 1 2 8 7
8 4 7 2 6 9 3 1 5
```

Solution # 152

```
1 8 7 3 9 5 2 6 4
6 3 2 7 4 1 9 8 5
9 5 4 2 6 8 7 3 1
3 2 9 4 5 6 1 7 8
7 1 5 8 2 3 4 9 6
8 4 6 9 1 7 5 2 3
5 9 8 1 3 2 6 4 7
4 6 3 5 7 9 8 1 2
2 7 1 6 8 4 3 5 9
```

Solution # 153

```
3 2 6 9 1 8 4 5 7
8 1 7 3 5 4 2 9 6
4 5 9 2 7 6 8 1 3
7 4 8 1 3 9 5 6 2
1 6 3 5 4 2 7 8 9
5 9 2 6 8 7 1 3 4
9 8 1 7 2 3 6 4 5
2 3 5 4 6 1 9 7 8
6 7 4 8 9 5 3 2 1
```

Solution # 154

```
6 1 9 8 7 5 4 3 2
5 8 4 3 2 1 7 6 9
7 3 2 9 6 4 1 8 5
3 7 6 2 5 9 8 1 4
1 9 8 7 4 6 5 2 3
4 2 5 1 8 3 9 7 6
2 5 1 6 9 8 3 4 7
8 4 7 5 3 2 6 9 1
9 6 3 4 1 7 2 5 8
```

Solution # 155

```
3 1 8 7 5 4 6 9 2
4 2 5 6 9 8 1 7 3
9 7 6 2 1 3 8 5 4
8 6 1 3 4 9 5 2 7
2 9 4 1 7 5 3 8 6
5 3 7 8 2 6 4 1 9
6 8 9 5 3 2 7 4 1
7 5 2 4 6 1 9 3 8
1 4 3 9 8 7 2 6 5
```

Solution # 156

```
3 8 9 4 6 2 5 1 7
6 2 7 1 9 5 8 4 3
4 1 5 8 7 3 2 9 6
8 5 1 9 3 7 4 6 2
9 7 6 2 4 1 3 8 5
2 4 3 5 8 6 1 7 9
7 3 8 6 2 4 9 5 1
5 6 4 3 1 9 7 2 8
1 9 2 7 5 8 6 3 4
```

Solution # 157

```
4 7 2 8 6 1 3 9 5
9 3 8 4 5 7 6 2 1
6 1 5 3 9 2 8 7 4
7 8 9 5 3 4 2 1 6
5 2 6 1 7 8 9 4 3
3 4 1 9 2 6 7 5 8
2 5 4 7 8 3 1 6 9
8 9 7 6 1 5 4 3 2
1 6 3 2 4 9 5 8 7
```

Solution # 158

```
7 4 3 9 5 8 6 2 1
8 1 2 3 6 7 4 5 9
9 5 6 1 4 2 7 3 8
4 6 9 2 3 1 8 7 5
2 7 8 4 9 5 1 6 3
5 3 1 8 7 6 2 9 4
1 2 5 7 8 3 9 4 6
3 9 7 6 1 4 5 8 2
6 8 4 5 2 9 3 1 7
```

Solution # 159

```
7 3 5 4 1 9 6 2 8
4 9 8 2 3 6 5 7 1
1 2 6 8 5 7 4 9 3
9 6 1 5 8 4 2 3 7
5 8 4 3 7 2 1 6 9
3 7 2 9 6 1 8 4 5
6 5 9 1 2 3 7 8 4
2 1 3 7 4 8 9 5 6
8 4 7 6 9 5 3 1 2
```

Solution # 160

```
3 2 9 5 6 4 8 7 1
8 7 4 3 1 9 5 6 2
5 6 1 7 2 8 9 4 3
4 5 6 2 7 1 3 8 9
7 3 8 9 4 5 2 1 6
9 1 2 6 8 3 4 5 7
1 9 3 4 5 6 7 2 8
2 8 5 1 9 7 6 3 4
6 4 7 8 3 2 1 9 5
```

Solution # 161

```
1 7 4 9 5 6 3 2 8
5 2 8 4 7 3 9 6 1
9 3 6 8 2 1 5 7 4
6 9 2 3 1 7 4 8 5
3 4 5 6 8 2 1 9 7
8 1 7 5 4 9 6 3 2
4 5 3 7 9 8 2 1 6
7 6 1 2 3 4 8 5 9
2 8 9 1 6 5 7 4 3
```

Solution # 162

```
7 2 4 6 5 8 3 1 9
1 9 8 3 4 2 7 6 5
3 6 5 9 7 1 8 4 2
5 1 9 7 6 4 2 8 3
4 8 7 2 9 3 6 5 1
2 3 6 1 8 5 9 7 4
6 7 3 5 1 9 4 2 8
9 4 1 8 2 7 5 3 6
8 5 2 4 3 6 1 9 7
```

Solution # 163

```
3 2 6 9 5 4 8 1 7
5 7 1 2 3 8 6 9 4
8 4 9 1 6 7 3 5 2
6 3 7 5 9 2 1 4 8
2 1 8 4 7 3 5 6 9
4 9 5 8 1 6 7 2 3
1 6 4 7 8 9 2 3 5
7 5 2 3 4 1 9 8 6
9 8 3 6 2 5 4 7 1
```

Solution # 164

```
4 9 6 3 1 5 8 2 7
7 3 5 4 2 8 9 1 6
2 8 1 9 7 6 3 4 5
6 4 3 8 5 1 2 7 9
1 5 7 2 9 3 6 8 4
9 2 8 7 6 4 5 3 1
8 1 2 5 4 9 7 6 3
5 7 4 6 3 2 1 9 8
3 6 9 1 8 7 4 5 2
```

Solution # 165

```
6 1 2 7 8 3 9 4 5
4 8 7 9 5 1 2 6 3
3 9 5 4 2 6 8 7 1
7 2 4 6 3 8 5 1 9
8 3 1 5 9 7 6 2 4
9 5 6 1 4 2 3 8 7
2 4 3 8 7 9 1 5 6
5 6 8 3 1 4 7 9 2
1 7 9 2 6 5 4 3 8
```

Solution # 166

```
3 2 9 1 7 4 8 6 5
6 4 5 2 8 3 9 1 7
1 7 8 9 5 6 3 4 2
8 1 6 3 2 9 5 7 4
5 9 4 8 1 7 2 3 6
2 3 7 6 4 5 1 8 9
4 5 3 7 9 8 6 2 1
9 6 2 4 3 1 7 5 8
7 8 1 5 6 2 4 9 3
```

Solution # 167

```
4 5 7 3 8 2 9 6 1
3 6 1 5 9 4 7 8 2
9 8 2 7 6 1 4 3 5
2 1 9 8 7 3 5 4 6
7 4 8 6 1 5 3 2 9
5 3 6 4 2 9 1 7 8
6 7 5 1 4 8 2 9 3
8 2 3 9 5 7 6 1 4
1 9 4 2 3 6 8 5 7
```

Solution # 168

```
6 9 4 8 3 2 5 7 1
7 2 1 9 6 5 3 8 4
3 8 5 7 1 4 9 6 2
2 7 6 3 4 1 8 9 5
8 4 9 2 5 7 6 1 3
1 5 3 6 8 9 4 2 7
5 6 2 1 9 3 7 4 8
4 1 8 5 7 6 2 3 9
9 3 7 4 2 8 1 5 6
```

Solution # 169

```
3 9 4 1 5 8 6 7 2
2 7 5 9 6 3 8 4 1
8 6 1 7 4 2 3 5 9
6 1 9 5 8 7 4 2 3
7 5 8 2 3 4 9 1 6
4 2 3 6 1 9 7 8 5
5 8 7 3 9 1 2 6 4
1 3 2 4 7 6 5 9 8
9 4 6 8 2 5 1 3 7
```

Solution # 170

```
6 4 1 3 5 2 9 8 7
2 3 8 7 1 9 5 6 4
9 5 7 4 8 6 1 3 2
5 9 3 1 4 8 7 2 6
4 1 6 9 2 7 8 5 3
7 8 2 5 6 3 4 1 9
3 2 4 8 7 1 6 9 5
1 7 9 6 3 5 2 4 8
8 6 5 2 9 4 3 7 1
```

Solution # 171

```
9 2 1 8 3 6 7 4 5
8 7 6 4 5 2 1 3 9
3 5 4 9 7 1 6 2 8
6 1 9 7 2 8 4 5 3
5 4 7 1 9 3 8 6 2
2 3 8 5 6 4 9 1 7
7 6 3 2 1 9 5 8 4
4 9 2 6 8 5 3 7 1
1 8 5 3 4 7 2 9 6
```

Solution # 172

```
5 1 2 8 9 6 3 7 4
3 4 7 5 2 1 8 9 6
6 8 9 4 7 3 5 1 2
4 7 1 2 3 9 6 5 8
9 5 8 6 1 4 7 2 3
2 3 6 7 5 8 1 4 9
1 2 4 3 8 5 9 6 7
8 6 5 9 4 7 2 3 1
7 9 3 1 6 2 4 8 5
```

Solution # 173

```
7 2 5 9 6 3 4 1 8
6 9 1 8 4 7 5 3 2
3 4 8 5 2 1 9 6 7
4 1 9 2 3 6 8 7 5
8 5 3 1 7 9 6 2 4
2 6 7 4 5 8 1 9 3
9 8 2 3 1 5 7 4 6
5 3 6 7 9 4 2 8 1
1 7 4 6 8 2 3 5 9
```

Solution # 174

```
8 5 6 3 4 9 2 1 7
9 4 1 2 7 8 5 6 3
2 3 7 6 5 1 9 8 4
6 7 9 1 3 2 4 5 8
4 8 3 5 9 6 7 2 1
5 1 2 4 8 7 3 9 6
3 6 4 8 2 5 1 7 9
1 9 5 7 6 4 8 3 2
7 2 8 9 1 3 6 4 5
```

Solution # 175

```
2 5 6 3 8 9 1 4 7
4 9 3 1 7 5 8 6 2
8 7 1 2 6 4 3 5 9
1 3 8 6 9 7 5 2 4
6 2 9 4 5 1 7 8 3
7 4 5 8 3 2 6 9 1
3 8 2 9 1 6 4 7 5
5 1 4 7 2 8 9 3 6
9 6 7 5 4 3 2 1 8
```

Solution # 176

```
4 3 5 8 2 1 7 6 9
6 7 2 4 9 5 8 3 1
9 8 1 3 7 6 2 4 5
7 1 6 5 4 9 3 2 8
3 5 8 6 1 2 4 9 7
2 9 4 7 8 3 5 1 6
1 4 3 9 5 8 6 7 2
8 2 7 1 6 4 9 5 3
5 6 9 2 3 7 1 8 4
```

Solution # 177

```
6 5 7 1 9 8 4 2 3
2 1 4 5 3 6 9 7 8
9 8 3 4 2 7 5 6 1
3 6 5 9 8 2 7 1 4
7 4 9 3 6 1 2 8 5
1 2 8 7 5 4 3 9 6
5 7 2 6 1 3 8 4 9
4 9 1 8 7 5 6 3 2
8 3 6 2 4 9 1 5 7
```

Solution # 178

```
9 1 2 4 8 3 6 7 5
7 4 5 2 1 6 8 9 3
3 6 8 7 5 9 4 2 1
4 3 6 9 2 5 1 8 7
2 8 1 6 7 4 5 3 9
5 9 7 8 3 1 2 4 6
8 2 3 5 6 7 9 1 4
6 7 9 1 4 2 3 5 8
1 5 4 3 9 8 7 6 2
```

Solution # 179

```
7 4 3 5 6 1 8 9 2
6 1 9 8 2 4 5 7 3
2 8 5 9 3 7 4 6 1
3 9 7 6 5 8 1 2 4
8 2 4 1 7 3 6 5 9
5 6 1 2 4 9 7 3 8
1 7 2 4 9 5 3 8 6
9 3 8 7 1 6 2 4 5
4 5 6 3 8 2 9 1 7
```

Solution # 180

```
2 8 4 3 9 7 5 6 1
7 6 9 5 8 1 2 4 3
3 5 1 2 4 6 7 8 9
9 4 3 6 1 5 8 2 7
5 1 2 9 7 8 4 3 6
8 7 6 4 3 2 1 9 5
1 2 7 8 6 9 3 5 4
4 9 8 7 5 3 6 1 2
6 3 5 1 2 4 9 7 8
```

Solution # 181

```
9 4 6 2 7 3 8 1 5
2 1 5 8 9 6 7 4 3
8 7 3 4 5 1 6 9 2
3 9 7 1 6 5 4 2 8
1 2 8 3 4 7 5 6 9
6 5 4 9 2 8 3 7 1
5 8 2 7 1 4 9 3 6
4 6 9 5 3 2 1 8 7
7 3 1 6 8 9 2 5 4
```

Solution # 182

```
6 9 5 8 2 7 3 4 1
2 7 1 4 3 9 6 5 8
3 4 8 6 5 1 9 2 7
5 3 9 7 4 8 2 1 6
4 1 7 9 6 2 5 8 3
8 6 2 5 1 3 4 7 9
9 2 4 1 7 6 8 3 5
1 8 3 2 9 5 7 6 4
7 5 6 3 8 4 1 9 2
```

Solution # 183

```
7 8 6 3 9 4 1 5 2
9 1 2 8 7 5 6 3 4
3 5 4 2 6 1 9 8 7
6 9 8 4 2 3 5 7 1
1 4 5 9 8 7 3 2 6
2 7 3 5 1 6 4 9 8
8 2 1 6 3 9 7 4 5
5 6 9 7 4 8 2 1 3
4 3 7 1 5 2 8 6 9
```

Solution # 184

```
6 7 9 4 3 5 1 2 8
2 8 3 1 7 6 4 9 5
5 4 1 2 9 8 3 6 7
4 5 2 7 6 9 8 3 1
3 1 7 8 5 2 6 4 9
9 6 8 3 1 4 5 7 2
1 2 5 6 4 7 9 8 3
7 9 4 5 8 3 2 1 6
8 3 6 9 2 1 7 5 4
```

Solution # 185

```
2 4 1 9 7 6 5 8 3
6 3 5 2 8 1 9 7 4
7 8 9 5 3 4 2 6 1
9 1 6 8 4 5 3 2 7
3 5 8 1 2 7 4 9 6
4 7 2 6 9 3 8 1 5
1 9 3 7 5 2 6 4 8
8 6 4 3 1 9 7 5 2
5 2 7 4 6 8 1 3 9
```

Solution # 186

```
1 6 2 5 7 3 4 8 9
9 8 5 6 1 4 7 3 2
7 4 3 2 8 9 6 5 1
3 7 8 4 2 1 5 9 6
6 2 4 3 9 5 1 7 8
5 9 1 7 6 8 2 4 3
4 5 9 1 3 6 8 2 7
8 1 7 9 5 2 3 6 4
2 3 6 8 4 7 9 1 5
```

Solution # 187

```
6 8 4 9 3 5 7 1 2
2 1 9 6 7 8 3 5 4
7 3 5 1 2 4 6 8 9
9 4 3 8 5 2 1 7 6
8 5 6 4 1 7 2 9 3
1 2 7 3 9 6 8 4 5
4 6 2 7 8 9 5 3 1
5 7 1 2 4 3 9 6 8
3 9 8 5 6 1 4 2 7
```

Solution # 188

```
3 7 1 4 2 6 9 5 8
8 6 5 9 3 7 2 4 1
9 2 4 5 8 1 6 3 7
7 3 8 6 1 5 4 9 2
4 1 2 3 9 8 5 7 6
5 9 6 7 4 2 1 8 3
6 5 9 2 7 3 8 1 4
1 4 7 8 6 9 3 2 5
2 8 3 1 5 4 7 6 9
```

Solution # 189

```
9 2 6 3 1 5 7 4 8
5 1 3 4 7 8 6 9 2
7 8 4 6 9 2 1 3 5
6 7 1 8 4 9 2 5 3
2 4 9 5 3 7 8 1 6
8 3 5 1 2 6 4 7 9
1 6 8 9 5 4 3 2 7
4 5 2 7 6 3 9 8 1
3 9 7 2 8 1 5 6 4
```

Solution # 190

```
6 3 2 9 8 4 1 7 5
1 4 7 3 5 6 9 8 2
9 5 8 2 1 7 4 3 6
4 2 9 5 3 8 7 6 1
7 1 5 6 2 9 3 4 8
3 8 6 7 4 1 5 2 9
8 6 1 4 7 5 2 9 3
5 7 3 8 9 2 6 1 4
2 9 4 1 6 3 8 5 7
```

Solution # 191

```
6 7 2 9 1 5 8 3 4
9 5 4 8 7 3 6 2 1
1 8 3 6 4 2 5 9 7
5 4 6 1 9 7 2 8 3
8 3 7 2 5 4 9 1 6
2 1 9 3 8 6 7 4 5
3 9 8 5 6 1 4 7 2
7 6 1 4 2 9 3 5 8
4 2 5 7 3 8 1 6 9
```

Solution # 192

```
7 9 8 2 1 6 5 3 4
2 5 3 8 9 4 6 1 7
1 6 4 7 5 3 2 9 8
6 1 2 5 7 8 9 4 3
4 8 9 3 6 1 7 2 5
3 7 5 9 4 2 1 8 6
5 4 7 1 8 9 3 6 2
8 2 1 6 3 5 4 7 9
9 3 6 4 2 7 8 5 1
```

Solution # 193

```
1 4 7 8 6 9 2 3 5
6 9 5 1 3 2 4 8 7
2 8 3 5 7 4 9 1 6
5 3 8 9 1 6 7 2 4
7 2 1 3 4 5 6 9 8
9 6 4 7 2 8 1 5 3
8 7 6 2 5 1 3 4 9
3 5 2 4 9 7 8 6 1
4 1 9 6 8 3 5 7 2
```

Solution # 194

```
5 9 4 3 2 6 1 8 7
8 2 3 1 7 5 4 6 9
1 6 7 9 8 4 2 5 3
3 1 6 4 9 8 5 7 2
9 7 5 6 1 2 3 4 8
4 8 2 5 3 7 6 9 1
2 5 9 8 6 1 7 3 4
6 3 1 7 4 9 8 2 5
7 4 8 2 5 3 9 1 6
```

Solution # 195

```
7 4 2 8 5 1 3 6 9
9 5 1 6 7 3 4 2 8
3 6 8 2 4 9 1 5 7
2 7 5 1 8 4 6 9 3
1 8 6 3 9 7 5 4 2
4 3 9 5 6 2 7 8 1
5 1 3 9 2 6 8 7 4
8 9 4 7 3 5 2 1 6
6 2 7 4 1 8 9 3 5
```

Solution # 196

```
7 2 4 5 9 1 8 6 3
6 3 1 2 8 7 4 9 5
5 9 8 3 4 6 2 7 1
8 4 7 9 2 3 5 1 6
1 5 3 4 6 8 9 2 7
9 6 2 1 7 5 3 8 4
2 7 5 6 3 9 1 4 8
4 1 6 8 5 2 7 3 9
3 8 9 7 1 4 6 5 2
```

Solution # 197

```
6 4 2 8 5 3 7 9 1
7 5 3 1 9 2 8 6 4
9 8 1 7 4 6 2 5 3
5 1 8 3 2 7 9 4 6
4 7 9 6 8 5 1 3 2
3 2 6 4 1 9 5 7 8
2 6 7 5 3 1 4 8 9
1 3 4 9 7 8 6 2 5
8 9 5 2 6 4 3 1 7
```

Solution # 198

```
1 4 7 6 2 8 3 9 5
5 8 9 4 7 3 1 6 2
3 2 6 5 1 9 4 7 8
7 3 1 8 9 4 2 5 6
2 5 4 7 3 6 8 1 9
9 6 8 1 5 2 7 3 4
4 9 2 3 6 7 5 8 1
6 1 3 2 8 5 9 4 7
8 7 5 9 4 1 6 2 3
```

Solution # 199

```
2 6 3 5 4 7 9 1 8
4 8 7 2 1 9 6 5 3
5 9 1 8 3 6 7 4 2
7 4 2 6 9 1 3 8 5
9 5 6 3 8 4 1 2 7
1 3 8 7 2 5 4 9 6
3 7 4 1 5 8 2 6 9
8 2 9 4 6 3 5 7 1
6 1 5 9 7 2 8 3 4
```

Solution # 200

```
3 6 1 7 9 5 4 8 2
7 5 8 4 6 2 1 3 9
2 9 4 8 1 3 7 6 5
6 3 9 5 7 4 8 2 1
8 2 7 1 3 9 5 4 6
4 1 5 2 8 6 9 7 3
1 4 2 6 5 8 3 9 7
9 7 6 3 4 1 2 5 8
5 8 3 9 2 7 6 1 4
```

Solution # 201

```
9 3 8 1 4 5 7 2 6
1 2 4 6 7 3 9 5 8
7 5 6 9 2 8 1 3 4
3 8 9 5 1 2 6 4 7
5 4 7 8 3 6 2 9 1
6 1 2 7 9 4 3 8 5
2 7 1 4 8 9 5 6 3
8 6 3 2 5 7 4 1 9
4 9 5 3 6 1 8 7 2
```

Solution # 202

```
5 7 6 2 3 9 1 4 8
8 4 3 7 1 5 9 6 2
9 1 2 8 6 4 3 5 7
7 8 9 1 5 3 4 2 6
4 6 1 9 8 2 7 5 3
2 3 5 4 7 6 8 1 9
3 9 4 5 2 8 6 7 1
6 2 7 3 9 1 5 8 4
1 5 8 6 4 7 2 9 3
```

Solution # 203

```
8 9 7 1 4 6 3 5 2
4 6 2 3 5 7 9 8 1
3 1 5 2 9 8 7 4 6
9 7 8 5 1 3 6 2 4
6 2 1 4 7 9 5 3 8
5 4 3 8 6 2 1 7 9
7 5 4 9 2 1 8 6 3
2 8 9 6 3 5 4 1 7
1 3 6 7 8 4 2 9 5
```

Solution # 204

```
1 3 5 7 4 6 8 2 9
4 8 6 2 9 3 1 5 7
9 2 7 1 8 5 4 6 3
8 6 1 5 7 9 2 3 4
5 9 4 3 2 8 7 1 6
3 7 2 4 6 1 9 8 5
6 1 8 9 5 4 3 7 2
2 4 3 6 1 7 5 9 8
7 5 9 8 3 2 6 4 1
```

Solution # 205

```
3 9 2 5 8 4 7 1 6
1 8 4 6 3 7 9 5 2
7 5 6 2 9 1 8 3 4
6 1 3 7 2 5 4 8 9
4 2 9 1 6 8 3 7 5
8 7 5 3 4 9 2 6 1
9 4 1 8 5 3 6 2 7
5 6 8 4 7 2 1 9 3
2 3 7 9 1 6 5 4 8
```

Solution # 206

```
3 8 6 7 5 2 4 1 9
1 7 2 8 9 4 5 6 3
5 4 9 3 6 1 8 2 7
7 2 5 9 4 6 3 8 1
9 3 1 5 2 8 7 4 6
4 6 8 1 7 3 2 9 5
6 1 7 2 8 5 9 3 4
2 5 4 6 3 9 1 7 8
8 9 3 4 1 7 6 5 2
```

Solution # 207

```
7 8 6 2 3 5 9 1 4
5 1 3 7 4 9 2 6 8
2 9 4 6 8 1 7 5 3
9 6 7 1 5 4 8 3 2
3 5 1 8 9 2 6 4 7
8 4 2 3 6 7 5 9 1
6 7 5 4 1 8 3 2 9
4 3 8 9 2 6 1 7 5
1 2 9 5 7 3 4 8 6
```

Solution # 208

```
7 9 4 1 8 6 3 5 2
8 6 1 3 2 5 7 4 9
2 5 3 7 4 9 6 1 8
9 8 2 4 3 7 5 6 1
6 4 5 9 1 8 2 3 7
1 3 7 5 6 2 8 9 4
5 2 8 6 9 1 4 7 3
4 7 9 8 5 3 1 2 6
3 1 6 2 7 4 9 8 5
```

Solution # 209

```
9 1 3 6 7 5 4 2 8
5 4 6 8 1 2 3 7 9
2 8 7 3 4 9 1 5 6
7 6 8 1 2 3 9 4 5
3 2 1 9 5 4 8 6 7
4 5 9 7 8 6 2 3 1
1 3 2 5 6 8 7 9 4
6 7 4 2 9 1 5 8 3
8 9 5 4 3 7 6 1 2
```

Solution # 210

```
1 5 7 9 8 3 6 2 4
6 2 3 1 4 5 8 9 7
4 8 9 7 2 6 1 3 5
3 7 1 4 5 9 2 6 8
2 4 8 6 3 1 5 7 9
5 9 6 8 7 2 3 4 1
9 1 5 3 6 7 4 8 2
8 6 2 5 9 4 7 1 3
7 3 4 2 1 8 9 5 6
```

Solution # 211
```
7 9 2 8 4 1 5 3 6
5 4 6 9 3 2 7 8 1
8 3 1 6 7 5 2 4 9
1 8 4 5 9 7 3 6 2
9 6 7 4 2 3 8 1 5
2 5 3 1 6 8 4 9 7
3 2 8 7 1 9 6 5 4
6 1 5 2 8 4 9 7 3
4 7 9 3 5 6 1 2 8
```

Solution # 212
```
1 4 6 8 2 7 5 3 9
5 9 7 6 1 3 2 4 8
3 8 2 5 4 9 1 7 6
9 5 8 7 3 4 6 1 2
6 7 4 2 5 1 8 9 3
2 1 3 9 6 8 4 5 7
4 2 9 3 8 5 7 6 1
8 3 1 4 7 6 9 2 5
7 6 5 1 9 2 3 8 4
```

Solution # 213
```
2 4 8 5 6 9 1 3 7
1 3 6 7 4 2 5 8 9
5 9 7 1 3 8 6 4 2
6 5 9 3 7 1 4 2 8
7 8 1 6 2 4 3 9 5
4 2 3 8 9 5 7 1 6
3 1 5 2 8 6 9 7 4
8 6 4 9 1 7 2 5 3
9 7 2 4 5 3 8 6 1
```

Solution # 214
```
8 4 3 9 5 6 7 2 1
5 9 7 1 2 4 8 6 3
6 1 2 7 8 3 5 9 4
4 8 5 2 3 9 1 7 6
3 6 9 4 7 1 2 5 8
2 7 1 5 6 8 4 3 9
9 5 8 6 4 7 3 1 2
1 2 4 3 9 5 6 8 7
7 3 6 8 1 2 9 4 5
```

Solution # 215
```
4 5 3 8 6 2 1 9 7
2 9 7 1 5 4 3 6 8
1 8 6 7 3 9 4 2 5
3 7 4 2 9 8 5 1 6
8 6 1 5 4 7 2 3 9
5 2 9 3 1 6 7 8 4
9 4 2 6 7 1 8 5 3
6 3 8 4 2 5 9 7 1
7 1 5 9 8 3 6 4 2
```

Solution # 216
```
4 7 8 6 9 3 5 1 2
1 9 3 2 4 5 6 7 8
6 5 2 1 7 8 9 3 4
9 3 7 4 6 1 2 8 5
2 8 6 9 5 7 3 4 1
5 4 1 8 3 2 7 6 9
8 6 4 7 2 9 1 5 3
3 1 9 5 8 6 4 2 7
7 2 5 3 1 4 8 9 6
```

Solution # 217
```
2 5 6 3 7 1 4 9 8
8 7 4 2 9 6 1 3 5
3 9 1 4 8 5 6 7 2
9 3 2 7 5 4 8 6 1
5 6 8 1 2 9 3 4 7
4 1 7 8 6 3 2 5 9
1 2 9 6 4 7 5 8 3
6 8 5 9 3 2 7 1 4
7 4 3 5 1 8 9 2 6
```

Solution # 218
```
4 1 6 5 2 9 8 3 7
7 2 5 6 3 8 1 9 4
9 8 3 1 7 4 2 6 5
3 9 4 7 8 2 6 5 1
8 7 1 3 6 5 9 4 2
6 5 2 4 9 1 3 7 8
2 6 8 9 4 7 5 1 3
5 3 7 2 1 6 4 8 9
1 4 9 8 5 3 7 2 6
```

Solution # 219
```
3 4 7 2 1 5 8 6 9
5 1 9 3 8 6 7 4 2
8 2 6 9 4 7 1 3 5
2 6 8 5 7 9 3 1 4
4 9 3 8 6 1 2 5 7
1 7 5 4 3 2 6 9 8
9 3 2 1 5 8 4 7 6
6 8 4 7 9 3 5 2 1
7 5 1 6 2 4 9 8 3
```

Solution # 220
```
2 1 5 4 6 8 9 3 7
4 9 3 5 2 7 1 8 6
7 6 8 1 3 9 4 2 5
8 7 6 2 1 5 3 4 9
1 4 9 3 7 6 8 5 2
5 3 2 8 9 4 6 7 1
9 5 1 7 8 3 2 6 4
6 8 4 9 5 2 7 1 3
3 2 7 6 4 1 5 9 8
```

Solution # 221
```
6 8 9 3 4 2 1 5 7
2 7 5 8 1 6 3 9 4
1 4 3 7 9 5 2 8 6
8 9 4 5 3 1 7 6 2
3 5 2 4 6 7 9 1 8
7 1 6 9 2 8 4 3 5
9 3 8 2 5 4 6 7 1
5 2 1 6 7 9 8 4 3
4 6 7 1 8 3 5 2 9
```

Solution # 222
```
3 1 9 4 5 7 6 8 2
8 2 7 3 6 9 4 5 1
5 4 6 1 2 8 9 3 7
7 9 2 6 8 5 3 1 4
6 3 8 2 1 4 5 7 9
4 5 1 9 7 3 8 2 6
2 6 4 5 3 1 7 9 8
1 8 5 7 9 6 2 4 3
9 7 3 8 4 2 1 6 5
```

Solution # 223
```
5 9 8 1 4 6 7 2 3
7 6 2 3 9 8 4 5 1
1 3 4 2 7 5 8 9 6
4 2 3 7 8 1 9 6 5
6 1 9 4 5 3 2 8 7
8 5 7 9 6 2 1 3 4
3 7 1 6 2 9 5 4 8
2 8 6 5 1 4 3 7 9
9 4 5 8 3 7 6 1 2
```

Solution # 224
```
1 7 5 2 6 9 4 8 3
9 4 2 7 8 3 5 6 1
8 3 6 1 5 4 7 2 9
4 8 7 9 3 5 2 1 6
3 2 9 4 1 6 8 5 7
5 6 1 8 7 2 3 9 4
2 5 4 6 9 7 1 3 8
7 9 8 3 2 1 6 4 5
6 1 3 5 4 8 9 7 2
```

Solution # 225
```
5 7 8 4 1 9 6 2 3
9 3 4 2 7 6 8 1 5
6 1 2 5 8 3 9 7 4
7 6 1 8 2 4 3 5 9
3 4 5 1 9 7 2 8 6
8 2 9 3 6 5 7 4 1
4 8 7 6 3 1 5 9 2
1 9 3 7 5 2 4 6 8
2 5 6 9 4 8 1 3 7
```

Solution # 226
```
6 2 4 8 9 7 5 1 3
8 9 5 1 2 3 6 4 7
7 3 1 4 5 6 8 2 9
2 7 3 5 6 4 9 8 1
5 6 9 2 1 8 7 3 4
1 4 8 7 3 9 2 6 5
4 5 7 6 8 1 3 9 2
3 1 6 9 7 2 4 5 8
9 8 2 3 4 5 1 7 6
```

Solution # 227
```
8 9 6 7 5 3 1 2 4
7 1 3 9 4 2 6 8 5
2 5 4 1 8 6 3 9 7
9 3 1 2 7 8 5 4 6
6 7 8 4 9 5 2 3 1
4 2 5 6 3 1 8 7 9
1 4 2 8 6 7 9 5 3
5 6 9 3 2 4 7 1 8
3 8 7 5 1 9 4 6 2
```

Solution # 228
```
7 4 5 1 9 6 3 2 8
2 6 3 5 4 8 9 7 1
9 8 1 3 2 7 4 6 5
8 7 4 9 1 5 6 3 2
6 3 9 2 8 4 5 1 7
1 5 2 7 6 3 8 9 4
4 2 8 6 3 1 7 5 9
5 1 6 8 7 9 2 4 3
3 9 7 4 5 2 1 8 6
```

Solution # 229
```
9 2 3 1 6 4 8 5 7
8 1 6 7 5 3 4 2 9
5 4 7 2 8 9 3 1 6
1 8 5 6 9 7 2 4 3
4 7 2 8 3 5 9 6 1
3 6 9 4 2 1 7 8 5
7 5 1 3 4 8 6 9 2
6 9 4 5 7 2 1 3 8
2 3 8 9 1 6 5 7 4
```

Solution # 230
```
9 3 1 7 5 2 6 4 8
7 4 2 3 8 6 1 9 5
5 6 8 9 1 4 3 2 7
4 8 3 2 9 5 7 1 6
6 1 5 8 4 7 2 3 9
2 9 7 6 3 1 5 8 4
3 5 9 1 6 8 4 7 2
1 7 6 4 2 9 8 5 3
8 2 4 5 7 3 9 6 1
```

Solution # 231
```
5 3 7 9 8 1 6 2 4
8 9 2 6 4 5 1 7 3
6 1 4 2 7 3 5 8 9
3 6 8 5 2 9 4 1 7
2 7 1 4 3 6 9 5 8
9 4 5 7 1 8 3 6 2
1 8 9 3 5 2 7 4 6
7 2 6 1 9 4 8 3 5
4 5 3 8 6 7 2 9 1
```

Solution # 232
```
6 2 8 4 5 9 1 7 3
9 1 7 2 6 3 8 4 5
3 4 5 8 7 1 6 9 2
8 9 2 6 3 4 5 1 7
7 3 4 5 1 2 9 8 6
5 6 1 7 9 8 3 2 4
2 5 3 9 8 7 4 6 1
1 7 9 3 4 6 2 5 8
4 8 6 1 2 5 7 3 9
```

Solution # 233
```
9 2 8 6 5 1 7 3 4
3 5 1 4 8 7 6 9 2
6 7 4 9 2 3 8 5 1
4 6 3 8 7 9 2 1 5
2 8 5 1 3 4 9 6 7
1 9 7 2 6 5 4 8 3
8 3 6 5 4 2 1 7 9
5 1 2 7 9 8 3 4 6
7 4 9 3 1 6 5 2 8
```

Solution # 234
```
2 8 9 7 3 1 6 5 4
5 7 6 8 4 9 1 2 3
4 3 1 2 5 6 8 9 7
3 2 8 1 6 5 4 7 9
9 6 4 3 2 7 5 1 8
7 1 5 4 9 8 3 6 2
6 9 3 5 8 2 7 4 1
8 5 7 9 1 4 2 3 6
1 4 2 6 7 3 9 8 5
```

Solution # 235
```
5 3 6 2 7 4 8 9 1
2 4 1 9 5 8 3 6 7
7 9 8 6 1 3 5 2 4
4 6 9 1 3 7 2 5 8
1 8 5 4 9 2 7 3 6
3 2 7 8 6 5 1 4 9
6 5 2 7 4 1 9 8 3
8 7 4 3 2 9 6 1 5
9 1 3 5 8 6 4 7 2
```

Solution # 236
```
7 8 1 3 6 9 5 2 4
4 2 6 8 7 5 9 1 3
9 5 3 1 4 2 8 7 6
8 3 4 6 2 1 7 5 9
2 7 9 5 3 4 6 8 1
6 1 5 7 9 8 4 3 2
1 4 8 2 5 6 3 9 7
3 9 2 4 8 7 1 6 5
5 6 7 9 1 3 2 4 8
```

Solution # 237
```
6 5 4 7 8 1 9 2 3
8 3 1 2 9 4 5 6 7
9 7 2 6 5 3 1 4 8
3 1 7 4 6 9 2 8 5
5 6 8 3 2 7 4 1 9
2 4 9 8 1 5 3 7 6
4 2 3 5 7 6 8 9 1
1 6 8 9 3 2 7 5 4
7 9 5 1 4 8 6 3 2
```

Solution # 238
```
7 5 1 4 2 9 3 6 8
8 2 3 6 1 7 5 9 4
9 6 4 3 8 5 1 2 7
1 3 6 5 4 8 2 7 9
4 8 5 9 7 2 6 1 3
2 9 7 1 3 6 8 4 5
5 4 9 8 6 1 7 3 2
6 7 2 8 9 3 4 5 1
3 1 2 7 5 4 9 8 6
```

Solution # 239
```
4 6 7 1 3 5 2 8 9
9 3 8 2 4 6 7 1 5
5 2 1 9 7 8 4 3 6
1 4 6 7 9 3 8 5 2
3 9 5 8 2 1 6 7 4
6 8 9 4 1 7 5 2 3
7 1 4 3 5 2 9 6 8
8 5 7 6 3 9 1 4 7
2 5 3 6 8 9 1 4 7
```

Solution # 240
```
6 2 5 3 8 9 1 7 4
1 4 3 7 5 2 6 8 9
8 7 9 6 1 4 2 3 5
3 8 6 1 9 7 5 4 2
4 5 1 8 2 6 7 9 3
7 9 2 4 3 5 8 6 1
9 6 8 5 4 1 3 2 7
2 1 7 9 6 3 4 5 8
5 3 4 2 7 8 9 1 6
```

Solution # 241
```
6 4 2 5 1 9 8 7 3
5 8 3 6 4 7 1 2 9
9 1 7 3 8 2 5 6 4
1 3 4 2 9 5 6 8 7
8 5 9 7 6 4 2 3 1
2 7 6 1 3 8 9 4 5
7 2 8 4 5 1 3 9 6
4 6 5 9 2 3 7 1 8
3 9 1 8 7 6 4 5 2
```

Solution # 242
```
3 1 5 9 7 2 4 8 6
4 2 6 3 8 1 7 9 5
7 8 9 5 6 4 3 1 2
2 6 1 8 4 7 5 3 9
8 4 3 6 5 9 2 7 1
9 5 7 1 2 3 6 4 8
6 9 8 7 3 5 1 2 4
5 7 4 2 1 8 9 6 3
1 3 2 4 9 6 8 5 7
```

Solution # 243
```
8 3 1 5 2 7 9 6 4
6 5 2 9 4 1 3 7 8
9 4 7 8 3 6 1 2 5
5 6 4 3 7 2 8 1 9
7 8 9 6 1 5 4 3 2
1 2 3 4 8 9 7 5 6
3 9 5 7 6 8 2 4 1
2 7 8 1 5 4 6 9 3
4 1 6 2 9 3 5 8 7
```

Solution # 244
```
3 9 6 4 2 5 7 1 8
4 1 8 9 3 7 5 6 2
5 7 2 1 8 6 9 3 4
8 2 7 3 5 1 6 4 9
1 6 5 7 4 9 2 8 3
9 4 3 8 6 2 1 5 7
6 5 4 2 9 3 8 7 1
7 3 9 5 1 8 4 2 6
2 8 1 6 7 4 3 9 5
```

Solution # 245
```
2 8 5 1 4 7 9 3 6
1 3 7 5 6 9 8 4 2
6 9 4 3 2 8 1 7 5
8 4 9 6 3 5 2 1 7
7 6 3 2 8 1 4 5 9
5 2 1 7 9 4 6 8 3
3 1 2 8 7 6 5 9 4
4 7 8 9 5 2 3 6 1
9 5 6 4 1 3 7 2 8
```

Solution # 246

```
1 7 8 5 3 4 9 6 2
4 5 3 6 9 2 1 8 7
2 6 9 8 7 1 3 4 5
3 9 1 7 6 8 5 2 4
7 2 4 1 5 3 8 9 6
6 8 5 2 4 9 7 3 1
9 3 2 4 1 5 6 7 8
8 1 7 3 2 6 4 5 9
5 4 6 9 8 7 2 1 3
```

Solution # 247

```
1 9 2 7 4 3 8 5 6
5 7 3 8 9 6 1 2 4
4 6 8 5 2 1 3 9 7
9 5 6 3 1 2 7 4 8
2 1 7 9 8 4 5 6 3
8 3 4 6 5 7 2 1 9
7 2 9 4 3 5 6 8 1
6 8 1 2 7 9 4 3 5
3 4 5 1 6 8 9 7 2
```

Solution # 248

```
2 4 8 5 1 3 6 7 9
1 6 5 7 4 9 2 3 8
3 7 9 2 8 6 4 1 5
6 8 4 3 9 2 1 5 7
7 1 2 8 6 5 3 9 4
5 9 3 4 7 1 8 2 6
4 5 6 1 3 7 9 8 2
9 2 1 6 5 8 7 4 3
8 3 7 9 2 4 5 6 1
```

Solution # 249

```
3 1 9 2 4 8 6 5 7
2 5 6 3 7 1 4 9 8
8 4 7 5 9 6 1 2 3
6 8 5 9 3 4 7 1 2
7 9 4 1 2 5 8 3 6
1 2 3 8 6 7 9 4 5
5 7 2 4 8 9 3 6 1
4 6 1 7 5 3 2 8 9
9 3 8 6 1 2 5 7 4
```

Solution # 250

```
4 8 3 7 2 5 6 9 1
7 2 6 4 1 9 3 8 5
1 5 9 3 8 6 7 4 2
3 4 8 2 6 1 9 5 7
9 7 2 5 4 3 1 6 8
5 6 1 8 9 7 2 3 4
2 3 5 6 7 8 4 1 9
6 9 7 1 5 4 8 2 3
8 1 4 9 3 2 5 7 6
```

Solution # 251

```
3 5 7 1 8 9 4 6 2
9 6 4 5 7 2 3 8 1
8 1 2 6 3 4 9 7 5
2 7 3 9 4 5 8 1 6
5 9 1 8 6 3 7 2 4
6 4 8 7 2 1 5 3 9
7 3 5 2 9 6 1 4 8
4 2 9 3 1 8 6 5 7
1 8 6 4 5 7 2 9 3
```

Solution # 252

```
2 7 5 1 4 6 8 3 9
4 9 1 8 5 3 7 6 2
3 8 6 9 7 2 4 1 5
9 6 2 7 1 4 5 8 3
7 1 3 6 8 5 9 2 4
5 4 8 2 3 9 6 7 1
1 2 4 5 6 8 3 9 7
8 5 7 3 9 1 2 4 6
6 3 9 4 2 7 1 5 8
```

Solution # 253

```
5 7 1 9 3 6 4 8 2
2 6 4 8 1 7 3 9 5
9 3 8 4 5 2 7 6 1
8 1 3 7 2 4 6 5 9
6 2 5 1 9 3 8 4 7
7 4 9 6 8 5 1 2 3
3 9 6 2 4 1 5 7 8
4 5 2 3 7 8 9 1 6
1 8 7 5 6 9 2 3 4
```

Solution # 254

```
3 6 8 9 5 1 2 7 4
1 2 5 6 7 4 8 3 9
7 4 9 3 2 8 6 1 5
8 5 1 4 3 9 7 2 6
2 9 3 1 6 7 5 4 8
6 7 4 5 8 2 3 9 1
9 8 2 7 1 6 4 5 3
4 3 7 8 9 5 1 6 2
5 1 6 2 4 3 9 8 7
```

Solution # 255

```
6 9 7 5 2 4 3 1 8
1 8 4 3 6 9 2 5 7
5 2 3 8 7 1 6 9 4
4 3 5 2 9 7 1 8 6
8 6 9 4 1 5 7 3 2
2 7 1 6 3 8 9 4 5
3 5 2 1 8 6 4 7 9
7 1 8 9 4 2 5 6 3
9 4 6 7 5 3 8 2 1
```

Solution # 256

```
6 5 1 8 3 4 7 9 2
7 4 2 5 1 9 8 3 6
3 8 9 6 2 7 4 5 1
1 2 4 3 7 5 9 6 8
5 9 7 4 6 8 2 1 3
8 6 3 1 9 2 5 7 4
2 1 5 9 4 6 3 8 7
9 7 6 2 8 3 1 4 5
4 3 8 7 5 1 6 2 9
```

Solution # 257

```
6 1 4 2 5 8 9 3 7
3 9 8 1 7 6 5 2 4
2 5 7 4 9 3 8 6 1
9 2 5 8 3 1 4 7 6
8 7 1 5 6 4 3 9 2
4 3 6 9 2 7 1 8 5
1 6 3 7 8 5 2 4 9
7 4 9 3 1 2 6 5 8
5 8 2 6 4 9 7 1 3
```

Solution # 258

```
4 6 8 2 5 3 7 9 1
2 9 3 7 8 1 5 6 4
7 1 5 6 9 4 8 3 2
5 7 2 1 3 6 4 8 9
1 4 6 9 7 8 3 2 5
8 3 9 4 2 5 1 7 6
6 5 7 8 1 9 2 4 3
3 2 4 5 6 7 9 1 8
9 8 1 3 4 2 6 5 7
```

Solution # 259

```
9 2 1 4 6 3 8 7 5
6 3 7 5 8 9 4 2 1
5 8 4 7 1 2 6 3 9
1 9 5 2 3 8 7 4 6
3 7 8 1 4 6 9 5 2
4 6 2 9 7 5 1 8 3
8 5 9 6 2 7 3 1 4
7 4 6 3 5 1 2 9 8
2 1 3 8 9 4 5 6 7
```

Solution # 260

```
4 5 1 7 3 8 2 6 9
8 2 6 5 1 9 3 4 7
3 9 7 4 2 6 1 8 5
1 7 5 6 8 3 9 2 4
9 4 8 1 5 2 6 7 3
6 3 2 9 4 7 5 1 8
7 6 3 8 9 1 4 5 2
5 1 9 2 7 4 8 3 6
2 8 4 3 6 5 7 9 1
```

Solution # 261

```
1 6 7 3 2 4 9 8 5
4 3 5 9 8 1 7 2 6
2 9 8 6 7 5 3 4 1
7 2 4 1 5 3 8 6 9
9 5 1 2 6 8 4 3 7
3 8 6 4 9 7 1 5 2
5 1 3 7 4 6 2 9 8
8 7 2 5 3 9 6 1 4
6 4 9 8 1 2 5 7 3
```

Solution # 262

```
9 5 3 8 6 1 7 4 2
8 6 4 7 9 2 5 1 3
2 1 7 4 3 5 6 8 9
4 3 6 5 2 7 1 9 8
1 2 9 3 8 6 4 7 5
5 7 8 1 4 9 3 2 6
7 9 2 6 5 4 8 3 1
6 8 1 2 7 3 9 5 4
3 4 5 9 1 8 2 6 7
```

Solution # 263

```
5 3 8 2 7 9 4 6 1
1 4 2 3 6 8 7 9 5
9 7 6 4 5 1 3 8 2
7 6 9 5 8 4 2 1 3
4 8 3 1 9 2 5 7 6
2 5 1 7 3 6 9 4 8
8 9 4 6 2 3 1 5 7
3 1 5 8 4 7 6 2 9
6 2 7 9 1 5 8 3 4
```

Solution # 264

```
5 4 9 8 3 6 7 1 2
1 2 7 9 4 5 3 6 8
6 3 8 1 2 7 4 9 5
8 7 3 2 6 4 1 5 9
4 9 1 5 7 8 2 3 6
2 5 6 3 1 9 8 7 4
9 1 5 4 8 3 6 2 7
3 6 4 7 5 2 9 8 1
7 8 2 6 9 1 5 4 3
```

Solution # 265

```
6 9 5 3 4 7 2 8 1
4 7 1 8 2 9 6 5 3
8 2 3 1 6 5 4 9 7
3 8 7 9 5 4 1 6 2
9 5 6 2 7 1 3 4 8
1 4 2 6 8 3 9 7 5
7 1 9 5 3 6 8 2 4
5 3 8 4 9 2 7 1 6
2 6 4 7 1 8 5 3 9
```

Solution # 266

```
3 8 1 6 9 2 7 4 5
4 9 5 1 8 7 3 2 6
2 6 7 5 3 4 8 9 1
6 1 9 3 4 5 8 7 2
7 5 3 8 2 9 6 1 4
8 2 4 7 6 1 5 9 3
5 4 6 9 1 8 2 3 7
1 3 2 4 7 6 9 5 8
9 7 8 2 5 3 4 6 1
```

Solution # 267

```
2 4 9 1 6 8 5 7 3
3 6 5 2 7 4 9 1 8
1 7 8 5 9 3 4 6 2
7 2 1 8 4 5 6 3 9
8 5 3 9 1 6 2 4 7
6 9 4 3 2 7 1 8 5
5 1 7 6 8 9 3 2 4
9 8 6 4 3 2 7 5 1
4 3 2 7 5 1 8 9 6
```

Solution # 268

```
4 9 1 8 2 5 6 3 7
5 8 7 3 1 6 9 2 4
2 3 6 4 9 7 8 5 1
9 2 3 5 4 1 7 6 8
7 5 4 9 6 8 3 1 2
6 1 8 2 7 3 5 4 9
8 6 9 1 3 4 2 7 5
1 7 5 6 8 2 4 9 3
3 4 2 7 5 9 1 8 6
```

Solution # 269

```
6 4 7 1 3 8 5 9 2
3 8 2 5 7 9 4 6 1
1 5 9 4 6 2 3 7 8
4 2 1 7 8 3 6 5 9
8 9 3 6 5 4 1 2 7
5 7 6 9 2 1 8 4 3
2 1 4 8 9 6 7 3 5
7 3 8 2 4 5 9 1 6
9 6 5 3 1 7 2 8 4
```

Solution # 270

```
1 9 6 7 5 8 4 2 3
4 8 7 2 6 3 9 5 1
2 5 3 4 1 9 6 7 8
9 2 4 3 8 6 7 1 5
8 7 1 5 9 2 3 4 6
6 3 5 1 4 7 8 9 2
5 6 8 9 2 4 1 3 7
7 1 9 8 3 5 2 6 4
3 4 2 6 7 1 5 8 9
```

Solution # 271

```
9 7 2 4 5 3 1 8 6
3 4 8 1 6 2 5 7 9
6 1 5 9 8 7 3 4 2
7 8 1 3 2 6 4 9 5
5 9 4 7 1 8 6 2 3
2 3 6 5 9 4 8 1 7
4 6 9 2 3 1 7 5 8
1 2 3 8 7 5 9 6 4
8 5 7 6 4 9 2 3 1
```

Solution # 272

```
4 9 1 5 3 7 2 6 8
6 3 2 9 1 8 4 5 7
5 8 7 4 6 2 3 1 9
8 2 4 6 9 1 7 3 5
9 7 6 8 5 3 1 4 2
1 5 3 2 7 4 9 8 6
2 1 9 3 8 5 6 7 4
7 4 8 1 2 6 5 9 3
3 6 5 7 4 9 8 2 1
```

Solution # 273

```
5 9 1 3 6 7 8 2 4
6 2 3 4 8 9 5 7 1
4 7 8 5 2 1 6 3 9
2 5 9 7 3 8 1 4 6
8 4 7 1 9 6 3 5 2
1 3 6 2 4 5 7 9 8
7 6 2 8 5 4 9 1 3
9 1 4 6 7 3 2 8 5
3 8 5 9 1 2 4 6 7
```

Solution # 274

```
4 3 8 5 1 9 2 7 6
9 6 2 3 4 7 5 1 8
7 5 1 8 6 2 3 9 4
1 2 4 9 5 3 6 8 7
6 7 3 1 2 8 9 4 5
8 9 5 4 7 6 1 3 2
3 4 9 2 8 5 7 6 1
5 1 7 6 9 4 8 2 3
2 8 6 7 3 1 4 5 9
```

Solution # 275

```
5 6 1 9 4 7 2 8 3
7 4 8 3 2 6 5 9 1
3 2 9 8 5 1 4 7 6
8 1 4 6 3 9 7 5 2
2 9 7 5 1 8 3 6 4
6 3 5 4 7 2 8 1 9
4 8 2 7 9 3 1 6 5
9 5 6 1 8 4 3 2 7
1 7 3 2 6 5 9 4 8
```

Solution # 276

```
1 3 2 4 8 9 6 7 5
4 7 9 3 6 5 2 1 8
5 6 8 7 1 2 9 4 3
3 5 7 1 4 6 8 9 2
9 8 1 2 7 3 4 5 6
2 4 6 5 9 8 7 3 1
6 9 4 8 5 1 3 2 7
7 1 3 6 2 4 5 8 9
8 2 5 9 3 7 1 6 4
```

Solution # 277

```
8 2 6 3 7 5 9 1 4
9 1 3 8 2 4 5 6 7
5 7 4 9 1 6 2 3 8
4 8 2 1 5 3 6 7 9
6 3 7 4 9 2 1 8 5
1 5 9 7 6 8 4 2 3
7 6 8 5 4 1 3 9 2
3 4 1 2 8 9 7 5 6
2 9 5 6 3 7 8 4 1
```

Solution # 278

```
6 5 9 1 8 4 7 3 2
2 3 8 7 5 9 4 6 1
4 1 7 6 2 3 9 8 5
7 6 3 9 4 2 1 5 8
5 2 4 8 3 1 6 9 7
9 8 1 5 7 6 2 4 3
8 9 2 3 6 7 5 1 4
1 7 5 4 9 8 3 2 6
3 4 6 2 1 5 8 7 9
```

Solution # 279

```
4 2 6 3 1 5 7 9 8
1 9 3 6 7 8 5 4 2
8 7 5 2 9 4 1 6 3
6 1 9 4 3 2 8 7 5
5 4 2 7 8 1 6 3 9
7 3 8 5 6 9 2 1 4
9 8 4 1 2 7 3 5 6
2 6 1 9 5 3 4 8 7
3 5 7 8 4 6 9 2 1
```

Solution # 280

```
8 6 7 4 5 1 2 3 9
1 3 5 9 2 8 6 4 7
4 9 2 6 3 7 8 1 5
3 4 6 8 7 2 5 9 1
9 5 1 3 4 6 7 2 8
7 2 8 5 1 9 3 6 4
6 7 9 2 8 4 1 5 3
2 1 3 7 9 5 4 8 6
5 8 4 1 6 3 9 7 2
```

Solution # 281

```
1 6 8 4 7 3 9 2 5
2 3 4 5 9 6 8 1 7
7 9 5 8 2 1 4 6 3
4 8 3 2 6 7 1 5 9
6 2 9 1 8 5 3 7 4
5 7 1 3 4 9 2 8 6
9 5 2 6 1 4 7 3 8
3 1 7 9 5 8 6 4 2
8 4 6 7 3 2 5 9 1
```

Solution # 282

```
5 4 7 8 1 9 3 6 2
8 9 1 6 2 3 7 4 5
2 3 6 7 5 4 8 1 9
9 2 5 1 7 8 4 3 6
3 1 4 9 6 2 5 7 8
6 7 8 4 3 5 2 9 1
1 8 9 2 4 7 6 5 3
7 6 3 5 8 1 9 2 4
4 5 2 3 9 6 1 8 7
```

Solution # 283

```
2 7 8 4 1 5 6 3 9
9 3 1 7 2 6 5 8 4
5 6 4 8 9 3 7 2 1
7 4 9 1 3 8 2 6 5
3 2 5 6 4 9 1 7 8
1 8 6 2 5 7 9 4 3
8 9 7 3 6 1 4 5 2
4 5 3 9 7 2 8 1 6
6 1 2 5 8 4 3 9 7
```

Solution # 284

```
6 9 5 7 2 8 1 4 3
4 2 3 1 5 9 8 6 7
8 7 1 3 6 4 9 2 5
2 1 4 8 3 7 6 5 9
5 3 9 2 4 6 7 1 8
7 6 8 5 9 1 2 3 4
9 4 2 6 8 3 5 7 1
3 5 7 9 1 2 4 8 6
1 8 6 4 7 5 3 9 2
```

Solution # 285

```
9 6 2 1 7 5 8 4 3
8 7 4 3 9 6 5 2 1
3 5 1 2 8 4 9 6 7
6 4 3 5 1 7 2 9 8
5 2 8 6 3 9 1 7 4
7 1 9 4 2 8 6 3 5
1 3 5 9 4 2 7 8 6
4 9 7 8 6 1 3 5 2
2 8 6 7 5 3 4 1 9
```

Solution # 286

```
9 6 5 1 3 8 7 4 2
3 8 4 6 7 2 1 5 9
1 2 7 4 9 5 6 8 3
5 3 2 7 8 4 9 1 6
7 9 8 3 6 1 4 2 5
6 4 1 5 2 9 3 7 8
4 1 9 2 5 3 8 6 7
2 7 3 8 4 6 5 9 1
8 5 6 9 1 7 2 3 4
```

Solution # 287

```
2 5 9 1 6 8 4 7 3
3 1 6 7 5 4 9 2 8
8 4 7 9 3 2 1 6 5
7 3 8 5 1 6 2 9 4
1 2 5 4 9 7 3 8 6
9 6 4 2 8 3 5 1 7
6 9 2 8 4 5 7 3 1
5 7 3 6 2 1 8 4 9
4 8 1 3 7 9 6 5 2
```

Solution # 288

```
6 2 4 8 5 3 9 7 1
7 9 3 1 6 4 8 5 2
5 1 8 7 9 2 6 3 4
9 3 5 4 8 1 2 6 7
8 4 2 3 7 6 1 9 5
1 6 7 9 2 5 4 8 3
3 8 6 2 4 7 5 1 9
4 7 9 5 1 8 3 2 6
2 5 1 6 3 9 7 4 8
```

Solution # 289

```
6 1 5 3 8 7 2 4 9
4 9 3 1 6 2 8 5 7
8 7 2 4 5 9 6 3 1
1 8 6 2 7 4 3 9 5
5 2 4 6 9 3 7 1 8
7 3 9 8 1 5 4 6 2
3 5 8 7 4 1 9 2 6
2 6 1 9 3 8 5 7 4
9 4 7 5 2 6 1 8 3
```

Solution # 290

```
4 3 7 5 9 1 6 8 2
9 1 6 8 4 2 3 5 7
8 2 5 7 3 6 9 4 1
2 9 8 3 7 4 1 6 5
5 6 4 1 2 9 7 3 8
1 7 3 6 5 8 2 9 4
7 5 1 4 6 3 8 2 9
6 8 9 2 1 5 4 7 3
3 4 2 9 8 7 5 1 6
```

Solution # 291

```
5 2 1 3 8 9 7 4 6
4 6 9 7 1 2 5 3 8
7 3 8 5 6 4 2 9 1
1 5 4 9 3 7 6 8 2
2 8 7 6 4 5 3 1 9
6 9 3 1 2 8 4 7 5
8 1 5 2 7 3 9 6 4
3 4 2 8 9 6 1 5 7
9 7 6 4 5 1 8 2 3
```

Solution # 292

```
9 1 7 6 3 5 2 8 4
3 8 4 9 2 7 5 6 1
2 6 5 4 8 1 9 7 3
8 5 2 3 7 9 4 1 6
4 3 1 5 6 8 7 2 9
7 9 6 2 1 4 8 3 5
5 2 3 7 4 6 1 9 8
6 4 8 1 9 2 3 5 7
1 7 9 8 5 3 6 4 2
```

Solution # 293

```
4 9 3 6 2 1 7 8 5
2 6 1 7 8 5 9 3 4
8 5 7 4 3 9 6 2 1
9 7 5 8 6 3 1 4 2
3 2 6 1 4 7 8 5 9
1 4 8 5 9 2 3 7 6
6 3 4 2 1 8 5 9 7
5 1 9 3 7 4 2 6 8
7 8 2 9 5 6 4 1 3
```

Solution # 294

```
8 6 5 9 2 7 3 1 4
3 4 7 5 8 1 6 2 9
9 2 1 4 3 6 5 8 7
6 8 2 7 9 5 1 4 3
1 5 9 8 4 3 2 7 6
4 7 3 1 6 2 8 9 5
5 1 8 6 7 9 4 3 2
7 3 6 2 1 4 9 5 8
2 9 4 3 5 8 7 6 1
```

Solution # 295

```
3 6 7 2 4 9 8 1 5
5 4 2 3 8 1 7 6 9
9 8 1 7 5 6 3 2 4
1 7 5 9 3 4 2 8 6
8 9 4 6 2 7 5 3 1
2 3 6 8 1 5 4 9 7
6 1 3 4 7 8 9 5 2
7 2 9 5 6 3 1 4 8
4 5 8 1 9 2 6 7 3
```

Solution # 296

```
5 2 7 1 6 3 9 8 4
1 3 8 7 9 4 6 2 5
6 9 4 5 8 2 7 3 1
4 8 9 2 7 6 1 5 3
2 7 5 8 3 1 4 9 6
3 6 1 4 5 9 8 7 2
7 5 3 6 4 8 2 1 9
8 1 6 9 2 5 3 4 7
9 4 2 3 1 7 5 6 8
```

Solution # 297

```
7 3 2 8 9 4 6 5 1
1 9 6 5 7 3 2 4 8
8 4 5 2 6 1 9 3 7
3 5 8 1 4 2 7 6 9
9 1 4 7 5 6 3 8 2
6 2 7 3 8 9 4 1 5
4 8 9 6 2 5 1 7 3
2 7 1 4 3 8 5 9 6
5 6 3 9 1 7 8 2 4
```

Solution # 298

```
9 4 1 3 7 6 5 2 8
7 6 5 2 4 8 3 9 1
3 8 2 9 5 1 6 4 7
6 9 3 1 8 5 2 7 4
8 2 7 4 6 9 1 3 5
5 1 4 7 3 2 8 6 9
2 7 6 8 1 4 9 5 3
1 3 9 5 2 7 4 8 6
4 5 8 6 9 3 7 1 2
```

Solution # 299

```
6 1 8 9 5 2 4 3 7
5 4 3 7 1 8 2 9 6
2 9 7 3 4 6 8 1 5
3 5 1 8 7 4 9 6 2
8 7 9 2 6 5 1 4 3
4 2 6 1 9 3 5 7 8
1 8 2 6 3 9 7 5 4
9 3 5 4 8 7 6 2 1
7 6 4 5 2 1 3 8 9
```

Solution # 300

```
9 3 4 7 1 6 8 5 2
6 2 8 4 3 5 7 1 9
1 5 7 2 8 9 4 3 6
4 8 5 9 6 1 2 7 3
3 7 6 8 2 4 1 9 5
2 9 1 3 5 7 6 4 8
8 1 2 5 4 3 9 6 7
5 4 9 6 7 2 3 8 1
7 6 3 1 9 8 5 2 4
```

Solution # 301

```
8 6 9 3 2 7 1 5 4
7 3 4 9 1 5 2 8 6
2 5 1 6 8 4 7 3 9
5 2 7 1 6 3 4 9 8
1 4 8 2 5 9 3 6 7
3 9 6 7 4 8 5 1 2
9 1 2 5 7 6 8 4 3
6 8 5 4 3 2 9 7 1
4 7 3 8 9 1 6 2 5
```

Solution # 302

```
8 1 6 9 2 5 3 7 4
9 5 3 7 8 4 2 6 1
7 4 2 1 3 6 5 8 9
2 9 4 8 5 7 6 1 3
6 7 1 2 9 3 4 5 8
3 8 5 6 4 1 7 9 2
1 6 9 4 7 2 8 3 5
4 3 7 5 1 8 9 2 6
5 2 8 3 6 9 1 4 7
```

Solution # 303

```
6 3 4 9 5 8 7 1 2
7 1 2 3 6 4 8 5 9
8 9 5 1 2 7 4 6 3
5 6 1 8 9 2 3 7 4
9 2 7 4 3 5 1 8 6
3 4 8 6 7 1 2 9 5
1 8 6 2 4 9 5 3 7
2 5 3 7 8 6 9 4 1
4 7 9 5 1 3 6 2 8
```

Solution # 304

```
7 1 9 2 6 3 4 5 8
3 5 4 8 9 7 6 1 2
8 6 2 5 1 4 3 7 9
1 7 8 4 5 2 9 6 3
4 2 3 9 7 6 1 8 5
5 9 6 1 3 8 7 2 4
2 3 1 6 4 5 8 9 7
9 4 5 7 8 1 2 6 3
6 8 7 3 2 9 5 4 1
```

Solution # 305

```
2 7 9 1 6 3 5 8 4
1 4 6 7 8 5 3 2 9
8 5 3 9 2 4 6 1 7
3 2 7 5 4 8 9 6 1
9 6 8 2 7 1 4 3 5
5 1 4 6 3 9 8 7 2
4 3 2 8 9 7 1 5 6
7 8 1 4 5 6 2 9 3
6 9 5 3 1 2 7 4 8
```

Solution # 306

```
7 8 9 3 4 2 1 6 5
5 4 3 6 9 1 8 2 7
6 2 1 7 5 8 3 4 9
9 7 4 8 1 3 6 5 2
2 3 8 5 6 9 7 1 4
1 5 6 2 7 4 9 3 8
8 1 7 4 2 6 5 9 3
4 6 5 9 3 7 2 8 1
3 9 2 1 8 5 4 7 6
```

Solution # 307

```
4 9 2 8 3 6 1 5 7
5 3 8 7 1 9 4 6 2
1 6 7 4 5 2 3 8 9
2 1 9 6 4 5 8 7 3
3 4 6 1 7 8 2 9 5
8 7 5 9 2 3 6 1 4
6 2 3 5 8 7 9 4 1
9 5 1 3 6 4 7 2 8
7 8 4 2 9 1 5 3 6
```

Solution # 308

```
8 9 7 2 6 3 5 1 4
2 4 3 1 5 9 8 7 6
6 5 1 4 7 8 9 3 2
3 8 9 7 1 6 2 4 5
7 2 4 8 9 5 3 6 1
1 6 5 3 4 2 7 8 9
9 7 6 5 8 1 4 2 3
4 1 2 9 3 7 6 5 8
5 3 8 6 2 4 1 9 7
```

Solution # 309

```
7 3 2 5 1 9 4 6 8
6 8 1 3 4 7 9 2 5
5 4 9 8 2 6 7 1 3
3 1 5 9 8 2 6 7 4
4 7 6 1 3 5 2 8 9
2 9 8 7 6 4 5 3 1
9 6 3 2 5 8 1 4 7
8 2 7 4 9 1 3 5 6
1 5 4 6 7 3 8 9 2
```

Solution # 310

```
5 2 8 6 7 3 1 4 9
4 3 7 1 2 9 8 6 5
1 6 9 4 8 5 3 2 7
7 5 1 8 3 6 4 9 2
2 9 3 7 4 1 6 5 8
8 4 6 9 5 2 7 3 1
9 8 2 3 6 7 5 1 4
3 1 4 5 9 8 2 7 6
6 7 5 2 1 4 9 8 3
```

Solution # 311

```
1 3 7 2 8 5 4 9 6
8 6 2 3 9 4 7 5 1
9 4 5 6 7 1 3 2 8
4 7 9 5 6 8 1 3 2
2 5 6 4 1 3 9 8 7
3 8 1 9 2 7 5 6 4
5 1 3 8 4 2 6 7 9
6 2 4 7 5 9 8 1 3
7 9 8 1 3 6 2 4 5
```

Solution # 312

```
2 7 9 3 4 8 6 5 1
5 8 3 6 1 7 9 4 2
6 4 1 5 9 2 3 7 8
9 6 4 2 5 1 7 8 3
3 2 5 8 7 4 1 6 9
7 1 8 9 3 6 5 2 4
4 3 6 1 2 5 8 9 7
8 9 2 7 6 3 4 1 5
1 5 7 4 8 9 2 3 6
```

Solution # 313

```
9 6 3 7 5 8 2 1 4
2 7 5 4 1 9 3 6 8
4 8 1 3 6 2 7 9 5
6 1 8 2 3 4 5 7 9
3 4 9 1 7 5 8 2 6
5 2 7 9 8 6 4 3 1
7 3 6 5 4 1 9 8 2
8 5 2 6 9 7 1 4 3
1 9 4 8 2 3 6 5 7
```

Solution # 314

```
9 6 3 2 8 4 1 5 7
7 2 8 5 1 9 6 3 4
1 5 4 7 3 6 2 9 8
4 9 6 3 7 5 8 1 2
8 3 7 1 6 2 5 4 9
5 1 2 9 4 8 7 6 3
2 8 5 6 9 3 4 7 1
6 7 9 4 2 1 3 8 5
3 4 1 8 5 7 9 2 6
```

Solution # 315

```
3 4 1 2 6 9 7 8 5
2 6 8 3 5 7 4 1 9
5 7 9 8 1 4 3 2 6
1 9 4 7 3 8 5 6 2
8 2 7 5 9 6 1 3 4
6 5 3 1 4 2 8 9 7
9 8 2 4 7 3 6 5 1
4 3 5 6 2 1 9 7 8
7 1 6 9 8 5 2 4 3
```

Solution # 316

```
8 9 1 3 7 4 5 2 6
2 5 7 1 8 6 3 9 4
3 4 6 2 9 5 7 1 8
9 8 5 7 2 3 6 4 1
7 6 3 4 1 9 8 5 2
4 1 2 5 6 8 9 3 7
1 2 9 8 5 7 4 6 3
5 3 8 6 4 1 2 7 9
6 7 4 9 3 2 1 8 5
```

Solution # 317

```
9 5 1 2 7 6 4 3 8
6 4 8 9 3 5 2 1 7
3 2 7 1 4 8 6 5 9
7 9 2 4 5 3 8 6 1
4 1 5 8 6 9 3 7 2
8 6 3 7 1 2 9 4 5
2 3 4 5 9 7 1 8 6
1 7 9 6 8 4 5 2 3
5 8 6 3 2 1 7 9 4
```

Solution # 318

```
6 4 3 2 8 9 7 5 1
7 9 5 1 6 4 2 8 3
2 1 8 3 7 5 9 4 6
1 7 4 6 2 3 5 9 8
3 5 9 8 4 1 6 2 7
8 6 2 9 5 7 1 3 4
5 3 7 4 9 6 8 1 2
9 2 1 7 3 8 4 6 5
4 8 6 5 1 2 3 7 9
```

Solution # 319

```
5 9 8 2 3 7 1 4 6
6 3 2 9 1 4 5 8 7
7 4 1 5 6 8 2 3 9
2 6 5 1 8 9 3 7 4
3 7 4 6 2 5 8 9 1
8 1 9 7 4 3 6 2 5
1 5 7 8 9 2 4 6 3
4 2 6 3 7 1 9 5 8
9 8 3 4 5 6 7 1 2
```

Solution # 320

```
1 8 4 6 5 9 2 3 7
9 5 3 2 4 7 6 8 1
7 2 6 8 1 3 4 9 5
6 7 2 5 3 8 9 1 4
5 1 9 4 6 2 8 7 3
3 4 8 9 7 1 5 6 2
2 6 1 3 8 5 7 4 9
8 9 7 1 2 4 3 5 6
4 3 5 7 9 6 1 2 8
```

Solution # 321

```
3 7 5 6 4 9 8 1 2
6 2 9 1 8 3 4 5 7
8 4 1 5 7 2 9 3 6
2 9 7 4 5 8 3 6 1
5 8 3 9 6 1 2 7 4
1 6 4 2 3 7 5 8 9
9 5 8 7 2 6 1 4 3
7 3 2 8 1 4 6 9 5
4 1 6 3 9 5 7 2 8
```

Solution # 322

```
1 9 7 3 6 8 2 4 5
6 8 4 7 2 5 3 1 9
2 3 5 9 4 1 7 6 8
5 2 8 4 1 7 6 9 3
9 4 3 5 8 6 1 2 7
7 1 6 2 9 3 8 5 4
3 6 1 8 5 4 9 7 2
4 7 2 6 3 9 5 8 1
8 5 9 1 7 2 4 3 6
```

Solution # 323

```
5 9 1 6 2 4 3 8 7
4 7 6 3 8 5 2 9 1
8 2 3 9 1 7 6 4 5
6 3 2 1 4 8 5 7 9
9 1 4 7 5 3 8 6 2
7 8 5 2 6 9 1 3 4
2 6 9 4 3 1 7 5 8
3 5 7 8 9 2 4 1 6
1 4 8 5 7 6 9 2 3
```

Solution # 324

```
8 2 5 4 3 9 7 6 1
3 4 1 7 2 6 5 8 9
7 9 6 1 5 8 3 2 4
4 8 3 5 7 1 6 9 2
1 5 7 6 9 2 4 3 8
9 6 2 8 4 3 1 5 7
6 1 9 3 8 7 2 4 5
2 3 4 9 1 5 8 7 6
5 7 8 2 6 4 9 1 3
```

Solution # 325

```
5 7 9 2 3 8 4 6 1
3 1 4 5 6 9 7 2 8
2 6 8 1 4 7 9 3 5
4 5 7 9 8 2 3 1 6
6 9 2 3 1 4 8 5 7
1 8 3 6 7 5 2 4 9
8 3 1 7 2 6 5 9 4
7 2 5 4 9 1 6 8 3
9 4 6 8 5 3 1 7 2
```

Solution # 326

```
8 4 9 1 6 3 5 2 7
7 3 2 4 5 9 8 1 6
1 6 5 2 7 8 3 9 4
2 9 4 8 3 5 6 7 1
5 1 8 7 4 6 9 3 2
3 7 6 9 1 2 4 8 5
4 8 1 6 9 7 2 5 3
9 5 7 3 2 4 1 6 8
6 2 3 5 8 1 7 4 9
```

Solution # 327

```
6 5 1 4 8 3 2 7 9
2 3 7 5 1 9 4 6 8
8 9 4 2 7 6 3 5 1
1 8 6 3 4 5 7 9 2
5 4 9 1 2 7 6 8 3
3 7 2 9 6 8 5 1 4
9 1 5 6 3 4 8 2 7
7 6 3 8 9 2 1 4 5
4 2 8 7 5 1 9 3 6
```

Solution # 328

```
4 8 2 9 3 6 5 1 7
3 9 7 5 8 1 2 6 4
5 1 6 4 7 2 3 9 8
8 6 5 3 1 7 9 4 2
9 4 1 2 6 5 7 8 3
7 2 3 8 4 9 6 5 1
1 5 4 7 9 3 8 2 6
6 7 9 1 2 8 4 3 5
2 3 8 6 5 4 1 7 9
```

Solution # 329

```
2 6 4 8 1 9 3 5 7
5 8 3 2 7 6 4 1 9
9 1 7 4 5 3 6 2 8
8 4 9 3 6 1 2 7 5
1 5 6 7 9 2 8 4 3
7 3 2 5 4 8 1 9 6
4 2 5 6 3 7 9 8 1
6 9 8 1 2 5 7 3 4
3 7 1 9 8 4 5 6 2
```

Solution # 330

```
9 7 2 8 6 4 5 3 1
5 6 4 1 9 3 7 8 2
1 3 8 7 2 5 6 9 4
2 1 7 6 3 9 4 5 8
6 8 3 4 5 1 9 2 7
4 5 9 2 8 7 1 6 3
3 4 5 9 7 8 2 1 6
8 2 1 5 4 6 3 7 9
7 9 6 3 1 2 8 4 5
```

Solution # 331

```
6 4 5 2 8 1 7 9 3
8 2 9 7 4 3 6 5 1
7 3 1 6 9 5 2 4 8
1 5 2 4 3 8 9 7 6
9 8 7 5 1 6 4 3 2
3 6 4 9 7 2 8 1 5
4 1 6 3 2 7 5 8 9
5 9 3 8 6 4 1 2 7
2 7 8 1 5 9 3 6 4
```

Solution # 332

```
8 6 9 3 1 2 7 5 4
2 3 5 4 6 7 8 9 1
7 4 1 8 9 5 2 6 3
9 7 6 1 3 8 5 4 2
4 5 8 2 7 9 3 1 6
3 1 2 5 4 6 9 7 8
1 8 7 9 2 4 6 3 5
6 2 4 7 5 3 1 8 9
5 9 3 6 8 1 4 2 7
```

Solution # 333

```
6 7 2 5 1 4 9 3 8
8 1 4 7 3 9 2 6 5
5 3 9 8 2 6 4 7 1
3 4 6 1 5 8 7 2 9
7 8 1 9 6 2 5 4 3
2 9 5 4 7 3 1 8 6
4 5 8 3 9 7 6 1 2
1 2 3 6 4 5 8 9 7
9 6 7 2 8 1 3 5 4
```

Solution # 334

```
8 5 9 6 4 7 3 2 1
1 2 7 3 5 8 6 9 4
6 4 3 2 9 1 5 8 7
3 1 4 9 6 2 7 5 8
7 9 5 8 1 3 4 6 2
2 6 8 4 7 5 1 3 9
4 3 1 5 8 9 2 7 6
5 8 6 7 2 4 9 1 3
9 7 2 1 3 6 8 4 5
```

Solution # 335

```
4 9 7 8 3 1 2 5 6
1 6 2 9 4 5 3 7 8
5 3 8 2 6 7 9 4 1
3 7 9 6 5 4 8 1 2
8 2 5 7 1 9 4 6 3
6 4 1 3 2 8 7 9 5
9 8 6 5 7 2 1 3 4
7 1 3 4 8 6 5 2 9
2 5 4 1 9 3 6 8 7
```

Solution # 336

```
9 1 2 7 3 5 8 6 4
4 3 8 9 1 6 7 2 5
5 6 7 8 4 2 3 1 9
3 4 1 6 7 9 2 5 8
6 8 5 1 2 4 9 7 3
2 7 9 3 5 8 6 4 1
1 2 3 5 8 7 4 9 6
8 9 4 2 6 1 5 3 7
7 5 6 4 9 3 1 8 2
```

Solution # 337

```
1 2 4 8 5 3 9 6 7
3 6 8 7 4 9 1 5 2
9 5 7 1 6 2 8 3 4
8 9 5 4 3 7 6 2 1
7 1 2 5 8 6 4 9 3
4 3 6 2 9 1 5 7 8
2 8 1 9 7 5 3 4 6
6 7 9 3 1 4 2 8 5
5 4 3 6 2 8 7 1 9
```

Solution # 338

```
1 3 9 6 4 5 8 7 2
5 8 2 9 7 3 4 6 1
6 7 4 2 1 8 5 9 3
3 4 7 1 9 2 6 8 5
2 5 1 8 6 7 9 3 4
9 6 8 3 5 4 1 2 7
8 1 5 7 2 9 3 4 6
7 9 6 4 3 1 2 5 8
4 2 3 5 8 6 7 1 9
```

Solution # 339

```
4 2 1 5 9 7 3 8 6
3 7 8 6 1 4 2 9 5
9 5 6 8 2 3 4 7 1
6 8 2 7 4 9 5 1 3
5 1 9 3 6 8 7 2 4
7 3 4 2 5 1 8 6 9
1 4 5 9 7 2 6 3 8
2 6 3 1 8 5 9 4 7
8 9 7 4 3 6 1 5 2
```

Solution # 340

```
4 8 1 3 5 9 7 2 6
6 9 3 7 2 1 8 4 5
5 7 2 6 4 8 1 3 9
8 5 7 9 3 6 2 1 4
1 4 6 5 7 2 9 8 3
2 3 9 8 1 4 5 6 7
9 1 4 2 6 5 3 7 8
7 2 5 4 8 3 6 9 1
3 6 8 1 9 7 4 5 2
```

Solution # 341

```
5 7 4 6 9 2 8 3 1
3 8 9 4 1 7 2 6 5
1 6 2 8 5 3 9 7 4
6 9 5 2 4 8 3 1 7
4 1 7 5 3 9 6 2 8
8 2 3 1 7 6 4 5 9
9 5 8 3 2 1 7 4 6
2 3 1 7 6 4 5 9 8
7 4 6 9 8 5 1 2 3
```

Solution # 342

```
5 1 2 7 4 8 6 3 9
9 4 3 5 6 2 7 1 8
7 6 8 3 9 1 5 2 4
3 8 9 2 7 4 1 5 6
4 7 1 9 5 6 2 8 3
6 2 5 8 1 3 9 4 7
1 5 7 4 3 9 8 6 2
2 3 6 1 8 7 4 9 5
8 9 4 6 2 5 3 7 1
```

Solution # 343

```
5 9 4 6 7 3 1 8 2
6 2 3 5 1 8 7 4 9
7 8 1 9 4 2 6 5 3
1 6 9 7 8 5 3 2 4
3 4 8 2 6 1 5 9 7
2 5 7 4 3 9 8 6 1
8 3 6 1 9 4 2 7 5
9 1 5 8 2 7 4 3 6
4 7 2 3 5 6 9 1 8
```

Solution # 344

```
4 7 6 2 3 8 5 9 1
8 3 9 6 1 5 2 4 7
5 2 1 9 4 7 3 8 6
2 6 4 7 8 1 9 5 3
7 8 5 4 9 3 6 1 2
1 9 3 5 6 2 4 7 8
3 4 7 8 5 6 1 2 9
9 1 8 3 2 4 7 6 5
6 5 2 1 7 9 8 3 4
```

Solution # 345

```
5 6 8 7 9 4 3 1 2
4 7 3 1 8 2 5 6 9
1 9 2 6 3 5 8 4 7
6 3 4 9 5 7 2 8 1
7 2 1 3 6 8 4 9 5
9 8 5 2 4 1 7 3 6
3 5 9 8 2 6 1 7 4
2 1 6 4 7 3 9 5 8
8 4 7 5 1 9 6 2 3
```

Solution # 346

```
4 6 5 2 3 1 8 7 9
2 9 1 8 7 4 5 3 6
3 7 8 9 6 5 1 2 4
5 4 2 6 1 9 3 8 7
8 3 6 5 2 7 9 4 1
9 1 7 3 4 8 2 6 5
1 2 3 7 9 6 4 5 8
6 8 9 4 5 3 7 1 2
7 5 4 1 8 2 6 9 3
```

Solution # 347

```
2 6 4 8 5 9 1 3 7
7 9 1 4 2 3 5 8 6
8 5 3 6 7 1 2 4 9
9 1 6 3 8 2 4 7 5
5 7 8 9 4 6 3 1 2
4 3 2 7 1 5 9 6 8
6 2 5 1 3 7 8 9 4
1 8 7 2 9 4 6 5 3
3 4 9 5 6 8 7 2 1
```

Solution # 348

```
6 1 2 7 9 3 8 4 5
5 7 8 4 6 1 3 2 9
4 3 9 8 2 5 1 6 7
3 5 7 9 1 2 6 8 4
2 6 4 3 5 8 7 9 1
8 9 1 6 7 4 2 5 3
9 4 6 1 8 7 5 3 2
7 2 3 5 4 6 9 1 8
1 8 5 2 3 9 4 7 6
```

Solution # 349

```
7 4 2 1 6 9 3 5 8
8 9 3 7 5 4 6 2 1
6 5 1 2 8 3 4 9 7
5 1 8 3 2 6 7 4 9
2 3 7 4 9 5 8 1 6
4 6 9 8 7 1 5 3 2
1 7 5 6 3 2 9 8 4
9 2 6 5 4 8 1 7 3
3 8 4 9 1 7 2 6 5
```

Solution # 350

```
7 9 8 6 3 2 4 5 1
3 4 1 7 8 5 2 9 6
6 5 2 9 1 4 3 8 7
1 7 9 3 4 8 5 6 2
4 2 6 5 7 9 8 1 3
8 3 5 1 2 6 9 7 4
2 6 7 8 5 3 1 4 9
5 1 4 2 9 7 6 3 8
9 8 3 4 6 1 7 2 5
```

Solution # 351
```
9 5 3 7 8 2 4 6 1
8 1 7 6 9 4 2 3 5
2 6 4 3 1 5 9 8 7
5 7 2 9 6 8 1 4 3
3 4 6 5 7 1 8 9 2
1 8 9 2 4 3 5 7 6
4 9 5 1 3 7 6 2 8
7 2 8 4 5 6 3 1 9
6 3 1 8 2 9 7 5 4
```

Solution # 352
```
7 5 9 6 4 1 8 3 2
6 3 8 5 2 9 1 4 7
1 4 2 8 7 3 5 6 9
3 6 1 9 5 7 2 8 4
9 2 5 4 3 8 6 7 1
8 7 4 1 6 2 3 9 5
2 1 3 7 8 4 9 5 6
5 8 7 2 9 6 4 1 3
4 9 6 3 1 5 7 2 8
```

Solution # 353
```
1 2 8 5 4 9 6 3 7
7 5 6 3 8 1 4 9 2
3 9 4 6 7 2 1 8 5
5 3 7 9 6 8 2 4 1
6 8 1 2 3 4 7 5 9
2 4 9 1 5 7 8 6 3
8 7 2 4 9 3 5 1 6
4 6 3 7 1 5 9 2 8
9 1 5 8 2 6 3 7 4
```

Solution # 354
```
7 3 4 9 2 8 1 6 5
5 8 1 6 3 4 7 2 9
9 6 2 5 7 1 4 3 8
2 5 7 3 4 6 9 8 1
8 9 3 2 1 5 6 4 7
4 1 6 7 8 9 2 5 3
1 7 5 8 6 2 3 9 4
6 4 8 1 9 3 5 7 2
3 2 9 4 5 7 8 1 6
```

Solution # 355
```
8 4 3 1 7 5 6 2 9
5 6 7 9 3 2 4 1 8
2 9 1 6 4 8 3 7 5
9 1 4 8 5 7 2 6 3
3 5 2 4 1 6 9 8 7
7 8 6 3 2 9 1 5 4
1 3 8 5 6 4 7 9 2
6 7 9 2 8 3 5 4 1
4 2 5 7 9 1 8 3 6
```

Solution # 356
```
3 9 5 4 6 2 8 1 7
1 7 4 9 5 8 2 6 3
8 2 6 1 3 7 4 9 5
5 4 9 7 2 1 3 8 6
2 3 8 6 9 5 7 4 1
6 1 7 3 8 4 9 5 2
4 8 2 5 7 6 1 3 9
9 5 1 2 4 3 6 7 8
7 6 3 8 1 9 5 2 4
```

Solution # 357
```
7 1 5 4 8 6 2 3 9
6 2 8 3 9 1 4 7 5
4 3 9 7 2 5 6 8 1
5 7 2 8 6 9 3 1 4
3 8 1 2 5 4 7 9 6
9 6 4 1 7 3 5 2 8
8 4 3 6 1 7 9 5 2
1 9 7 5 4 2 8 6 3
2 5 6 9 3 8 1 4 7
```

Solution # 358
```
3 5 7 2 6 8 4 1 9
9 6 2 1 3 4 7 8 5
8 1 4 7 9 5 3 6 2
2 4 3 5 8 6 1 9 7
7 9 1 4 2 3 8 5 6
6 8 5 9 1 7 2 4 3
4 3 9 6 7 1 5 2 8
1 7 6 8 5 2 9 3 4
5 2 8 3 4 9 6 7 1
```

Solution # 359
```
8 1 5 2 9 6 7 4 3
4 3 7 5 1 8 9 2 6
9 6 2 7 4 3 1 5 8
7 9 1 6 2 4 3 8 5
3 2 4 8 5 9 6 1 7
6 5 8 1 3 7 2 9 4
1 7 6 4 8 2 5 3 9
5 4 9 3 6 1 8 7 2
2 8 3 9 7 5 4 6 1
```

Solution # 360
```
9 5 4 7 8 3 1 2 6
6 8 2 4 5 1 7 3 9
7 1 3 6 9 2 4 8 5
3 7 6 8 2 4 5 9 1
1 2 5 9 7 6 8 4 3
8 4 9 3 1 5 2 6 7
5 3 1 2 4 9 6 7 8
2 6 8 5 3 7 9 1 4
4 9 7 1 6 8 3 5 2
```

Solution # 361
```
5 7 2 4 8 3 6 9 1
1 3 4 6 5 9 7 2 8
8 6 9 1 2 7 5 3 4
6 4 3 2 7 5 8 1 9
2 8 1 9 3 6 4 5 7
9 5 7 8 1 4 2 6 3
4 2 5 3 9 8 1 7 6
3 1 6 7 4 2 9 8 5
7 9 8 5 6 1 3 4 2
```

Solution # 362
```
2 9 8 1 6 4 3 7 5
7 4 6 3 9 5 1 2 8
5 1 3 2 7 8 9 4 6
3 8 1 9 4 2 5 6 7
9 7 5 8 3 6 4 1 2
4 6 2 5 1 7 8 3 9
8 3 9 6 2 1 7 5 4
6 5 4 7 8 3 2 9 1
1 2 7 4 5 9 6 8 3
```

Solution # 363
```
5 1 7 2 8 9 6 4 3
3 8 2 6 4 5 1 7 9
4 9 6 1 3 7 2 5 8
1 5 3 8 2 6 7 9 4
7 6 8 5 9 4 3 2 1
9 2 4 7 1 3 8 6 5
2 4 9 3 6 1 5 8 7
8 7 1 4 5 2 9 3 6
6 3 5 9 7 8 4 1 2
```

Solution # 364
```
5 4 3 8 1 2 6 9 7
8 2 6 9 5 7 1 3 4
9 7 1 4 6 3 2 5 8
1 8 7 5 2 9 3 4 6
3 9 4 1 8 6 7 2 5
6 5 2 3 7 4 9 8 1
4 3 8 7 9 1 5 6 2
7 6 9 2 4 5 8 1 3
2 1 5 6 3 8 4 7 9
```

Solution # 365
```
5 2 4 6 9 1 3 8 7
9 6 7 8 2 3 5 1 4
3 1 8 7 4 5 2 9 6
7 8 2 1 5 9 6 4 3
6 4 9 3 7 8 1 2 5
1 3 5 2 6 4 8 7 9
2 7 3 4 8 6 9 5 1
4 5 6 9 1 2 7 3 8
8 9 1 5 3 7 4 6 2
```

Solution # 366
```
6 9 3 4 8 5 7 2 1
5 1 2 7 9 6 3 8 4
8 4 7 2 3 1 6 5 9
1 6 5 3 7 4 2 9 8
7 3 8 5 2 9 4 1 6
4 2 9 1 6 8 5 7 3
9 5 6 8 4 7 1 3 2
2 8 1 6 5 3 9 4 7
3 7 4 9 1 2 8 6 5
```

Solution # 367
```
9 2 5 3 1 7 8 4 6
1 6 4 8 2 5 3 9 7
3 7 8 6 9 4 5 2 1
8 3 2 4 7 6 9 1 5
4 1 7 2 5 9 6 3 8
6 5 9 1 3 8 2 7 4
5 9 1 7 8 3 4 6 2
7 4 3 5 6 2 1 8 9
2 8 6 9 4 1 7 5 3
```

Solution # 368
```
6 4 5 7 2 9 8 3 1
9 3 1 4 6 8 7 2 5
8 2 7 1 3 5 4 9 6
3 8 9 5 7 6 2 1 4
5 1 4 9 8 2 3 6 7
2 7 6 3 4 1 5 8 9
7 6 8 2 1 4 9 5 3
1 9 3 8 5 7 6 4 2
4 5 2 6 9 3 1 7 8
```

Solution # 369
```
6 9 1 3 4 7 5 2 8
5 2 4 1 6 8 3 7 9
8 7 3 9 5 2 1 4 6
9 3 2 8 1 6 4 5 7
1 4 8 7 3 5 6 9 2
7 6 5 2 9 4 8 1 3
3 8 9 4 7 1 2 6 5
4 5 7 6 2 3 9 8 1
2 1 6 5 8 9 7 3 4
```

Solution # 370
```
8 5 7 4 2 3 1 6 9
2 9 6 8 1 5 7 4 3
4 3 1 9 7 6 5 2 8
1 8 3 2 5 4 6 9 7
6 4 9 1 8 7 3 5 2
7 2 5 6 3 9 4 8 1
9 6 8 3 4 1 2 7 5
5 1 2 7 6 8 9 3 4
3 7 4 5 9 2 8 1 6
```

Solution # 371
```
5 1 8 6 7 3 2 4 9
9 3 7 8 2 4 6 1 5
6 2 4 5 9 1 3 7 8
8 6 9 2 4 7 5 3 1
3 7 2 1 5 9 4 8 6
4 5 1 3 8 6 7 9 2
1 8 3 7 6 2 9 5 4
7 9 6 4 1 5 8 2 3
2 4 5 9 3 8 1 6 7
```

Solution # 372
```
1 9 7 3 5 6 4 8 2
3 2 6 8 7 4 5 1 9
4 8 5 9 2 1 7 3 6
8 7 1 2 4 9 6 5 3
9 6 3 7 8 5 1 2 4
2 5 4 6 1 3 9 7 8
5 1 9 4 3 2 8 6 7
7 4 2 5 6 8 3 9 1
6 3 8 1 9 7 2 4 5
```

Solution # 373
```
2 3 9 7 4 8 6 5 1
4 1 6 2 3 5 9 7 8
7 5 8 9 6 1 2 3 4
6 8 5 3 7 9 4 1 2
3 7 1 4 8 2 5 6 9
9 4 2 1 5 6 7 8 3
1 6 4 8 2 7 3 9 5
8 2 7 5 9 3 1 4 6
5 9 3 6 1 4 8 2 7
```

Solution # 374
```
1 4 9 2 8 7 6 5 3
6 8 2 5 3 4 1 9 7
3 7 5 9 1 6 8 4 2
9 2 1 3 7 5 4 8 6
4 5 3 6 9 8 7 2 1
8 6 7 4 2 1 9 3 5
5 9 8 7 6 2 3 1 4
2 1 6 8 4 3 5 7 9
7 3 4 1 5 9 2 6 8
```

Solution # 375
```
8 9 4 5 6 2 1 7 3
3 5 6 4 7 1 8 2 9
7 2 1 3 9 8 5 6 4
6 7 5 1 3 9 4 8 2
9 4 2 8 5 7 3 1 6
1 3 8 2 4 6 9 5 7
2 8 7 9 1 3 6 4 5
4 6 3 7 8 5 2 9 1
5 1 9 6 2 4 7 3 8
```

Solution # 376
```
3 2 6 7 5 8 4 1 9
8 5 7 9 1 4 6 2 3
9 4 1 2 3 6 7 5 8
5 8 9 3 2 7 1 6 4
1 6 4 8 9 5 2 3 7
7 3 2 6 4 1 8 9 5
6 9 8 1 7 3 5 4 2
4 1 3 5 8 2 9 7 6
2 7 5 4 6 9 3 8 1
```

Solution # 377
```
1 5 7 9 8 6 4 2 3
9 6 8 2 3 4 5 1 7
2 3 4 1 7 5 6 8 9
3 7 9 5 1 8 2 4 6
8 1 6 4 2 7 9 3 5
4 2 5 3 6 9 8 7 1
6 4 1 7 9 2 3 5 8
7 8 2 6 5 3 1 9 4
5 9 3 8 4 1 7 6 2
```

Solution # 378
```
5 3 8 4 7 9 6 2 1
9 1 7 5 6 2 3 4 8
2 6 4 1 8 3 9 7 5
8 4 1 7 3 5 2 6 9
6 7 9 8 2 4 1 5 3
3 2 5 9 1 6 7 8 4
1 9 6 2 5 8 4 3 7
7 5 2 3 4 1 8 9 6
4 8 3 6 9 7 5 1 2
```

Solution # 379
```
2 8 6 7 3 9 4 1 5
4 3 1 8 5 2 9 6 7
9 7 5 4 1 6 2 3 8
1 9 3 5 8 4 6 7 2
7 6 4 2 9 1 8 5 3
8 5 2 6 7 3 1 9 4
5 4 9 1 2 7 3 8 6
6 1 8 3 4 5 7 2 9
3 2 7 9 6 8 5 4 1
```

Solution # 380
```
3 4 9 6 8 1 5 2 7
2 5 8 3 7 4 9 6 1
1 7 6 5 9 2 8 3 4
9 2 5 4 6 7 3 1 8
8 1 4 2 5 3 6 7 9
7 6 3 9 1 8 2 4 5
6 8 1 7 2 9 4 5 3
5 3 7 8 4 6 1 9 2
4 9 2 1 3 5 7 8 6
```

Solution # 381
```
1 6 8 5 4 3 9 2 7
9 7 3 8 2 6 4 1 5
4 5 2 1 7 9 8 6 3
5 8 4 7 6 2 1 3 9
6 1 7 9 3 8 5 4 2
2 3 9 4 1 5 6 7 8
7 2 5 6 8 4 3 9 1
8 4 1 3 9 7 2 5 6
3 9 6 2 5 1 7 8 4
```

Solution # 382
```
7 8 2 4 5 3 9 6 1
6 5 3 1 9 2 7 4 8
9 1 4 6 8 7 3 5 2
3 4 8 5 1 6 2 9 7
2 6 7 9 3 4 1 8 5
1 9 5 2 7 8 6 3 4
8 7 6 3 2 5 4 1 9
5 3 9 7 4 1 8 2 6
4 2 1 8 6 9 5 7 3
```

Solution # 383
```
1 5 4 6 9 3 7 2 8
7 3 2 5 8 4 9 6 1
9 6 8 7 2 1 4 5 3
2 8 6 9 4 7 1 3 5
5 7 3 8 1 2 6 9 4
4 9 1 3 5 6 2 8 7
3 4 9 2 7 8 5 1 6
8 1 5 4 6 9 3 7 2
6 2 7 1 3 5 8 4 9
```

Solution # 384
```
1 8 4 6 3 7 2 9 5
3 2 7 4 9 5 6 1 8
5 6 9 8 1 2 3 7 4
6 7 1 2 5 8 4 3 9
2 9 3 1 7 4 8 5 6
8 4 5 9 6 3 1 2 7
4 1 6 5 2 9 7 8 3
7 5 8 3 4 1 9 6 2
9 3 2 7 8 6 5 4 1
```

Solution # 385
```
4 5 2 3 9 6 1 8 7
8 1 3 2 7 4 6 5 9
7 6 9 8 1 5 2 3 4
3 9 1 6 4 2 5 7 8
5 4 7 9 8 1 3 2 6
6 2 8 5 3 7 9 4 1
9 3 6 7 5 8 4 1 2
1 8 5 4 2 9 7 6 3
2 7 4 1 6 3 8 9 5
```

Solution # 386
```
6 2 4 9 7 1 3 8 5
8 5 1 2 3 6 4 7 9
9 7 3 5 4 8 2 6 1
3 4 6 7 2 5 9 1 8
1 9 5 4 8 3 7 2 6
7 8 2 1 6 9 5 3 4
2 6 9 8 5 7 1 4 3
4 1 8 3 9 2 6 5 7
5 3 7 6 1 4 8 9 2
```

Solution # 387
```
6 2 1 5 4 8 9 7 3
5 3 7 1 9 2 4 8 6
4 9 8 7 6 3 5 1 2
3 1 5 8 2 9 6 4 7
9 6 2 4 7 1 8 3 5
7 8 4 6 3 5 1 2 9
8 4 9 2 5 7 3 6 1
1 7 3 9 8 6 2 5 4
2 5 6 3 1 4 7 9 8
```

Solution # 388
```
9 1 2 3 6 8 5 4 7
6 4 7 1 5 2 8 9 3
8 3 5 7 4 9 6 2 1
7 9 8 5 2 4 1 3 6
1 6 4 8 9 3 2 7 5
5 2 3 6 1 7 9 8 4
4 7 1 9 8 6 3 5 2
2 8 6 4 3 5 7 1 9
3 5 9 2 7 1 4 6 8
```

Solution # 389
```
4 9 1 3 6 8 2 7 5
6 8 3 5 7 2 9 4 1
5 2 7 9 4 1 3 6 8
2 3 8 6 9 7 1 5 4
7 4 9 1 5 3 6 8 2
1 5 6 8 2 4 7 3 9
3 6 4 2 8 9 5 1 7
9 7 5 4 1 6 8 2 3
8 1 2 7 3 5 4 9 6
```

Solution # 390
```
2 6 4 7 8 1 3 5 9
7 9 5 3 2 4 1 8 6
1 3 8 6 9 5 4 2 7
4 7 1 9 6 2 5 3 8
8 2 9 5 7 3 6 4 1
6 5 3 1 4 8 7 9 2
9 8 7 4 3 6 2 1 5
5 4 2 6 1 9 8 7 3
3 1 6 8 5 7 9 2 4
```

Solution # 391
```
6 2 3 1 9 5 8 7 4
7 8 1 6 3 4 2 5 9
5 9 4 7 8 2 1 3 6
4 5 2 9 1 6 7 8 3
9 1 8 3 5 7 4 6 2
3 7 6 4 2 8 9 1 5
2 3 9 8 6 1 5 4 7
1 4 5 2 7 3 6 9 8
8 6 7 5 4 9 3 2 1
```

Solution # 392
```
8 6 4 2 1 9 5 7 3
1 7 9 3 5 4 2 8 6
2 5 3 8 6 7 9 4 1
9 4 1 7 3 5 6 2 8
7 8 6 1 9 2 3 5 4
5 3 2 6 4 8 7 1 9
4 9 8 5 2 6 1 3 7
3 2 7 9 8 1 4 6 5
6 1 5 4 7 3 8 9 2
```

Solution # 393
```
2 3 4 8 1 9 6 5 7
7 9 5 4 3 6 1 2 8
1 8 6 7 5 2 4 9 3
6 2 9 3 7 4 5 8 1
3 5 7 1 6 8 9 4 2
8 4 1 2 9 5 3 7 6
4 1 2 9 8 3 7 6 5
5 7 8 6 4 1 2 3 9
9 6 3 5 2 7 8 1 4
```

Solution # 394
```
1 8 9 4 2 3 5 6 7
5 4 7 8 6 9 1 2 3
3 6 2 7 5 1 9 8 4
8 7 5 2 1 4 3 9 6
4 9 3 5 8 6 2 7 1
2 1 6 9 3 7 8 4 5
7 2 8 3 4 5 6 1 9
9 3 1 6 7 2 4 5 8
6 5 4 1 9 8 7 3 2
```

Solution # 395
```
7 9 3 8 2 4 6 5 1
5 4 8 1 6 7 3 9 2
6 1 2 3 5 9 8 4 7
9 3 4 5 7 8 2 1 6
1 5 6 9 3 2 7 8 4
2 8 7 6 4 1 5 3 9
4 2 5 7 9 3 1 6 8
3 7 1 4 8 6 9 2 5
8 6 9 2 1 5 4 7 3
```

Solution # 396
```
4 2 7 1 9 8 3 6 5
1 6 8 4 3 5 2 9 7
3 5 9 2 6 7 1 8 4
8 4 6 7 1 2 5 3 9
5 1 3 6 8 9 7 4 2
7 9 2 3 5 4 8 1 6
9 7 4 8 2 3 6 5 1
2 3 1 5 4 6 9 7 8
6 8 5 9 7 1 4 2 3
```

Solution # 397
```
5 2 9 4 8 6 7 3 1
1 6 4 3 5 7 8 9 2
7 8 3 9 1 2 4 5 6
4 3 1 7 6 8 9 2 5
9 5 2 1 4 3 6 7 8
8 7 6 2 9 5 1 4 3
3 4 8 6 2 9 5 1 7
2 1 5 8 7 4 3 6 9
6 9 7 5 3 1 2 8 4
```

Solution # 398
```
2 3 6 7 1 4 9 8 5
5 7 9 8 3 2 6 1 4
1 4 8 9 6 5 7 2 3
8 6 7 1 4 3 5 9 2
3 1 2 5 9 6 8 4 7
9 5 4 2 7 8 1 3 6
7 2 5 3 8 1 4 6 9
4 9 1 6 2 7 3 5 8
6 8 3 4 5 9 2 7 1
```

Solution # 399
```
7 5 3 9 4 8 1 2 6
2 6 9 7 3 1 4 8 5
4 1 8 6 2 5 9 7 3
1 2 6 8 5 4 7 3 9
8 7 4 3 9 2 5 6 1
9 3 5 1 6 7 8 4 2
3 4 1 2 7 9 6 5 8
6 8 7 5 1 3 2 9 4
5 9 2 4 8 6 3 1 7
```

Solution # 400
```
4 6 5 3 7 9 8 1 2
8 9 2 1 5 4 6 7 3
1 3 7 8 2 6 9 5 4
5 2 3 9 4 1 7 8 6
7 4 1 6 8 2 3 9 5
9 8 6 5 3 7 2 4 1
2 1 8 4 9 3 5 6 7
3 5 4 7 6 8 1 2 9
6 7 9 2 1 5 4 3 8
```

Solution # 401
```
7 9 4 8 3 6 1 2 5
3 5 8 1 2 4 6 7 9
6 1 2 7 9 5 3 8 4
4 3 7 9 8 1 5 6 2
5 6 9 3 4 2 8 1 7
2 8 1 6 5 7 4 9 3
1 7 5 2 6 3 9 4 8
9 4 6 5 7 8 2 3 1
8 2 3 4 1 9 7 5 6
```

Solution # 402
```
3 8 9 1 7 5 4 6 2
7 1 4 3 6 2 9 8 5
6 5 2 4 8 9 1 3 7
2 3 1 7 4 6 8 5 9
8 4 7 9 5 3 6 2 1
5 9 6 2 1 8 7 4 3
4 2 3 6 9 1 5 7 8
9 6 8 5 3 7 2 1 4
1 7 5 8 2 4 3 9 6
```

Solution # 403
```
9 5 6 4 1 8 2 3 7
8 7 1 2 3 6 9 4 5
4 2 3 7 9 5 6 1 8
6 4 5 8 2 9 1 7 3
1 3 9 5 6 7 8 2 4
2 8 7 3 4 1 5 9 6
3 6 4 1 8 2 7 5 9
5 9 2 6 7 4 3 8 1
7 1 8 9 5 3 4 6 2
```

Solution # 404
```
7 5 1 6 9 4 8 2 3
2 3 4 5 8 7 1 6 9
9 6 8 1 3 2 5 4 7
1 7 5 3 4 6 2 9 8
3 9 2 8 1 5 6 7 4
4 8 6 2 7 9 3 1 5
8 4 3 7 2 1 9 5 6
6 2 7 9 5 8 4 3 1
5 1 9 4 6 3 7 8 2
```

Solution # 405
```
5 7 1 6 9 8 2 4 3
4 9 6 2 7 3 1 5 8
2 8 3 1 5 4 6 7 9
8 2 7 5 1 6 3 9 4
6 3 5 8 4 9 7 2 1
1 4 9 3 2 7 5 8 6
7 6 8 4 3 5 9 1 2
9 1 4 7 6 2 8 3 5
3 5 2 9 8 1 4 6 7
```

Solution # 406
```
3 7 1 6 8 4 2 5 9
9 8 6 5 2 7 1 3 4
4 2 5 9 1 3 8 7 6
5 9 8 2 7 6 3 4 1
2 6 4 1 3 5 9 8 7
1 3 7 8 4 9 5 6 2
6 1 3 4 9 8 7 2 5
8 4 2 7 5 1 6 9 3
7 5 9 3 6 2 4 1 8
```

Solution # 407
```
1 6 3 7 2 9 8 5 4
5 2 8 1 6 4 9 7 3
4 7 9 8 5 3 6 2 1
2 4 6 5 9 8 1 3 7
7 8 5 3 1 2 4 9 6
9 3 1 6 4 7 5 8 2
3 5 7 4 8 1 2 6 9
6 1 2 9 3 5 7 4 8
8 9 4 2 7 6 3 1 5
```

Solution # 408
```
8 5 7 3 2 1 4 9 6
2 6 4 8 7 9 3 5 1
9 1 3 4 6 5 2 7 8
4 3 2 7 1 6 5 8 9
7 8 1 9 5 4 6 2 3
6 9 5 2 3 8 7 1 4
5 4 9 6 8 2 1 3 7
3 2 8 1 4 7 9 6 5
1 7 6 5 9 3 8 4 2
```

Solution # 409
```
6 4 8 1 2 9 7 3 5
1 7 2 3 5 4 8 9 6
3 5 9 6 8 7 4 1 2
4 9 6 2 3 8 5 7 1
5 8 7 4 1 6 3 2 9
2 1 3 7 9 5 6 8 4
8 6 4 9 7 1 2 5 3
7 2 1 5 6 3 9 4 8
9 3 5 8 4 2 1 6 7
```

Solution # 410
```
3 1 5 8 4 2 7 6 9
8 7 9 6 3 5 4 2 1
4 2 6 9 1 7 3 5 8
2 5 8 7 9 1 6 4 3
7 6 3 2 8 4 9 1 5
1 9 4 5 6 3 2 8 7
6 3 2 1 7 8 5 9 4
9 8 7 4 5 6 1 3 2
5 4 1 3 2 9 8 7 6
```

Solution # 411
```
3 8 1 6 9 7 5 2 4
9 7 4 5 2 1 6 8 3
2 5 6 3 4 8 9 1 7
8 6 2 4 5 3 1 7 9
4 1 9 7 8 6 2 3 5
5 3 7 2 1 9 8 4 6
6 2 8 9 7 4 3 5 1
1 4 3 8 6 5 7 9 2
7 9 5 1 3 2 4 6 8
```

Solution # 412
```
4 8 2 1 6 7 3 5 9
7 5 6 3 9 4 1 8 2
1 3 9 2 8 5 4 7 6
9 1 5 7 4 6 2 3 8
8 6 3 9 1 2 7 4 5
2 4 7 8 5 3 9 6 1
3 7 8 5 2 1 6 9 4
5 9 4 6 3 1 8 2 7
6 2 1 4 7 8 5 9 3
```

Solution # 413
```
6 3 5 8 7 4 2 9 1
2 4 9 3 5 1 6 8 7
1 8 7 9 2 6 4 5 3
5 9 4 7 6 2 1 3 8
3 6 8 4 1 9 7 2 5
7 1 2 5 8 3 9 4 6
4 5 1 2 3 7 8 6 9
8 2 6 1 9 5 3 7 4
9 7 3 6 4 8 5 1 2
```

Solution # 414
```
4 5 1 9 2 6 8 3 7
8 3 6 4 7 1 9 2 5
9 2 7 3 5 8 1 6 4
6 9 2 5 3 7 4 8 1
3 4 8 1 6 9 5 7 2
1 7 5 2 8 4 6 9 3
7 1 4 6 9 2 3 5 8
5 8 9 7 1 3 2 4 6
2 6 3 8 4 5 7 1 9
```

Solution # 415
```
4 5 9 3 2 8 7 6 1
8 1 6 5 4 7 3 9 2
2 3 7 1 9 6 8 4 5
6 9 2 7 8 1 5 3 4
7 8 5 9 3 4 2 1 6
3 4 1 6 5 2 9 8 7
5 6 3 4 7 9 1 2 8
9 2 4 8 1 5 6 7 3
1 7 8 2 6 3 4 5 9
```

Solution # 416
```
7 4 8 1 2 6 9 5 3
2 9 1 5 8 3 6 4 7
5 6 3 7 9 4 1 2 8
8 7 2 3 1 9 5 6 4
3 1 6 2 4 5 8 7 9
9 5 4 8 6 7 2 3 1
6 3 9 4 5 8 7 1 2
1 8 7 6 3 2 4 9 5
4 2 5 9 7 1 3 8 6
```

Solution # 417
```
1 8 9 7 3 6 5 4 2
2 6 4 5 8 1 9 7 3
7 5 3 9 4 2 6 8 1
5 7 1 8 2 3 4 9 6
4 9 2 1 6 5 7 3 8
6 3 8 4 7 9 1 2 5
8 4 6 2 5 7 3 1 9
9 2 5 3 1 4 8 6 7
3 1 7 6 9 8 2 5 4
```

Solution # 418
```
5 7 8 6 9 2 3 4 1
1 4 6 7 3 5 9 8 2
9 3 2 1 4 8 7 6 5
8 6 9 5 2 4 1 7 3
2 5 7 8 1 3 4 9 6
4 1 3 9 6 7 5 2 8
7 8 4 3 5 6 2 1 9
3 2 1 4 8 9 6 5 7
6 9 5 2 7 1 8 3 4
```

Solution # 419
```
9 2 4 5 3 6 1 8 7
3 6 7 1 2 8 4 5 9
1 5 8 7 4 9 3 6 2
7 9 5 6 8 4 2 1 3
4 8 3 2 9 1 5 7 6
2 1 6 3 5 7 9 4 8
6 4 2 9 7 5 8 3 1
8 7 9 4 1 3 6 2 5
5 3 1 8 6 2 7 9 4
```

Solution # 420
```
3 4 1 7 6 9 2 8 5
9 2 8 5 1 3 6 7 4
7 6 5 4 8 2 1 3 9
5 1 7 3 9 4 8 2 6
6 8 4 2 5 1 3 9 7
2 3 9 8 7 6 4 5 1
4 9 2 1 3 7 5 6 8
1 5 6 9 2 8 7 4 3
8 7 3 6 4 5 9 1 2
```

Solution # 421
```
5 7 2 6 8 4 1 3 9
8 3 4 5 1 9 7 6 2
1 9 6 3 2 7 5 8 4
6 8 5 1 4 3 2 9 7
9 2 1 8 7 5 3 4 6
3 4 7 9 6 2 8 5 1
7 1 3 4 5 6 9 2 8
4 5 8 2 9 1 6 7 3
2 6 9 7 3 8 4 1 5
```

Solution # 422
```
6 2 9 8 4 3 7 1 5
1 8 7 5 9 2 3 6 4
4 3 5 6 7 1 9 2 8
3 9 1 4 2 6 8 5 7
2 7 4 9 8 5 1 3 6
5 6 8 1 3 7 2 4 9
7 5 6 3 1 9 4 8 2
8 1 2 7 5 4 6 9 3
9 4 3 2 6 8 5 7 1
```

Solution # 423
```
6 8 1 3 9 2 5 7 4
9 3 4 7 5 6 1 2 8
5 2 7 4 1 8 6 3 9
4 9 3 5 2 1 7 8 6
7 5 8 6 4 3 9 1 2
2 1 6 9 8 7 4 5 3
3 6 5 2 7 9 8 4 1
8 7 2 1 6 4 3 9 5
1 4 9 8 3 5 2 6 7
```

Solution # 424
```
9 2 7 6 1 5 4 3 8
3 5 8 7 4 9 2 6 1
6 1 4 2 3 8 7 9 5
5 8 9 3 6 4 1 2 7
2 7 3 8 5 1 6 4 9
1 4 6 9 2 7 5 8 3
4 3 5 1 8 6 9 7 2
8 9 1 4 7 2 3 5 6
7 6 2 5 9 3 8 1 4
```

Solution # 425
```
8 2 1 5 6 3 4 9 7
7 5 4 9 1 2 3 8 6
9 3 6 7 8 4 2 1 5
1 4 2 3 7 9 6 5 8
6 7 5 8 4 1 9 3 2
3 9 8 2 5 6 7 4 1
2 1 7 4 9 5 8 6 3
5 8 9 6 3 7 1 2 4
4 6 3 1 2 8 5 7 9
```

Solution # 426
```
5 2 3 8 4 7 1 6 9
6 1 4 2 3 9 8 5 7
8 9 7 5 1 6 3 2 4
1 5 8 9 2 4 6 7 3
4 6 9 3 7 5 2 1 8
3 7 2 6 8 1 4 9 5
9 4 5 1 6 3 7 8 2
7 8 1 4 5 2 9 3 6
2 3 6 7 9 8 5 4 1
```

Solution # 427
```
5 9 3 4 8 1 6 7 2
7 2 6 9 3 5 1 8 4
4 1 8 6 7 2 5 3 9
1 4 2 8 9 7 3 6 5
9 3 7 5 6 4 2 1 8
8 6 5 1 2 3 9 4 7
6 7 9 3 5 8 4 2 1
3 8 4 2 1 9 7 5 6
2 5 1 7 4 6 8 9 3
```

Solution # 428
```
9 5 2 3 7 6 8 4 1
8 6 1 4 9 2 3 5 7
7 3 4 5 1 8 2 9 6
4 9 3 7 2 5 6 1 8
5 7 6 1 8 4 9 3 2
1 2 8 6 3 9 5 7 4
3 4 5 8 6 7 1 2 9
2 8 7 9 5 1 4 6 3
6 1 9 2 4 3 7 8 5
```

Solution # 429
```
2 5 8 3 1 4 7 9 6
6 9 4 7 2 8 3 5 1
3 7 1 9 5 6 8 2 4
1 3 9 2 4 7 5 6 8
8 6 7 1 9 5 4 3 2
5 4 2 6 8 3 1 7 9
4 8 6 5 3 2 9 1 7
7 1 5 4 6 9 2 8 3
9 2 3 8 7 1 6 4 5
```

Solution # 430
```
3 7 4 6 2 5 9 1 8
6 9 8 7 4 1 5 2 3
1 2 5 9 3 8 4 7 6
7 6 2 1 9 4 8 3 5
4 1 9 8 5 3 7 6 2
8 5 3 2 7 6 1 4 9
2 3 7 5 1 9 6 8 4
9 8 1 4 6 2 3 5 7
5 4 6 3 8 7 2 9 1
```

Solution # 431
```
3 2 4 9 8 7 6 5 1
8 5 7 6 1 4 9 2 3
6 1 9 2 5 3 8 7 4
9 7 5 3 2 6 1 4 8
4 6 3 8 7 1 2 9 5
1 8 2 5 4 9 3 6 7
5 4 6 1 3 2 7 8 9
7 9 1 4 6 8 5 3 2
2 3 8 7 9 5 4 1 6
```

Solution # 432
```
4 6 7 9 3 5 2 8 1
3 8 1 7 6 2 9 5 4
9 5 2 1 4 8 7 6 3
1 2 9 5 8 3 6 4 7
8 3 6 4 2 7 5 1 9
5 7 4 6 9 1 3 2 8
6 1 8 3 5 9 4 7 2
7 4 3 2 1 6 8 9 5
2 9 5 8 7 4 1 3 6
```

Solution # 433
```
7 1 3 5 8 2 6 4 9
2 6 5 9 4 7 8 3 1
9 4 8 1 6 3 2 5 7
6 8 9 3 5 1 7 2 4
3 2 7 6 9 4 1 8 5
4 5 1 7 2 8 3 9 6
1 3 4 2 7 5 9 6 8
8 7 6 4 3 9 5 1 2
5 9 2 8 1 6 4 7 3
```

Solution # 434
```
3 1 8 5 6 9 2 4 7
7 5 2 4 1 3 6 8 9
4 9 6 8 2 7 3 1 5
2 3 9 1 7 5 4 6 8
6 7 1 2 4 8 9 5 3
5 8 4 9 3 6 7 2 1
9 4 7 6 8 1 5 3 2
1 2 3 7 5 4 8 9 6
8 6 5 3 9 2 1 7 4
```

Solution # 435
```
8 6 2 3 5 9 1 4 7
9 1 4 7 6 8 2 3 5
3 7 5 1 4 2 9 6 8
6 8 9 2 3 5 7 1 4
4 2 1 6 8 7 5 9 3
7 5 3 4 9 1 6 8 2
1 9 8 5 7 4 3 2 6
5 4 6 9 2 3 8 7 1
2 3 7 8 1 6 4 5 9
```

Solution # 436
```
2 8 6 9 4 1 3 7 5
3 7 1 2 6 5 8 4 9
5 9 4 8 7 3 6 1 2
6 2 8 4 5 7 1 9 3
4 3 9 1 8 2 5 6 7
7 1 5 6 3 9 2 8 4
1 4 2 5 9 6 7 3 8
8 6 7 3 2 4 9 5 1
9 5 3 7 1 8 4 2 6
```

Solution # 437
```
9 7 3 8 6 2 1 4 5
2 8 4 5 7 1 6 3 9
6 1 5 9 3 4 8 2 7
1 9 8 2 4 6 7 5 3
4 3 6 7 5 8 2 9 1
7 5 2 3 1 9 4 8 6
5 4 9 6 2 7 3 1 8
8 2 7 1 9 3 5 6 4
3 6 1 4 8 5 9 7 2
```

Solution # 438
```
2 9 7 3 1 6 4 5 8
5 3 6 7 4 8 1 9 2
1 8 4 9 5 2 6 7 3
9 2 3 5 6 1 8 4 7
4 1 5 8 7 9 2 3 6
6 7 8 2 3 4 5 1 9
7 4 2 6 9 5 3 8 1
8 5 9 1 2 3 7 6 4
3 6 1 4 8 7 9 2 5
```

Solution # 439
```
9 4 8 5 7 6 1 3 2
6 2 3 4 1 9 5 8 7
1 7 5 3 2 8 4 9 6
2 8 7 1 9 4 3 6 5
3 9 1 7 6 5 8 2 4
4 5 6 2 8 3 9 7 1
5 1 2 8 3 7 6 4 9
7 3 9 6 4 1 2 5 8
8 6 4 9 5 2 7 1 3
```

Solution # 440
```
8 7 1 6 3 9 5 4 2
2 6 5 1 7 4 9 8 3
4 9 3 8 5 2 1 7 6
6 8 7 2 1 3 4 9 5
3 1 9 4 6 5 7 2 8
5 4 2 9 8 7 3 6 1
9 2 8 3 4 1 6 5 7
7 3 4 5 2 6 8 1 9
1 5 6 7 9 8 2 3 4
```

Solution # 441
```
8 7 2 3 1 5 6 4 9
1 3 4 6 9 8 2 5 7
9 6 5 2 7 4 8 1 3
6 8 3 9 2 1 4 7 5
2 4 1 7 5 3 9 6 8
5 9 7 8 4 6 1 3 2
3 5 6 4 8 2 7 9 1
7 1 8 5 6 9 3 2 4
4 2 9 1 3 7 5 8 6
```

Solution # 442
```
5 3 7 8 2 9 4 1 6
6 9 2 1 7 4 8 5 3
8 4 1 5 3 6 7 9 2
7 8 3 4 5 1 2 6 9
1 6 4 2 9 3 5 7 8
9 2 5 6 8 7 3 4 1
2 5 6 9 4 8 1 3 7
4 7 9 3 1 2 6 8 5
3 1 8 7 6 5 9 2 4
```

Solution # 443
```
5 7 1 4 8 3 2 6 9
8 6 9 2 5 7 4 1 3
4 3 2 1 6 9 8 5 7
9 5 7 3 1 2 6 4 8
3 4 6 5 9 8 7 2 1
1 2 8 6 7 4 3 9 5
7 8 5 9 4 6 1 3 2
2 9 4 7 3 1 5 8 6
6 1 3 8 2 5 9 7 4
```

Solution # 444
```
3 7 2 9 8 5 4 1 6
1 8 5 4 2 6 9 3 7
9 6 4 7 3 1 2 5 8
5 1 6 8 7 2 3 4 9
4 9 8 5 1 3 7 6 2
2 3 7 6 9 4 1 8 5
7 4 9 1 6 8 5 2 3
6 5 3 2 4 9 8 7 1
8 2 1 3 5 7 6 9 4
```

Solution # 445
```
4 1 5 2 8 3 9 6 7
2 7 3 9 4 6 5 1 8
9 8 6 5 7 1 2 4 3
7 5 9 1 2 8 4 3 6
6 3 4 7 9 5 8 1 2
1 2 8 6 3 4 7 5 9
5 4 7 3 6 9 8 2 1
8 6 2 4 1 7 3 9 5
3 9 1 8 5 2 6 7 4
```

Solution # 446
```
2 5 7 8 3 4 1 9 6
4 9 6 2 1 7 5 3 8
8 3 1 5 9 6 4 2 7
5 8 3 6 4 9 2 7 1
7 2 9 3 8 1 6 5 4
1 6 4 7 2 5 9 8 3
3 4 2 1 5 8 7 6 9
6 1 5 9 7 3 8 4 2
9 7 8 4 6 2 3 1 5
```

Solution # 447
```
7 5 8 2 4 9 6 1 3
3 1 2 6 5 8 7 9 4
6 4 9 3 7 1 5 8 2
5 8 1 9 3 6 2 4 7
4 2 3 7 1 5 9 6 8
9 7 6 8 2 4 1 3 5
8 3 5 1 6 2 4 7 9
2 6 7 4 9 3 8 5 1
1 9 4 5 8 7 3 2 6
```

Solution # 448
```
6 3 1 2 7 9 4 8 5
7 5 4 3 1 8 9 2 6
2 9 8 5 4 6 1 7 3
9 4 2 8 6 1 5 3 7
8 7 3 9 5 4 2 6 1
5 1 6 7 3 2 8 9 4
3 8 7 1 2 5 6 4 9
1 6 9 4 8 3 7 5 2
4 2 5 6 9 7 3 1 8
```

Solution # 449
```
3 1 4 6 5 7 2 9 8
2 6 9 4 8 3 5 1 7
7 5 8 9 2 1 4 6 3
4 3 6 5 9 8 1 7 2
8 2 5 1 7 4 6 3 9
9 7 1 3 6 2 8 4 5
5 4 2 7 1 9 3 8 6
6 9 3 8 4 5 7 2 1
1 8 7 2 3 6 9 5 4
```

Solution # 450
```
9 8 6 5 4 7 2 3 1
7 4 3 6 2 1 9 8 5
2 5 1 9 3 8 7 6 4
8 7 4 1 9 5 3 2 6
3 9 5 7 6 2 1 4 8
6 1 2 4 8 3 5 9 7
5 3 8 2 7 6 4 1 9
1 2 9 8 5 4 6 7 3
4 6 7 3 1 9 8 5 2
```

Solution # 451
```
1 7 2 5 3 4 9 6 8
4 6 9 7 1 8 3 2 5
3 8 5 2 9 6 7 1 4
8 9 6 4 7 1 5 3 2
5 3 4 9 6 2 8 7 1
7 2 1 3 8 5 6 4 9
9 1 3 8 4 7 2 5 6
2 4 7 6 5 9 1 8 3
6 5 8 1 2 3 4 9 7
```

Solution # 452
```
2 9 8 6 3 4 7 5 1
3 4 1 5 7 8 2 6 9
6 7 5 2 1 9 8 3 4
1 6 2 8 4 7 3 9 5
7 5 3 9 6 2 1 4 8
4 8 9 1 5 3 6 7 2
5 3 4 7 8 1 9 2 6
8 2 7 4 9 6 5 1 3
9 1 6 3 2 5 4 8 7
```

Solution # 453
```
9 6 4 8 2 5 1 7 3
2 8 1 3 6 7 4 9 5
7 5 3 4 9 1 6 8 2
6 9 7 2 3 4 8 5 1
1 4 5 7 8 6 3 2 9
8 3 2 5 1 9 7 6 4
5 2 8 6 4 3 9 1 7
4 1 6 9 7 2 5 3 8
3 7 9 1 5 8 2 4 6
```

Solution # 454
```
8 5 7 9 6 4 1 2 3
3 2 9 1 5 7 6 8 4
6 4 1 3 2 8 5 7 9
5 7 8 6 4 1 9 3 2
4 9 6 8 3 2 7 1 5
1 3 2 7 9 5 4 6 8
7 8 3 4 1 9 2 5 6
2 1 4 5 8 6 3 9 7
9 6 5 2 7 3 8 4 1
```

Solution # 455
```
5 2 1 8 4 9 7 3 6
8 7 3 5 6 1 4 2 9
4 6 9 7 3 2 8 5 1
6 5 8 2 9 3 1 4 7
3 4 7 1 8 5 9 6 2
9 1 2 6 7 4 3 8 5
2 3 5 9 1 8 6 7 4
7 9 4 3 2 6 5 1 8
1 8 6 4 5 7 2 9 3
```

Solution # 456
```
9 2 3 7 5 4 8 6 1
8 1 5 3 2 6 4 9 7
7 6 4 9 8 1 5 3 2
2 8 9 1 4 7 3 5 6
5 4 6 8 3 2 1 7 9
3 7 1 6 9 5 2 4 8
4 5 7 2 1 9 6 8 3
1 9 8 5 6 3 7 2 4
6 3 2 4 7 8 9 1 5
```

Solution # 457
```
7 1 5 9 3 2 4 8 6
4 6 9 8 5 7 1 2 3
8 2 3 4 1 6 9 7 5
9 7 2 6 4 1 5 3 8
5 8 6 2 9 3 7 1 4
3 4 1 7 8 5 6 9 2
2 5 8 1 6 9 3 4 7
6 9 4 3 7 8 2 5 1
1 3 7 5 2 4 8 6 9
```

Solution # 458
```
4 9 2 5 3 6 1 8 7
6 8 5 2 7 1 9 4 3
3 1 7 4 9 8 5 2 6
2 7 9 1 6 5 3 8 4
8 6 3 7 4 9 2 5 1
1 5 4 8 2 3 7 6 9
7 2 1 3 8 4 6 9 5
5 3 6 9 1 2 4 7 8
9 4 8 6 5 7 3 1 2
```

Solution # 459
```
9 2 1 4 7 5 3 6 8
7 6 3 9 1 8 5 2 4
4 8 5 2 6 3 7 1 9
1 4 7 6 3 2 9 8 5
8 9 6 1 5 4 2 3 7
3 5 2 7 8 9 1 4 6
2 3 8 5 9 6 4 7 1
6 1 9 3 4 7 8 5 2
5 7 4 8 2 1 6 9 3
```

Solution # 460
```
3 4 5 8 6 7 2 9 1
1 2 6 5 9 4 3 7 8
8 7 9 2 1 3 6 5 4
7 9 1 6 4 5 8 2 3
6 3 2 7 8 1 5 4 9
5 8 4 9 3 2 7 1 6
9 6 7 4 2 8 1 3 5
2 1 8 3 5 9 4 6 7
4 5 3 1 7 6 9 8 2
```

Solution # 461
```
4 8 1 2 5 6 7 3 9
5 9 2 3 7 4 1 8 6
3 7 6 1 9 8 2 5 4
7 2 9 5 8 3 6 4 1
1 6 3 9 4 7 5 2 8
8 4 5 6 1 2 9 7 3
2 3 7 4 6 9 8 1 5
6 5 8 7 3 1 4 9 2
9 1 4 8 2 5 3 6 7
```

Solution # 462
```
5 3 2 8 7 1 4 6 9
4 8 1 6 3 9 7 2 5
6 7 9 4 5 2 8 3 1
1 9 7 5 6 3 2 8 4
2 6 3 1 4 8 9 5 7
8 4 5 2 9 7 3 1 6
3 1 6 7 8 4 5 9 2
9 2 4 3 1 5 6 7 8
7 5 8 9 2 6 1 4 3
```

Solution # 463
```
6 8 3 4 5 9 7 1 2
4 1 2 3 8 7 5 6 9
5 7 9 6 1 2 3 4 8
7 6 8 2 9 4 1 5 3
1 9 4 7 3 5 2 8 6
2 3 5 8 6 1 9 7 4
3 2 7 1 4 8 6 9 5
8 5 6 9 7 3 4 2 1
9 4 1 5 2 6 8 3 7
```

Solution # 464
```
3 5 6 4 9 1 8 7 2
8 1 4 7 6 2 3 5 9
7 9 2 5 3 8 1 6 4
4 2 5 1 8 9 7 3 6
9 8 3 6 7 4 5 2 1
1 6 7 3 2 5 4 9 8
5 7 8 9 1 6 2 4 3
6 4 1 2 5 3 9 8 7
2 3 9 8 4 7 6 1 5
```

Solution # 465
```
6 3 9 1 8 4 7 2 5
4 1 2 5 3 7 8 6 9
5 7 8 2 6 9 1 3 4
7 2 3 4 9 6 5 8 1
1 9 6 3 5 8 4 7 2
8 4 5 7 2 1 3 9 6
3 6 1 8 4 2 9 5 7
9 5 7 6 1 3 2 4 8
2 8 4 9 7 5 6 1 3
```

Solution # 466
```
6 4 2 3 1 9 7 5 8
9 3 8 5 6 7 1 2 4
1 7 5 2 8 4 6 3 9
3 2 1 9 5 6 4 8 7
7 8 4 1 2 3 5 9 6
5 6 9 4 7 8 2 1 3
4 5 6 8 9 1 3 7 2
2 9 7 6 3 5 8 4 1
8 1 3 7 4 2 9 6 5
```

Solution # 467
```
1 8 4 5 3 7 9 6 2
2 6 7 4 9 8 5 3 1
9 3 5 6 2 1 4 8 7
3 9 2 1 4 6 7 5 8
5 1 8 2 7 3 6 9 4
4 7 6 9 8 5 1 2 3
6 5 3 7 1 2 8 4 9
8 4 1 3 6 9 2 7 5
7 2 9 8 5 4 3 1 6
```

Solution # 468
```
1 8 5 2 3 6 9 4 7
3 6 9 1 7 4 5 8 2
4 7 2 5 9 8 1 3 6
9 2 1 7 4 3 8 6 5
7 3 6 8 5 9 2 1 4
8 5 4 6 1 2 7 9 3
6 1 8 3 2 7 4 5 9
2 9 3 4 8 5 6 7 1
5 4 7 9 6 1 3 2 8
```

Solution # 469
```
6 9 8 1 4 2 7 3 5
2 4 5 3 7 9 1 6 8
1 7 3 5 6 8 4 9 2
9 8 1 2 3 6 5 4 7
4 6 7 8 9 5 3 2 1
3 5 2 7 1 4 6 8 9
7 1 9 4 2 3 8 5 6
8 3 6 9 5 1 2 7 4
5 2 4 6 8 7 9 1 3
```

Solution # 470
```
1 2 7 9 4 3 5 6 8
9 3 5 6 1 8 4 7 2
6 8 4 2 5 7 3 1 9
4 9 8 1 3 6 7 2 5
7 6 2 4 9 5 8 3 1
5 1 3 7 8 2 6 9 4
2 7 9 8 6 4 1 5 3
8 5 6 3 2 1 9 4 7
3 4 1 5 7 9 2 8 6
```

Solution # 471
```
2 8 3 7 4 9 5 6 1
9 1 6 5 3 8 7 2 4
4 5 7 2 6 1 8 9 3
6 4 8 3 1 5 9 7 2
3 7 5 9 8 2 1 4 6
1 9 2 6 7 4 3 5 8
7 3 4 1 9 6 2 8 5
5 6 9 8 2 3 4 1 7
8 2 1 4 5 7 6 3 9
```

Solution # 472
```
9 2 3 6 7 4 8 1 5
4 5 7 3 1 8 2 6 9
8 1 6 9 2 5 4 3 7
2 3 5 8 4 6 9 7 1
6 4 1 5 9 7 3 2 8
7 9 8 2 3 1 6 5 4
3 7 2 4 5 9 1 8 6
5 8 9 1 6 2 7 4 3
1 6 4 7 8 3 5 9 2
```

Solution # 473
```
9 8 2 1 5 7 3 6 4
3 5 6 9 4 8 1 7 2
4 1 7 3 2 6 8 9 5
8 2 3 4 9 5 6 1 7
1 7 5 6 8 2 9 4 3
6 4 9 7 1 3 5 2 8
7 9 1 8 3 4 2 5 6
2 6 8 5 7 1 4 3 9
5 3 4 2 6 9 7 8 1
```

Solution # 474
```
7 4 5 9 8 1 6 3 2
2 6 3 5 7 4 9 8 1
9 1 8 3 2 6 5 4 7
1 2 7 8 5 9 4 6 3
6 8 4 1 3 2 7 5 9
3 5 9 4 6 7 2 1 8
8 9 1 2 4 5 3 7 6
5 3 6 7 9 8 1 2 4
4 7 2 6 1 3 8 9 5
```

Solution # 475
```
3 5 2 7 1 8 6 4 9
1 8 9 4 6 3 2 7 5
7 6 4 9 2 5 3 1 8
8 3 1 5 9 7 4 6 2
5 4 7 2 3 6 8 9 1
9 2 6 1 8 4 5 3 7
2 9 8 6 4 1 7 5 3
6 1 5 3 7 2 9 8 4
4 7 3 8 5 9 1 2 6
```

Solution # 476
```
1 8 3 7 2 4 5 9 6
2 9 5 3 1 6 8 4 7
7 6 4 5 8 9 2 3 1
3 1 6 2 7 8 9 5 4
5 4 7 9 6 3 1 2 8
8 2 9 1 4 5 7 6 3
4 3 2 8 9 7 6 1 5
6 7 1 4 5 2 3 8 9
9 5 8 6 3 1 4 7 2
```

Solution # 477
```
2 9 8 7 6 3 4 1 5
3 6 4 5 9 1 2 7 8
1 7 5 2 8 4 3 9 6
9 3 2 1 5 7 8 6 4
6 4 7 9 2 8 1 5 3
5 8 1 3 4 6 9 2 7
8 2 9 6 3 5 7 4 1
7 5 3 4 1 2 6 8 9
4 1 6 8 7 9 5 3 2
```

Solution # 478
```
9 8 5 4 7 3 2 1 6
3 1 4 9 6 2 5 7 8
6 7 2 5 1 8 4 9 3
5 4 6 2 9 1 3 8 7
1 2 8 7 3 5 6 4 9
7 9 3 8 4 6 1 5 2
4 3 7 6 5 9 8 2 1
8 6 9 1 2 4 7 3 5
2 5 1 3 8 7 9 6 4
```

Solution # 479
```
3 4 9 2 1 5 8 6 7
2 8 5 3 6 7 4 1 9
6 1 7 4 9 8 3 5 2
8 9 6 7 2 3 1 4 5
1 3 2 5 4 9 7 8 6
7 5 4 6 8 1 9 2 3
5 2 8 9 3 4 6 7 1
4 6 3 1 7 2 5 9 8
9 7 1 8 5 6 2 3 4
```

Solution # 480
```
5 6 7 8 1 3 9 2 4
9 1 4 2 5 7 6 3 8
3 2 8 9 6 4 5 1 7
8 9 3 7 5 6 1 4 2
1 7 2 4 3 9 8 5 6
6 4 5 1 2 8 7 3 9
2 3 9 5 8 7 4 6 1
7 8 6 3 4 1 2 9 5
4 5 1 6 9 2 3 7 8
```

Solution # 481
```
7 3 1 9 8 6 4 2 5
9 4 5 7 1 2 6 3 8
6 2 8 3 5 4 1 7 9
3 1 7 4 9 8 5 6 2
5 9 2 6 7 1 3 8 4
4 8 6 2 3 5 9 1 7
1 5 3 8 4 7 2 9 6
8 6 9 5 2 3 7 4 1
2 7 4 1 6 9 8 5 3
```

Solution # 482
```
4 3 5 8 7 6 1 2 9
9 7 1 2 5 3 8 6 4
2 6 8 4 9 1 5 3 7
8 2 3 1 6 4 7 9 5
6 1 7 5 2 9 3 4 8
5 4 9 3 8 7 2 1 6
7 8 6 9 4 2 3 5 1
1 5 4 6 3 8 9 7 2
3 9 2 7 1 5 6 4 8
```

Solution # 483
```
1 9 4 6 3 5 2 8 7
2 5 7 4 8 1 9 6 3
6 3 8 2 7 9 1 5 4
9 7 1 5 4 8 3 2 6
5 4 3 7 2 6 8 9 1
8 2 6 9 1 3 4 7 5
7 8 9 3 5 4 6 1 2
3 1 5 8 6 2 7 4 9
4 6 2 1 9 7 5 3 8
```

Solution # 484
```
2 3 7 6 9 8 4 1 5
5 6 8 7 4 1 3 9 2
1 9 4 3 2 5 7 8 6
8 4 5 2 6 7 9 3 1
6 2 1 9 8 3 5 7 4
9 7 3 1 5 4 6 2 8
3 8 6 5 7 2 1 4 9
4 1 9 8 3 6 2 5 7
7 5 2 4 1 9 8 6 3
```

Solution # 485
```
9 2 8 6 7 1 3 4 5
4 5 6 3 8 9 1 2 7
3 7 1 4 5 2 9 8 6
6 9 2 1 4 8 5 7 3
5 8 7 9 2 3 6 1 4
1 3 4 5 6 7 2 9 8
8 4 9 2 3 6 7 5 1
2 6 5 7 1 4 8 3 9
7 1 3 8 9 5 4 6 2
```

Solution # 486
```
6 4 2 8 5 7 9 1 3
3 8 5 6 1 9 7 2 4
1 9 7 2 3 4 8 5 6
9 3 8 4 2 6 5 7 1
7 1 6 3 8 5 4 9 2
5 2 4 9 7 1 3 6 8
2 6 9 7 4 8 1 3 5
4 7 1 5 6 3 2 8 9
8 5 3 1 9 2 6 4 7
```

Solution # 487
```
1 6 9 3 5 4 7 8 2
4 2 8 6 1 7 3 5 9
5 3 7 2 8 9 6 4 1
3 5 2 1 9 6 8 7 4
7 1 6 4 3 8 2 9 5
8 9 4 7 2 5 1 3 6
9 7 1 5 6 3 4 2 8
2 4 5 8 7 1 9 6 3
6 8 3 9 4 2 5 1 7
```

Solution # 488
```
6 7 4 9 1 8 3 2 5
8 5 9 3 2 7 6 4 1
2 3 1 5 4 6 8 7 9
4 9 8 2 3 1 5 6 7
7 1 5 6 8 4 9 3 2
3 2 6 7 5 9 1 8 4
1 8 2 4 9 3 7 5 6
5 6 3 1 7 2 4 9 8
9 4 7 8 6 5 2 1 3
```

Solution # 489
```
1 8 2 9 7 4 5 6 3
7 9 4 5 6 3 1 8 2
6 3 5 8 2 1 9 7 4
4 5 9 6 3 8 2 1 7
2 6 7 4 1 9 8 3 5
3 1 8 7 5 2 4 9 6
5 4 3 1 9 7 6 2 8
8 7 1 2 4 6 3 5 9
9 2 6 3 8 5 7 4 1
```

Solution # 490
```
7 2 9 1 8 5 6 4 3
6 1 8 7 3 4 2 5 9
4 3 5 6 9 2 7 1 8
9 7 4 5 1 6 3 8 2
2 8 6 3 4 7 1 9 5
3 5 1 9 2 8 4 6 7
1 4 2 8 5 3 9 7 6
8 9 7 2 6 1 5 3 4
5 6 3 4 7 9 8 2 1
```

Solution # 491
```
1 5 9 2 4 7 3 8 6
7 4 6 8 3 9 5 1 2
3 2 8 5 6 1 4 9 7
2 9 7 4 8 3 6 5 1
4 8 1 9 5 6 2 7 3
6 3 5 7 1 2 9 4 8
5 6 4 1 2 8 7 3 9
9 1 2 3 7 4 8 6 5
8 7 3 6 9 5 1 2 4
```

Solution # 492
```
2 6 3 4 9 1 7 8 5
1 8 9 6 5 7 4 2 3
7 4 5 2 8 3 9 1 6
9 5 7 8 6 4 1 3 2
6 2 1 5 3 9 8 4 7
4 3 8 1 7 2 6 5 9
5 7 4 3 1 6 2 9 8
3 9 2 7 4 8 5 6 1
8 1 6 9 2 5 3 7 4
```

Solution # 493
```
3 7 9 4 8 1 6 5 2
1 5 8 2 6 7 3 4 9
2 6 4 3 9 5 8 1 7
4 9 3 5 2 8 7 6 1
6 1 2 7 3 9 5 8 4
5 8 7 6 1 4 9 2 3
9 2 6 8 4 3 1 7 5
7 4 1 9 5 6 2 3 8
8 3 5 1 7 2 4 9 6
```

Solution # 494
```
1 7 5 9 2 3 4 6 8
9 4 8 1 6 5 2 7 3
2 3 6 8 4 7 5 9 1
8 9 4 5 3 6 1 2 7
5 2 3 7 1 8 6 4 9
6 1 7 4 9 2 3 8 5
7 6 1 2 5 9 8 3 4
3 5 9 6 8 4 7 1 2
4 8 2 3 7 1 9 5 6
```

Solution # 495
```
1 8 3 7 6 9 2 4 5
6 2 9 4 8 5 1 3 7
5 4 7 1 3 2 6 9 8
2 7 1 8 4 3 9 5 6
9 6 8 5 7 1 4 2 3
4 3 5 9 2 6 8 7 1
7 1 2 6 5 4 3 8 9
8 9 4 3 1 7 5 6 2
3 5 6 2 9 8 7 1 4
```

Solution # 496
```
1 9 3 4 7 2 6 5 8
6 8 7 5 9 3 1 4 2
4 5 2 1 8 6 3 7 9
5 3 6 2 4 7 9 8 1
8 2 1 3 5 9 7 6 4
9 7 4 6 1 8 5 2 3
2 4 5 9 6 1 8 3 7
7 6 9 8 3 4 2 1 5
3 1 8 7 2 5 4 9 6
```

Solution # 497
```
4 3 8 1 5 6 7 9 2
6 2 5 9 7 8 1 3 4
1 9 7 3 2 4 8 5 6
3 6 1 8 9 7 4 2 5
2 8 9 4 3 5 6 7 1
7 5 4 6 1 2 3 9 8
9 7 6 5 8 1 2 4 3
5 4 2 7 6 3 9 1 8
8 1 3 2 4 9 5 6 7
```

Solution # 498
```
9 1 7 6 2 5 8 4 3
3 6 2 8 4 7 1 5 9
4 5 8 9 1 3 6 7 2
5 7 3 1 8 9 2 6 4
8 4 1 2 3 6 7 9 5
2 9 6 7 5 4 3 8 1
6 8 4 3 9 2 5 1 7
7 2 9 5 6 1 4 3 8
1 3 5 4 7 8 9 2 6
```

Solution # 499
```
5 8 4 7 3 9 1 6 2
3 2 9 5 6 1 8 7 4
7 1 6 2 4 8 9 5 3
6 7 8 3 1 4 5 2 9
1 4 2 9 8 5 6 3 7
9 3 5 6 2 7 4 8 1
8 9 7 4 5 3 2 1 6
2 5 3 1 9 6 7 4 8
4 6 1 8 7 2 3 9 5
```

Solution # 500
```
9 1 3 7 5 2 4 6 8
4 8 6 3 9 1 2 7 5
7 5 2 4 8 6 9 1 3
8 3 9 1 7 5 6 2 4
2 7 1 6 3 4 8 5 9
5 6 4 9 2 8 1 3 7
6 2 7 5 4 9 3 8 1
1 9 5 8 6 3 7 4 2
3 4 8 2 1 7 5 9 6
```

Solution # 501
```
4 7 8 5 3 2 9 6 1
6 3 2 1 9 8 5 7 4
1 9 5 4 6 7 8 2 3
3 5 1 6 2 9 4 8 7
2 4 7 8 1 5 3 9 6
9 8 6 3 7 4 1 5 2
5 6 9 2 4 3 7 1 8
8 2 3 7 5 1 6 4 9
7 1 4 9 8 6 2 3 5
```

Solution # 502
```
7 3 4 8 2 1 6 5 9
2 9 6 4 3 5 8 1 7
1 8 5 9 6 7 2 3 4
5 1 3 6 4 9 7 8 2
4 2 7 3 5 8 1 9 6
9 6 8 7 1 2 5 4 3
3 4 2 1 8 6 9 7 5
6 7 1 5 9 4 3 2 8
8 5 9 2 7 3 4 6 1
```

Solution # 503
```
4 7 5 1 8 2 3 9 6
9 2 8 6 3 4 7 5 1
1 6 3 5 7 9 4 8 2
8 5 7 9 1 6 2 3 4
2 1 6 3 4 5 9 7 8
3 4 9 8 2 7 1 6 5
7 8 4 2 6 3 5 1 9
6 9 2 7 5 1 8 4 3
5 3 1 4 9 8 6 2 7
```

Solution # 504
```
4 9 6 3 2 7 5 1 8
5 3 2 8 9 1 7 4 6
8 1 7 5 4 6 9 2 3
3 2 5 1 6 9 4 8 7
1 6 4 7 8 3 2 9 5
9 7 8 2 5 4 3 6 1
2 4 3 6 7 8 1 5 9
6 5 1 9 3 2 8 7 4
7 8 9 4 1 5 6 3 2
```

Solution # 505
```
7 9 1 6 3 5 4 2 8
6 2 5 8 4 7 1 9 3
8 3 4 1 9 2 5 7 6
9 4 3 2 6 1 8 5 7
5 8 2 9 7 4 3 6 1
1 6 7 3 5 8 9 4 2
4 1 8 7 2 9 6 3 5
3 7 9 5 8 6 2 1 4
2 5 6 4 1 3 7 8 9
```

Solution # 506
```
5 4 2 7 8 6 3 9 1
6 1 3 4 9 5 8 2 7
9 7 8 3 2 1 6 4 5
8 6 7 2 3 9 1 5 4
1 3 4 5 6 7 9 8 2
2 5 9 8 1 4 7 3 6
4 9 5 6 7 8 2 1 3
7 2 1 9 5 3 4 6 8
3 8 6 1 4 2 5 7 9
```

Solution # 507
```
4 6 5 8 9 2 3 7 1
7 9 3 4 1 6 8 5 2
2 1 8 5 3 7 4 9 6
9 7 1 6 4 8 5 2 3
5 2 4 3 7 1 6 8 9
8 3 6 2 5 9 1 4 7
3 8 2 9 6 5 7 1 4
6 5 7 1 2 4 9 3 8
1 4 9 7 8 3 2 6 5
```

Solution # 508
```
6 5 4 7 1 3 8 2 9
9 3 2 4 8 5 1 7 6
1 7 8 9 2 6 4 5 3
8 2 6 1 5 7 3 9 4
4 1 7 3 9 8 5 6 2
5 9 3 2 6 4 7 1 8
2 8 9 5 3 1 6 4 7
7 6 5 8 4 2 9 3 1
3 4 1 6 7 9 2 8 5
```

Solution # 509
```
3 6 2 7 5 1 4 9 8
9 4 5 2 3 8 6 7 1
7 8 1 9 6 4 5 2 3
8 2 4 5 1 3 7 6 9
6 7 3 4 8 9 1 5 2
1 5 9 6 7 2 8 3 4
5 9 8 1 2 7 3 4 6
2 3 7 8 4 6 9 1 5
4 1 6 3 9 5 2 8 7
```

Solution # 510
```
2 5 1 8 9 6 7 4 3
6 4 7 1 3 5 8 9 2
8 9 3 7 2 4 5 6 1
7 6 9 4 5 1 2 3 8
4 1 2 3 8 9 6 5 7
5 3 8 2 6 7 4 1 9
1 7 6 9 4 8 3 2 5
9 2 4 5 7 3 1 8 6
3 8 5 6 1 2 9 7 4
```

Solution # 511
```
5 2 6 9 1 3 8 7 4
1 8 9 7 4 5 2 3 6
7 4 3 8 2 6 1 5 9
6 1 7 5 8 9 3 4 2
8 3 2 4 6 7 5 9 1
9 5 4 2 3 1 7 6 8
3 9 1 6 5 8 4 2 7
2 7 8 3 9 4 6 1 5
4 6 5 1 7 2 9 8 3
```

Solution # 512
```
4 7 5 8 1 9 3 6 2
6 1 9 5 2 3 8 4 7
3 2 8 6 4 7 1 9 5
1 5 6 9 3 4 7 2 8
7 9 3 1 8 2 4 5 6
2 4 8 7 6 5 9 3 1
3 8 4 2 5 1 6 7 9
5 6 7 4 9 8 2 1 3
9 2 1 3 7 6 5 8 4
```

Solution # 513
```
3 2 7 8 4 1 6 9 5
5 1 6 9 3 7 4 8 2
4 9 8 5 2 6 1 3 7
6 4 9 2 8 5 7 1 3
2 3 1 7 6 9 5 4 8
8 7 5 4 1 3 2 6 9
9 6 4 3 7 2 8 5 1
7 8 3 1 5 4 9 2 6
1 5 2 6 9 8 3 7 4
```

Solution # 514
```
4 9 7 6 5 8 1 3 2
2 3 5 1 9 4 7 6 8
1 8 6 3 2 7 5 9 4
5 6 3 9 8 1 4 2 7
7 4 2 5 3 6 9 8 1
9 1 8 7 4 2 6 5 3
8 2 1 4 6 5 3 7 9
3 5 4 2 7 9 8 1 6
6 7 9 8 1 3 2 4 5
```

Solution # 515
```
8 6 1 3 2 4 5 9 7
2 3 7 8 5 9 1 6 4
9 4 5 1 6 7 2 8 3
4 1 9 5 7 8 3 2 6
5 2 6 4 1 3 9 7 8
7 8 3 6 9 2 4 1 5
6 7 2 9 3 5 8 4 1
3 9 8 7 4 1 6 5 2
1 5 4 2 8 6 7 3 9
```

Solution # 516
```
5 3 4 8 7 9 1 2 6
1 9 7 2 4 6 8 5 3
6 2 8 3 5 1 4 7 9
9 5 2 7 1 8 3 6 4
4 1 3 6 2 5 9 8 7
7 8 6 9 3 4 5 1 2
3 7 5 1 2 4 6 9 8
8 4 9 5 6 7 2 3 1
2 6 1 9 8 3 7 4 5
```

Solution # 517
```
4 2 9 1 3 5 8 7 6
8 1 3 6 7 9 4 2 5
6 7 5 4 2 8 3 9 1
9 5 2 8 6 3 1 4 7
1 4 8 9 5 7 6 3 2
3 6 7 2 1 4 9 5 8
5 3 6 7 4 1 2 8 9
7 8 1 3 9 2 5 6 4
2 9 4 5 8 6 7 1 3
```

Solution # 518
```
9 7 2 1 5 8 3 4 6
3 5 6 2 9 4 1 7 8
1 4 8 3 6 7 9 5 2
4 8 1 7 3 5 2 6 9
7 6 9 8 4 2 5 1 3
2 3 5 9 1 6 4 8 7
6 1 7 4 2 3 8 9 5
8 2 4 5 7 9 6 3 1
5 9 3 6 8 1 7 2 4
```

Solution # 519
```
4 9 6 7 8 3 2 1 5
1 3 5 4 9 2 7 6 8
8 7 2 1 6 5 4 9 3
5 8 3 9 7 4 6 2 1
6 2 7 8 3 1 9 5 4
9 1 4 2 5 6 8 3 7
3 4 1 6 2 8 5 7 9
7 6 8 5 1 9 3 4 2
2 5 9 3 4 7 1 8 6
```

Solution # 520
```
7 4 8 9 6 3 5 1 2
1 5 9 2 4 7 8 3 6
2 3 6 8 1 5 4 9 7
6 1 5 7 3 4 9 2 8
8 9 7 5 2 1 6 4 3
4 2 3 6 8 9 7 5 1
5 7 1 3 9 6 2 8 4
9 8 4 1 7 2 3 6 5
3 6 2 4 5 8 1 7 9
```

Solution # 521
```
1 9 7 8 5 3 2 6 4
5 6 8 1 2 4 3 7 9
2 3 4 7 9 6 8 5 1
7 1 3 9 6 8 4 2 5
8 2 6 5 4 7 1 9 3
4 5 9 2 3 1 7 8 6
3 4 2 6 8 9 5 1 7
6 7 5 3 1 2 9 4 8
9 8 1 4 7 5 6 3 2
```

Solution # 522
```
6 9 1 5 7 8 3 2 4
2 7 5 3 4 6 1 9 8
4 3 8 1 9 2 6 7 5
7 6 2 8 1 4 9 5 3
8 5 3 2 6 9 7 4 1
9 1 4 7 3 5 8 6 2
3 8 9 4 2 7 5 1 6
5 2 7 6 8 1 4 3 9
1 4 6 9 5 3 2 8 7
```

Solution # 523
```
7 4 3 2 1 9 5 8 6
2 9 5 6 8 3 1 7 4
6 8 1 5 7 4 2 9 3
9 5 2 7 3 6 4 1 8
8 7 4 1 5 2 6 3 9
1 3 6 4 9 8 7 2 5
3 1 7 9 4 5 8 6 2
5 2 8 3 6 7 9 4 1
4 6 9 8 2 1 3 5 7
```

Solution # 524
```
5 4 7 3 6 9 8 2 1
1 6 2 7 4 8 9 5 3
9 8 3 1 5 2 7 6 4
7 9 5 6 3 1 4 8 2
4 3 6 2 8 7 5 1 9
2 1 8 4 9 5 6 3 7
6 5 4 9 1 3 2 7 8
3 2 9 8 7 6 1 4 5
8 7 1 5 2 4 3 9 6
```

Solution # 525
```
5 2 6 4 3 9 1 8 7
3 9 7 8 1 6 4 5 2
8 1 4 2 7 5 3 9 6
6 4 8 1 9 7 5 2 3
2 3 9 6 5 8 7 4 1
1 7 5 3 4 2 9 6 8
4 8 1 5 2 3 6 7 9
9 6 3 7 8 4 2 1 5
7 5 2 9 6 1 8 3 4
```

Solution # 526
```
9 2 5 8 6 1 7 4 3
6 8 3 7 2 4 9 5 1
4 1 7 3 5 9 6 2 8
5 6 1 9 7 3 4 8 2
7 3 2 4 8 6 5 1 9
8 4 9 5 1 2 3 7 6
3 5 8 2 9 7 1 6 4
2 9 6 1 4 5 8 3 7
1 7 4 6 3 8 2 9 5
```

Solution # 527
```
6 4 8 1 2 3 9 5 7
9 3 5 7 8 6 2 4 1
2 1 7 9 4 5 6 3 8
8 5 2 6 3 4 1 7 9
1 6 9 2 5 7 4 8 3
4 7 3 8 1 9 5 2 6
5 9 4 3 6 8 7 1 2
7 8 1 5 9 2 3 6 4
3 2 6 4 7 1 8 9 5
```

Solution # 528
```
4 2 8 5 6 9 3 7 1
5 3 1 2 7 8 9 6 4
6 9 7 3 4 1 2 5 8
1 5 2 9 8 7 6 4 3
7 8 4 6 3 2 1 9 5
3 6 9 4 1 5 8 2 7
9 7 6 8 5 3 4 1 2
2 1 3 7 9 4 5 8 6
8 4 5 1 2 6 7 3 9
```

Solution # 529
```
6 3 1 8 4 7 2 9 5
4 9 7 3 2 5 6 8 1
5 2 8 9 6 1 3 4 7
9 5 2 7 1 6 8 3 4
7 1 3 4 8 2 9 5 6
8 6 4 5 9 3 1 7 2
1 8 9 2 7 4 5 6 3
3 7 6 1 5 9 4 2 8
2 4 5 6 3 8 7 1 9
```

Solution # 530
```
8 2 6 5 4 1 3 9 7
4 5 1 9 3 7 6 8 2
7 3 9 2 8 6 5 4 1
9 4 3 7 2 8 1 5 6
2 6 7 1 9 5 4 3 8
1 8 5 3 6 4 7 2 9
3 7 8 4 1 9 2 6 5
5 9 4 6 7 2 8 1 3
6 1 2 8 5 3 9 7 4
```

Solution # 531
```
4 3 9 5 2 7 6 1 8
7 5 2 8 6 1 9 3 4
8 1 6 3 4 9 5 2 7
5 2 3 1 9 4 8 7 6
1 9 4 6 7 8 3 5 2
6 8 7 2 5 3 4 9 1
9 6 5 4 1 2 7 8 3
2 4 8 7 3 5 1 6 9
3 7 1 9 8 6 2 4 5
```

Solution # 532
```
7 1 5 8 3 2 9 4 6
4 3 9 5 6 7 1 2 8
8 2 6 4 9 1 5 7 3
1 9 4 6 5 3 7 8 2
5 7 8 2 1 4 3 6 9
2 6 3 9 7 8 4 1 5
9 5 1 7 8 6 2 3 4
3 8 2 1 4 9 6 5 7
6 4 7 3 2 5 8 9 1
```

Solution # 533
```
8 6 3 5 2 4 9 7 1
1 4 5 9 7 8 3 6 2
9 7 2 3 1 6 4 8 5
3 8 7 6 4 5 1 2 9
6 5 1 2 9 7 8 4 3
4 2 9 1 8 3 6 5 7
5 3 8 7 6 9 2 1 4
2 9 4 8 5 1 7 3 6
7 1 6 4 3 2 5 9 8
```

Solution # 534
```
5 4 6 9 2 7 8 1 3
2 8 1 3 4 5 9 6 7
7 9 3 8 6 1 4 5 2
4 6 5 2 1 9 3 7 8
9 1 8 7 5 3 2 4 6
3 2 7 4 8 6 5 9 1
8 7 2 1 9 4 6 3 5
6 3 4 5 7 2 1 8 9
1 5 9 6 3 8 7 2 4
```

Solution # 535
```
8 3 5 6 1 9 2 4 7
9 4 2 7 3 8 5 1 6
1 6 7 2 5 4 3 9 8
2 1 6 3 9 7 4 8 5
7 8 4 1 2 5 6 3 9
3 5 9 4 8 6 7 2 1
4 9 8 5 6 3 1 7 2
5 7 1 9 4 2 8 6 3
6 2 3 8 7 1 9 5 4
```

Solution # 536
```
7 2 4 5 9 8 3 1 6
3 1 5 2 6 4 8 9 7
6 9 8 1 7 3 5 2 4
8 7 9 6 1 2 4 5 3
4 3 2 8 5 7 9 6 1
1 5 6 3 4 9 7 8 2
5 8 7 4 2 6 1 3 9
9 6 3 7 8 1 2 4 5
2 4 1 9 3 5 6 7 8
```

Solution # 537
```
3 1 2 8 6 9 7 5 4
8 5 6 3 7 4 9 1 2
7 9 4 2 5 1 3 8 6
1 7 9 5 4 6 8 2 3
2 4 5 7 3 8 1 6 9
6 3 8 1 9 2 5 4 7
4 6 3 9 1 5 2 7 8
5 8 7 6 2 3 4 9 1
9 2 1 4 8 7 6 3 5
```

Solution # 538
```
3 7 6 4 1 9 2 5 8
8 4 9 6 2 5 3 7 1
5 1 2 3 8 7 9 4 6
7 9 8 2 6 3 4 1 5
2 6 3 1 5 4 8 9 7
1 5 4 7 9 8 6 3 2
6 3 5 9 7 2 1 8 4
9 2 7 8 4 1 5 6 3
4 8 1 5 3 6 7 2 9
```

Solution # 539
```
5 3 9 6 8 2 4 1 7
2 1 4 3 5 7 9 8 6
6 7 8 4 9 1 5 3 2
9 8 2 5 1 3 7 6 4
4 5 3 7 6 9 1 2 8
1 6 7 8 2 4 3 5 9
3 2 1 9 4 8 6 7 5
7 4 5 2 3 6 8 9 1
8 9 6 1 7 5 2 4 3
```

Solution # 540
```
2 8 9 6 7 5 3 4 1
7 4 5 3 8 1 2 6 9
3 1 6 2 4 9 5 8 7
6 5 2 9 1 7 8 3 4
1 7 3 8 2 4 6 9 5
8 9 4 5 3 6 7 1 2
4 6 8 7 9 2 1 5 3
9 3 7 1 5 8 4 2 6
5 2 1 4 6 3 9 7 8
```

Solution # 541
```
8 4 9 3 6 1 2 7 5
1 3 2 8 5 7 6 4 9
5 6 7 9 2 4 8 3 1
2 1 4 5 8 9 7 6 3
9 8 5 6 7 3 4 1 2
3 7 6 4 1 2 5 9 8
7 9 8 1 4 5 3 2 6
4 5 1 2 3 6 9 8 7
6 2 3 7 9 8 1 5 4
```

Solution # 542
```
7 4 2 5 9 3 6 1 8
9 5 6 1 4 8 3 7 2
8 3 1 7 2 6 4 9 5
6 7 5 8 1 4 9 2 3
3 1 9 6 5 2 8 4 7
2 8 4 3 7 9 1 5 6
4 9 8 2 3 7 5 6 1
1 2 3 4 6 5 7 8 9
5 6 7 9 8 1 2 3 4
```

Solution # 543
```
7 1 9 5 2 8 3 4 6
3 5 6 9 1 4 2 7 8
4 2 8 6 7 3 1 5 9
6 4 7 3 9 5 8 2 1
8 9 1 4 6 2 7 3 5
2 3 5 7 8 1 9 6 4
5 6 2 8 3 9 4 1 7
1 8 4 2 5 7 6 9 3
9 7 3 1 4 6 5 8 2
```

Solution # 544
```
1 3 7 9 5 2 8 6 4
6 9 8 4 3 1 7 5 2
2 4 5 8 6 7 3 9 1
7 8 3 1 2 6 5 4 9
4 6 2 3 9 5 1 7 8
5 1 9 7 4 8 2 3 6
9 5 4 2 8 3 6 1 7
8 7 6 5 1 4 9 2 3
3 2 1 6 7 9 4 8 5
```

Solution # 545
```
1 6 9 8 2 4 3 5 7
3 7 8 5 1 9 6 4 2
5 2 4 6 3 7 8 1 9
6 5 3 1 7 8 9 2 4
9 1 2 3 4 5 7 8 6
8 4 7 9 6 2 5 3 1
2 9 6 4 8 3 1 7 5
7 3 5 2 9 1 4 6 8
4 8 1 7 5 6 2 9 3
```

Solution # 546
```
7 3 6 4 8 5 1 9 2
9 4 1 6 7 2 3 5 8
5 2 8 9 1 3 7 4 6
6 8 7 2 4 9 5 3 1
4 5 9 1 3 6 2 8 7
3 1 2 8 5 7 4 6 9
2 9 5 7 6 4 8 1 3
8 7 3 5 9 1 6 2 4
1 6 4 3 2 8 9 7 5
```

Solution # 547
```
8 1 5 2 6 7 3 4 9
3 4 7 1 5 9 2 6 8
9 2 6 8 4 3 7 5 1
2 5 8 6 7 1 9 3 4
6 9 1 4 3 2 5 8 7
4 7 3 5 9 8 1 2 6
1 3 4 9 8 5 6 7 2
7 8 2 3 1 6 4 9 5
5 6 9 7 2 4 8 1 3
```

Solution # 548
```
3 7 2 4 5 1 9 8 6
6 8 5 3 9 2 1 4 7
4 9 1 6 8 7 3 2 5
1 6 3 7 4 5 2 9 8
5 4 9 2 3 8 7 6 1
8 2 7 9 1 6 5 3 4
2 3 6 1 7 4 8 5 9
7 5 8 6 2 9 4 1 3
9 1 4 5 8 3 6 7 2
```

Solution # 549
```
3 1 9 2 5 4 7 6 8
4 7 5 8 1 6 2 9 3
2 8 6 9 3 7 4 1 5
9 5 3 4 8 1 6 2 7
7 4 8 6 2 9 5 3 1
1 6 2 3 7 5 9 8 4
5 3 1 7 9 2 8 4 6
6 2 7 1 4 8 3 5 9
8 9 4 5 6 3 1 7 2
```

Solution # 550
```
4 6 9 8 3 7 1 2 5
7 5 1 2 4 6 8 3 9
2 8 3 9 5 1 6 4 7
6 4 5 1 7 3 9 8 2
9 1 2 6 8 5 3 7 4
3 7 8 4 2 9 5 6 1
1 3 4 5 6 2 7 9 8
8 9 6 7 1 4 2 5 3
5 2 7 3 9 8 4 1 6
```

Solution # 551
```
7 9 5 4 1 8 2 6 3
2 1 4 5 6 3 9 8 7
6 8 3 2 9 7 1 4 5
8 3 2 7 4 6 5 9 1
9 6 1 3 8 5 4 7 2
4 5 7 1 2 9 6 3 8
5 7 9 6 3 1 8 2 4
1 2 8 9 7 4 3 5 6
3 4 6 8 5 2 7 1 9
```

Solution # 552
```
3 6 1 7 9 5 8 4 2
2 8 9 1 4 6 3 7 5
7 5 4 3 8 2 9 6 1
8 1 3 6 5 9 7 2 4
4 7 6 2 3 1 5 8 9
9 2 5 4 7 8 6 1 3
6 4 8 9 2 3 1 5 7
1 3 2 5 6 7 4 9 8
5 9 7 8 1 4 2 3 6
```

Solution # 553
```
6 5 9 3 2 7 1 8 4
2 4 3 1 8 5 9 7 6
1 8 7 9 6 4 5 3 2
5 2 4 7 9 8 6 1 3
3 7 1 4 5 6 2 9 8
9 6 8 2 1 3 7 4 5
7 1 6 8 4 2 3 5 9
4 3 2 5 7 9 8 6 1
8 9 5 6 3 1 4 2 7
```

Solution # 554
```
7 2 9 8 4 5 1 3 6
6 5 3 2 9 1 7 8 4
1 4 8 6 7 3 2 9 5
9 1 7 5 3 2 4 6 8
4 6 2 9 1 8 5 7 3
3 8 5 7 6 4 9 1 2
2 3 4 1 8 9 6 5 7
8 7 1 4 5 6 3 2 9
5 9 6 3 2 7 8 4 1
```

Solution # 555
```
6 9 1 3 2 8 7 5 4
2 4 7 5 1 9 8 6 3
8 3 5 7 4 6 1 9 2
9 8 6 1 5 3 4 2 7
7 1 3 4 9 2 5 8 6
5 2 4 6 8 7 9 3 1
4 7 2 9 6 5 3 1 8
3 5 8 2 7 1 6 4 9
1 6 9 8 3 4 2 7 5
```

Solution # 556
```
7 1 9 4 8 6 3 2 5
5 2 6 7 9 3 1 4 8
3 8 4 5 1 2 6 9 7
1 7 8 9 2 4 5 6 3
4 3 5 1 6 8 2 7 9
9 6 2 3 5 7 4 8 1
8 4 7 6 3 1 9 5 2
6 5 1 2 7 9 8 3 4
2 9 3 8 4 5 7 1 6
```

Solution # 557
```
9 1 2 5 8 6 3 4 7
6 4 3 2 1 7 8 9 5
5 8 7 4 3 9 6 2 1
3 7 8 9 4 5 2 1 6
4 6 5 8 2 1 9 7 3
1 2 9 6 7 3 4 5 8
2 3 4 1 5 8 7 6 9
8 5 6 7 9 4 1 3 2
7 9 1 3 6 2 5 8 4
```

Solution # 558
```
7 6 3 2 5 8 4 9 1
2 1 9 4 7 6 8 5 3
5 4 8 3 9 1 2 6 7
1 9 2 8 6 4 7 3 5
4 3 7 9 1 5 6 2 8
6 8 5 7 3 2 9 1 4
9 7 1 6 4 3 5 8 2
3 2 4 5 8 9 1 7 6
8 5 6 1 2 7 3 4 9
```

Solution # 559
```
5 6 8 9 2 1 4 7 3
9 1 2 4 7 3 5 8 6
3 4 7 6 8 5 9 1 2
6 8 1 2 5 7 3 9 4
7 9 4 3 1 6 8 2 5
2 5 3 8 9 4 1 6 7
1 2 6 5 4 9 7 3 8
8 7 5 1 3 2 6 4 9
4 3 9 7 6 8 2 5 1
```

Solution # 560
```
7 6 9 8 5 3 1 2 4
4 3 1 7 9 2 5 8 6
8 5 2 1 6 4 3 7 9
5 4 3 6 8 9 7 1 2
2 9 8 4 1 7 6 5 3
6 1 7 3 2 5 4 9 8
1 7 6 2 4 8 9 3 5
3 2 5 9 7 6 8 4 1
9 8 4 5 3 1 2 6 7
```

Solution # 561
```
3 6 1 7 8 5 9 4 2
4 2 5 9 1 6 3 7 8
7 9 8 3 4 2 1 6 5
8 5 6 4 2 1 7 3 9
2 3 4 8 9 7 6 5 1
9 1 7 6 5 3 2 8 4
1 8 3 5 6 9 4 2 7
6 4 2 1 7 8 5 9 3
5 7 9 2 3 4 8 1 6
```

Solution # 562
```
6 5 9 8 7 3 1 2 4
2 1 8 4 6 9 5 3 7
3 7 4 2 1 5 6 8 9
1 8 6 3 5 4 7 9 2
7 4 3 9 2 6 8 1 5
5 9 2 7 8 1 4 6 3
9 6 1 5 4 2 3 7 8
4 2 7 6 3 8 9 5 1
8 3 5 1 9 7 2 4 6
```

Solution # 563
```
2 3 5 8 6 7 4 9 1
8 1 4 3 2 9 5 7 6
9 6 7 4 5 1 8 2 3
7 9 1 6 3 5 2 4 8
4 8 6 7 9 2 3 1 5
5 2 3 1 8 4 9 6 7
1 7 2 5 4 8 6 3 9
3 4 8 9 1 6 7 5 2
6 5 9 2 7 3 1 8 4
```

Solution # 564
```
6 7 2 1 3 5 8 4 9
3 5 8 6 4 9 1 7 2
4 1 9 8 7 2 3 6 5
8 6 3 2 1 7 5 9 4
1 4 5 3 9 6 2 8 7
9 2 7 4 5 8 6 3 1
2 9 1 7 8 3 4 5 6
7 8 4 5 6 1 9 2 3
5 3 6 9 2 4 7 1 8
```

Solution # 565
```
8 4 6 9 5 7 1 2 3
1 5 7 2 6 3 9 4 8
9 3 2 8 1 4 5 6 7
6 8 3 5 4 1 2 7 9
5 1 9 6 7 2 3 8 4
2 7 4 3 8 9 6 5 1
3 6 1 4 2 8 7 9 5
4 9 5 7 3 6 8 1 2
7 2 8 1 9 5 4 3 6
```

Solution # 566
```
8 2 3 7 9 6 1 5 4
7 1 9 5 3 4 8 6 2
4 5 6 8 2 1 7 9 3
9 6 4 3 7 2 5 8 1
1 7 2 4 5 8 9 3 6
3 8 5 6 1 9 2 4 7
6 9 1 2 8 3 4 7 5
5 3 8 1 4 7 6 2 9
2 4 7 9 6 5 3 1 8
```

Solution # 567
```
7 6 1 3 2 9 8 4 5
9 4 8 5 7 6 3 1 2
5 2 3 8 1 4 9 6 7
8 1 2 7 6 5 4 3 9
3 7 9 2 4 8 1 5 6
4 5 6 1 9 3 7 2 8
1 8 4 9 5 2 6 7 3
6 9 5 4 3 7 2 8 1
2 3 7 6 8 1 5 9 4
```

Solution # 568
```
3 8 9 4 1 6 5 2 7
2 7 6 9 5 3 4 1 8
1 4 5 7 8 2 9 3 6
6 9 2 3 7 5 1 8 4
5 1 8 6 4 9 3 7 2
4 3 7 8 2 1 6 5 9
8 6 4 1 3 7 2 9 5
9 5 1 2 6 8 7 4 3
7 2 3 5 9 4 8 6 1
```

Solution # 569
```
4 2 1 5 7 8 6 3 9
7 3 5 9 6 1 4 8 2
8 9 6 4 3 2 7 1 5
2 4 9 1 8 3 5 7 6
5 1 3 6 4 7 9 2 8
6 7 8 2 5 9 3 4 1
3 6 2 8 9 4 1 5 7
1 5 4 7 2 6 8 9 3
9 8 7 3 1 5 2 6 4
```

Solution # 570
```
6 9 5 3 8 1 4 7 2
3 4 1 9 7 2 8 6 5
2 8 7 5 6 4 3 9 1
9 5 4 6 2 8 7 1 3
7 2 3 4 1 5 6 8 9
8 1 6 7 9 3 5 2 4
4 7 2 8 5 9 1 3 6
1 3 8 2 4 6 9 5 7
5 6 9 1 3 7 2 4 8
```

Solution # 571
```
2 3 6 7 9 8 4 5 1
5 4 9 6 1 3 2 8 7
8 1 7 4 2 5 9 3 6
7 8 2 1 6 4 3 9 5
4 6 1 5 3 9 8 7 2
3 9 5 2 8 7 1 6 4
6 5 8 3 4 1 7 2 9
1 7 3 9 5 2 6 4 8
9 2 4 8 7 6 5 1 3
```

Solution # 572
```
4 8 1 2 3 7 9 6 5
9 2 7 4 6 5 1 8 3
5 3 6 1 9 8 4 7 2
7 1 4 9 5 2 8 3 6
3 9 8 7 1 6 5 2 4
6 5 2 8 4 3 7 9 1
8 6 5 3 7 1 2 4 9
2 4 3 5 8 9 6 1 7
1 7 9 6 2 4 3 5 8
```

Solution # 573
```
8 4 9 2 7 3 6 1 5
5 7 6 8 1 4 2 9 3
2 1 3 9 5 6 8 7 4
9 6 2 3 4 5 1 8 7
4 5 8 1 2 7 9 3 6
1 3 7 6 8 9 5 4 2
6 2 4 7 9 8 3 5 1
3 8 5 4 6 1 7 2 9
7 9 1 5 3 2 4 6 8
```

Solution # 574
```
2 5 6 8 4 3 1 9 7
3 8 9 7 1 5 4 6 2
7 1 4 2 6 9 5 3 8
4 9 8 1 7 2 6 5 3
1 2 3 9 5 6 8 7 4
6 7 5 3 8 4 9 2 1
8 3 1 6 9 7 2 4 5
9 4 2 5 3 1 7 8 6
5 6 7 4 2 8 3 1 9
```

Solution # 575
```
8 3 5 9 6 2 1 4 7
4 2 7 1 8 5 9 6 3
1 9 6 4 3 7 8 2 5
3 4 1 2 5 6 7 8 9
6 8 9 7 1 4 5 3 2
5 7 2 3 9 8 6 1 4
9 5 8 6 2 3 4 7 1
7 1 3 8 4 9 2 5 6
2 6 4 5 7 1 3 9 8
```

Solution # 576
```
1 6 5 7 8 2 9 3 4
8 7 4 1 9 3 2 6 5
2 3 9 6 4 5 8 7 1
9 4 3 2 6 8 1 5 7
6 2 1 9 5 7 4 8 3
7 5 8 3 1 4 6 9 2
4 8 2 5 3 6 7 1 9
5 9 6 4 7 1 3 2 8
3 1 7 8 2 9 5 4 6
```

Solution # 577
```
2 4 7 9 8 1 6 3 5
9 5 1 6 3 7 4 2 8
8 3 6 4 5 2 7 9 1
6 8 5 2 9 4 3 1 7
7 1 2 5 6 3 9 8 4
4 9 3 7 1 8 5 6 2
3 2 4 1 7 9 8 5 6
5 7 8 3 2 6 1 4 9
1 6 9 8 4 5 2 7 3
```

Solution # 578
```
8 9 2 1 5 7 6 3 4
7 3 5 6 9 4 2 1 8
4 6 1 8 2 3 9 5 7
6 7 3 5 4 1 8 2 9
5 8 9 7 6 2 3 4 1
2 1 4 9 3 8 5 7 6
1 5 8 3 7 9 4 6 2
3 2 7 4 8 6 1 9 5
9 4 6 2 1 5 7 8 3
```

Solution # 579
```
1 7 8 9 6 3 2 4 5
5 3 6 8 2 4 9 1 7
2 9 4 1 7 5 8 3 6
6 1 7 3 8 2 5 9 4
9 5 2 4 1 6 7 8 3
8 4 3 5 9 7 6 2 1
3 2 1 7 5 9 4 6 8
4 6 5 2 3 8 1 7 9
7 8 9 6 4 1 3 5 2
```

Solution # 580
```
6 1 8 2 3 7 4 5 9
5 2 3 8 9 4 7 6 1
4 7 9 1 6 5 3 8 2
9 3 4 5 7 2 6 1 8
7 6 1 9 8 3 5 2 4
8 5 2 4 1 6 9 7 3
3 9 6 7 2 1 8 4 5
1 4 7 3 5 8 2 9 6
2 8 5 6 4 9 1 3 7
```

Solution # 581
```
1 9 3 5 2 8 6 7 4
6 2 8 4 1 7 9 5 3
4 7 5 9 3 6 2 1 8
3 4 9 2 7 1 8 6 5
2 5 7 8 6 4 1 3 9
8 6 1 3 5 9 4 2 7
7 8 6 1 9 5 3 4 2
5 3 4 6 8 2 7 9 1
9 1 2 7 4 3 5 8 6
```

Solution # 582
```
1 2 8 5 9 7 3 6 4
6 7 9 4 3 1 5 2 8
5 4 3 2 8 6 1 9 7
8 6 2 3 7 5 9 4 1
9 1 5 6 4 8 2 7 3
4 3 7 9 1 2 8 5 6
3 5 6 8 2 4 7 1 9
2 9 1 7 6 3 4 8 5
7 8 4 1 5 9 6 3 2
```

Solution # 583
```
2 7 9 4 6 5 3 8 1
8 5 6 3 7 1 9 4 2
4 3 1 2 8 9 7 6 5
7 1 2 6 9 8 5 3 4
6 4 8 7 5 3 2 1 9
3 9 5 1 2 4 6 7 8
1 8 7 9 3 2 4 5 6
9 6 4 5 1 7 8 2 3
5 2 3 8 4 6 1 9 7
```

Solution # 584
```
2 6 1 9 7 4 8 3 5
8 3 7 5 1 6 2 9 4
9 4 5 2 8 3 7 6 1
1 8 4 3 2 7 9 5 6
5 2 6 1 4 9 3 7 8
3 7 9 8 6 5 1 4 2
7 5 2 4 3 1 6 8 9
6 9 8 7 5 2 4 1 3
4 1 3 6 9 8 5 2 7
```

Solution # 585
```
6 2 5 1 3 8 9 4 7
8 3 4 2 9 7 1 6 5
9 1 7 4 6 5 3 2 8
2 8 3 5 7 9 4 1 6
5 7 1 6 4 3 2 8 9
4 9 6 8 2 1 7 5 3
3 6 8 9 1 4 5 7 2
7 4 2 3 5 6 8 9 1
1 5 9 7 8 2 6 3 4
```

Solution # 586
```
2 7 1 3 6 5 8 4 9
6 4 9 1 7 8 3 5 2
3 5 8 9 2 4 1 7 6
9 8 3 5 4 6 7 2 1
4 6 7 2 8 1 5 9 3
5 1 2 7 3 9 6 8 4
7 9 4 6 5 3 2 1 8
1 2 6 8 9 7 4 3 5
8 3 5 4 1 2 9 6 7
```

Solution # 587
```
6 7 3 1 2 9 8 5 4
8 4 9 3 5 7 2 6 1
2 1 5 6 4 8 3 7 9
1 3 2 4 7 5 6 9 8
7 6 4 8 9 3 1 2 5
5 9 8 2 6 1 7 4 3
4 5 1 7 3 2 9 8 6
3 2 6 9 8 4 5 1 7
9 8 7 5 1 6 4 3 2
```

Solution # 588
```
2 4 9 7 6 8 1 3 5
7 5 3 4 2 1 9 8 6
6 1 8 5 9 3 7 4 2
4 7 2 8 1 6 5 9 3
5 3 6 2 4 9 8 1 7
8 9 1 3 5 7 6 2 4
9 8 7 6 3 2 4 5 1
3 6 4 1 8 5 2 7 9
1 2 5 9 7 4 3 6 8
```

Solution # 589
```
8 4 7 9 2 3 6 5 1
5 2 3 4 6 1 9 8 7
6 1 9 5 8 7 4 3 2
4 5 6 8 1 9 7 2 3
7 8 2 6 3 5 1 9 4
9 3 1 7 4 2 5 6 8
1 6 5 2 7 8 3 4 9
2 7 4 3 9 6 8 1 5
3 9 8 1 5 4 2 7 6
```

Solution # 590
```
4 2 9 3 8 6 5 7 1
5 3 6 4 1 7 9 8 2
7 8 1 2 9 5 3 4 6
8 4 3 5 6 9 1 2 7
2 1 7 8 4 3 6 9 5
6 9 5 1 7 2 8 3 4
9 7 8 6 2 1 4 5 3
1 5 4 7 3 8 2 6 9
3 6 2 9 5 4 7 1 8
```

Solution # 591
```
1 6 2 7 8 9 4 5 3
8 5 9 3 4 2 6 1 7
7 3 4 6 5 1 2 9 8
2 8 1 4 6 7 9 3 5
9 4 6 5 1 3 8 7 2
3 7 5 9 2 8 1 4 6
4 2 7 8 9 5 3 6 1
6 1 3 2 7 4 5 8 9
5 9 8 1 3 6 7 2 4
```

Solution # 592
```
6 9 2 1 5 4 3 8 7
8 1 3 7 9 6 4 5 2
5 7 4 8 2 3 9 1 6
7 6 1 5 8 9 2 3 4
3 2 5 4 1 7 8 6 9
4 8 9 6 3 2 1 7 5
2 4 6 3 7 1 5 9 8
1 5 7 9 4 8 6 2 3
9 3 8 2 6 5 7 4 1
```

Solution # 593
```
9 2 5 3 7 6 8 1 4
1 3 6 4 2 8 9 7 5
8 4 7 9 1 5 3 2 6
7 8 3 2 4 1 6 5 9
5 9 1 6 8 7 4 3 2
2 6 4 5 9 3 1 8 7
3 1 2 7 6 4 5 9 8
6 7 8 1 5 9 2 4 3
4 5 9 8 3 2 7 6 1
```

Solution # 594
```
8 6 2 9 1 3 4 5 7
5 4 9 2 7 8 3 6 1
7 3 1 5 4 6 2 9 8
9 1 4 3 8 2 6 7 5
6 8 7 1 5 4 9 2 3
3 2 5 6 9 7 1 8 4
1 9 3 7 6 5 8 4 2
4 5 6 8 2 1 7 3 9
2 7 8 4 3 9 5 1 6
```

Solution # 595
```
9 3 7 6 2 4 1 8 5
8 5 2 9 7 1 4 6 3
1 6 4 3 5 8 2 7 9
2 9 6 1 3 7 8 5 4
3 7 8 2 4 5 6 9 1
5 4 1 8 9 6 3 2 7
6 2 3 5 1 9 7 4 8
7 8 9 4 6 3 5 1 2
4 1 5 7 8 2 9 3 6
```

Solution # 596
```
4 1 5 9 7 3 6 8 2
9 2 8 1 5 6 7 3 4
6 3 7 2 4 8 5 9 1
8 4 2 5 9 1 3 6 7
1 9 6 4 3 7 8 2 5
5 7 3 6 8 2 1 4 9
3 8 9 7 2 5 4 1 6
2 5 1 3 6 4 9 7 8
7 6 4 8 1 9 2 5 3
```

Solution # 597
```
8 7 4 3 2 1 6 9 5
9 1 5 8 6 7 4 3 2
3 2 6 4 5 9 1 7 8
2 9 8 5 1 4 3 6 7
1 6 3 7 9 8 2 5 4
4 5 7 6 3 2 9 8 1
7 8 1 9 4 3 5 2 6
6 4 9 2 7 5 8 1 3
5 3 2 1 8 6 7 4 9
```

Solution # 598
```
5 3 6 4 1 7 8 9 2
4 2 9 3 8 5 7 6 1
1 7 8 9 2 6 5 4 3
2 9 7 1 3 4 6 5 8
3 4 1 5 6 8 2 7 9
8 6 5 7 9 2 1 3 4
7 1 3 8 5 9 4 2 6
9 8 2 6 4 1 3 5 7
6 5 4 2 7 3 9 1 8
```

Solution # 599
```
9 3 1 7 4 2 5 6 8
8 2 7 5 6 9 3 1 4
4 6 5 8 1 3 9 2 7
7 8 2 1 9 5 6 4 3
3 1 6 4 8 7 2 9 5
5 9 4 3 2 6 8 7 1
1 4 9 2 3 8 7 5 6
6 7 8 9 5 1 4 3 2
2 5 3 6 7 4 1 8 9
```

Solution # 600
```
2 9 7 5 3 6 8 1 4
3 6 8 2 1 4 5 9 7
1 5 4 8 9 7 3 2 6
8 2 3 7 5 9 6 4 1
5 1 6 3 4 2 7 8 9
4 7 9 1 6 8 2 3 5
7 4 5 9 8 3 1 6 2
9 8 1 6 2 5 4 7 3
6 3 2 4 7 1 9 5 8
```

Solution # 601
```
4 2 1 7 5 9 3 6 8
6 9 8 2 3 1 4 5 7
5 3 7 4 8 6 1 2 9
7 5 2 8 1 3 9 4 6
1 8 4 6 9 2 5 7 3
3 6 9 5 4 7 8 1 2
8 7 3 1 2 5 6 9 4
2 4 5 9 6 8 7 3 1
9 1 6 3 7 4 2 8 5
```

Solution # 602
```
1 8 6 4 9 7 2 5 3
4 5 3 2 6 8 9 1 7
2 7 9 5 3 1 4 8 6
6 3 8 9 5 4 7 2 1
5 2 1 3 7 6 8 9 4
9 4 7 1 8 2 3 6 5
7 9 5 6 2 3 1 4 8
3 1 2 8 4 5 6 7 9
8 6 4 7 1 9 5 3 2
```

Solution # 603
```
1 5 8 7 2 9 4 3 6
9 6 2 3 4 5 7 8 1
3 7 4 1 8 6 5 9 2
6 8 1 4 9 7 2 5 3
5 2 7 6 3 8 1 4 9
4 3 9 2 5 1 8 6 7
7 4 6 8 1 3 9 2 5
2 1 5 9 6 4 3 7 8
8 9 3 5 7 2 6 1 4
```

Solution # 604
```
5 9 7 6 8 2 1 4 3
4 1 2 3 7 5 9 6 8
8 3 6 9 4 1 7 2 5
1 7 4 2 3 8 5 9 6
6 2 3 1 5 9 4 8 7
9 8 5 4 6 7 2 3 1
3 6 1 7 2 4 8 5 9
2 5 9 8 1 6 3 7 4
7 4 8 5 9 3 6 1 2
```

Solution # 605
```
5 9 8 4 2 7 1 3 6
6 4 3 8 9 1 5 7 2
1 7 2 5 6 3 4 8 9
9 3 5 1 8 6 2 4 7
7 8 6 2 3 4 9 5 1
2 1 4 7 5 9 3 6 8
3 2 1 6 4 8 7 9 5
4 6 7 9 1 5 8 2 3
8 5 9 3 7 2 6 1 4
```

Solution # 606
```
1 7 3 4 8 9 2 5 6
5 9 2 3 1 6 7 4 8
6 4 8 2 7 5 3 1 9
2 3 7 8 5 1 6 9 4
4 8 5 9 6 3 1 2 7
9 1 6 7 2 4 8 3 5
8 5 1 6 9 2 4 7 3
3 6 9 1 4 7 5 8 2
7 2 4 5 3 8 9 6 1
```

Solution # 607
```
5 1 8 4 2 6 3 9 7
9 6 3 7 8 5 4 1 2
2 7 4 3 9 1 5 8 6
1 9 7 8 3 2 6 4 5
8 5 2 6 7 4 9 3 1
3 4 6 1 5 9 7 2 8
4 8 1 5 6 3 2 7 9
6 3 9 2 1 7 8 5 4
7 2 5 9 4 8 1 6 3
```

Solution # 608
```
2 8 6 3 9 4 5 1 7
7 9 1 2 8 5 4 6 3
4 5 3 7 1 6 8 9 2
9 3 5 1 7 2 6 8 4
1 4 2 5 6 8 7 3 9
8 6 7 4 3 9 2 5 1
5 2 9 6 4 1 3 7 8
3 1 4 8 5 7 9 2 6
6 7 8 9 2 3 1 4 5
```

Solution # 609
```
1 3 6 8 2 7 4 9 5
2 9 8 5 3 4 7 1 6
4 7 5 1 6 9 8 3 2
7 5 3 9 1 2 6 8 4
9 8 2 4 7 6 3 5 1
6 1 4 3 8 5 2 7 9
5 2 1 7 4 3 9 6 8
3 6 9 2 5 8 1 4 7
8 4 7 6 9 1 5 2 3
```

Solution # 610
```
8 6 2 9 3 4 5 7 1
7 4 5 6 1 2 9 8 3
1 3 9 5 7 8 6 2 4
6 8 1 3 9 5 2 4 7
2 5 3 8 4 7 1 9 6
4 9 7 2 6 1 3 5 8
3 2 6 7 8 9 4 1 5
9 7 4 1 5 6 8 3 2
5 1 8 4 2 3 7 6 9
```

Solution # 611
```
4 9 8 6 1 5 2 7 3
3 5 1 4 7 2 8 6 9
2 6 7 9 8 3 5 1 4
8 4 9 2 6 1 7 3 5
6 7 3 5 9 8 4 2 1
1 2 5 3 4 7 6 9 8
5 1 6 7 3 4 9 8 2
7 8 4 1 2 9 3 5 6
9 3 2 8 5 6 1 4 7
```

Solution # 612
```
5 2 1 4 8 7 6 9 3
6 8 4 3 9 1 2 5 7
7 3 9 2 5 6 8 1 4
3 4 8 7 2 9 1 6 5
2 6 7 1 4 5 9 3 8
1 9 5 8 6 3 4 7 2
9 1 2 5 7 4 3 8 6
4 7 6 9 3 8 5 2 1
8 5 3 6 1 2 7 4 9
```

Solution # 613
```
4 7 5 2 9 8 3 1 6
9 8 1 5 3 6 2 7 4
6 3 2 7 1 4 8 9 5
5 2 4 8 7 3 9 6 1
3 6 7 9 2 1 4 5 8
1 9 8 6 4 5 7 2 3
7 4 3 1 5 2 6 8 9
8 5 9 3 6 7 1 4 2
2 1 6 4 8 9 5 3 7
```

Solution # 614
```
1 4 8 9 2 7 6 3 5
6 9 5 1 3 4 2 7 8
3 2 7 6 5 8 1 9 4
7 5 1 2 6 9 8 4 3
9 3 6 4 8 1 7 5 2
4 8 2 5 7 3 9 1 6
2 6 9 7 4 5 3 8 1
8 1 4 3 9 2 5 6 7
5 7 3 8 1 6 4 2 9
```

Solution # 615
```
2 7 9 5 1 8 4 3 6
6 4 1 9 7 3 8 5 2
3 8 5 6 2 4 7 1 9
8 3 6 4 5 2 1 9 7
1 2 7 3 9 6 5 8 4
5 9 4 1 8 7 2 6 3
7 6 2 8 3 1 9 4 5
4 5 8 2 6 9 3 7 1
9 1 3 7 4 5 6 2 8
```

Solution # 616
```
4 3 1 9 5 2 6 7 8
9 2 7 6 8 4 3 5 1
5 6 8 7 3 1 4 2 9
8 9 6 3 2 5 1 4 7
3 7 2 1 4 9 5 8 6
1 4 5 8 7 6 9 3 2
6 5 3 2 9 8 7 1 4
2 1 4 5 6 7 8 9 3
7 8 9 4 1 3 2 6 5
```

Solution # 617
```
7 3 9 8 2 6 4 1 5
4 5 6 9 7 1 3 2 8
2 1 8 4 3 5 9 7 6
6 2 7 3 5 4 8 9 1
5 8 3 7 1 9 6 4 2
9 4 1 2 6 8 5 3 7
8 7 5 1 4 3 2 6 9
1 6 4 5 9 2 7 8 3
3 9 2 6 8 7 1 5 4
```

Solution # 618
```
7 6 2 9 8 5 1 4 3
4 1 3 2 6 7 8 5 9
8 5 9 3 1 4 2 7 6
1 2 8 4 3 6 7 9 5
3 7 6 5 9 1 4 2 8
9 4 5 8 7 2 3 6 1
5 3 7 1 2 9 6 8 4
2 8 4 6 5 3 9 1 7
6 9 1 7 4 8 5 3 2
```

Solution # 619
```
5 3 9 2 6 8 1 7 4
2 7 8 4 9 1 6 3 5
4 1 6 7 5 3 9 8 2
6 5 3 9 2 4 8 1 7
8 4 1 3 7 6 2 5 9
7 9 2 8 1 5 4 6 3
1 2 4 5 8 7 3 9 6
9 8 5 6 3 2 7 4 1
3 6 7 1 4 9 5 2 8
```

Solution # 620
```
8 9 6 4 7 3 2 1 5
5 1 3 9 2 8 4 6 7
7 4 2 5 6 1 8 9 3
1 6 4 8 3 7 9 5 2
2 5 9 1 4 6 7 3 8
3 8 7 2 5 9 6 4 1
9 7 5 3 8 4 1 2 6
6 2 1 7 9 5 3 8 4
4 3 8 6 1 2 5 7 9
```

Solution # 621
```
2 7 1 3 6 8 9 5 4
9 8 4 5 2 7 3 1 6
5 3 6 1 9 4 7 8 2
3 5 2 7 8 1 4 6 9
1 6 9 4 5 2 8 3 7
8 4 7 9 3 6 5 2 1
4 1 8 2 7 3 6 9 5
6 2 5 8 4 9 1 7 3
7 9 3 6 1 5 2 4 8
```

Solution # 622
```
2 8 5 3 9 7 1 4 6
4 6 3 1 2 8 7 9 5
1 7 9 4 6 5 8 3 2
9 5 7 8 1 3 2 6 4
3 4 8 2 5 6 9 1 7
6 2 1 9 7 4 3 5 8
8 9 6 5 3 2 4 7 1
7 1 2 6 4 9 5 8 3
5 3 4 7 8 1 6 2 9
```

Solution # 623
```
4 8 3 6 9 7 1 5 2
7 1 5 4 8 2 9 3 6
9 2 6 1 5 3 4 7 8
1 7 8 5 4 6 2 9 3
5 3 2 8 7 9 6 1 4
6 9 4 2 3 1 5 8 7
3 6 1 9 2 8 7 4 5
8 4 9 7 6 5 3 2 1
2 5 7 3 1 4 8 6 9
```

Solution # 624
```
9 7 2 4 1 6 5 8 3
8 1 3 5 9 2 7 6 4
5 6 4 8 3 7 9 1 2
6 9 7 1 2 3 8 4 5
4 2 1 9 5 8 6 3 7
3 5 8 6 7 4 1 2 9
7 4 6 2 8 9 3 5 1
1 8 9 3 4 5 2 7 6
2 3 5 7 6 1 4 9 8
```

Solution # 625
```
7 1 4 8 9 5 6 3 2
8 5 6 4 2 3 9 1 7
2 9 3 1 6 7 5 8 4
4 3 7 5 8 6 2 9 1
9 8 5 2 7 1 3 4 6
6 2 1 3 4 9 8 7 5
3 7 9 6 1 2 4 5 8
5 4 2 7 3 8 1 6 9
1 6 8 9 5 4 7 2 3
```

Solution # 626
```
2 6 3 9 7 8 1 4 5
9 1 4 3 6 5 2 8 7
5 7 8 1 2 4 9 3 6
6 3 7 5 8 1 4 2 9
1 2 5 6 4 9 3 7 8
4 8 9 7 3 2 6 5 1
7 9 2 8 1 3 5 6 4
3 5 6 4 9 7 8 1 2
8 4 1 2 5 6 7 9 3
```

Solution # 627
```
8 5 6 2 4 1 7 3 9
9 4 7 5 3 6 1 2 8
1 2 3 7 9 8 6 4 5
2 3 9 1 6 7 5 8 4
7 8 1 4 5 3 2 9 6
4 6 5 8 2 9 3 1 7
3 7 8 6 1 4 9 5 2
5 9 4 3 7 2 8 6 1
6 1 2 9 8 5 4 7 3
```

Solution # 628
```
6 1 9 8 7 4 5 2 3
5 8 7 6 3 2 1 4 9
2 3 4 5 9 1 6 8 7
9 6 2 4 8 5 3 7 1
1 7 5 3 2 6 8 9 4
3 4 8 9 1 7 2 5 6
8 2 1 7 4 3 9 6 5
7 9 6 1 5 8 4 3 2
4 5 3 2 6 9 7 1 8
```

Solution # 629
```
6 5 7 2 9 4 8 1 3
2 3 1 6 8 7 9 5 4
9 4 8 3 5 1 6 7 2
7 9 4 1 3 5 2 6 8
1 2 6 4 7 8 3 9 5
5 8 3 9 6 2 1 4 7
8 6 9 7 4 3 5 2 1
4 1 5 8 2 9 7 3 6
3 7 2 5 1 6 4 8 9
```

Solution # 630
```
3 4 7 5 6 1 8 2 9
6 2 5 7 8 9 4 3 1
9 8 1 3 2 4 5 7 6
8 9 2 4 1 6 3 5 7
1 7 3 2 5 8 6 9 4
5 6 4 9 3 7 2 1 8
2 1 9 8 4 3 7 6 5
4 3 6 1 7 5 9 8 2
7 5 8 6 9 2 1 4 3
```

Solution # 631
```
3 2 8 1 4 9 7 5 6
9 4 1 7 5 6 2 3 8
7 5 6 2 8 3 1 4 9
1 6 7 3 9 8 5 2 4
4 3 9 5 6 2 8 7 1
5 8 2 4 7 1 9 6 3
8 9 3 6 2 7 4 1 5
2 1 5 8 3 4 6 9 7
6 7 4 9 1 5 3 8 2
```

Solution # 632
```
4 8 2 6 7 1 5 9 3
6 9 5 3 2 4 8 1 7
3 7 1 9 5 8 4 6 2
8 2 4 7 1 3 9 5 6
7 1 6 8 9 5 3 2 4
5 3 9 4 6 2 7 8 1
9 4 8 1 3 6 2 7 5
1 5 3 2 8 7 6 4 9
2 6 7 5 4 9 1 3 8
```

Solution # 633
```
1 8 9 6 7 2 5 3 4
2 3 5 1 4 8 7 9 6
6 7 4 5 3 9 8 1 2
8 4 7 3 1 6 9 2 5
9 2 6 8 5 4 3 7 1
3 5 1 9 2 7 4 6 8
7 1 8 2 9 5 6 4 3
4 6 2 7 8 3 1 5 9
5 9 3 4 6 1 2 8 7
```

Solution # 634
```
5 6 9 8 7 3 4 1 2
4 3 2 9 5 1 7 6 8
1 7 8 2 4 6 9 5 3
3 1 7 4 2 8 6 9 5
6 9 4 5 3 7 8 2 1
2 8 5 1 6 9 3 4 7
9 4 1 7 8 5 2 3 6
7 5 3 6 9 2 1 8 4
8 2 6 3 1 4 5 7 9
```

Solution # 635
```
1 6 3 9 8 7 4 5 2
8 7 4 3 5 2 9 1 6
2 9 5 4 1 6 8 3 7
4 5 2 7 6 1 3 9 8
7 3 6 8 9 5 2 4 1
9 8 1 2 4 3 7 6 5
6 4 9 5 7 8 1 2 3
3 1 7 6 2 4 5 8 9
5 2 8 1 3 9 6 7 4
```

Solution # 636
```
4 3 2 7 9 5 1 8 6
1 7 9 2 6 8 5 3 4
5 8 6 1 4 3 2 9 7
7 1 3 4 8 9 6 5 2
2 6 8 3 5 1 7 4 9
9 5 4 6 7 2 3 1 8
8 2 1 9 3 6 4 7 5
6 4 5 8 1 7 9 2 3
3 9 7 5 2 4 8 6 1
```

Solution # 637
```
7 8 5 3 4 9 1 6 2
3 4 9 2 1 6 5 7 8
1 6 2 7 8 5 3 9 4
4 2 1 6 7 8 9 5 3
5 7 6 9 2 3 4 8 1
8 9 3 1 5 4 6 2 7
2 3 4 5 6 7 8 1 9
6 1 8 4 9 2 7 3 5
9 5 7 8 3 1 2 4 6
```

Solution # 638
```
6 1 9 5 8 4 3 7 2
8 5 7 6 2 3 9 1 4
3 2 4 1 9 7 8 6 5
5 6 2 4 3 9 7 8 1
9 3 8 7 1 2 4 5 6
7 4 1 8 5 6 2 9 3
1 9 5 2 4 8 6 3 7
4 8 6 3 7 5 1 2 9
2 7 3 9 6 1 5 4 8
```

Solution # 639
```
2 8 6 5 3 4 9 1 7
9 4 7 2 1 6 5 3 8
5 1 3 8 7 9 6 4 2
1 9 2 4 8 3 7 6 5
3 7 4 6 5 2 8 9 1
6 5 8 7 9 1 4 2 3
4 2 5 1 6 8 3 7 9
8 6 9 3 2 7 1 5 4
7 3 1 9 4 5 2 8 6
```

Solution # 640
```
1 7 3 5 2 4 8 9 6
8 5 9 6 7 3 2 1 4
4 2 6 1 8 9 3 7 5
5 9 8 4 3 6 1 2 7
7 6 1 8 9 2 5 4 3
2 3 4 7 1 5 9 6 8
9 8 7 3 6 1 4 5 2
6 1 5 2 4 8 7 3 9
3 4 2 9 5 7 6 8 1
```

Solution # 641
```
1 7 8 5 4 6 9 2 3
5 9 3 8 1 2 4 7 6
6 2 4 9 7 3 8 5 1
7 8 9 4 3 5 1 6 2
2 1 6 7 8 9 3 4 5
4 3 5 2 6 1 7 9 8
9 4 2 3 5 8 6 1 7
3 5 1 6 9 7 2 8 4
8 6 7 1 2 4 5 3 9
```

Solution # 642
```
7 1 3 5 9 6 4 8 2
8 2 5 4 3 1 9 6 7
9 4 6 8 2 7 5 1 3
3 8 2 1 5 9 7 4 6
4 7 9 6 8 3 2 5 1
5 6 1 7 4 2 3 9 8
1 9 8 2 7 4 6 3 5
2 5 4 3 6 8 1 7 9
6 3 7 9 1 5 8 2 4
```

Solution # 643
```
1 4 5 8 2 6 9 3 7
7 3 2 5 9 1 8 4 6
6 8 9 3 7 4 2 5 1
4 5 8 1 6 9 3 7 2
9 7 6 2 4 3 5 1 8
3 2 1 7 5 8 6 9 4
2 9 3 4 8 7 1 6 5
8 6 7 9 1 5 4 2 3
5 1 4 6 3 2 7 8 9
```

Solution # 644
```
2 7 1 8 6 9 4 3 5
3 4 6 2 5 7 1 8 9
8 5 9 3 1 4 7 6 2
1 8 2 9 7 5 6 4 3
4 6 3 1 2 8 5 9 7
7 9 5 4 3 6 8 2 1
5 2 8 7 4 3 9 1 6
9 3 7 6 8 1 2 5 4
6 1 4 5 9 2 3 7 8
```

Solution # 645
```
8 6 4 2 7 3 1 5 9
2 7 5 9 1 4 8 3 6
9 1 3 5 8 6 4 7 2
5 4 1 8 9 7 2 6 3
7 8 6 3 5 2 9 4 1
3 9 2 4 6 1 7 8 5
1 3 9 7 4 5 6 2 8
4 2 8 6 3 9 5 1 7
6 5 7 1 2 8 3 9 4
```

Solution # 646
```
2 7 6 5 1 4 8 3 9
8 9 5 2 3 7 6 4 1
4 1 3 6 8 9 7 5 2
5 8 1 3 7 2 4 9 6
9 3 2 8 4 6 1 7 5
6 4 7 1 9 5 3 2 8
7 6 4 9 5 8 2 1 3
1 2 9 4 6 3 5 8 7
3 5 8 7 2 1 9 6 4
```

Solution # 647
```
7 8 9 5 4 6 1 3 2
3 1 5 2 7 9 8 6 4
4 2 6 3 8 1 5 9 7
6 9 8 7 5 2 3 4 1
1 5 7 4 6 3 2 8 9
2 3 4 1 9 8 6 7 5
9 7 2 8 3 5 4 1 6
8 6 1 9 2 4 7 5 3
5 4 3 6 1 7 9 2 8
```

Solution # 648
```
5 4 6 9 2 1 3 7 8
3 9 1 8 7 4 2 5 6
7 2 8 3 6 5 1 9 4
8 7 9 6 1 2 4 3 5
1 6 3 5 4 9 7 8 2
2 5 4 7 3 8 6 1 9
6 8 2 1 9 7 5 4 3
4 1 5 2 8 3 9 6 7
9 3 7 4 5 6 8 2 1
```

Solution # 649
```
4 7 1 6 2 8 3 5 9
8 5 3 7 1 9 4 2 6
2 6 9 5 4 3 8 1 7
9 1 4 8 3 7 2 6 5
7 8 6 2 5 4 1 9 3
5 3 2 1 9 6 7 4 8
1 4 7 9 8 5 6 3 2
3 9 8 4 6 2 5 7 1
6 2 5 3 7 1 9 8 4
```

Solution # 650
```
3 6 1 5 9 8 7 4 2
4 7 8 1 3 2 9 6 5
9 5 2 6 4 7 3 1 8
8 9 4 3 5 6 2 7 1
2 3 7 8 1 4 6 5 9
6 1 5 2 7 9 8 3 4
1 8 9 4 6 3 5 2 7
5 2 6 7 8 1 4 9 3
7 4 3 9 2 5 1 8 6
```

Solution # 651
```
7 6 9 5 1 8 4 3 2
5 8 1 4 3 2 9 7 6
3 4 2 9 7 6 8 1 5
8 9 6 7 4 1 2 5 3
1 3 4 2 5 9 7 6 8
2 5 7 6 8 3 1 9 4
6 2 8 1 9 5 3 4 7
9 7 3 8 6 4 5 2 1
4 1 5 3 2 7 6 8 9
```

Solution # 652
```
2 3 6 1 7 8 9 4 5
8 7 9 4 5 2 6 1 3
1 5 4 9 6 3 8 2 7
3 6 8 5 1 4 2 7 9
4 9 1 3 2 7 5 6 8
7 2 5 8 9 6 1 3 4
5 1 2 7 3 9 4 8 6
9 8 7 6 4 1 3 5 2
6 4 3 2 8 5 7 9 1
```

Solution # 653
```
6 4 3 9 2 7 1 8 5
9 8 2 5 6 1 3 7 4
1 7 5 3 8 4 9 6 2
8 5 7 6 9 2 4 1 3
4 9 6 1 3 5 8 2 7
2 3 1 4 7 8 6 5 9
3 2 4 7 1 6 5 9 8
5 6 8 2 4 9 7 3 1
7 1 9 8 5 3 2 4 6
```

Solution # 654
```
1 4 3 8 2 5 7 6 9
2 9 5 6 4 7 1 8 3
6 8 7 3 9 1 2 4 5
7 3 6 2 5 9 8 1 4
8 2 4 1 7 3 9 5 6
5 1 9 4 8 6 3 7 2
3 7 8 5 6 2 4 9 1
4 5 1 9 3 8 6 2 7
9 6 2 7 1 4 5 3 8
```

Solution # 655
```
4 5 1 8 7 3 2 9 6
8 2 7 5 9 6 1 3 4
3 6 9 2 4 1 7 8 5
9 4 6 3 2 7 8 5 1
2 3 8 6 1 5 4 7 9
1 7 5 9 8 4 6 2 3
5 1 3 7 6 8 9 4 2
6 8 2 4 3 9 5 1 7
7 9 4 1 5 2 3 6 8
```

Solution # 656
```
5 4 9 3 2 8 1 6 7
7 8 6 9 4 1 5 3 2
3 1 2 7 6 5 4 8 9
9 2 5 6 1 4 8 7 3
1 3 7 5 8 9 6 2 4
8 6 4 2 7 3 9 1 5
6 9 3 1 5 7 2 4 8
2 5 8 4 3 6 7 9 1
4 7 1 8 9 2 3 5 6
```

Solution # 657
```
7 8 3 4 6 1 2 9 5
6 1 9 7 2 5 4 8 3
5 2 4 9 3 8 1 6 7
3 6 1 5 8 2 9 7 4
4 9 5 1 7 6 3 2 8
2 7 8 3 4 9 5 1 6
8 3 7 2 1 4 6 5 9
9 4 2 6 5 7 8 3 1
1 5 6 8 9 3 7 4 2
```

Solution # 658
```
4 9 2 6 1 5 7 8 3
5 6 7 3 8 4 1 2 9
8 3 1 7 2 9 4 6 5
9 8 6 2 4 7 3 5 1
1 4 3 5 9 6 8 7 2
2 7 5 1 3 8 9 4 6
6 5 4 9 7 3 2 1 8
3 2 8 4 6 1 5 9 7
7 1 9 8 5 2 6 3 4
```

Solution # 659
```
9 7 4 5 6 3 2 1 8
1 3 8 4 7 2 9 6 5
6 2 5 9 8 1 4 7 3
5 8 9 3 1 7 6 2 4
7 6 1 2 4 8 5 3 9
2 4 3 6 5 9 7 8 1
3 9 6 1 2 5 8 4 7
4 5 7 8 3 6 1 9 2
8 1 2 7 9 4 3 5 6
```

Solution # 660
```
6 3 7 1 2 8 9 4 5
5 4 8 3 7 9 1 6 2
1 9 2 6 5 4 8 7 3
4 5 9 8 3 7 6 2 1
8 2 1 5 4 6 7 3 9
7 6 3 2 9 1 5 8 4
2 7 5 9 8 3 4 1 6
3 8 6 4 1 5 2 9 7
9 1 4 7 6 2 3 5 8
```

Solution # 661
```
1 7 5 3 4 8 9 2 6
3 9 4 1 2 6 5 8 7
8 6 2 9 7 5 3 1 4
6 4 1 8 5 3 7 9 2
7 2 8 4 6 9 1 3 5
9 5 3 7 1 2 6 4 8
5 3 6 2 9 4 8 7 1
2 8 7 6 3 1 4 5 9
4 1 9 5 8 7 2 6 3
```

Solution # 662
```
6 9 8 2 5 1 3 7 4
2 4 3 7 8 6 1 5 9
7 5 1 4 3 9 2 6 8
5 8 6 9 2 3 4 1 7
9 2 4 6 1 7 5 8 3
3 1 7 8 4 5 6 9 2
8 3 5 1 7 2 9 4 6
4 6 2 5 9 8 7 3 1
1 7 9 3 6 4 8 2 5
```

Solution # 663
```
4 9 7 6 5 2 1 3 8
1 6 8 7 4 3 2 9 5
2 5 3 9 1 8 6 7 4
5 2 6 1 9 7 4 8 3
7 3 4 8 2 5 9 1 6
9 8 1 4 3 6 5 2 7
3 1 9 5 7 4 8 6 2
6 7 5 2 8 9 3 4 1
8 4 2 3 6 1 7 5 9
```

Solution # 664
```
3 1 5 4 8 9 7 6 2
9 4 6 2 7 3 1 8 5
2 8 7 5 6 1 4 9 3
6 2 8 1 4 5 9 3 7
1 3 9 6 2 7 8 5 4
7 5 4 3 9 8 2 1 6
5 7 1 9 3 4 6 2 8
8 6 3 7 1 2 5 4 9
4 9 2 8 5 6 3 7 1
```

Solution # 665
```
2 5 1 9 7 4 3 6 8
6 8 4 1 3 2 9 7 5
3 7 9 8 5 6 4 2 1
8 9 5 3 2 1 7 4 6
4 1 3 7 6 5 8 9 2
7 6 2 4 8 9 1 5 3
5 4 7 6 1 3 2 8 9
1 2 8 5 9 7 6 3 4
9 3 6 2 4 8 5 1 7
```

Solution # 666
```
3 6 7 4 8 2 1 9 5
1 5 4 7 9 3 2 8 6
8 2 9 5 6 1 7 4 3
7 1 6 8 3 9 4 5 2
9 4 8 6 2 5 3 1 7
2 3 5 1 7 4 9 6 8
4 8 3 2 1 6 5 7 9
6 9 1 3 5 7 8 2 4
5 7 2 9 4 8 6 3 1
```

Solution # 667
```
8 3 6 5 1 4 2 7 9
1 4 2 8 9 7 5 6 3
5 7 9 2 3 6 1 8 4
2 6 7 1 5 9 3 4 8
9 1 3 4 2 8 6 5 7
4 8 5 6 7 3 9 2 1
6 9 8 3 4 2 7 1 5
3 2 1 7 8 5 4 9 6
7 5 4 9 6 1 8 3 2
```

Solution # 668
```
4 8 6 2 7 3 5 1 9
2 1 7 4 5 9 3 8 6
5 3 9 6 1 8 4 2 7
8 5 3 1 9 7 2 6 4
6 9 1 5 4 2 8 7 3
7 4 2 8 3 6 1 9 5
9 7 4 3 8 1 6 5 2
1 2 5 7 6 4 9 3 8
3 6 8 9 2 5 7 4 1
```

Solution # 669
```
9 2 7 5 8 1 6 3 4
6 1 4 3 2 9 8 7 5
3 8 5 7 4 6 1 2 9
1 9 8 4 6 2 3 5 7
7 4 6 8 3 5 2 9 1
2 5 3 9 1 7 4 6 8
8 7 2 1 9 3 5 4 6
4 6 9 2 5 8 7 1 3
5 3 1 6 7 4 9 8 2
```

Solution # 670
```
7 8 6 4 2 5 1 9 3
3 5 4 1 7 9 8 6 2
9 2 1 8 6 3 5 4 7
4 7 3 2 8 6 9 1 5
8 9 2 5 1 4 7 3 6
1 6 5 9 3 7 2 8 4
5 3 8 7 4 1 6 2 9
6 1 9 3 5 2 4 7 8
2 4 7 6 9 8 3 5 1
```

Solution # 671
```
7 9 2 1 6 8 4 5 3
5 3 1 2 4 7 8 6 9
6 8 4 5 3 9 1 7 2
8 7 9 4 1 5 2 3 6
4 1 3 9 2 6 5 8 7
2 5 6 7 8 3 9 4 1
1 4 5 6 7 2 3 9 8
9 6 8 3 5 1 7 2 4
3 2 7 8 9 4 6 1 5
```

Solution # 672
```
6 7 8 2 9 3 5 1 4
3 1 2 4 8 5 6 9 7
5 9 4 6 1 7 2 3 8
2 5 9 8 3 4 1 7 6
4 6 7 9 2 1 8 5 3
8 3 1 7 5 6 9 4 2
7 2 6 5 4 9 3 8 1
1 4 5 3 6 8 7 2 9
9 8 3 1 7 2 4 6 5
```

Solution # 673
```
4 6 2 9 1 5 8 3 7
9 1 5 3 7 8 6 2 4
3 8 7 4 2 6 5 9 1
1 7 4 8 3 2 9 5 6
2 3 6 5 9 7 4 1 8
5 9 8 1 6 4 2 7 3
8 4 1 2 5 3 7 6 9
6 5 3 7 4 9 1 8 2
7 2 9 6 8 1 3 4 5
```

Solution # 674
```
5 6 9 7 2 3 8 1 4
7 2 4 1 8 6 9 5 3
8 3 1 9 5 4 7 6 2
4 8 7 5 3 2 1 9 6
9 1 3 4 6 7 2 8 5
2 5 6 8 9 1 4 3 7
1 7 5 3 4 9 6 2 8
3 9 2 6 7 8 5 4 1
6 4 8 2 1 5 3 7 9
```

Solution # 675
```
8 3 4 7 6 5 1 9 2
9 2 6 3 1 4 5 7 8
1 5 7 9 8 2 4 3 6
2 7 3 6 5 8 9 1 4
6 4 1 2 3 9 8 5 7
5 9 8 4 7 1 6 2 3
3 6 5 1 4 7 2 8 9
4 8 2 5 9 3 7 6 1
7 1 9 8 2 6 3 4 5
```

Solution # 676
```
7 1 2 4 8 3 6 5 9
4 8 6 9 2 5 7 1 3
3 5 9 7 6 1 2 8 4
9 3 7 5 1 2 4 6 8
8 2 1 6 3 4 9 7 5
6 4 5 8 9 7 1 3 2
1 7 8 2 5 9 3 4 6
5 9 3 1 4 6 8 2 7
2 6 4 3 7 8 5 9 1
```

Solution # 677
```
2 4 1 7 3 9 8 6 5
6 8 3 2 5 4 1 9 7
5 9 7 1 8 6 2 4 3
8 7 6 5 1 3 9 2 4
4 2 5 6 9 7 3 8 1
1 3 9 8 4 2 5 7 6
3 1 4 9 6 8 7 5 2
7 6 8 3 2 5 4 1 9
9 5 2 4 7 1 6 3 8
```

Solution # 678
```
2 4 5 8 6 3 7 1 9
6 1 3 2 9 7 5 8 4
9 8 7 1 5 4 3 6 2
3 9 4 6 8 1 2 7 5
1 2 6 7 4 5 8 9 3
7 5 8 3 2 9 6 4 1
8 3 1 9 7 2 4 5 6
5 6 9 4 3 8 1 2 7
4 7 2 5 1 6 9 3 8
```

Solution # 679
```
7 4 3 5 6 1 8 9 2
1 5 9 4 8 2 7 3 6
6 2 8 3 7 9 5 4 1
3 8 1 6 2 5 9 7 4
2 9 5 1 4 7 6 8 3
4 7 6 8 9 3 1 2 5
9 6 7 2 5 4 3 1 8
5 1 4 7 3 8 2 6 9
8 3 2 9 1 6 4 5 7
```

Solution # 680
```
5 2 6 8 4 3 1 9 7
4 1 3 7 2 9 8 5 6
8 9 7 5 6 1 4 2 3
9 4 1 2 3 6 5 7 8
7 3 2 4 8 5 9 6 1
6 8 5 9 1 7 2 3 4
1 7 9 3 5 4 6 8 2
3 6 8 1 9 2 7 4 5
2 5 4 6 7 8 3 1 9
```

Solution # 681
```
8 9 2 7 5 3 6 4 1
6 3 1 9 2 4 7 5 8
5 7 4 8 1 6 3 9 2
2 1 3 5 6 9 4 8 7
9 4 6 3 8 7 1 2 5
7 8 5 2 4 1 9 6 3
1 2 9 4 3 8 5 7 6
4 6 8 1 7 5 2 3 9
3 5 7 6 9 2 8 1 4
```

Solution # 682
```
5 9 6 4 8 2 7 3 1
7 4 8 9 3 1 2 5 6
2 1 3 5 6 7 4 9 8
3 8 2 6 4 9 5 1 7
1 6 7 2 5 3 8 4 9
4 5 9 7 1 8 3 6 2
9 7 4 1 2 5 6 8 3
8 2 5 3 9 6 1 7 4
6 3 1 8 7 4 9 2 5
```

Solution # 683
```
9 4 8 6 2 1 7 5 3
6 3 7 5 8 9 1 2 4
1 2 5 4 7 3 8 6 9
8 1 3 2 9 4 6 7 5
7 9 2 8 6 5 3 4 1
4 5 6 3 1 7 9 8 2
5 7 4 1 3 8 2 9 6
3 6 9 7 5 2 4 1 8
2 8 1 9 4 6 5 3 7
```

Solution # 684
```
9 6 5 3 2 1 7 4 8
4 8 1 9 7 5 3 2 6
2 3 7 6 8 4 5 9 1
1 5 8 7 4 2 9 6 3
7 9 4 8 6 3 2 1 5
3 2 6 5 1 9 4 8 7
8 7 3 2 9 6 1 5 4
6 4 2 1 5 7 8 3 9
5 1 9 4 3 8 6 7 2
```

Solution # 685
```
2 6 3 7 8 1 5 9 4
4 9 7 5 3 2 8 6 1
8 5 1 9 6 4 2 7 3
5 7 6 8 1 3 9 4 2
3 2 8 4 9 6 1 5 7
9 1 4 2 7 5 3 8 6
7 4 2 3 5 8 6 1 9
1 8 9 6 2 7 4 3 5
6 3 5 1 4 9 7 2 8
```

Solution # 686
```
4 1 3 2 6 8 9 5 7
2 8 5 3 9 7 6 1 4
7 6 9 5 4 1 3 8 2
1 5 2 7 8 3 4 9 6
6 7 8 4 5 9 1 2 3
9 3 4 1 2 6 8 7 5
3 4 7 8 1 2 5 6 9
8 2 6 9 3 5 7 4 1
5 9 1 6 7 4 2 3 8
```

Solution # 687
```
9 6 7 5 3 2 4 1 8
5 8 2 4 7 1 9 6 3
4 1 3 8 6 9 2 7 5
2 4 5 3 1 7 8 9 6
7 3 6 9 8 5 1 2 4
8 9 1 2 4 6 5 3 7
3 5 9 7 2 4 6 8 1
1 7 4 6 9 8 3 5 2
6 2 8 1 5 3 7 4 9
```

Solution # 688
```
7 5 8 6 1 3 9 2 4
4 1 9 8 5 2 3 7 6
6 2 3 4 7 9 1 8 5
9 3 6 1 2 4 8 5 7
5 8 1 3 6 7 4 9 2
2 7 4 5 9 8 6 3 1
3 4 5 7 8 1 2 6 9
8 6 2 9 4 5 7 1 3
1 9 7 2 3 6 5 4 8
```

Solution # 689
```
8 7 4 6 9 5 2 1 3
2 6 1 8 4 3 5 7 9
9 3 5 2 7 1 4 6 8
6 8 9 3 2 4 1 5 7
3 4 2 1 5 7 8 9 6
5 1 7 9 8 6 3 2 4
7 9 8 5 3 2 6 4 1
1 2 3 4 6 9 7 8 5
4 5 6 7 1 8 9 3 2
```

Solution # 690
```
4 9 5 1 6 2 7 8 3
3 6 2 4 7 8 5 1 9
8 1 7 3 9 5 2 6 4
6 5 8 9 3 4 1 7 2
1 4 9 2 8 7 3 5 6
7 2 3 5 1 6 9 4 8
2 8 1 7 4 9 6 3 5
5 3 4 6 2 1 8 9 7
9 7 6 8 5 3 4 2 1
```

Solution # 691
```
5 6 8 4 7 2 3 1 9
7 4 9 1 5 3 8 6 2
3 1 2 9 8 6 5 7 4
6 5 3 8 4 1 2 9 7
8 2 7 5 6 9 1 4 3
1 9 4 3 2 7 6 8 5
4 7 6 2 1 5 9 3 8
2 3 1 7 9 8 4 5 6
9 8 5 6 3 4 7 2 1
```

Solution # 692
```
7 6 3 2 5 9 1 4 8
4 2 8 6 1 7 5 3 9
5 1 9 3 4 8 2 6 7
9 5 7 8 6 2 3 1 4
3 4 6 1 7 5 8 9 2
1 8 2 9 3 4 7 5 6
8 7 4 5 9 1 6 2 3
6 9 5 7 2 3 4 8 1
2 3 1 4 8 6 9 7 5
```

Solution # 693
```
5 8 4 6 7 3 2 1 9
2 3 9 1 5 8 4 6 7
6 1 7 2 9 4 8 3 5
7 2 1 9 4 6 3 5 8
3 9 6 5 8 2 7 4 1
4 5 8 7 3 1 6 9 2
9 7 3 4 2 5 1 8 6
8 6 5 3 1 7 9 2 4
1 4 2 8 6 9 5 7 3
```

Solution # 694
```
5 4 8 6 3 2 7 9 1
1 3 7 8 9 5 4 6 2
2 9 6 1 7 4 8 3 5
8 6 9 3 4 1 2 5 7
7 5 4 2 8 9 3 1 6
3 2 1 7 5 6 9 4 8
9 8 2 5 1 3 6 7 4
4 7 5 9 6 8 1 2 3
6 1 3 4 2 7 5 8 9
```

Solution # 695
```
1 5 4 8 7 6 2 9 3
7 9 3 5 2 4 8 6 1
6 8 2 3 1 9 4 5 7
5 2 7 4 3 8 6 1 9
3 1 9 7 6 2 5 8 4
8 4 6 1 9 5 3 7 2
4 6 1 9 5 3 7 2 8
9 3 5 2 8 7 1 4 6
2 7 8 6 4 1 9 3 5
```

Solution # 696
```
1 2 9 7 3 6 8 4 5
8 5 3 2 9 4 1 6 7
4 6 7 1 5 8 3 9 2
3 7 8 4 6 2 5 1 9
2 9 1 5 8 7 4 3 6
5 4 6 3 1 9 7 2 8
9 3 2 8 4 5 6 7 1
7 1 5 6 2 3 9 8 4
6 8 4 9 7 1 2 5 3
```

Solution # 697
```
4 3 1 5 9 7 6 2 8
5 9 7 6 8 2 4 1 3
6 2 8 4 3 1 9 7 5
7 6 5 8 1 4 3 9 2
2 4 9 3 7 5 1 8 6
8 1 3 2 6 9 7 5 4
9 8 4 7 2 3 5 6 1
3 7 6 1 5 8 2 4 9
1 5 2 9 4 6 8 3 7
```

Solution # 698
```
2 1 8 6 4 5 3 9 7
4 7 9 3 1 8 6 5 2
6 3 5 7 2 9 4 1 8
9 5 4 1 7 2 8 3 6
7 8 2 5 3 6 9 4 1
3 6 1 8 9 4 2 7 5
8 9 3 2 5 1 7 6 4
5 2 7 4 6 3 1 8 9
1 4 6 9 8 7 5 2 3
```

Solution # 699
```
6 1 4 3 5 8 7 9 2
8 5 3 2 7 9 4 6 1
9 7 2 6 1 4 5 3 8
2 4 7 1 9 5 6 8 3
5 3 6 8 4 2 1 7 9
1 8 9 7 6 3 2 4 5
3 6 8 5 2 7 9 1 4
4 2 1 9 3 6 8 5 7
7 9 5 4 8 1 3 2 6
```

Solution # 700
```
9 3 6 7 5 4 8 2 1
7 4 1 8 6 2 3 5 9
8 5 2 3 9 1 7 6 4
1 2 3 5 4 9 6 7 8
6 9 7 2 1 8 5 4 3
4 8 5 6 7 3 9 1 2
3 7 9 1 2 6 4 8 5
5 1 8 4 3 7 2 9 6
2 6 4 9 8 5 1 3 7
```

Solution # 701
```
7 1 5 6 3 8 9 4 2
9 6 2 1 5 4 7 3 8
4 3 8 7 9 2 1 5 6
2 9 4 8 6 7 5 1 3
8 7 1 3 4 5 6 2 9
6 5 3 9 2 1 4 8 7
1 4 7 2 8 6 3 9 5
5 8 9 4 7 3 2 6 1
3 2 6 5 1 9 8 7 4
```

Solution # 702
```
9 8 6 4 5 2 7 1 3
7 4 3 8 6 1 2 5 9
5 1 2 7 9 3 8 6 4
6 9 4 3 8 7 1 2 5
3 7 1 5 2 6 9 4 8
8 2 5 1 4 9 3 7 6
2 3 9 6 7 5 4 8 1
1 5 8 2 3 4 6 9 7
4 6 7 9 1 8 5 3 2
```

Solution # 703
```
9 3 7 4 6 1 8 5 2
2 6 8 5 9 3 4 1 7
4 5 1 7 8 2 9 3 6
7 2 5 3 1 8 6 4 9
8 1 9 6 2 4 5 7 3
6 4 3 9 5 7 2 8 1
3 8 6 2 7 5 1 9 4
5 9 4 1 3 6 7 2 8
1 7 2 8 4 9 3 6 5
```

Solution # 704
```
7 9 4 5 1 6 8 3 2
2 5 1 8 3 7 9 4 6
6 3 8 4 2 9 7 1 5
4 7 2 6 5 3 1 9 8
8 6 3 9 7 1 2 5 4
5 1 9 2 8 4 3 6 7
1 2 6 3 4 8 5 7 9
9 8 7 1 6 5 4 2 3
3 4 5 7 9 2 6 8 1
```

Solution # 705
```
3 2 8 1 4 5 9 7 6
7 6 1 3 8 9 4 5 2
5 4 9 2 7 6 3 8 1
4 9 5 8 2 3 6 1 7
6 1 2 7 9 4 8 3 5
8 7 3 5 6 1 2 9 4
2 3 6 9 5 7 1 4 8
1 5 4 6 3 8 7 2 9
9 8 7 4 1 2 5 6 3
```

Solution # 706
```
7 2 9 4 1 5 8 3 6
6 3 5 9 8 2 7 4 1
1 4 8 7 3 6 5 9 2
8 9 4 3 2 7 6 1 5
5 6 1 8 4 9 3 2 7
3 7 2 5 6 1 9 8 4
4 8 6 1 5 3 2 7 9
9 5 3 2 7 4 1 6 8
2 1 7 6 9 8 4 5 3
```

Solution # 707
```
6 4 7 3 1 8 2 5 9
9 8 1 7 2 5 4 6 3
2 5 3 9 4 6 8 7 1
5 6 9 1 3 2 7 8 4
4 1 2 8 9 7 5 3 6
3 7 8 6 5 4 1 9 2
7 2 6 4 8 9 3 1 5
1 9 4 5 7 3 6 2 8
8 3 5 2 6 1 9 4 7
```

Solution # 708
```
2 9 7 5 4 3 8 6 1
8 4 3 7 6 1 2 5 9
6 1 5 2 8 9 7 4 3
3 6 1 9 5 7 4 2 8
9 2 4 6 3 8 1 7 5
5 7 8 4 1 2 9 3 6
4 5 9 8 7 6 3 1 2
7 3 2 1 9 5 6 8 4
1 8 6 3 2 4 5 9 7
```

Solution # 709
```
8 7 1 9 5 6 2 3 4
6 9 5 2 4 3 7 8 1
2 3 4 8 1 7 9 5 6
1 8 6 5 7 4 3 2 9
9 4 2 3 6 8 1 7 5
7 5 3 1 9 2 6 4 8
5 6 8 7 2 9 4 1 3
4 1 7 6 3 5 8 9 2
3 2 9 4 8 1 5 6 7
```

Solution # 710
```
6 1 7 4 5 2 9 3 8
2 8 9 3 6 1 4 7 5
3 4 5 7 8 9 1 2 6
5 3 1 2 4 6 7 8 9
9 6 4 8 1 7 3 5 2
8 7 2 9 3 5 6 1 4
4 5 3 1 9 8 2 6 7
1 2 8 6 7 4 5 9 3
7 9 6 5 2 3 8 4 1
```

Solution # 711
```
1 8 2 5 4 3 7 9 6
3 9 5 6 7 1 4 8 2
6 7 4 8 2 9 5 1 3
2 4 9 7 3 6 1 5 8
7 5 6 1 8 4 3 2 9
8 3 1 2 9 5 6 4 7
4 2 8 3 1 7 9 6 5
5 1 7 9 6 8 2 3 4
9 6 3 4 5 2 8 7 1
```

Solution # 712
```
5 8 7 6 4 3 1 2 9
3 2 1 7 9 8 5 4 6
4 9 6 2 5 1 3 7 8
8 6 3 5 2 4 9 1 7
7 1 2 8 6 9 4 5 3
9 4 5 3 1 7 8 6 2
6 3 4 1 8 2 7 9 5
1 5 8 9 7 6 2 3 4
2 7 9 4 3 5 6 8 1
```

Solution # 713
```
9 6 1 3 2 5 7 4 8
2 3 7 1 8 4 5 9 6
5 8 4 9 7 6 3 2 1
6 1 3 5 4 7 2 8 9
8 7 9 2 6 1 4 3 5
4 5 2 8 9 3 1 6 7
7 2 8 4 5 9 6 1 3
1 9 5 6 3 2 8 7 4
3 4 6 7 1 8 9 5 2
```

Solution # 714
```
1 6 4 3 5 8 2 7 9
3 7 5 9 2 6 8 1 4
2 8 9 7 4 1 5 3 6
9 4 2 6 7 3 1 8 5
7 1 3 5 8 9 6 4 2
8 5 6 4 1 2 7 9 3
5 9 7 8 6 4 3 2 1
4 2 8 1 3 5 9 6 7
6 3 1 2 9 7 4 5 8
```

Solution # 715
```
7 4 3 5 9 8 6 1 2
2 9 5 1 7 6 3 8 4
8 1 6 4 2 3 5 9 7
4 7 1 2 8 5 9 3 6
6 8 9 3 1 7 4 2 5
3 5 2 9 6 4 1 7 8
5 2 4 8 3 9 7 6 1
9 6 8 7 4 1 2 5 3
1 3 7 6 5 2 8 4 9
```

Solution # 716
```
4 6 5 3 9 1 8 7 2
9 3 8 7 5 2 6 1 4
1 2 7 6 4 8 3 5 9
7 4 2 1 8 9 5 3 6
3 5 1 2 6 4 9 8 7
8 9 6 5 3 7 4 2 1
5 1 3 9 7 6 2 4 8
6 7 4 8 2 5 1 9 3
2 8 9 4 1 3 7 6 5
```

Solution # 717
```
3 8 2 1 5 4 7 9 6
6 7 9 3 2 8 1 4 5
1 5 4 6 7 9 3 8 2
9 3 6 2 4 1 5 7 8
8 1 7 5 9 6 4 2 3
2 4 5 8 3 7 9 6 1
4 6 8 7 1 3 2 5 9
5 9 3 4 6 2 8 1 7
7 2 1 9 8 5 6 3 4
```

Solution # 718
```
7 1 8 2 6 4 5 3 9
2 6 4 5 9 3 1 8 7
9 3 5 8 1 7 4 6 2
8 5 1 4 3 9 7 2 6
4 9 3 6 7 2 8 5 1
6 7 2 1 8 5 3 9 4
5 4 7 3 2 6 9 1 8
3 8 6 9 4 1 2 7 5
1 2 9 7 5 8 6 4 3
```

Solution # 719
```
3 7 5 6 4 2 9 1 8
2 9 8 3 1 5 4 6 7
4 6 1 8 7 9 2 3 5
8 5 6 9 2 7 3 4 1
7 2 4 1 3 8 6 5 9
9 1 3 4 5 6 8 7 2
5 4 7 2 8 3 1 9 6
1 8 9 5 6 4 7 2 3
6 3 2 7 9 1 5 8 4
```

Solution # 720
```
5 4 2 1 8 3 9 6 7
6 3 8 7 2 9 5 1 4
9 1 7 4 6 5 8 2 3
1 5 6 2 9 4 3 7 8
4 7 3 6 5 8 2 9 1
8 2 9 3 1 7 6 4 5
2 8 5 9 7 1 4 3 6
3 9 1 5 4 6 7 8 2
7 6 4 8 3 2 1 5 9
```

Solution # 721
```
1 9 5 7 8 3 6 4 2
4 3 7 2 6 9 1 8 5
8 6 2 5 1 4 7 3 9
9 8 6 4 3 2 5 1 7
2 5 4 1 7 8 9 6 3
7 1 3 6 9 5 8 2 4
5 7 1 3 2 6 4 9 8
3 4 9 8 5 1 2 7 6
6 2 8 9 4 7 3 5 1
```

Solution # 722
```
3 7 4 2 8 1 5 9 6
1 5 2 9 6 4 3 8 7
9 8 6 5 3 7 1 4 2
5 9 1 4 7 8 2 6 3
8 2 3 6 1 5 4 7 9
4 6 7 3 2 9 8 5 1
2 4 5 1 9 6 7 3 8
7 1 9 8 5 3 6 2 4
6 3 8 7 4 2 9 1 5
```

Solution # 723
```
7 9 4 5 1 3 8 6 2
2 5 1 4 6 8 9 7 3
3 6 8 7 2 9 1 5 4
5 7 2 6 9 4 3 1 8
1 8 3 2 5 7 4 9 6
9 4 6 3 8 1 5 2 7
6 3 7 9 4 5 2 8 1
8 2 5 1 3 6 7 4 9
4 1 9 8 7 2 6 3 5
```

Solution # 724
```
7 8 1 4 2 9 3 5 6
4 6 5 3 8 7 2 9 1
9 3 2 1 6 5 8 7 4
6 4 3 9 1 2 7 8 5
5 1 8 6 7 3 4 2 9
2 7 9 8 5 4 6 1 3
3 5 6 7 9 8 1 4 2
8 2 4 5 3 1 9 6 7
1 9 7 2 4 6 5 3 8
```

Solution # 725
```
8 7 2 4 6 5 9 1 3
3 6 5 9 1 2 4 7 8
9 4 1 7 3 8 2 5 6
4 1 6 5 8 7 3 2 9
2 3 8 6 9 1 7 4 5
5 9 7 2 4 3 8 6 1
1 2 9 8 7 6 5 3 4
6 5 4 3 2 9 1 8 7
7 8 3 1 5 4 6 9 2
```

Solution # 726
```
5 3 2 1 8 7 9 6 4
4 7 8 6 9 5 3 2 1
9 6 1 3 2 4 8 5 7
2 1 3 4 6 8 5 7 9
7 9 6 5 3 2 4 1 8
8 4 5 9 7 1 2 3 6
6 2 9 8 1 3 7 4 5
1 5 7 2 4 9 6 8 3
3 8 4 7 5 6 1 9 2
```

Solution # 727
```
4 2 9 3 6 7 8 5 1
5 3 6 8 2 1 4 7 9
8 1 7 9 4 5 6 2 3
1 8 3 7 5 2 9 4 6
9 7 2 6 8 4 3 1 5
6 4 5 1 9 3 2 8 7
3 5 4 2 7 9 1 6 8
2 6 1 5 3 8 7 9 4
7 9 8 4 1 6 5 3 2
```

Solution # 728
```
5 6 2 9 7 4 1 8 3
8 3 4 1 6 5 9 7 2
9 7 1 3 8 2 5 4 6
3 8 6 2 1 9 4 5 7
1 9 5 7 4 3 6 2 8
4 2 7 6 5 8 3 1 9
6 4 8 5 9 7 2 3 1
7 1 3 4 2 6 8 9 5
2 5 9 8 3 1 7 6 4
```

Solution # 729
```
4 8 3 2 7 6 1 5 9
9 1 2 5 4 8 6 7 3
6 5 7 3 1 9 4 2 8
8 9 5 7 2 1 3 4 6
7 4 1 6 5 3 9 8 2
3 2 6 8 9 4 7 1 5
5 7 4 9 3 2 8 6 1
1 3 8 4 6 5 2 9 7
2 6 9 1 8 7 5 3 4
```

Solution # 730
```
3 2 9 1 6 4 5 7 8
5 4 6 8 7 3 9 2 1
1 8 7 9 5 2 4 3 6
7 1 2 5 8 9 6 4 3
6 3 5 4 2 1 8 9 7
4 9 8 7 3 6 1 5 2
2 7 1 6 4 5 3 8 9
9 5 3 2 1 8 7 6 4
8 6 4 3 9 7 2 1 5
```

Solution # 731
```
2 1 7 9 8 3 5 6 4
5 8 9 1 6 4 7 2 3
3 6 4 7 2 5 8 9 1
8 9 1 3 7 6 4 5 2
4 7 2 5 9 8 1 3 6
6 5 3 2 4 1 9 8 7
1 4 5 8 3 2 6 7 9
9 3 6 4 5 7 2 1 8
7 2 8 6 1 9 3 4 5
```

Solution # 732
```
7 4 1 2 3 9 5 6 8
5 2 8 4 6 7 3 1 9
6 9 3 8 1 5 7 2 4
2 7 6 1 5 4 9 8 3
4 8 9 6 7 3 1 5 2
3 1 5 9 2 8 6 4 7
9 5 2 7 4 6 8 3 1
1 3 7 5 8 2 4 9 6
8 6 4 3 9 1 2 7 5
```

Solution # 733
```
7 2 9 3 5 6 1 8 4
1 6 4 9 8 7 5 2 3
3 5 8 1 2 4 9 7 6
8 4 3 2 1 9 7 6 5
2 1 5 7 6 3 4 9 8
6 9 7 5 4 8 3 1 2
9 3 6 8 7 5 2 4 1
5 8 2 4 9 1 6 3 7
4 7 1 6 3 2 8 5 9
```

Solution # 734
```
2 9 8 3 7 6 5 4 1
7 6 4 9 1 5 2 8 3
5 3 1 2 8 4 9 7 6
8 7 9 5 4 3 6 1 2
1 5 3 6 2 7 8 9 4
4 2 6 1 9 8 7 3 5
6 8 7 4 3 2 1 5 9
9 4 5 8 6 1 3 2 7
3 1 2 7 5 9 4 6 8
```

Solution # 735
```
1 4 2 5 9 3 7 6 8
8 3 6 2 7 4 1 9 5
5 9 7 6 1 8 2 3 4
9 2 1 4 8 5 3 7 6
4 5 3 7 6 1 9 8 2
6 7 8 3 2 9 4 5 1
7 6 9 1 5 2 8 4 3
2 8 4 9 3 6 5 1 7
3 1 5 8 4 7 6 2 9
```

Solution # 736
```
7 8 6 2 5 9 1 4 3
1 9 4 6 8 3 5 2 7
5 2 3 1 4 7 6 9 8
3 7 9 5 6 2 4 8 1
8 6 5 4 9 1 3 7 2
2 4 1 3 7 8 9 5 6
9 5 7 8 3 6 2 1 4
4 3 2 7 1 5 8 6 9
6 1 8 9 2 4 7 3 5
```

Solution # 737
```
3 8 1 2 7 5 6 4 9
2 4 9 6 8 1 7 5 3
5 7 6 9 4 3 8 1 2
4 9 2 5 6 8 3 7 1
6 3 7 1 9 4 5 2 8
8 1 5 3 2 7 9 6 4
1 6 8 7 3 2 4 9 5
9 5 3 4 1 6 2 8 7
7 2 4 8 5 9 1 3 6
```

Solution # 738
```
3 9 1 5 7 8 6 4 2
5 6 2 9 4 1 3 8 7
8 4 7 2 6 3 1 5 9
4 8 9 3 1 2 5 7 6
2 5 6 7 8 9 4 3 1
7 1 3 4 5 6 2 9 8
9 7 5 1 2 4 8 6 3
1 3 8 6 9 5 7 2 4
6 2 4 8 3 7 9 1 5
```

Solution # 739
```
1 7 5 4 8 9 2 3 6
9 2 8 6 5 3 7 4 1
6 4 3 1 7 2 8 5 9
5 8 9 2 6 7 4 1 3
2 6 4 8 3 1 5 9 7
3 1 7 9 4 5 6 2 8
4 9 1 7 2 8 3 6 5
7 5 2 3 9 6 1 8 4
8 3 6 5 1 4 9 7 2
```

Solution # 740
```
5 2 9 8 6 4 7 1 3
3 6 1 2 9 7 5 4 8
4 7 8 5 3 1 2 6 9
9 1 2 3 8 5 6 7 4
8 3 5 4 7 6 1 9 2
6 4 7 1 2 9 8 3 5
7 5 4 9 1 8 3 2 6
1 8 3 6 4 2 9 5 7
2 9 6 7 5 3 4 8 1
```

Solution # 741
```
1 6 8 7 2 5 4 3 9
5 3 7 6 4 9 8 1 2
4 2 9 1 3 8 5 6 7
8 7 1 4 9 2 6 5 3
6 4 3 5 8 7 2 9 1
9 5 2 3 6 1 7 8 4
3 9 5 2 7 6 1 4 8
2 1 4 8 5 3 9 7 6
7 8 6 9 1 4 3 2 5
```

Solution # 742
```
8 6 3 2 1 7 9 4 5
4 5 7 9 8 6 3 2 1
9 2 1 5 4 3 6 7 8
5 9 4 3 2 8 1 6 7
2 1 6 7 5 4 8 9 3
7 3 8 1 6 9 2 5 4
1 4 2 8 9 5 7 3 6
3 8 5 6 7 2 4 1 9
6 7 9 4 3 1 5 8 2
```

Solution # 743
```
2 5 4 3 7 8 6 9 1
8 9 3 2 6 1 4 7 5
7 1 6 9 4 5 2 8 3
1 7 5 6 9 2 8 3 4
9 6 8 4 5 3 1 2 7
3 4 2 8 1 7 9 5 6
4 3 9 5 8 6 7 1 2
5 8 7 1 2 4 3 6 9
6 2 1 7 3 9 5 4 8
```

Solution # 744
```
4 7 1 6 3 8 9 2 5
5 2 3 4 9 1 8 6 7
6 9 8 2 5 7 4 1 3
8 5 4 7 6 3 1 9 2
3 6 9 1 4 2 7 5 8
2 1 7 9 8 5 3 4 6
1 4 5 8 7 6 2 3 9
7 3 2 5 1 9 6 8 4
9 8 6 3 2 4 5 7 1
```

Solution # 745
```
5 8 3 6 2 1 7 9 4
2 4 7 3 8 9 6 1 5
1 9 6 7 5 4 8 2 3
7 6 4 2 9 5 1 3 8
9 2 8 1 6 3 4 5 7
3 5 1 4 7 8 2 6 9
6 7 9 5 4 2 3 8 1
4 1 5 8 3 6 9 7 2
8 3 2 9 1 7 5 4 6
```

Solution # 746
```
5 1 4 2 6 9 8 7 3
8 9 3 5 7 4 6 1 2
2 7 6 1 8 3 4 5 9
4 5 1 8 9 2 7 3 6
6 3 8 7 1 5 9 2 4
7 2 9 3 4 6 5 8 1
9 8 7 4 3 1 2 6 5
3 4 2 6 5 7 1 9 8
1 6 5 9 2 8 3 4 7
```

Solution # 747
```
6 7 4 8 5 9 2 1 3
5 3 9 4 1 2 8 6 7
2 8 1 3 7 6 5 4 9
4 5 3 9 2 7 6 8 1
9 6 2 5 8 1 7 3 4
7 1 8 6 3 4 9 5 2
8 2 7 1 4 5 3 9 6
3 4 6 7 9 8 1 2 5
1 9 5 2 6 3 4 7 8
```

Solution # 748
```
7 1 8 9 3 4 5 6 2
2 9 3 7 6 5 1 4 8
4 6 5 1 2 8 3 9 7
9 7 6 4 1 3 8 2 5
3 4 1 8 5 2 9 7 6
8 5 2 6 9 7 4 3 1
6 2 9 5 4 1 7 8 3
5 3 7 2 8 9 6 1 4
1 8 4 3 7 6 2 5 9
```

Solution # 749
```
5 9 4 2 6 7 1 8 3
8 2 6 1 3 4 9 7 5
1 3 7 5 9 8 4 6 2
2 8 3 9 7 6 5 4 1
7 5 1 8 4 2 3 9 6
4 6 9 3 5 1 7 2 8
9 1 2 7 8 5 6 3 4
6 7 5 4 2 3 8 1 9
3 4 8 6 1 9 2 5 7
```

Solution # 750
```
2 8 6 4 9 3 1 7 5
9 3 4 7 5 1 2 6 8
7 5 1 2 8 6 9 3 4
8 4 9 3 7 5 6 1 2
1 7 3 6 4 2 8 5 9
5 6 2 9 1 8 3 4 7
6 1 7 5 2 9 4 8 3
4 2 8 1 3 7 5 9 6
3 9 5 8 6 4 7 2 1
```

Solution # 751
```
8 3 6 1 7 9 5 2 4
1 7 4 5 2 8 6 9 3
5 2 9 3 6 4 8 7 1
9 4 2 8 1 6 3 5 7
3 5 8 9 4 7 1 6 2
6 1 7 2 3 5 9 4 8
2 9 5 4 8 1 7 3 6
4 6 1 7 5 3 2 8 9
7 8 3 6 9 2 4 1 5
```

Solution # 752
```
6 9 7 3 2 5 4 1 8
4 3 8 6 1 7 5 9 2
5 1 2 9 4 8 6 3 7
2 4 5 1 8 9 7 6 3
8 7 1 5 3 6 2 4 9
9 6 3 4 7 2 1 8 5
1 2 6 8 5 3 9 7 4
3 5 9 7 6 4 8 2 1
7 8 4 2 9 1 3 5 6
```

Solution # 753
```
3 6 1 9 7 5 8 4 2
4 8 9 6 2 3 7 5 1
7 5 2 4 8 1 9 3 6
1 9 4 8 5 2 3 6 7
6 7 5 1 3 4 2 9 8
8 2 3 7 9 6 5 1 4
5 1 7 2 4 9 6 8 3
9 4 8 3 6 7 1 2 5
2 3 6 5 1 8 4 7 9
```

Solution # 754
```
6 2 1 4 5 3 9 8 7
7 5 9 8 6 1 4 2 3
8 3 4 9 2 7 1 5 6
4 9 6 1 8 5 7 3 2
5 1 3 2 7 4 6 9 8
2 8 7 3 9 6 5 4 1
1 4 5 7 3 2 8 6 9
3 6 8 5 1 9 2 7 4
9 7 2 6 4 8 3 1 5
```

Solution # 755
```
7 1 4 9 2 8 6 5 3
8 3 5 1 7 6 2 4 9
6 2 9 3 5 4 1 7 8
3 9 2 8 1 5 4 6 7
1 6 8 4 9 7 5 3 2
4 5 7 2 6 3 9 8 1
9 8 6 5 3 2 7 1 4
5 4 1 7 8 9 3 2 6
2 7 3 6 4 1 8 9 5
```

Solution # 756
```
7 8 1 5 9 4 6 3 2
3 6 5 2 7 8 1 9 4
9 4 2 6 1 3 8 5 7
4 7 9 1 5 2 3 6 8
8 5 6 9 3 7 2 4 1
1 2 3 8 4 6 9 7 5
2 9 4 3 8 5 7 1 6
5 1 8 7 6 9 4 2 3
6 3 7 4 2 1 5 8 9
```

Solution # 757
```
5 8 2 9 7 1 4 6 3
9 4 6 8 5 3 1 2 7
1 7 3 6 4 2 8 5 9
6 3 4 1 2 7 5 9 8
7 1 8 5 9 4 6 3 2
2 9 5 3 6 8 7 4 1
3 5 7 4 8 9 2 1 6
8 6 1 2 3 5 9 7 4
4 2 9 7 1 6 3 8 5
```

Solution # 758
```
3 2 4 7 9 6 5 1 8
8 9 1 2 4 5 3 6 7
6 5 7 1 3 8 4 2 9
7 4 8 5 1 3 2 9 6
9 1 3 6 7 2 8 4 5
5 6 2 9 8 4 1 7 3
1 8 9 3 2 7 6 5 4
4 7 6 8 5 1 9 3 2
2 3 5 4 6 9 7 8 1
```

Solution # 759
```
2 8 3 1 9 5 7 6 4
5 7 1 4 3 6 8 9 2
9 4 6 7 8 2 5 1 3
8 5 9 3 7 4 6 2 1
1 2 4 6 5 9 3 8 7
3 6 7 2 1 8 4 5 9
6 1 8 9 4 3 2 7 5
4 9 2 5 6 7 1 3 8
7 3 5 8 2 1 9 4 6
```

Solution # 760
```
3 6 8 9 2 7 1 5 4
9 4 1 3 5 8 6 2 7
7 5 2 4 6 1 3 9 8
2 9 4 1 8 5 7 3 6
6 1 3 7 9 4 2 8 5
5 8 7 6 3 2 4 1 9
4 7 9 8 1 3 5 6 2
8 3 5 2 4 6 9 7 1
1 2 6 5 7 9 8 4 3
```

Solution # 761
```
7 5 4 1 3 2 9 6 8
1 6 3 9 8 4 5 2 7
9 2 8 6 7 5 4 1 3
3 9 6 8 4 1 2 7 5
2 8 1 7 5 9 3 4 6
4 7 5 3 2 6 1 8 9
5 1 7 2 6 3 8 9 4
8 3 2 4 9 7 6 5 1
6 4 9 5 1 8 7 3 2
```

Solution # 762
```
2 4 5 7 3 6 9 8 1
7 8 3 5 1 9 6 4 2
6 9 1 8 2 4 3 7 5
5 7 9 3 8 1 4 2 6
8 3 2 4 6 5 7 1 9
4 1 6 9 7 2 5 3 8
9 5 8 1 4 7 2 6 3
1 2 4 6 5 3 8 9 7
3 6 7 2 9 8 1 5 4
```

Solution # 763
```
7 3 2 8 9 1 6 4 5
6 9 5 4 2 3 7 8 1
4 8 1 5 6 7 3 9 2
3 1 7 2 5 9 8 6 4
8 2 4 3 7 6 1 5 9
9 5 6 1 4 8 2 7 3
5 4 8 7 1 2 9 3 6
2 7 9 6 3 5 4 1 8
1 6 3 9 8 4 5 2 7
```

Solution # 764
```
4 8 1 3 2 6 5 9 7
3 7 9 8 1 5 6 4 2
6 2 5 9 7 4 1 3 8
7 5 3 6 4 2 9 8 1
1 9 2 7 3 8 4 6 5
8 6 4 1 5 9 2 7 3
5 4 7 2 9 3 8 1 6
9 1 6 5 8 7 3 2 4
2 3 8 4 6 1 7 5 9
```

Solution # 765
```
7 8 2 9 3 1 6 5 4
4 5 1 8 2 6 9 3 7
3 6 9 4 7 5 1 8 2
1 3 7 2 5 8 4 9 6
8 2 4 6 9 7 3 1 5
6 9 5 3 1 4 7 2 8
5 1 8 7 4 3 2 6 9
2 4 6 1 8 9 5 7 3
9 7 3 5 6 2 8 4 1
```

Solution # 766
```
9 2 1 5 6 3 4 7 8
5 6 7 4 8 2 1 9 3
4 3 8 7 9 1 5 6 2
1 8 6 2 4 5 9 3 7
3 9 5 8 1 7 2 4 6
2 7 4 6 3 9 8 1 5
6 5 2 1 7 4 3 8 9
7 1 9 3 5 8 6 2 4
8 4 3 9 2 6 7 5 1
```

Solution # 767
```
6 3 7 2 5 9 1 8 4
2 8 1 4 7 3 9 6 5
4 5 9 8 6 1 2 7 3
1 4 2 3 8 5 6 9 7
8 9 5 7 4 6 3 2 1
3 7 6 9 1 2 5 4 8
5 1 8 6 2 4 7 3 9
9 6 4 1 3 7 8 5 2
7 2 3 5 9 8 4 1 6
```

Solution # 768
```
8 9 2 4 1 5 7 3 6
1 7 6 3 2 9 4 8 5
5 4 3 6 7 8 9 2 1
2 8 5 1 9 7 3 6 4
9 1 4 2 3 6 8 5 7
3 6 7 5 8 4 2 1 9
4 5 8 9 6 2 1 7 3
6 2 1 7 4 3 5 9 8
7 3 9 8 5 1 6 4 2
```

Solution # 769
```
8 6 9 5 7 4 2 1 3
3 7 4 2 9 1 8 6 5
2 1 5 6 3 8 9 4 7
5 8 3 1 4 7 6 2 9
4 2 7 3 6 9 1 5 8
1 9 6 8 5 2 3 7 4
6 4 8 7 2 3 5 9 1
9 5 1 4 8 6 7 3 2
7 3 2 9 1 5 4 8 6
```

Solution # 770
```
1 7 8 5 4 3 9 2 6
2 5 3 9 6 7 8 1 4
4 6 9 8 1 2 5 3 7
5 2 4 6 9 8 3 7 1
3 8 6 2 7 1 4 9 5
7 9 1 3 5 4 6 8 2
6 3 5 1 2 9 7 4 8
8 4 2 7 3 6 1 5 9
9 1 7 4 8 5 2 6 3
```

Solution # 771
```
6 3 8 9 4 2 1 7 5
4 7 2 1 3 5 9 6 8
1 9 5 8 6 7 3 4 2
8 6 4 7 2 1 5 9 3
3 1 7 6 5 9 8 2 4
2 5 9 4 8 3 6 1 7
7 8 6 5 9 4 2 3 1
9 4 3 2 1 8 7 5 6
5 2 1 3 7 6 4 8 9
```

Solution # 772
```
7 4 3 6 5 2 9 1 8
9 6 5 8 4 1 2 7 3
1 2 8 9 3 7 5 6 4
8 7 4 1 9 5 3 2 6
3 5 1 2 6 4 7 8 9
6 9 2 3 7 8 1 4 5
5 1 9 4 2 6 8 3 7
4 8 7 5 1 3 6 9 2
2 3 6 7 8 9 4 5 1
```

Solution # 773
```
4 6 7 2 1 8 9 3 5
1 5 3 6 9 4 7 2 8
9 2 8 5 3 7 4 6 1
2 8 6 9 7 1 5 4 3
7 3 9 4 6 5 1 8 2
5 4 1 8 2 3 6 9 7
8 1 4 3 5 6 2 7 9
3 9 5 7 4 2 8 1 6
6 7 2 1 8 9 3 5 4
```

Solution # 774
```
8 2 4 7 5 3 6 9 1
3 6 1 2 8 9 7 4 5
9 7 5 4 6 1 3 2 8
6 4 7 3 1 8 2 5 9
5 1 8 9 2 6 4 7 3
2 3 9 5 7 4 1 8 6
4 5 3 1 9 7 8 6 2
7 8 2 6 3 5 9 1 4
1 9 6 8 4 2 5 3 7
```

Solution # 775
```
1 9 6 5 2 7 8 4 3
8 3 2 4 9 6 1 7 5
7 4 5 3 1 8 2 6 9
2 8 4 7 3 5 9 1 6
9 6 3 2 8 1 4 5 7
5 7 1 9 6 4 3 2 8
6 2 8 1 7 3 5 9 4
3 5 9 6 4 2 7 8 1
4 1 7 8 5 9 6 3 2
```

Solution # 776
```
8 7 9 3 1 2 4 5 6
5 1 6 7 9 4 8 2 3
3 2 4 8 5 6 1 9 7
7 9 8 2 6 1 5 3 4
2 6 5 4 3 7 9 1 8
1 4 3 9 8 5 7 6 2
9 5 7 6 4 3 2 8 1
4 3 1 5 2 8 6 7 9
6 8 2 1 7 9 3 4 5
```

Solution # 777
```
8 4 7 5 9 6 1 2 3
5 1 3 8 2 7 9 4 6
9 6 2 1 4 3 8 7 5
7 5 4 3 8 1 6 9 2
6 8 9 4 7 2 3 5 1
3 2 1 9 6 5 7 8 4
2 3 5 7 1 9 4 6 8
4 7 6 2 3 8 5 1 9
1 9 8 6 5 4 2 3 7
```

Solution # 778
```
7 5 3 8 4 9 1 6 2
9 8 1 6 3 2 4 7 5
6 2 4 1 5 7 8 3 9
8 9 6 5 7 3 2 4 1
4 1 5 2 9 6 7 8 3
3 7 2 4 1 8 9 5 6
5 3 8 9 2 4 6 1 7
1 6 9 7 8 5 3 2 4
2 4 7 3 6 1 5 9 8
```

Solution # 779
```
5 7 6 3 1 8 2 9 4
1 4 3 2 5 9 6 8 7
8 2 9 6 7 4 3 1 5
9 6 4 5 8 3 1 7 2
3 1 5 9 2 7 8 4 6
7 8 2 4 6 1 5 3 9
2 3 7 8 4 5 9 6 1
4 5 8 1 9 6 7 2 3
6 9 1 7 3 2 4 5 8
```

Solution # 780
```
9 5 8 4 7 3 6 1 2
4 7 2 6 1 9 3 8 5
1 6 3 5 8 2 4 9 7
7 4 6 3 5 1 8 2 9
3 2 5 9 4 8 7 6 1
8 1 9 7 2 6 5 3 4
5 9 1 8 3 4 2 7 6
2 3 4 1 6 7 9 5 8
6 8 7 2 9 5 1 4 3
```

Solution # 781
```
6 7 8 2 9 1 5 3 4
1 9 5 3 6 4 7 2 8
3 2 4 7 5 8 9 1 6
9 8 1 4 3 6 2 5 7
2 4 7 1 8 5 3 6 9
5 6 3 9 7 2 4 8 1
4 1 6 5 2 9 8 7 3
7 5 9 8 1 3 6 4 2
8 3 2 6 4 7 1 9 5
```

Solution # 782
```
4 5 1 2 7 8 3 6 9
2 7 9 6 4 3 8 1 5
3 8 6 5 9 1 7 4 2
1 6 2 3 8 4 5 9 7
8 4 7 9 5 6 2 3 1
9 3 5 7 1 2 6 8 4
6 9 3 1 2 7 4 5 8
7 1 4 8 6 5 9 2 3
5 2 8 4 3 9 1 7 6
```

Solution # 783
```
8 9 5 7 4 6 1 2 3
4 6 3 2 1 5 8 9 7
1 2 7 3 8 9 6 5 4
9 1 8 4 2 7 5 3 6
5 3 2 1 6 8 7 4 9
6 7 4 5 9 3 2 8 1
3 5 1 9 7 2 4 6 8
2 4 6 8 3 1 9 7 5
7 8 9 6 5 4 3 1 2
```

Solution # 784
```
8 6 5 3 1 2 9 4 7
1 4 2 8 9 7 6 5 3
7 9 3 5 6 4 8 1 2
4 2 8 7 5 1 3 9 6
9 1 6 2 4 3 5 7 8
5 3 7 6 8 9 1 2 4
2 5 1 4 3 8 7 6 9
3 7 9 1 2 6 4 8 5
6 8 4 9 7 5 2 3 1
```

Solution # 785
```
4 9 5 8 2 1 6 7 3
2 7 6 5 4 3 9 1 8
1 3 8 9 7 6 2 4 5
6 4 9 7 3 8 5 2 1
3 5 1 2 6 9 7 8 4
7 8 2 1 5 4 3 9 6
8 2 7 3 1 5 4 6 9
5 1 4 6 9 2 8 3 7
9 6 3 4 8 7 1 5 2
```

Solution # 786
```
7 2 9 4 6 8 5 1 3
4 3 6 9 1 5 8 7 2
8 5 1 7 2 3 6 4 9
6 1 5 3 8 4 2 9 7
2 8 7 1 9 6 3 5 4
3 9 4 5 7 2 1 6 8
1 6 2 8 4 7 9 3 5
5 7 8 6 3 9 4 2 1
9 4 3 2 5 1 7 8 6
```

Solution # 787
```
5 9 2 7 6 1 4 3 8
4 1 6 8 3 9 2 7 5
8 7 3 5 4 2 1 9 6
6 8 7 4 1 3 9 5 2
1 2 5 9 8 7 3 6 4
3 4 9 6 2 5 7 8 1
7 3 4 1 5 6 8 2 9
9 6 1 2 7 8 5 4 3
2 5 8 3 9 4 6 1 7
```

Solution # 788
```
5 3 8 2 4 7 9 1 6
4 1 9 3 6 8 5 7 2
6 2 7 9 1 5 3 8 4
7 6 4 1 2 3 8 5 9
3 9 5 6 8 4 7 2 1
2 8 1 5 7 9 6 4 3
1 4 3 7 5 6 2 9 8
9 7 2 8 3 1 4 6 5
8 5 6 4 9 2 1 3 7
```

Solution # 789
```
8 7 5 9 6 2 4 1 3
2 1 4 5 3 7 6 9 8
3 9 6 4 8 1 2 7 5
5 4 8 3 2 9 7 6 1
1 6 2 7 4 8 3 5 9
7 3 9 6 1 5 8 4 2
6 2 1 8 5 4 9 3 7
9 5 3 2 7 6 1 8 4
4 8 7 1 9 3 5 2 6
```

Solution # 790
```
1 5 6 4 3 7 2 9 8
7 4 8 9 1 2 6 3 5
2 3 9 5 8 6 7 1 4
4 1 7 8 5 9 3 6 2
9 8 5 2 6 3 4 7 1
6 2 3 1 7 4 5 8 9
8 6 4 3 2 1 9 5 7
5 7 2 6 9 8 1 4 3
3 9 1 7 4 5 8 2 6
```

Solution # 791
```
1 9 6 5 8 2 7 4 3
4 7 5 9 6 3 2 1 8
2 8 3 1 7 4 6 9 5
6 4 8 7 2 1 5 3 9
9 1 7 3 4 5 8 2 6
3 5 2 8 9 6 4 7 1
8 3 1 4 5 7 9 6 2
5 2 4 6 1 9 3 8 7
7 6 9 2 3 8 1 5 4
```

Solution # 792
```
9 1 4 5 6 7 8 3 2
3 7 6 9 8 2 5 1 4
8 5 2 3 4 1 6 9 7
4 3 9 8 1 6 7 2 5
7 6 5 2 9 4 1 8 3
2 8 1 7 3 5 9 4 6
6 4 8 1 5 3 2 7 9
5 9 7 4 2 8 3 6 1
1 2 3 6 7 9 4 5 8
```

Solution # 793
```
4 9 3 5 7 8 1 2 6
5 7 6 9 2 1 3 8 4
2 1 8 6 4 3 7 5 9
6 3 2 4 5 9 8 1 7
9 8 1 7 3 6 5 4 2
7 5 4 8 1 2 9 6 3
8 6 5 2 9 7 4 3 1
1 2 9 3 8 4 6 7 5
3 4 7 1 6 5 2 9 8
```

Solution # 794
```
9 4 3 6 8 7 2 1 5
7 5 6 2 4 1 8 3 9
8 1 2 9 3 5 7 6 4
3 2 8 7 9 4 1 5 6
5 9 7 3 1 6 4 2 8
1 6 4 8 5 2 9 7 3
6 3 1 4 2 9 5 8 7
4 7 5 1 6 8 3 9 2
2 8 9 5 7 3 6 4 1
```

Solution # 795
```
5 9 2 4 7 3 6 1 8
8 1 3 9 6 5 2 4 7
7 6 4 1 2 8 9 5 3
3 7 1 8 5 9 4 2 6
9 2 8 6 4 7 1 3 5
6 4 5 2 3 1 7 8 9
1 3 9 7 8 4 5 6 2
2 8 7 5 1 6 3 9 4
4 5 6 3 9 2 8 7 1
```

Solution # 796
```
1 6 5 4 3 7 9 8 2
3 2 9 6 1 8 5 4 7
8 7 4 9 5 2 1 6 3
4 9 7 3 2 6 8 1 5
2 1 8 5 4 9 7 3 6
6 5 3 7 8 1 4 2 9
7 8 1 2 6 5 3 9 4
9 3 2 1 7 4 6 5 8
5 4 6 8 9 3 2 7 1
```

Solution # 797
```
2 8 9 5 7 6 3 4 1
1 4 7 9 3 2 5 8 6
6 5 3 4 1 8 7 9 2
8 9 5 2 6 3 4 1 7
3 1 6 7 8 4 9 2 5
4 7 2 1 9 5 6 3 8
7 3 4 8 5 1 2 6 9
9 2 8 6 4 7 1 5 3
5 6 1 3 2 9 8 7 4
```

Solution # 798
```
5 2 6 9 1 7 4 8 3
3 4 9 5 8 6 1 2 7
8 7 1 4 2 3 6 9 5
6 3 2 1 9 4 5 7 8
9 1 4 8 7 5 2 3 6
7 8 5 3 6 2 9 1 4
4 9 7 6 3 1 8 5 2
2 5 8 7 4 9 3 6 1
1 6 3 2 5 8 7 4 9
```

Solution # 799
```
9 3 6 8 2 5 4 1 7
5 1 8 7 4 3 9 2 6
4 2 7 9 6 1 5 3 8
8 5 1 3 7 2 6 4 9
6 4 3 5 1 9 7 8 2
2 7 9 6 8 4 3 5 1
1 9 5 2 3 6 8 7 4
3 8 4 1 9 7 2 6 5
7 6 2 4 5 8 1 9 3
```

Solution # 800
```
1 6 3 5 7 8 4 9 2
5 4 7 3 9 2 8 6 1
8 9 2 6 1 4 5 7 3
6 2 8 9 4 3 1 5 7
7 1 9 8 6 5 3 2 4
3 5 4 1 2 7 9 8 6
4 7 1 2 5 9 6 3 8
2 3 5 4 8 6 7 1 9
9 8 6 7 3 1 2 4 5
```

Solution # 801
```
7 2 6 4 8 3 1 5 9
3 9 1 5 6 7 8 2 4
5 8 4 9 2 1 3 7 6
2 7 9 3 1 4 5 6 8
4 5 8 6 7 9 2 3 1
6 1 3 2 5 8 4 9 7
1 3 7 8 9 5 6 4 2
8 4 2 7 3 6 9 1 5
9 6 5 1 4 2 7 8 3
```

Solution # 802
```
2 5 4 7 6 9 1 8 3
3 7 8 5 1 2 6 4 9
9 6 1 4 8 3 7 2 5
5 4 6 9 3 8 2 7 1
1 3 2 6 4 7 5 9 8
8 9 7 1 2 5 4 3 6
6 2 3 8 5 4 9 1 7
7 8 5 2 9 1 3 6 4
4 1 9 3 7 6 8 5 2
```

Solution # 803
```
5 9 8 1 7 2 3 4 6
7 6 1 3 4 5 2 9 8
4 3 2 6 9 8 1 5 7
6 1 7 4 2 9 8 3 5
3 8 4 5 6 1 9 7 2
2 5 9 7 8 3 6 1 4
1 4 5 2 3 7 6 8 9
8 2 3 9 5 6 4 7 1
9 7 6 8 1 4 5 2 3
```

Solution # 804
```
5 9 2 8 6 4 3 7 1
3 8 1 7 2 5 6 9 4
7 6 4 1 3 9 8 2 5
2 4 6 5 9 3 1 8 7
8 7 5 4 1 2 9 6 3
1 3 9 6 8 7 4 5 2
6 5 3 2 4 8 7 1 9
9 2 8 3 7 1 5 4 6
4 1 7 9 5 6 2 3 8
```

Solution # 805
```
8 7 3 4 5 6 9 1 2
1 5 4 2 9 8 3 7 6
9 6 2 3 1 7 5 8 4
6 1 5 8 7 4 2 9 3
4 2 8 9 3 1 6 5 7
3 9 7 5 6 2 1 4 8
5 4 1 6 8 3 7 2 9
2 3 9 7 4 5 8 6 1
7 8 6 1 2 9 4 3 5
```

Solution # 806

```
7 5 2 4 1 8 9 3 6
3 1 9 5 6 2 4 7 8
4 8 6 9 3 7 1 2 5
5 9 8 2 7 6 3 4 1
6 3 7 1 4 5 8 9 2
2 4 1 3 8 9 6 5 7
9 7 4 6 2 1 5 8 3
8 6 3 7 5 4 2 1 9
1 2 5 8 9 3 7 6 4
```

Solution # 807

```
9 2 7 8 5 3 6 1 4
6 5 3 4 1 2 7 8 9
4 1 8 9 6 7 3 2 5
3 8 9 2 4 1 5 7 6
2 4 6 7 9 5 8 3 1
5 7 1 3 8 6 4 9 2
1 3 4 5 2 8 9 6 7
7 6 5 1 3 9 2 4 8
8 9 2 6 7 4 1 5 3
```

Solution # 808

```
2 3 4 1 7 5 6 8 9
8 9 1 4 6 2 7 5 3
7 5 6 8 9 3 4 1 2
9 4 8 7 3 1 2 6 5
5 1 2 9 4 6 8 3 7
6 7 3 2 5 8 1 9 4
4 8 7 5 1 9 3 2 6
3 2 5 6 8 7 9 4 1
1 6 9 3 2 4 5 7 8
```

Solution # 809

```
2 1 5 3 7 4 8 6 9
7 4 3 6 8 9 5 1 2
9 6 8 2 1 5 3 7 4
3 5 1 8 6 2 4 9 7
4 9 7 5 3 1 2 8 6
6 8 2 9 4 7 1 3 5
1 2 6 4 9 3 7 5 8
5 3 9 7 2 8 6 4 1
8 7 4 1 5 6 9 2 3
```

Solution # 810

```
6 4 2 7 3 5 1 8 9
3 1 7 8 9 6 4 5 2
9 5 8 4 1 2 6 7 3
4 2 3 6 5 9 8 1 7
8 6 1 2 7 3 5 9 4
5 7 9 1 8 4 2 3 6
7 3 4 5 2 1 9 6 8
2 9 5 3 6 8 7 4 1
1 8 6 9 4 7 3 2 5
```

Solution # 811

```
7 6 8 5 4 2 1 9 3
5 3 2 7 1 9 4 8 6
4 9 1 6 8 3 5 7 2
1 5 6 4 9 7 2 3 8
2 8 9 3 5 1 7 6 4
3 7 4 8 2 6 9 5 1
9 2 5 1 6 8 3 4 7
6 1 7 9 3 4 8 2 5
8 4 3 2 7 5 6 1 9
```

Solution # 812

```
3 8 6 1 5 7 2 4 9
2 1 4 9 8 6 5 3 7
7 5 9 4 3 2 8 1 6
6 7 1 2 4 3 9 8 5
9 2 8 7 1 5 4 6 3
4 3 5 6 9 8 7 2 1
8 9 7 3 2 1 6 5 4
1 4 2 5 6 9 3 7 8
5 6 3 8 7 4 1 9 2
```

Solution # 813

```
8 1 2 5 7 9 6 4 3
4 7 5 6 3 1 9 2 8
9 6 3 8 2 4 5 7 1
7 2 1 9 5 8 3 6 4
5 8 4 2 6 3 1 9 7
3 9 6 4 1 7 8 5 2
1 3 9 7 4 6 2 8 5
2 4 8 1 9 5 7 3 6
6 5 7 3 8 2 4 1 9
```

Solution # 814

```
1 2 9 6 4 3 7 8 5
7 4 5 1 2 8 9 3 6
3 6 8 7 5 9 4 1 2
8 3 2 9 6 4 1 5 7
9 5 6 2 1 7 8 4 3
4 7 1 8 3 5 2 6 9
6 1 7 3 8 2 5 9 4
2 8 4 5 9 6 3 7 1
5 9 3 4 7 1 6 2 8
```

Solution # 815

```
5 4 6 2 7 9 3 8 1
8 9 7 3 4 1 2 5 6
1 2 3 5 8 6 4 9 7
3 6 2 4 9 5 1 7 8
4 8 1 6 3 7 9 2 5
9 7 5 1 2 8 6 3 4
6 3 4 7 5 2 8 1 9
7 1 9 8 6 3 5 4 2
2 5 8 9 1 4 7 6 3
```

Solution # 816

```
4 5 9 7 3 1 8 6 2
1 2 8 5 4 6 7 3 9
6 7 3 9 8 2 4 5 1
3 9 7 1 5 8 6 2 4
2 4 5 6 7 3 1 9 8
8 1 6 4 2 9 3 7 5
7 8 1 2 6 5 9 4 3
9 6 2 3 1 4 5 8 7
5 3 4 8 9 7 2 1 6
```

Solution # 817

```
2 3 7 9 5 1 6 8 4
5 6 9 4 3 8 2 1 7
4 8 1 2 7 6 5 3 9
9 4 8 5 2 7 3 6 1
6 1 2 3 8 4 7 9 5
3 7 5 1 6 9 4 2 8
7 9 6 8 4 2 1 5 3
8 2 3 7 1 5 9 4 6
1 5 4 6 9 3 8 7 2
```

Solution # 818

```
2 8 6 1 7 3 9 4 5
3 7 9 5 6 4 1 2 8
1 5 4 9 2 8 6 7 3
7 2 3 4 1 6 5 8 9
8 4 1 3 5 9 2 6 7
9 6 5 7 8 2 4 3 1
5 9 8 6 4 7 3 1 2
4 3 7 2 9 1 8 5 6
6 1 2 8 3 5 7 9 4
```

Solution # 819

```
5 1 6 3 2 4 9 8 7
7 9 3 6 8 1 5 4 2
8 2 4 7 9 5 1 3 6
6 8 1 2 4 9 3 7 5
2 5 7 8 1 3 4 6 9
4 3 9 5 6 7 2 1 8
9 6 5 1 3 8 7 2 4
3 7 2 4 5 6 8 9 1
1 4 8 9 7 2 6 5 3
```

Solution # 820

```
9 6 8 4 2 1 7 3 5
5 4 1 7 6 3 2 9 8
3 7 2 9 8 5 4 6 1
2 1 5 6 3 7 9 8 4
6 8 3 2 4 9 1 5 7
4 9 7 5 1 8 3 2 6
8 2 9 1 7 6 5 4 3
7 5 6 3 9 4 8 1 2
1 3 4 8 5 2 6 7 9
```

Solution # 821

```
1 5 2 6 9 7 4 3 8
6 9 4 3 1 8 2 7 5
3 7 8 4 2 5 6 9 1
5 1 6 7 8 2 3 4 9
7 4 9 5 3 1 8 6 2
2 8 3 9 4 6 1 5 7
9 6 1 2 7 4 5 8 3
8 3 5 1 6 9 7 2 4
4 2 7 8 5 3 9 1 6
```

Solution # 822

```
9 1 7 4 6 8 5 3 2
6 4 5 3 2 1 9 7 8
3 8 2 5 9 7 1 6 4
1 6 4 7 8 9 3 2 5
7 3 9 2 5 6 8 4 1
5 2 8 1 4 3 7 9 6
8 5 6 9 7 4 2 1 3
4 7 3 8 1 2 6 5 9
2 9 1 6 3 5 4 8 7
```

Solution # 823

```
1 5 4 7 3 8 9 6 2
9 3 7 6 2 5 4 8 1
6 2 8 9 1 4 3 5 7
4 8 1 5 7 3 2 9 6
5 6 2 1 4 9 7 3 8
3 7 9 2 8 6 5 1 4
2 1 3 8 5 7 6 4 9
8 4 6 3 9 2 1 7 5
7 9 5 4 6 1 8 2 3
```

Solution # 824

```
4 2 6 1 8 7 9 5 3
5 7 3 4 9 2 6 1 8
1 8 9 6 3 5 7 2 4
8 5 4 3 7 6 1 9 2
7 9 1 2 5 4 8 3 6
6 3 2 9 1 8 5 4 7
2 4 7 5 6 1 3 8 9
9 6 5 8 2 3 4 7 1
3 1 8 7 4 9 2 6 5
```

Solution # 825

```
6 4 9 2 3 8 1 7 5
8 7 5 9 6 1 3 2 4
1 3 2 4 5 7 8 9 6
3 6 7 8 2 9 4 5 1
5 9 1 3 7 4 6 8 2
4 2 8 6 1 5 9 3 7
9 8 6 7 4 2 5 1 3
2 1 3 5 8 6 7 4 9
7 5 4 1 9 3 2 6 8
```

Solution # 826

```
1 2 9 7 8 6 3 4 5
3 8 7 4 5 9 6 1 2
4 6 5 2 1 3 8 7 9
7 5 3 8 4 2 1 9 6
8 9 6 5 3 1 7 2 4
2 4 1 9 6 7 5 8 3
9 3 8 6 7 4 2 5 1
5 1 4 3 2 8 9 6 7
6 7 2 1 9 5 4 3 8
```

Solution # 827

```
5 7 9 4 1 6 8 2 3
8 1 6 3 2 9 4 5 7
2 4 3 8 7 5 9 1 6
1 3 4 6 9 8 2 7 5
7 8 2 5 4 1 3 6 9
6 9 5 7 3 2 1 8 4
9 5 8 1 6 3 7 4 2
3 6 7 2 8 4 5 9 1
4 2 1 9 5 7 6 3 8
```

Solution # 828

```
9 4 2 3 7 1 6 5 8
3 8 5 6 9 2 1 4 7
1 6 7 5 8 4 3 9 2
4 2 9 8 3 5 7 1 6
6 3 1 7 4 9 2 8 5
7 5 8 2 1 6 9 3 4
2 9 6 1 5 8 4 7 3
8 7 4 9 6 3 5 2 1
5 1 3 4 2 7 8 6 9
```

Solution # 829

```
9 8 6 7 4 1 5 2 3
7 3 1 2 8 5 4 6 9
2 5 4 6 9 3 8 7 1
3 6 5 4 1 9 7 8 2
8 7 9 5 3 2 1 4 6
1 4 2 8 7 6 3 9 5
6 9 7 3 5 8 2 1 4
4 2 3 1 6 7 9 5 8
5 1 8 9 2 4 6 3 7
```

Solution # 830

```
4 3 5 8 7 6 1 2 9
7 2 1 4 9 3 5 6 8
8 9 6 2 1 5 4 3 7
9 1 8 6 3 2 7 4 5
5 6 2 7 4 9 3 8 1
3 4 7 5 8 1 2 9 6
2 5 9 3 6 7 8 1 4
1 7 4 9 2 8 6 5 3
6 8 3 1 5 4 9 7 2
```

Solution # 831

```
3 7 1 6 5 4 9 8 2
6 4 2 8 9 3 5 7 1
9 8 5 7 1 2 3 6 4
8 3 4 5 2 7 6 1 9
1 5 7 4 6 9 8 2 3
2 6 9 3 8 1 4 5 7
4 1 8 9 7 6 2 3 5
7 9 6 2 3 5 1 4 8
5 2 3 1 4 8 7 9 6
```

Solution # 832

```
6 2 7 1 5 3 4 9 8
5 1 8 4 2 9 6 7 3
3 9 4 8 7 6 1 5 2
8 5 1 9 6 2 3 4 7
7 6 9 3 4 1 8 2 5
4 3 2 5 8 7 9 6 1
1 7 5 6 3 4 2 8 9
9 8 6 2 1 5 7 3 4
2 4 3 7 9 8 5 1 6
```

Solution # 833

```
3 4 2 9 5 8 7 1 6
5 8 6 4 7 1 9 2 3
9 1 7 6 2 3 8 5 4
6 5 8 3 1 4 2 9 7
7 9 4 5 8 2 3 6 1
2 3 1 7 9 6 4 8 5
1 2 3 8 6 7 5 4 9
4 6 9 2 3 5 1 7 8
8 7 5 1 4 9 6 3 2
```

Solution # 834

```
3 5 2 9 7 1 8 4 6
1 9 4 8 6 3 2 7 5
7 6 8 5 4 2 3 9 1
5 4 3 6 2 7 9 1 8
2 8 9 1 3 4 5 6 7
6 7 1 4 9 8 5 2 3
8 3 7 2 1 4 6 5 9
4 1 6 3 5 9 7 8 2
9 2 5 7 8 6 1 3 4
```

Solution # 835

```
5 9 8 4 7 2 6 1 3
3 1 4 5 9 6 7 8 2
7 2 6 3 1 8 9 4 5
4 6 9 7 5 1 3 2 8
1 7 2 8 4 3 5 6 9
8 5 3 6 2 9 1 7 4
2 4 1 9 3 7 8 5 6
6 3 7 2 8 5 4 9 1
9 8 5 1 6 4 2 3 7
```

Solution # 836

```
6 2 7 9 1 3 8 5 4
1 4 8 2 5 7 6 9 3
3 9 5 8 4 6 7 1 2
2 5 6 4 7 1 9 3 8
7 8 9 3 6 2 5 4 1
4 1 3 5 9 8 2 7 6
5 3 4 6 2 9 1 8 7
8 6 1 7 3 5 4 2 9
9 7 2 1 8 4 3 6 5
```

Solution # 837

```
4 9 3 2 8 1 5 6 7
1 7 6 4 5 3 9 2 8
5 8 2 9 6 7 3 1 4
8 2 4 6 3 5 1 7 9
6 3 9 7 1 4 8 5 2
7 5 1 8 9 2 6 4 3
2 6 5 3 4 8 7 9 1
9 4 8 1 7 6 2 3 5
3 1 7 5 2 9 4 8 6
```

Solution # 838

```
6 4 1 5 2 8 3 9 7
9 3 5 7 6 4 2 8 1
7 8 2 3 9 1 6 4 5
8 5 3 2 4 9 7 1 6
4 6 7 8 1 5 9 2 3
2 1 9 6 3 7 4 5 8
3 9 8 1 7 2 5 6 4
1 2 6 4 5 3 8 7 9
5 7 4 9 8 6 1 3 2
```

Solution # 839

```
1 6 3 7 4 5 9 2 8
4 2 9 6 3 8 5 7 1
7 5 8 9 1 2 3 4 6
3 4 2 1 5 7 8 6 9
6 8 1 2 9 3 4 5 7
5 9 7 4 8 6 1 3 2
8 7 5 3 2 1 6 9 4
2 1 4 5 6 9 7 8 3
9 3 6 8 7 4 2 1 5
```

Solution # 840

```
9 1 8 5 3 6 4 7 2
3 2 7 9 8 4 6 5 1
4 5 6 2 1 7 8 9 3
5 8 4 6 7 2 1 3 9
6 3 2 1 9 8 7 4 5
7 9 1 3 4 5 2 6 8
8 6 3 7 5 1 9 2 4
1 7 9 4 2 3 5 8 6
2 4 5 8 6 9 3 1 7
```

Solution # 876
```
7 1 2 | 4 8 9 | 3 5 6
3 8 5 | 1 7 6 | 2 4 9
4 6 9 | 3 2 5 | 1 8 7
2 5 7 | 8 3 4 | 9 6 1
8 4 6 | 9 1 2 | 5 7 3
9 3 1 | 5 6 7 | 4 2 8
1 2 3 | 7 5 8 | 6 9 4
5 7 4 | 6 9 1 | 8 3 2
6 9 8 | 2 4 3 | 7 1 5
```

Solution # 877
```
9 5 4 | 3 1 8 | 7 6 2
6 1 3 | 7 5 2 | 4 8 9
8 2 7 | 6 9 4 | 1 3 5
2 4 5 | 9 3 7 | 6 1 8
1 9 8 | 5 4 6 | 3 2 7
3 7 6 | 2 8 1 | 9 5 4
4 3 1 | 8 7 5 | 2 9 6
7 8 2 | 1 6 9 | 5 4 3
5 6 9 | 4 2 3 | 8 7 1
```

Solution # 878
```
8 2 6 | 7 4 9 | 5 3 1
3 5 7 | 6 8 1 | 4 2 9
9 1 4 | 3 2 5 | 6 8 7
5 9 1 | 4 7 3 | 8 6 2
4 6 3 | 8 9 2 | 7 1 5
2 7 8 | 1 5 6 | 9 4 3
1 4 9 | 5 3 8 | 2 7 6
6 8 2 | 9 1 7 | 3 5 4
7 3 5 | 2 6 4 | 1 9 8
```

Solution # 879
```
6 3 4 | 7 5 9 | 8 1 2
1 9 7 | 4 2 8 | 3 6 5
5 8 2 | 6 3 1 | 7 4 9
3 2 1 | 8 7 4 | 9 5 6
4 7 5 | 9 6 3 | 2 8 1
9 6 8 | 2 1 5 | 4 3 7
7 1 9 | 3 4 6 | 5 2 8
2 4 6 | 5 8 7 | 1 9 3
8 5 3 | 1 9 2 | 6 7 4
```

Solution # 880
```
7 6 1 | 4 8 3 | 9 5 2
3 5 4 | 7 2 9 | 8 6 1
2 8 9 | 5 1 6 | 7 3 4
5 9 7 | 6 3 2 | 1 4 8
1 3 2 | 8 9 4 | 6 7 5
6 4 8 | 1 5 7 | 3 2 9
4 1 5 | 3 6 8 | 2 9 7
8 2 6 | 9 7 5 | 4 1 3
9 7 3 | 2 4 1 | 5 8 6
```

Solution # 881
```
3 7 9 | 5 1 4 | 8 6 2
8 4 5 | 6 3 2 | 9 1 7
2 6 1 | 7 9 8 | 5 3 4
9 8 7 | 1 5 3 | 4 2 6
4 5 6 | 2 8 7 | 3 9 1
1 2 3 | 9 4 6 | 7 5 8
5 9 8 | 4 6 1 | 2 7 3
7 1 4 | 3 2 5 | 6 8 9
6 3 2 | 8 7 9 | 1 4 5
```

Solution # 882
```
9 1 7 | 5 3 4 | 8 6 2
5 6 3 | 2 8 1 | 4 9 7
4 8 2 | 9 7 6 | 1 3 5
2 7 4 | 3 1 8 | 6 5 9
1 9 5 | 4 6 2 | 3 7 8
6 3 8 | 7 5 9 | 2 1 4
8 5 1 | 6 2 7 | 9 4 3
7 4 6 | 8 9 3 | 5 2 1
3 2 9 | 1 4 5 | 7 8 6
```

Solution # 883
```
9 7 5 | 4 8 3 | 6 1 2
4 6 1 | 9 5 2 | 3 7 8
2 8 3 | 6 7 1 | 9 4 5
7 5 4 | 1 9 6 | 2 8 3
6 1 2 | 8 3 5 | 7 9 4
3 9 8 | 2 4 7 | 1 5 6
1 3 7 | 5 6 8 | 4 2 9
8 2 9 | 3 1 4 | 5 6 7
5 4 6 | 7 2 9 | 8 3 1
```

Solution # 884
```
1 6 2 | 9 8 7 | 3 4 5
7 8 4 | 2 3 5 | 1 6 9
3 9 5 | 1 4 6 | 7 2 8
6 7 8 | 5 1 9 | 4 3 2
4 1 9 | 7 2 3 | 5 8 6
2 5 3 | 8 6 4 | 9 1 7
9 4 6 | 3 7 2 | 8 5 1
5 3 1 | 6 9 8 | 2 7 4
8 2 7 | 4 5 1 | 6 9 3
```

Solution # 885
```
4 8 1 | 7 6 9 | 2 5 3
5 3 7 | 2 4 8 | 1 6 9
9 2 6 | 1 5 3 | 4 7 8
1 6 9 | 8 3 5 | 7 2 4
8 7 3 | 4 2 6 | 9 1 5
2 4 5 | 9 1 7 | 8 3 6
3 1 2 | 6 8 4 | 5 9 7
6 9 4 | 5 7 2 | 3 8 1
7 5 8 | 3 9 1 | 6 4 2
```

Solution # 886
```
4 8 7 | 6 5 1 | 2 3 9
5 2 9 | 8 3 7 | 6 1 4
1 3 6 | 9 4 2 | 7 8 5
6 9 5 | 2 1 8 | 3 4 7
8 7 2 | 3 9 4 | 5 6 1
3 1 4 | 7 6 5 | 8 9 2
7 6 1 | 5 8 9 | 4 2 3
9 5 8 | 4 2 3 | 1 7 6
2 4 3 | 1 7 6 | 9 5 8
```

Solution # 887
```
7 3 2 | 1 8 4 | 9 5 6
1 9 5 | 6 3 2 | 8 7 4
8 6 4 | 7 5 9 | 1 2 3
5 1 6 | 9 2 8 | 3 4 7
4 2 9 | 5 7 3 | 6 8 1
3 7 8 | 4 1 6 | 2 9 5
9 5 3 | 2 4 1 | 7 6 8
6 4 1 | 8 9 7 | 5 3 2
2 8 7 | 3 6 5 | 4 1 9
```

Solution # 888
```
8 7 5 | 3 1 9 | 6 2 4
6 4 9 | 8 5 2 | 3 7 1
2 1 3 | 4 6 7 | 9 5 8
9 2 7 | 1 8 3 | 5 4 6
1 5 8 | 6 9 4 | 7 3 2
4 3 6 | 2 7 5 | 1 8 9
7 9 1 | 5 2 8 | 4 6 3
3 6 2 | 7 4 1 | 8 9 5
5 8 4 | 9 3 6 | 2 1 7
```

Solution # 889
```
8 4 6 | 9 3 2 | 1 7 5
5 3 9 | 7 6 1 | 8 4 2
1 7 2 | 4 8 5 | 9 6 3
7 6 4 | 3 1 8 | 2 5 9
9 1 3 | 2 5 4 | 7 8 6
2 5 8 | 6 7 9 | 4 3 1
4 2 5 | 8 9 6 | 3 1 7
3 8 1 | 5 2 7 | 6 9 4
6 9 7 | 1 4 3 | 5 2 8
```

Solution # 890
```
6 2 5 | 1 4 8 | 3 9 7
3 9 7 | 5 2 6 | 8 1 4
1 8 4 | 9 7 3 | 5 6 2
9 3 6 | 7 1 2 | 4 8 5
4 1 2 | 8 5 9 | 6 7 3
5 7 8 | 3 6 4 | 1 2 9
8 6 3 | 2 9 5 | 7 4 1
2 5 1 | 4 8 7 | 9 3 6
7 4 9 | 6 3 1 | 2 5 8
```

Solution # 891
```
3 1 8 | 4 6 2 | 5 7 9
9 4 7 | 3 5 8 | 2 1 6
5 2 6 | 9 7 1 | 8 4 3
6 9 4 | 5 2 7 | 1 3 8
2 8 3 | 1 9 4 | 7 6 5
7 5 1 | 6 8 3 | 4 9 2
1 6 2 | 8 4 9 | 3 5 7
4 7 5 | 2 3 6 | 9 8 1
8 3 9 | 7 1 5 | 6 2 4
```

Solution # 892
```
6 8 1 | 5 2 9 | 7 4 3
2 7 5 | 6 3 4 | 1 8 9
4 9 3 | 8 7 1 | 6 2 5
5 6 9 | 7 8 2 | 3 1 4
7 3 4 | 1 6 5 | 2 9 8
1 2 8 | 4 9 3 | 5 6 7
8 4 7 | 2 5 6 | 9 3 1
3 1 2 | 9 4 7 | 8 5 6
9 5 6 | 3 1 8 | 4 7 2
```

Solution # 893
```
8 9 4 | 7 3 5 | 1 6 2
1 5 6 | 9 2 4 | 8 3 7
2 3 7 | 1 8 6 | 4 9 5
3 4 8 | 2 6 1 | 7 5 9
7 2 5 | 4 9 3 | 6 8 1
6 1 9 | 8 5 7 | 3 2 4
9 7 3 | 5 1 8 | 2 4 6
5 6 1 | 3 4 2 | 9 7 8
4 8 2 | 6 7 9 | 5 1 3
```

Solution # 894
```
7 9 2 | 8 1 4 | 5 6 3
3 1 5 | 6 2 9 | 7 4 8
4 6 8 | 7 3 5 | 1 9 2
6 5 7 | 9 4 3 | 2 8 1
2 4 3 | 1 5 8 | 9 7 6
9 8 1 | 2 6 7 | 4 3 5
1 3 9 | 5 7 6 | 8 2 4
8 2 6 | 4 9 1 | 3 5 7
5 7 4 | 3 8 2 | 6 1 9
```

Solution # 895
```
7 3 5 | 4 8 9 | 6 1 2
8 1 4 | 3 2 6 | 9 5 7
6 9 2 | 5 1 7 | 4 3 8
3 5 7 | 2 9 4 | 8 6 1
2 6 8 | 1 3 5 | 7 4 9
9 4 1 | 6 7 8 | 3 2 5
4 7 6 | 8 5 1 | 2 9 3
1 2 9 | 7 6 3 | 5 8 4
5 8 3 | 9 4 2 | 1 7 6
```

Solution # 896
```
4 6 2 | 8 7 5 | 3 1 9
7 5 9 | 3 1 4 | 6 8 2
1 8 3 | 2 6 9 | 4 7 5
9 1 7 | 6 5 3 | 8 2 4
5 3 4 | 9 8 2 | 1 6 7
6 2 8 | 1 4 7 | 5 9 3
2 9 6 | 5 3 1 | 7 4 8
8 4 5 | 7 2 6 | 9 3 1
3 7 1 | 4 9 8 | 2 5 6
```

Solution # 897
```
5 2 4 | 8 6 9 | 3 7 1
3 6 9 | 7 1 2 | 4 5 8
8 7 1 | 3 5 4 | 9 2 6
7 5 2 | 4 9 1 | 8 6 3
1 9 3 | 5 8 6 | 7 4 2
4 8 6 | 2 3 7 | 1 9 5
2 1 7 | 6 4 3 | 5 8 9
6 3 8 | 9 7 5 | 2 1 4
9 4 5 | 1 2 8 | 6 3 7
```

Solution # 898
```
8 7 1 | 3 6 4 | 5 2 9
2 3 6 | 1 5 9 | 4 7 8
4 5 9 | 8 2 7 | 3 1 6
6 8 3 | 5 7 2 | 9 4 1
5 1 7 | 9 4 8 | 2 6 3
9 4 2 | 6 1 3 | 8 5 7
1 6 8 | 4 9 5 | 7 3 2
3 2 5 | 7 8 6 | 1 9 4
7 9 4 | 2 3 1 | 6 8 5
```

Solution # 899
```
8 6 5 | 3 2 1 | 4 9 7
9 1 2 | 4 7 8 | 6 5 3
4 3 7 | 9 5 6 | 2 8 1
7 8 3 | 5 9 4 | 1 2 6
6 5 4 | 7 1 2 | 9 3 8
2 9 1 | 6 8 3 | 7 4 5
3 2 6 | 1 4 5 | 8 7 9
1 7 8 | 2 3 9 | 5 6 4
5 4 9 | 8 6 7 | 3 1 2
```

Solution # 900
```
2 5 8 | 7 6 1 | 4 9 3
4 7 1 | 5 3 9 | 6 8 2
9 3 6 | 2 8 4 | 1 7 5
6 2 7 | 4 5 8 | 9 3 1
5 8 9 | 6 1 3 | 7 2 4
3 1 4 | 9 2 7 | 5 6 8
8 9 2 | 1 7 5 | 3 4 6
7 6 5 | 3 4 2 | 8 1 9
1 4 3 | 8 9 6 | 2 5 7
```

Solution # 901
```
6 7 4 | 3 8 1 | 5 9 2
1 3 8 | 2 9 5 | 4 6 7
5 2 9 | 6 7 4 | 3 8 1
7 9 6 | 4 3 8 | 1 2 5
4 1 3 | 5 6 2 | 8 7 9
2 8 5 | 7 1 9 | 6 3 4
8 4 7 | 9 5 6 | 2 1 3
3 5 1 | 8 2 7 | 9 4 6
9 6 2 | 1 4 3 | 7 5 8
```

Solution # 902
```
3 4 6 | 5 8 7 | 2 9 1
7 8 1 | 2 9 3 | 5 6 4
2 9 5 | 1 6 4 | 3 7 8
1 6 4 | 8 5 2 | 7 3 9
9 2 3 | 7 4 6 | 8 1 5
8 5 7 | 9 3 1 | 4 2 6
4 7 9 | 3 1 5 | 6 8 2
6 1 2 | 4 7 8 | 9 5 3
5 3 8 | 6 2 9 | 1 4 7
```

Solution # 903
```
3 6 9 | 7 5 8 | 4 2 1
1 2 5 | 4 3 6 | 8 7 9
7 8 4 | 1 2 9 | 5 6 3
4 3 1 | 9 7 2 | 6 8 5
9 7 2 | 8 6 5 | 3 1 4
6 5 8 | 3 1 4 | 7 9 2
8 9 7 | 2 4 3 | 1 5 6
2 4 6 | 5 8 1 | 9 3 7
5 1 3 | 6 9 7 | 2 4 8
```

Solution # 904
```
5 6 3 | 4 9 1 | 8 2 7
8 7 2 | 3 5 6 | 1 4 9
4 9 1 | 8 7 2 | 5 6 3
7 3 5 | 6 4 9 | 2 1 8
1 4 6 | 2 3 8 | 7 9 5
9 2 8 | 5 1 7 | 6 3 4
2 1 4 | 9 8 5 | 3 7 6
6 5 9 | 7 2 3 | 4 8 1
3 8 7 | 1 6 4 | 9 5 2
```

Solution # 905
```
7 2 4 | 9 1 8 | 6 5 3
9 5 1 | 6 7 3 | 8 2 4
6 3 8 | 5 2 4 | 1 9 7
4 9 7 | 8 3 2 | 5 6 1
8 1 5 | 4 6 7 | 9 3 2
2 6 3 | 1 5 9 | 4 7 8
1 7 9 | 2 8 5 | 3 4 6
3 4 6 | 7 9 1 | 2 8 5
5 8 2 | 3 4 6 | 7 1 9
```

Solution # 906
```
6 1 5 | 3 9 2 | 4 7 8
2 8 7 | 4 1 6 | 3 9 5
3 9 4 | 5 7 8 | 2 6 1
5 7 8 | 1 4 3 | 6 2 9
9 3 2 | 6 8 7 | 1 5 4
1 4 6 | 9 2 5 | 8 3 7
8 6 9 | 2 5 4 | 7 1 3
4 2 1 | 7 3 9 | 5 8 6
7 5 3 | 8 6 1 | 9 4 2
```

Solution # 907
```
6 9 4 | 2 7 1 | 8 5 3
5 8 2 | 4 3 9 | 7 6 1
3 1 7 | 8 6 5 | 4 9 2
1 3 6 | 5 8 4 | 2 7 9
9 2 8 | 7 1 6 | 5 3 4
7 4 5 | 9 2 3 | 6 1 8
2 5 1 | 6 9 8 | 3 4 7
8 6 3 | 1 4 7 | 9 2 5
4 7 9 | 3 5 2 | 1 8 6
```

Solution # 908
```
9 4 7 | 2 5 3 | 8 1 6
8 2 5 | 6 7 1 | 9 3 4
3 1 6 | 8 4 9 | 7 5 2
7 6 9 | 3 1 2 | 4 8 5
2 5 8 | 4 9 6 | 3 7 1
4 3 1 | 7 8 5 | 6 2 9
5 7 2 | 9 3 4 | 1 6 8
1 9 3 | 5 6 8 | 2 4 7
6 8 4 | 1 2 7 | 5 9 3
```

Solution # 909
```
3 2 8 | 1 7 6 | 4 5 9
1 9 5 | 8 4 2 | 7 3 6
6 4 7 | 5 3 9 | 2 8 1
7 8 1 | 9 5 3 | 6 2 4
2 5 6 | 4 8 7 | 9 1 3
9 3 4 | 6 2 1 | 8 7 5
8 1 3 | 7 6 4 | 5 9 2
5 6 2 | 3 9 8 | 1 4 7
4 7 9 | 2 1 5 | 3 6 8
```

Solution # 910
```
7 1 9 | 6 2 3 | 5 8 4
5 3 6 | 8 7 4 | 9 1 2
8 4 2 | 1 5 9 | 3 6 7
4 6 1 | 2 3 7 | 8 5 9
2 9 5 | 4 1 8 | 7 3 6
3 8 7 | 9 6 5 | 2 4 1
9 7 4 | 3 8 1 | 6 2 5
1 2 3 | 5 9 6 | 4 7 8
6 5 8 | 7 4 2 | 1 9 3
```

Solution # 911
```
5 4 9 1 7 2 3 6 8
3 7 8 5 6 9 2 4 1
1 2 6 8 3 4 5 7 9
4 5 7 6 8 3 1 9 2
6 8 2 9 1 5 4 3 7
9 1 3 2 4 7 8 5 6
8 9 4 7 5 1 6 2 3
7 6 5 3 2 8 9 1 4
2 3 1 4 9 6 7 8 5
```

Solution # 912
```
7 8 9 6 4 1 2 3 5
4 5 2 9 3 8 7 6 1
1 6 3 5 2 7 9 4 8
2 7 5 3 9 4 8 1 6
8 9 6 1 7 5 4 2 3
3 1 4 2 8 6 5 9 7
9 2 7 8 6 3 1 5 4
6 4 1 7 5 2 3 8 9
5 3 8 4 1 9 6 7 2
```

Solution # 913
```
1 2 7 6 8 5 4 3 9
3 9 8 1 2 4 7 6 5
6 4 5 3 9 7 1 2 8
8 5 2 7 4 6 3 9 1
4 7 3 8 1 9 2 5 6
9 1 6 5 3 2 8 7 4
2 8 9 4 6 3 5 1 7
7 6 4 2 5 1 9 8 3
5 3 1 9 7 8 6 4 2
```

Solution # 914
```
2 4 1 7 9 6 8 3 5
9 5 8 1 3 4 2 7 6
3 7 6 5 8 2 1 4 9
5 3 4 6 2 8 9 1 7
7 1 9 4 5 3 6 2 8
8 6 2 9 1 7 4 5 3
6 2 5 3 4 9 7 8 1
1 8 7 2 6 5 3 9 4
4 9 3 8 7 1 5 6 2
```

Solution # 915
```
6 8 7 4 5 9 1 3 2
2 3 9 6 8 1 5 4 7
1 4 5 2 7 3 9 8 6
5 7 8 9 2 4 3 6 1
3 9 6 5 1 8 2 7 4
4 1 2 7 3 6 8 5 9
9 2 3 8 4 7 6 1 5
7 5 1 3 6 2 4 9 8
8 6 4 1 9 5 7 2 3
```

Solution # 916
```
2 5 1 8 7 6 9 4 3
3 7 9 4 1 5 8 2 6
6 8 4 3 2 9 1 7 5
9 6 7 1 4 8 3 5 2
4 1 8 2 5 3 7 6 9
5 2 3 6 9 7 4 1 8
7 3 2 5 8 4 6 9 1
1 9 6 7 3 2 5 8 4
8 4 5 9 6 1 2 3 7
```

Solution # 917
```
1 9 2 7 6 8 3 4 5
3 8 5 1 4 9 7 2 6
7 6 4 3 5 2 8 9 1
6 4 8 2 9 7 1 5 3
2 3 7 5 1 4 9 6 8
9 5 1 6 8 3 2 7 4
5 1 3 9 7 6 4 8 2
4 7 6 8 2 1 5 3 9
8 2 9 4 3 5 6 1 7
```

Solution # 918
```
3 7 4 9 6 5 1 2 8
6 5 1 2 3 8 7 4 9
2 8 9 4 7 1 6 5 3
7 9 3 8 4 2 5 1 6
8 1 2 6 5 7 9 3 4
4 6 5 1 9 3 2 8 7
1 4 6 5 8 9 3 7 2
5 3 8 7 2 6 4 9 1
9 2 7 3 1 4 8 6 5
```

Solution # 919
```
5 8 1 6 4 7 3 9 2
6 9 7 8 2 3 1 5 4
4 3 2 5 1 9 8 7 6
9 2 8 7 5 4 6 1 3
3 1 4 2 9 6 7 8 5
7 5 6 3 8 1 4 2 9
8 4 5 1 3 2 9 6 7
1 6 3 9 7 5 2 4 8
2 7 9 4 6 8 5 3 1
```

Solution # 920
```
9 5 8 7 4 3 6 2 1
3 6 4 8 2 1 7 5 9
7 2 1 6 5 9 4 3 8
5 1 3 4 9 8 2 7 6
2 4 9 5 7 6 8 1 3
8 7 6 1 3 2 5 9 4
1 9 7 2 6 4 3 8 5
6 8 2 3 1 5 9 4 7
4 3 5 9 8 7 1 6 2
```

Solution # 921
```
9 4 6 8 3 5 7 1 2
2 8 7 9 4 1 5 3 6
3 5 1 7 6 2 4 9 8
1 9 8 6 7 4 2 5 3
5 6 3 2 8 9 1 7 4
7 2 4 5 1 3 8 6 9
6 7 5 4 9 8 3 2 1
8 1 9 3 2 7 6 4 5
4 3 2 1 5 6 9 8 7
```

Solution # 922
```
9 7 8 1 6 4 3 5 2
2 5 4 7 9 3 1 6 8
1 3 6 8 2 5 7 9 4
4 8 5 3 1 9 2 7 6
6 1 2 4 7 8 5 3 9
7 9 3 2 5 6 8 4 1
8 6 9 5 3 2 4 1 7
5 2 1 9 4 7 6 8 3
3 4 7 6 8 1 9 2 5
```

Solution # 923
```
3 8 5 4 9 6 1 7 2
6 7 1 3 2 8 9 5 4
4 9 2 1 7 5 8 3 6
8 2 9 7 3 4 5 6 1
5 6 4 8 1 2 7 9 3
7 1 3 5 6 9 2 4 8
9 3 8 6 5 1 4 2 7
2 4 6 9 8 7 3 1 5
1 5 7 2 4 3 6 8 9
```

Solution # 924
```
3 1 7 2 6 5 9 8 4
2 5 8 9 1 4 7 6 3
9 6 4 8 3 7 2 1 5
8 7 9 4 5 3 6 2 1
5 3 2 6 9 1 8 4 7
6 4 1 7 2 8 3 5 9
7 9 5 1 8 2 4 3 6
1 8 6 3 4 9 5 7 2
4 2 3 5 7 6 1 9 8
```

Solution # 925
```
4 1 5 6 7 8 9 2 3
9 3 8 2 4 5 1 6 7
6 7 2 3 9 1 8 5 4
2 4 6 5 8 7 3 1 9
1 8 7 9 3 6 2 4 5
5 9 3 1 2 4 6 7 8
7 5 9 8 1 2 4 3 6
8 2 4 7 6 3 5 9 1
3 6 1 4 5 9 7 8 2
```

Solution # 926
```
5 1 8 4 7 9 6 2 3
2 4 7 1 6 3 9 8 5
6 9 3 2 8 5 7 1 4
4 8 2 7 5 1 3 6 9
9 7 1 6 3 2 5 4 8
3 5 6 9 4 8 2 7 1
7 3 5 8 1 6 4 9 2
1 2 4 3 9 7 8 5 6
8 6 9 5 2 4 1 3 7
```

Solution # 927
```
7 3 2 6 8 4 5 1 9
9 8 4 5 7 1 2 3 6
1 6 5 2 9 3 4 8 7
2 5 8 4 6 7 3 9 1
4 7 1 9 3 5 8 6 2
6 9 3 1 2 8 7 4 5
5 4 7 3 1 9 6 2 8
3 2 9 8 5 6 1 7 4
8 1 6 7 4 2 9 5 3
```

Solution # 928
```
3 6 7 1 9 2 5 8 4
9 2 5 7 8 4 6 3 1
8 4 1 6 5 3 2 7 9
4 9 8 5 7 1 3 6 2
2 7 6 8 3 9 1 4 5
5 1 3 2 4 6 8 9 7
1 8 4 3 2 7 9 5 6
6 3 9 4 1 5 7 2 8
7 5 2 9 6 8 4 1 3
```

Solution # 929
```
9 7 4 2 8 5 3 6 1
6 2 8 1 3 4 9 5 7
3 1 5 6 7 9 8 2 4
1 6 7 4 9 8 5 3 2
8 9 3 5 2 7 4 1 6
5 4 2 3 1 6 7 8 9
4 3 6 9 5 1 2 7 8
7 5 9 8 6 2 1 4 3
2 8 1 7 4 3 6 9 5
```

Solution # 930
```
9 8 2 4 5 6 3 1 7
5 1 3 7 8 2 6 4 9
4 6 7 1 3 9 2 8 5
1 4 5 8 6 7 9 3 2
3 2 9 5 1 4 7 6 8
6 7 8 9 2 3 1 5 4
7 3 6 2 4 5 8 9 1
2 5 1 3 9 8 4 7 6
8 9 4 6 7 1 5 2 3
```

Solution # 931
```
8 4 5 7 2 6 1 3 9
1 7 9 3 8 5 6 4 2
3 2 6 1 4 9 5 8 7
7 8 1 5 6 2 4 9 3
6 9 4 8 7 3 2 1 5
5 3 2 4 9 1 8 7 6
2 1 3 9 5 4 7 6 8
4 5 7 6 3 8 9 2 1
9 6 8 2 1 7 3 5 4
```

Solution # 932
```
6 3 5 2 9 8 7 1 4
4 2 9 7 3 1 8 5 6
7 1 8 6 4 5 9 2 3
3 9 6 5 1 2 4 7 8
8 5 2 4 7 3 1 6 9
1 7 4 8 6 9 2 3 5
5 6 1 9 8 7 3 4 2
9 4 7 3 2 6 5 8 1
2 8 3 1 5 4 6 9 7
```

Solution # 933
```
4 8 1 5 3 6 7 2 9
9 7 3 1 8 2 6 4 5
6 5 2 4 9 7 3 1 8
8 1 7 9 5 4 2 3 6
5 4 9 6 2 3 8 7 1
3 2 6 7 1 8 9 5 4
2 6 4 8 7 5 1 9 3
7 9 5 3 6 1 4 8 2
1 3 8 2 4 9 5 6 7
```

Solution # 934
```
6 9 1 7 8 2 5 4 3
2 5 3 1 4 6 9 7 8
4 7 8 3 9 5 1 2 6
1 8 9 5 7 4 6 3 2
7 2 5 8 6 3 4 9 1
3 6 4 9 2 1 7 8 5
9 1 7 2 5 8 3 6 4
5 4 2 6 3 9 8 1 7
8 3 6 4 1 7 2 5 9
```

Solution # 935
```
4 1 9 8 2 6 7 5 3
5 6 2 3 1 7 8 4 9
3 8 7 9 5 4 2 1 6
6 7 8 4 9 1 3 2 5
9 4 5 2 7 3 1 6 8
2 3 1 6 8 5 4 9 7
1 9 3 5 4 8 6 7 2
7 5 6 1 3 2 9 8 4
8 2 4 7 6 9 5 3 1
```

Solution # 936
```
2 8 9 3 7 5 6 1 4
4 5 6 9 2 1 7 3 8
7 3 1 4 6 8 5 2 9
1 6 7 8 4 3 9 5 2
5 4 3 7 9 2 8 6 1
9 2 8 5 1 6 4 7 3
6 9 4 2 3 7 1 8 5
3 7 5 1 8 4 2 9 6
8 1 2 6 5 9 3 4 7
```

Solution # 937
```
8 3 1 7 9 5 6 4 2
5 6 9 3 4 2 7 1 8
4 7 2 8 6 1 5 3 9
7 9 4 6 1 8 2 5 3
2 8 6 4 5 3 1 9 7
3 1 5 9 2 7 4 8 6
9 2 8 5 3 6 4 7 1
1 5 3 2 7 4 9 8 6
6 4 7 1 8 9 3 2 5
```

Solution # 938
```
9 6 2 1 5 8 3 7 4
4 1 5 6 3 7 2 9 8
8 7 3 2 4 9 1 5 6
1 3 4 7 6 5 8 2 9
7 2 6 9 8 4 5 3 1
5 8 9 3 2 1 6 4 7
6 5 8 4 9 3 7 1 2
2 4 1 5 7 6 9 8 3
3 9 7 8 1 2 4 6 5
```

Solution # 939
```
9 4 2 3 6 5 8 7 1
1 7 6 9 8 4 3 5 2
3 5 8 7 1 2 6 4 9
8 9 3 6 2 7 4 1 5
2 1 4 5 9 8 7 3 6
7 6 5 1 4 3 2 9 8
5 8 9 4 7 6 1 2 3
4 2 1 8 3 9 5 6 7
6 3 7 2 5 1 9 8 4
```

Solution # 940
```
8 9 7 1 6 4 5 3 2
1 3 4 8 2 5 7 6 9
6 5 2 9 3 7 4 1 8
5 2 1 3 8 6 9 7 4
3 7 9 5 4 1 2 8 6
4 8 6 2 7 9 1 5 3
2 1 5 6 9 3 8 4 7
7 6 8 4 5 2 3 9 1
9 4 3 7 1 8 6 2 5
```

Solution # 941
```
3 8 7 5 2 6 1 9 4
6 1 5 4 8 9 3 2 7
9 4 2 7 1 3 5 8 6
2 5 9 8 7 1 6 4 3
7 3 8 9 6 4 2 1 5
4 6 1 2 3 5 8 7 9
5 7 6 1 4 8 9 3 2
8 9 4 3 5 2 7 6 1
1 2 3 6 9 7 4 5 8
```

Solution # 942
```
2 3 6 5 9 1 7 4 8
9 7 1 6 8 4 5 2 3
8 5 4 3 2 7 9 6 1
6 2 7 9 5 3 8 1 4
3 1 9 2 4 8 6 7 5
4 8 5 1 7 6 3 9 2
7 4 2 8 6 5 1 3 9
5 9 3 7 1 2 4 8 6
1 6 8 4 3 9 2 5 7
```

Solution # 943
```
4 3 2 7 1 9 5 6 8
6 7 5 3 8 2 4 9 1
8 9 1 6 4 5 3 2 7
7 1 6 5 2 8 9 4 3
5 4 3 9 7 6 1 8 2
2 8 9 4 3 1 6 7 5
9 6 7 2 5 3 8 1 4
3 2 8 1 6 4 7 5 9
1 5 4 8 9 7 2 3 6
```

Solution # 944
```
1 9 3 5 7 2 8 6 4
7 4 2 8 6 3 9 5 1
5 8 6 9 1 4 7 3 2
2 1 7 3 4 9 5 8 6
8 6 4 7 5 1 2 9 3
9 3 5 2 8 6 1 4 7
3 5 9 6 2 7 4 1 8
6 7 1 4 9 8 3 2 5
4 2 8 1 3 5 6 7 9
```

Solution # 945
```
7 3 6 4 8 9 5 2 1
9 1 4 2 3 5 6 8 7
5 8 2 7 6 1 9 3 4
3 5 8 6 2 4 1 7 9
1 4 7 8 9 3 2 6 5
6 2 9 1 5 7 3 4 8
4 6 3 5 1 8 7 9 2
8 9 1 3 7 2 4 5 6
2 7 5 9 4 6 8 1 3
```

Solution # 946
```
3 1 2 4 8 7 9 5 6
9 8 6 1 2 5 3 4 7
4 5 7 3 9 6 1 2 8
8 4 3 5 6 2 7 9 1
2 9 1 7 3 4 6 8 5
6 7 5 8 1 9 2 3 4
7 3 8 9 4 1 5 6 2
5 2 4 6 7 3 8 1 9
1 6 9 2 5 8 4 7 3
```

Solution # 947
```
6 5 1 8 9 3 7 4 2
2 4 8 6 1 7 9 3 5
9 7 3 5 2 4 6 1 8
5 9 4 2 6 8 3 7 1
8 3 7 1 4 5 2 6 9
1 2 6 7 3 9 5 8 4
7 6 5 9 8 1 4 2 3
4 1 2 3 5 6 8 9 7
3 8 9 4 7 2 1 5 6
```

Solution # 948
```
2 4 8 3 6 1 7 5 9
3 5 7 9 2 4 6 1 8
1 9 6 8 7 5 4 3 2
4 7 1 2 5 3 9 8 6
5 6 2 7 9 8 1 4 3
8 3 9 1 4 6 5 2 7
9 1 5 6 8 2 3 7 4
7 2 4 5 3 9 8 6 1
6 8 3 4 1 7 2 9 5
```

Solution # 949
```
9 1 5 8 2 3 6 7 4
3 7 8 6 1 4 5 9 2
6 4 2 5 7 9 3 1 8
5 3 7 2 9 8 1 4 6
8 6 4 7 5 1 2 3 9
2 9 1 4 3 6 7 8 5
7 2 9 1 4 5 8 6 3
4 5 6 3 8 7 9 2 1
1 8 3 9 6 2 4 5 7
```

Solution # 950
```
5 3 7 1 9 8 4 2 6
6 9 4 2 7 5 1 3 8
1 8 2 4 3 6 7 5 9
3 5 9 8 1 4 2 6 7
2 6 1 5 7 9 8 4 3
4 7 8 6 2 3 9 1 5
7 4 5 3 4 7 6 8 2
9 1 6 7 5 2 3 4 9
8 2 5 9 6 1 3 7 4
```

Solution # 951
```
2 3 9 8 5 6 7 4 1
6 7 1 9 2 4 8 5 3
5 4 8 1 7 3 2 6 9
3 6 7 2 9 1 4 8 5
4 8 2 5 3 7 1 9 6
9 1 5 6 4 8 3 2 7
1 9 4 3 6 2 5 7 8
8 2 6 7 1 5 9 3 4
7 5 3 4 8 9 6 1 2
```

Solution # 952
```
5 3 4 9 8 2 7 6 1
8 2 6 7 1 4 5 3 9
1 7 9 3 5 6 2 8 4
3 6 5 1 2 9 4 7 8
9 4 8 6 7 5 1 2 3
2 1 7 8 4 3 6 9 5
6 9 1 5 3 7 8 4 2
4 8 3 2 6 1 9 5 7
7 5 2 4 9 8 3 1 6
```

Solution # 953
```
6 9 1 5 3 8 4 2 7
5 8 3 4 2 7 6 1 9
2 7 4 9 1 6 8 3 5
8 5 7 3 9 2 1 4 6
9 1 2 6 4 5 7 8 3
3 4 6 8 7 1 9 5 2
1 3 5 7 8 9 2 6 4
4 2 9 1 6 3 5 7 8
7 6 8 2 5 4 3 9 1
```

Solution # 954
```
1 3 8 5 6 9 4 7 2
4 6 7 1 3 2 8 9 5
2 5 9 7 8 4 6 3 1
6 8 1 9 7 5 2 4 3
9 4 2 6 1 3 5 8 7
3 7 5 2 4 8 9 1 6
7 1 4 8 5 6 3 2 9
8 2 6 3 9 1 7 5 4
5 9 3 4 2 7 1 6 8
```

Solution # 955
```
2 7 4 9 5 6 3 1 8
8 5 9 1 4 3 7 6 2
1 3 6 2 7 8 9 5 4
3 4 7 5 1 2 6 8 9
6 8 2 3 9 4 5 7 1
5 9 1 6 8 7 4 2 3
9 6 5 4 2 1 8 3 7
4 2 8 7 3 5 1 9 6
7 1 3 8 6 9 2 4 5
```

Solution # 956
```
7 5 6 8 1 4 3 9 2
9 2 4 3 6 5 7 8 1
3 8 1 7 9 2 6 4 5
4 1 3 5 2 7 9 6 8
6 7 2 4 8 9 1 5 3
5 9 8 1 3 6 4 2 7
2 6 7 9 5 3 8 1 4
8 4 5 6 7 1 2 3 9
1 3 9 2 4 8 5 7 6
```

Solution # 957
```
8 9 4 7 5 6 3 2 1
2 7 3 1 9 4 6 5 8
1 5 6 8 3 2 4 7 9
5 4 2 9 1 8 7 3 6
7 8 9 6 2 3 1 4 5
3 6 1 4 7 5 9 8 2
4 1 8 5 6 7 2 9 3
6 2 7 3 8 9 5 1 4
9 3 5 2 4 1 8 6 7
```

Solution # 958
```
4 1 8 2 7 6 9 3 5
2 7 9 5 4 3 6 1 8
3 5 6 1 9 8 4 2 7
9 6 5 4 2 7 3 8 1
8 4 2 3 1 5 7 9 6
7 3 1 8 6 9 5 4 2
1 8 7 6 3 4 2 5 9
5 9 4 7 8 2 1 6 3
6 2 3 9 5 1 8 7 4
```

Solution # 959
```
4 2 1 5 6 8 3 7 9
5 7 6 3 9 2 4 1 8
3 8 9 1 7 4 6 2 5
2 4 3 7 8 1 9 5 6
6 9 7 2 4 5 1 8 3
8 1 5 9 3 6 7 4 2
7 3 4 8 2 9 5 6 1
9 5 8 6 1 7 2 3 4
1 6 2 4 5 3 8 9 7
```

Solution # 960
```
3 2 7 9 5 4 8 6 1
4 8 1 3 6 2 9 7 5
6 9 5 7 8 1 4 2 3
5 3 9 8 2 6 1 4 7
8 7 2 1 4 3 6 5 9
1 4 6 5 7 9 3 8 2
9 6 8 2 3 5 7 1 4
7 5 3 4 1 8 2 9 6
2 1 4 6 9 7 5 3 8
```

Solution # 961
```
4 1 6 2 5 7 8 3 9
7 8 5 9 3 6 2 4 1
9 2 3 8 4 1 7 5 6
8 5 1 6 9 2 4 7 3
3 7 2 4 1 8 9 6 5
6 4 9 5 7 3 1 8 2
5 3 8 7 2 9 6 1 4
2 6 4 1 8 5 3 9 7
1 9 7 3 6 4 5 2 8
```

Solution # 962
```
4 2 8 7 3 1 9 6 5
1 6 7 9 4 5 2 3 8
3 5 9 8 2 6 7 1 4
9 7 5 3 6 4 1 8 2
6 3 2 1 7 8 5 4 9
8 4 1 5 9 2 3 7 6
5 1 4 2 8 7 6 9 3
7 9 6 4 5 3 8 2 1
2 8 3 6 1 9 4 5 7
```

Solution # 963
```
5 1 4 3 8 2 7 6 9
8 3 7 9 6 1 5 2 4
2 9 6 7 5 4 8 3 1
1 5 8 6 4 3 9 7 2
4 2 3 1 7 9 6 8 5
6 7 9 8 2 5 1 4 3
3 8 5 2 1 7 4 9 6
9 6 1 4 3 8 2 5 7
7 4 2 5 9 6 3 1 8
```

Solution # 964
```
2 9 6 4 8 3 1 5 7
4 7 3 1 2 5 9 8 6
5 8 1 6 9 7 3 4 2
3 2 5 9 6 1 4 7 8
1 4 7 2 3 8 5 6 9
8 6 9 5 7 4 2 1 3
6 3 4 7 1 2 8 9 5
9 5 8 3 4 6 7 2 1
7 1 2 8 5 9 6 3 4
```

Solution # 965
```
2 3 8 1 9 7 6 5 4
6 4 1 5 8 2 3 7 9
5 7 9 6 3 4 1 2 8
1 2 7 4 6 3 8 9 5
8 5 4 7 1 9 2 3 6
9 6 3 2 5 8 4 1 7
7 8 5 3 4 1 9 6 2
4 1 6 9 2 5 7 8 3
3 9 2 8 7 6 5 4 1
```

Solution # 966
```
7 4 5 9 6 3 1 2 8
2 8 1 7 5 4 3 9 6
3 9 6 1 8 2 4 7 5
9 3 2 6 7 8 5 4 1
5 7 8 4 1 9 2 6 3
1 6 4 3 2 5 7 8 9
8 1 7 5 4 6 9 3 2
6 5 9 2 3 7 8 1 4
4 2 3 8 9 1 6 5 7
```

Solution # 967
```
9 6 3 8 1 7 5 4 2
7 1 4 2 5 9 6 8 3
5 8 2 3 4 6 9 7 1
3 5 7 1 2 8 4 9 6
2 4 8 6 9 3 1 5 7
1 9 6 5 7 4 2 3 8
6 3 9 4 8 1 7 2 5
8 2 1 7 6 5 3 9 4
4 7 5 9 3 2 8 1 6
```

Solution # 968
```
4 6 1 7 2 3 9 8 5
9 5 3 1 4 8 7 2 6
2 8 7 9 5 6 4 1 3
3 4 9 2 6 5 1 7 8
7 1 6 3 8 9 5 4 2
5 2 8 4 7 1 3 6 9
8 3 4 5 1 2 6 9 7
6 7 5 8 9 4 2 3 1
1 9 2 6 3 7 8 5 4
```

Solution # 969
```
6 5 2 7 4 3 1 8 9
9 1 7 6 8 2 3 5 4
4 8 3 9 5 1 7 2 6
5 3 4 8 9 6 2 1 7
1 2 6 3 7 5 4 9 8
7 9 8 1 2 4 5 6 3
3 7 5 2 6 8 9 4 1
8 4 1 5 3 9 6 7 2
2 6 9 4 1 7 8 3 5
```

Solution # 970
```
9 4 6 1 8 3 5 7 2
2 7 3 9 6 5 1 8 4
5 1 8 4 7 2 3 9 6
7 2 5 3 9 6 4 1 8
8 3 1 7 2 4 6 5 9
4 6 9 8 5 1 7 2 3
6 8 7 5 3 9 2 4 1
3 9 4 2 1 7 8 6 5
1 5 2 6 4 8 9 3 7
```

Solution # 971
```
8 6 4 2 7 9 3 5 1
9 1 7 3 5 8 4 6 2
5 3 2 4 1 6 9 7 8
2 5 3 6 9 1 8 4 7
7 9 6 8 4 3 2 1 5
4 8 1 5 2 7 6 9 3
6 2 9 1 3 5 7 8 4
1 4 8 7 6 2 5 3 9
3 7 5 9 8 4 1 2 6
```

Solution # 972
```
4 8 9 6 7 5 2 3 1
3 5 2 8 1 4 7 6 9
6 1 7 3 2 9 4 5 8
7 4 8 9 5 2 6 1 3
1 9 3 4 6 7 8 2 5
2 6 5 1 3 8 9 7 4
5 2 4 7 9 3 1 8 6
8 7 6 5 4 1 3 9 2
9 3 1 2 8 6 5 4 7
```

Solution # 973
```
2 6 9 7 8 5 4 3 1
4 8 1 3 9 2 5 6 7
3 5 7 1 6 4 9 8 2
1 2 3 4 5 9 6 7 8
7 9 5 8 1 6 2 4 3
6 4 8 2 7 3 1 5 9
8 3 6 9 4 1 7 2 5
5 1 2 6 3 7 8 9 4
9 7 4 5 2 8 3 1 6
```

Solution # 974
```
8 9 6 5 2 4 7 1 3
3 7 2 8 1 6 5 9 4
1 5 4 9 3 7 8 2 6
2 4 9 1 6 5 3 8 7
7 8 5 2 4 3 9 6 1
6 1 3 7 9 8 4 5 2
5 2 8 3 7 1 6 4 9
9 6 7 4 5 2 1 3 8
4 3 1 6 8 9 2 7 5
```

Solution # 975
```
2 7 9 4 5 8 6 3 1
1 3 5 9 6 7 4 8 2
8 6 4 3 1 2 5 7 9
4 1 6 8 7 3 2 9 5
3 8 2 5 9 6 1 4 7
5 9 7 2 4 1 8 6 3
6 2 3 7 8 5 9 1 4
9 5 1 6 3 4 7 2 8
7 4 8 1 2 9 3 5 6
```

Solution # 976
```
3 4 6 7 9 1 8 5 2
8 1 2 5 3 4 7 6 9
5 7 9 6 8 2 4 1 3
7 5 3 4 1 6 2 9 8
6 9 8 2 5 3 1 7 4
1 2 4 8 7 9 5 3 6
2 6 1 3 4 7 9 8 5
9 3 5 1 2 8 6 4 7
4 8 7 9 6 5 3 2 1
```

Solution # 977
```
5 4 6 2 9 7 1 8 3
8 3 2 5 1 6 4 7 9
7 1 9 4 8 3 6 5 2
6 9 7 3 5 2 8 1 4
1 2 5 7 4 8 9 3 6
4 8 3 9 6 1 5 2 7
3 5 8 6 2 9 7 4 1
2 6 1 8 7 4 3 9 5
9 7 4 1 3 5 2 6 8
```

Solution # 978
```
9 1 5 8 2 4 6 7 3
4 6 3 7 9 5 1 2 8
8 2 7 6 3 1 4 5 9
5 8 1 9 4 7 2 3 6
2 3 9 1 8 6 7 4 5
6 7 4 2 5 3 9 8 1
1 9 8 3 7 2 5 6 4
7 5 6 4 1 8 3 9 2
3 4 2 5 6 9 8 1 7
```

Solution # 979
```
8 3 1 2 7 5 9 6 4
7 2 9 4 3 6 1 8 5
5 6 4 1 9 8 3 2 7
1 7 3 8 6 2 5 4 9
2 8 5 9 4 3 7 1 6
9 4 6 5 1 7 8 3 2
6 1 8 7 5 4 2 9 3
4 9 7 3 2 1 6 5 8
3 5 2 6 8 9 4 7 1
```

Solution # 980
```
4 1 6 9 2 3 5 8 7
3 8 7 6 4 5 2 9 1
5 2 9 1 7 8 3 6 4
2 4 8 3 9 6 1 7 5
7 6 5 2 8 1 4 3 9
1 9 3 4 5 7 6 2 8
6 3 4 8 1 9 7 5 2
9 5 2 7 3 4 8 1 6
8 7 1 5 6 2 9 4 3
```

Solution # 981
```
9 6 1 2 7 4 3 5 8
2 7 3 6 5 8 1 9 4
5 4 8 1 3 9 6 2 7
4 8 9 5 2 3 7 6 1
6 1 5 8 4 7 2 3 9
7 3 2 9 6 1 4 8 5
8 9 7 3 1 6 5 4 2
3 5 4 7 8 2 9 1 6
1 2 6 4 9 5 8 7 3
```

Solution # 982
```
1 7 4 2 9 3 5 8 6
2 8 9 5 6 4 1 7 3
3 6 5 7 1 8 2 9 4
4 3 8 1 5 7 9 6 2
6 5 1 9 8 2 4 3 7
7 9 2 4 3 6 8 1 5
5 2 6 8 7 9 3 4 1
9 4 7 3 2 1 6 5 8
8 1 3 6 4 5 7 2 9
```

Solution # 983
```
7 6 4 2 5 8 1 3 9
8 2 5 9 3 1 4 7 6
9 3 1 4 7 6 5 2 8
4 1 3 5 2 9 6 8 7
6 8 7 1 4 3 9 5 2
2 5 9 8 6 7 3 4 1
5 7 6 3 1 2 8 9 4
3 9 2 6 8 4 7 1 5
1 4 8 7 9 5 2 6 3
```

Solution # 984
```
9 6 4 8 7 3 2 1 5
2 3 1 4 5 6 7 8 9
7 5 8 9 2 1 6 4 3
3 4 5 6 8 9 1 7 2
8 1 7 3 4 2 5 9 6
6 2 9 5 1 7 8 3 4
5 8 6 7 3 4 9 2 1
4 9 2 1 6 8 3 5 7
1 7 3 2 9 5 4 6 8
```

Solution # 985
```
4 1 8 5 6 2 9 3 7
5 7 3 1 8 9 2 4 6
2 6 9 4 7 3 1 5 8
3 4 1 9 2 7 6 8 5
6 9 2 8 3 5 7 1 4
8 5 7 6 1 4 3 2 9
7 8 6 3 5 1 4 9 2
1 2 4 7 9 8 5 6 3
9 3 5 2 4 6 8 7 1
```

Solution # 986
```
5 1 8 9 3 2 6 4 7
9 4 7 1 6 5 8 3 2
2 3 6 4 8 7 5 1 9
3 8 2 6 4 1 7 9 5
1 7 5 2 9 8 4 6 3
6 9 4 7 5 3 1 2 8
8 2 9 5 1 6 3 7 4
7 6 3 8 2 4 9 5 1
4 5 1 3 7 9 2 8 6
```

Solution # 987
```
2 8 3 4 9 7 1 5 6
7 4 1 6 5 3 9 2 8
5 6 9 2 8 1 3 7 4
4 1 7 3 6 9 5 8 2
8 3 5 7 1 2 4 6 9
9 2 6 8 4 5 7 3 1
1 7 2 9 3 8 6 4 5
3 5 4 1 2 6 8 9 7
6 9 8 5 7 4 2 1 3
```

Solution # 988
```
1 9 8 7 6 4 3 2 5
6 4 2 5 9 3 7 1 8
3 7 5 1 8 2 6 9 4
8 6 3 9 1 7 5 4 2
4 1 7 2 5 6 8 3 9
5 2 9 4 3 8 1 6 7
9 8 1 6 4 5 2 7 3
2 5 4 3 7 1 9 8 6
7 3 6 8 2 9 4 5 1
```

Solution # 989
```
1 8 2 3 6 7 5 9 4
7 6 4 9 5 8 3 2 1
5 9 3 4 2 1 6 8 7
8 2 9 1 7 5 4 6 3
4 7 5 2 3 6 8 1 9
6 3 1 8 4 9 2 7 5
9 5 8 6 1 4 7 3 2
3 4 6 7 9 2 1 5 8
2 1 7 5 8 3 9 4 6
```

Solution # 990
```
4 8 9 2 7 5 6 3 1
7 1 6 4 8 3 9 2 5
2 3 5 9 6 1 4 8 7
1 7 4 3 5 6 2 9 8
3 9 8 1 2 7 5 4 6
6 5 2 8 9 4 7 1 3
8 4 7 6 3 9 1 5 2
9 6 3 5 1 2 8 7 4
5 2 1 7 4 8 3 6 9
```

Solution # 991
```
7 8 9 6 3 1 4 5 2
2 3 5 4 9 7 6 1 8
4 1 6 2 8 5 3 9 7
1 6 7 3 2 9 5 8 4
8 9 3 5 4 6 2 7 1
5 2 4 7 1 8 9 3 6
9 5 1 8 6 2 7 4 3
3 7 2 1 5 4 8 6 9
6 4 8 9 7 3 1 2 5
```

Solution # 992
```
8 2 1 5 6 7 4 9 3
5 9 7 8 4 3 2 6 1
4 3 6 2 9 1 5 7 8
7 8 9 1 5 2 3 4 6
3 5 4 9 7 6 1 8 2
1 6 2 4 3 8 7 5 9
6 1 8 7 2 4 9 3 5
2 4 5 3 8 9 6 1 7
9 7 3 6 1 5 8 2 4
```

Solution # 993
```
5 4 3 7 8 6 2 1 9
8 1 2 4 5 9 6 7 3
6 7 9 3 2 1 8 5 4
1 8 6 2 4 7 9 3 5
2 9 5 8 1 3 7 4 6
7 3 4 6 9 5 1 2 8
4 5 1 9 7 8 3 6 2
3 2 8 1 6 4 5 9 7
9 6 7 5 3 2 4 8 1
```

Solution # 994
```
1 9 2 3 4 6 8 7 5
4 3 5 7 8 9 6 1 2
6 8 7 1 2 5 9 4 3
7 2 6 8 1 3 4 5 9
8 5 9 2 6 4 7 3 1
3 1 4 5 9 7 2 8 6
2 4 1 6 3 8 5 9 7
9 7 3 4 5 2 1 6 8
5 6 8 9 7 1 3 2 4
```

Solution # 995
```
7 9 5 3 6 2 8 1 4
1 3 4 7 8 9 5 2 6
2 6 8 4 1 5 9 7 3
6 1 9 2 5 8 3 4 7
4 7 2 1 9 3 6 8 5
8 5 3 6 4 7 1 9 2
5 2 1 8 3 4 7 6 9
9 8 7 5 2 6 4 3 1
3 4 6 9 7 1 2 5 8
```

Solution # 996
```
2 5 7 9 8 6 1 4 3
6 9 3 5 1 4 8 2 7
4 1 8 7 2 3 6 9 5
1 3 2 4 9 5 7 6 8
9 8 5 6 7 2 3 1 4
7 4 6 1 3 8 9 5 2
3 6 9 2 5 7 4 8 1
5 7 1 8 4 9 2 3 6
8 2 4 3 6 1 5 7 9
```

Solution # 997
```
2 8 4 6 9 7 5 3 1
9 3 6 1 5 2 7 8 4
1 5 7 8 4 3 2 9 6
3 7 2 4 1 8 6 5 9
4 1 5 9 3 6 8 7 2
6 9 8 2 7 5 1 4 3
5 6 1 3 8 9 4 2 7
8 2 9 7 6 4 3 1 5
7 4 3 5 2 1 9 6 8
```

Solution # 998
```
3 1 6 5 4 2 8 9 7
5 8 4 7 6 9 1 2 3
9 7 2 3 1 8 6 4 5
6 2 7 1 3 5 4 8 9
1 5 9 2 8 4 7 3 6
4 3 8 9 7 6 2 5 1
2 6 5 8 9 1 3 7 4
8 4 3 6 5 7 9 1 2
7 9 1 4 2 3 5 6 8
```

Solution # 999
```
6 4 5 3 8 9 7 2 1
9 7 2 6 1 4 5 3 8
1 8 3 5 7 2 4 6 9
8 5 7 9 4 6 2 1 3
4 3 6 7 2 1 9 8 5
2 9 1 8 5 3 6 4 7
5 6 9 4 3 8 1 7 2
7 1 8 2 6 5 3 9 4
3 2 4 1 9 7 8 5 6
```

Solution # 1000
```
8 6 9 1 7 5 2 3 4
2 7 4 6 3 8 5 9 1
5 1 3 4 9 2 7 6 8
7 4 1 9 2 6 3 8 5
6 9 2 8 5 3 1 4 7
3 8 5 7 4 1 6 2 9
1 3 7 2 8 9 4 5 6
9 2 6 5 1 4 8 7 3
4 5 8 3 6 7 9 1 2
```

Solution # 1001
```
6 1 4 8 9 3 2 5 7
2 5 9 4 7 6 1 3 8
7 8 3 1 5 2 9 6 4
8 2 1 3 6 9 4 7 5
4 6 5 7 2 8 3 9 1
3 9 7 5 1 4 6 8 2
9 7 6 2 8 1 5 4 3
1 3 8 9 4 5 7 2 6
5 4 2 6 3 7 8 1 9
```

Solution # 1002
```
6 2 5 8 3 4 1 7 9
1 4 3 6 9 7 8 5 2
9 8 7 5 2 1 6 4 3
2 7 6 1 5 9 3 8 4
4 5 9 3 7 8 2 6 1
3 1 8 4 6 2 7 9 5
8 9 4 2 1 6 5 3 7
7 3 1 9 8 5 4 2 6
5 6 2 7 4 3 9 1 8
```

Solution # 1003
```
7 9 2 3 4 8 5 6 1
1 4 5 2 9 6 8 7 3
3 6 8 1 7 5 4 2 9
5 8 3 4 6 1 2 9 7
9 2 4 8 3 7 1 5 6
6 7 1 9 5 2 3 8 4
8 1 9 7 2 4 6 3 5
2 3 6 5 1 9 7 4 8
4 5 7 6 8 3 9 1 2
```

Solution # 1004
```
4 3 9 8 5 6 7 2 1
2 7 6 9 1 3 4 5 8
1 8 5 4 7 2 3 9 6
8 4 3 6 2 1 9 7 5
9 1 7 5 3 4 6 8 2
5 6 2 7 9 8 1 3 4
6 9 4 3 8 5 2 1 7
7 5 1 2 6 9 8 4 3
3 2 8 1 4 7 5 6 9
```

Solution # 1005
```
4 5 3 7 9 6 2 1 8
7 8 6 1 2 5 3 9 4
1 9 2 3 8 4 5 6 7
8 1 4 6 5 2 9 7 3
3 7 9 4 1 8 6 2 5
6 2 5 9 3 7 4 8 1
2 3 7 5 6 1 8 4 9
5 6 1 8 4 9 7 3 2
9 4 8 2 7 3 1 5 6
```

Solution # 1006
```
2 4 1 7 5 3 9 6 8
3 7 9 6 8 4 1 5 2
8 6 5 2 1 9 4 7 3
5 1 8 9 7 2 3 4 6
9 3 6 1 4 8 7 2 5
4 2 7 5 3 6 8 9 1
6 8 2 4 9 1 5 3 7
1 5 4 3 6 7 2 8 9
7 9 3 8 2 5 6 1 4
```

Solution # 1007
```
7 8 5 3 4 9 6 1 2
9 6 4 2 1 8 7 3 5
3 1 2 5 7 6 8 4 9
1 7 9 6 5 2 3 8 4
2 4 8 7 9 3 1 5 6
5 3 6 1 8 4 2 9 7
4 9 3 8 2 7 5 6 1
8 5 7 4 6 1 9 2 3
6 2 1 9 3 5 4 7 8
```

Solution # 1008
```
9 7 1 2 3 8 5 6 4
4 2 8 1 6 5 9 7 3
5 6 3 4 7 9 2 1 8
3 9 5 6 4 1 7 8 2
6 8 4 7 9 2 3 5 1
7 1 2 8 5 3 6 4 9
2 4 7 9 8 6 1 3 5
8 3 9 5 1 7 4 2 6
1 5 6 3 2 4 8 9 7
```

Solution # 1009
```
8 4 3 2 9 1 7 6 5
6 2 7 8 3 5 9 4 1
9 5 1 6 4 7 3 2 8
7 6 2 9 5 8 4 1 3
3 1 9 4 2 6 5 8 7
4 8 5 1 7 3 6 9 2
1 7 8 3 6 4 2 5 9
2 3 6 5 8 9 1 7 4
5 9 4 7 1 2 8 3 6
```

Solution # 1010
```
3 7 4 8 2 5 6 1 9
8 6 1 3 9 4 2 5 7
9 2 5 7 1 6 4 8 3
7 9 8 1 6 2 5 3 4
5 1 2 4 3 9 7 6 8
6 4 3 5 7 8 9 2 1
2 8 9 6 4 3 1 7 5
4 5 7 2 8 1 3 9 6
1 3 6 9 5 7 8 4 2
```

Solution # 1011
```
9 4 5 2 8 6 7 3 1
1 6 2 4 7 3 9 5 8
8 7 3 9 5 1 4 2 6
6 5 7 3 1 8 2 9 4
3 2 9 5 6 4 1 8 7
4 1 8 7 9 2 3 6 5
5 3 1 8 4 9 6 7 2
7 9 4 6 2 5 8 1 3
2 8 6 1 3 7 5 4 9
```

Solution # 1012
```
1 3 2 9 8 5 6 4 7
5 9 8 6 4 7 1 3 2
4 6 7 3 1 2 9 8 5
9 2 3 8 7 6 4 5 1
6 5 1 4 2 3 7 9 8
7 8 4 5 9 1 2 6 3
3 7 5 1 6 9 8 2 4
8 1 6 2 5 4 3 7 9
2 4 9 7 3 8 5 1 6
```

Solution # 1013
```
2 8 3 7 6 4 1 5 9
4 5 7 3 9 1 8 2 6
6 1 9 8 5 2 3 4 7
1 9 4 2 8 5 6 7 3
7 3 2 1 4 6 5 9 8
8 6 5 9 7 3 4 1 2
9 7 6 4 1 8 2 3 5
3 4 8 5 2 7 9 6 1
5 2 1 6 3 9 7 8 4
```

Solution # 1014
```
9 7 2 8 4 6 3 5 1
8 6 4 1 3 5 7 9 2
1 5 3 2 9 7 4 8 6
3 4 7 9 1 2 8 6 5
5 9 6 7 8 4 2 1 3
2 1 8 5 6 3 9 7 4
4 3 5 6 7 8 1 2 9
7 2 9 4 5 1 6 3 8
6 8 1 3 2 9 5 4 7
```

Solution # 1015
```
6 8 3 1 7 2 4 5 9
1 9 5 4 3 8 6 2 7
7 4 2 5 9 6 1 8 3
9 2 1 6 5 7 3 4 8
8 5 7 3 2 4 9 1 6
3 6 4 8 1 9 2 7 5
4 7 8 9 6 1 5 3 2
5 1 9 2 8 3 7 6 4
2 3 6 7 4 5 8 9 1
```

Solution # 1016
```
2 1 8 6 4 3 5 9 7
9 7 3 5 2 8 4 6 1
4 5 6 7 1 9 8 3 2
6 2 7 1 8 5 3 4 9
8 9 4 3 7 2 6 1 5
1 3 5 4 9 6 7 2 8
3 4 1 9 5 7 2 8 6
5 6 2 8 3 1 9 7 4
7 8 9 2 6 4 1 5 3
```

Solution # 1017
```
2 7 9 8 6 3 4 5 1
8 3 5 1 9 4 7 2 6
4 1 6 2 5 7 9 8 3
3 2 8 6 4 9 1 7 5
9 4 7 5 1 2 3 6 8
5 6 1 7 3 8 2 4 9
6 5 2 9 7 1 8 3 4
7 9 4 3 8 6 5 1 2
1 8 3 4 2 5 6 9 7
```

Solution # 1018
```
2 7 5 4 6 9 3 8 1
8 9 6 7 3 1 4 2 5
3 4 1 2 8 5 6 7 9
9 1 3 5 4 7 2 6 8
5 6 2 3 9 8 7 1 4
4 8 7 6 1 2 9 5 3
6 5 4 8 7 3 1 9 2
7 2 9 1 5 4 8 3 6
1 3 8 9 2 6 5 4 7
```

Solution # 1019
```
3 4 6 8 5 1 9 2 7
7 2 8 4 6 9 5 3 1
9 5 1 3 2 7 4 8 6
5 3 7 2 4 8 1 6 9
1 8 9 6 7 3 2 5 4
2 6 4 9 1 5 3 7 8
4 9 3 5 8 6 7 1 2
6 7 2 1 3 4 8 9 5
8 1 5 7 9 2 6 4 3
```

Solution # 1020
```
6 3 9 8 2 1 5 4 7
8 7 5 4 6 9 1 2 3
4 1 2 7 5 3 6 9 8
9 4 6 2 8 7 3 5 1
3 5 7 1 9 6 4 8 2
1 2 8 5 3 4 7 6 9
5 9 4 3 1 8 2 7 6
7 6 1 9 4 2 8 3 5
2 8 3 6 7 5 9 1 4
```

Solution # 1021
```
3 5 4 9 8 7 2 6 1
8 1 9 6 3 2 5 4 7
6 7 2 1 4 5 9 3 8
1 4 7 2 5 8 3 9 6
2 6 5 7 9 3 1 8 4
9 3 8 4 1 6 7 2 5
4 2 1 5 6 9 8 7 3
5 9 3 8 7 4 6 1 2
7 8 6 3 2 1 4 5 9
```

Solution # 1022
```
8 7 9 4 5 2 6 1 3
5 4 3 6 1 9 2 7 8
1 2 6 8 7 3 5 9 4
2 1 7 3 8 6 9 4 5
9 6 8 1 4 5 7 3 2
4 3 5 9 2 7 1 8 6
7 8 4 5 6 1 3 2 9
3 5 2 7 9 4 8 6 1
6 9 1 2 3 8 4 5 7
```

Solution # 1023
```
7 1 4 9 3 5 6 2 8
8 3 9 2 4 6 5 7 1
6 5 2 8 7 1 3 9 4
3 2 1 7 9 8 4 5 6
4 9 8 6 5 2 7 1 3
5 7 6 3 1 4 9 8 2
1 4 3 5 2 9 8 6 7
2 6 5 4 8 7 1 3 9
9 8 7 1 6 3 2 4 5
```

Solution # 1024
```
4 9 2 7 5 6 1 3 8
3 6 8 4 2 1 5 9 7
1 5 7 3 8 9 6 2 4
7 8 1 2 6 5 9 4 3
6 3 4 1 9 7 2 8 5
9 2 5 8 4 3 7 6 1
5 4 6 9 7 8 3 1 2
2 7 3 6 1 4 8 5 9
8 1 9 5 3 2 4 7 6
```

Solution # 1025
```
9 3 2 5 4 6 1 8 7
4 7 8 9 3 1 2 6 5
1 6 5 7 8 2 4 9 3
7 2 9 6 5 4 3 1 8
5 1 3 2 9 8 6 7 4
6 8 4 1 7 3 5 2 9
3 4 6 8 1 7 9 5 2
2 9 7 3 6 5 8 4 1
8 5 1 4 2 9 7 3 6
```

Solution # 1026
```
5 9 3 6 1 4 7 2 8
7 4 8 3 5 2 6 9 1
2 1 6 7 9 8 3 5 4
4 7 9 5 3 6 8 1 2
6 8 5 4 2 1 9 7 3
3 2 1 8 7 9 5 4 6
1 3 2 9 6 7 4 8 5
9 6 4 2 8 5 1 3 7
8 5 7 1 4 3 2 6 9
```

Solution # 1027
```
8 7 9 3 4 6 5 1 2
3 1 2 9 8 5 6 7 4
5 6 4 1 7 2 8 3 9
6 2 5 4 9 7 1 8 3
1 4 3 6 5 8 2 9 7
7 9 8 2 3 1 4 5 6
2 8 6 7 1 3 9 4 5
9 3 1 5 2 4 7 6 8
4 5 7 8 6 9 3 2 1
```

Solution # 1028
```
2 9 7 5 3 1 4 8 6
1 4 5 8 6 7 2 3 9
8 3 6 4 2 9 1 7 5
6 2 1 3 8 4 5 9 7
9 8 4 7 5 2 6 1 3
5 7 3 9 1 6 8 2 4
4 1 2 6 7 3 9 5 8
3 6 8 2 9 5 7 4 1
7 5 9 1 4 8 3 6 2
```

Solution # 1029
```
5 7 8 4 2 1 6 3 9
6 1 3 7 5 9 8 4 2
4 9 2 8 6 3 1 5 7
1 5 7 3 9 6 4 2 8
3 4 6 2 8 5 9 7 1
8 2 9 1 7 4 3 6 5
9 8 5 6 3 7 2 1 4
2 6 1 5 4 8 7 9 3
7 3 4 9 1 2 5 8 6
```

Solution # 1030
```
4 1 3 9 5 7 8 2 6
8 7 5 2 6 3 9 4 1
2 9 6 8 4 1 5 7 3
6 3 7 4 1 5 2 8 9
1 8 4 6 9 2 7 3 5
9 5 2 7 3 8 1 6 4
5 6 8 3 7 9 4 1 2
3 2 9 1 8 4 6 5 7
7 4 1 5 2 6 3 9 8
```

Solution # 1031
```
9 6 3 1 8 2 4 7 5
5 4 2 3 7 6 1 9 8
8 1 7 4 5 9 2 3 6
3 8 6 9 2 5 7 4 1
4 7 9 6 1 8 5 2 3
2 5 1 7 4 3 8 6 9
6 2 5 8 9 4 3 1 7
1 3 8 2 6 7 9 5 4
7 9 4 5 3 1 6 8 2
```

Solution # 1032
```
8 2 9 1 3 6 4 7 5
5 3 1 7 4 8 6 9 2
6 4 7 2 5 9 1 3 8
9 7 8 5 6 2 3 4 1
4 5 3 8 9 1 7 2 6
2 1 6 4 7 3 8 5 9
7 9 5 6 8 4 2 1 3
1 6 4 3 2 5 9 8 7
3 8 2 9 1 7 5 6 4
```

Solution # 1033
```
2 4 7 9 1 3 5 8 6
6 8 1 7 2 5 9 4 3
3 5 9 4 8 6 7 2 1
1 9 2 8 6 4 3 5 7
8 7 5 2 3 9 1 6 4
4 3 6 1 5 7 8 9 2
5 6 4 3 7 8 2 1 9
7 2 8 6 9 1 4 3 5
9 1 3 5 4 2 6 7 8
```

Solution # 1034
```
8 3 1 2 5 9 4 6 7
9 6 4 8 7 1 2 5 3
7 5 2 3 4 6 8 1 9
2 7 8 4 1 3 5 9 6
5 9 6 7 2 8 1 3 4
1 4 3 9 6 5 7 2 8
6 2 7 5 9 4 3 8 1
4 8 9 1 3 2 6 7 5
3 1 5 6 8 7 9 4 2
```

Solution # 1035
```
9 7 8 6 2 5 4 1 3
2 6 5 3 1 4 9 7 8
4 3 1 7 8 9 5 2 6
7 9 6 2 4 3 8 5 1
8 5 3 1 9 7 2 6 4
1 2 4 5 6 8 7 3 9
5 4 7 8 3 6 1 9 2
3 8 2 9 5 1 6 4 7
6 1 9 4 7 2 3 8 5
```

Solution # 1036
```
4 7 8 3 1 9 5 6 2
1 2 5 8 7 6 3 9 4
9 3 6 5 2 4 1 8 7
7 6 2 1 9 3 8 4 5
8 9 1 2 4 5 6 7 3
3 5 4 7 6 8 9 2 1
6 4 3 9 5 7 2 1 8
5 1 7 6 8 2 4 3 9
2 8 9 4 3 1 7 5 6
```

Solution # 1037
```
7 5 8 3 2 9 1 6 4
6 3 4 1 8 7 9 2 5
2 9 1 4 6 5 8 7 3
8 7 9 6 3 4 5 1 2
1 4 3 7 5 2 6 9 8
5 2 6 9 1 8 3 4 7
9 1 2 8 4 3 7 5 6
3 6 5 2 7 1 4 8 9
4 8 7 5 9 6 2 3 1
```

Solution # 1038
```
1 6 2 3 4 8 7 5 9
8 7 4 5 9 2 6 1 3
3 5 9 6 1 7 8 2 4
9 4 7 1 8 5 2 3 6
5 2 8 7 3 6 4 9 1
6 3 1 9 2 4 5 8 7
7 1 6 8 5 9 3 4 2
2 8 3 4 6 1 9 7 5
4 9 5 2 7 3 1 6 8
```

Solution # 1039
```
1 7 8 4 3 5 6 9 2
2 3 5 1 6 9 4 7 8
9 6 4 8 7 2 3 5 1
7 8 1 9 4 3 2 6 5
4 2 6 5 8 7 9 1 3
3 5 9 2 1 6 8 4 7
5 4 3 6 2 1 7 8 9
6 1 7 3 9 8 5 2 4
8 9 2 7 5 4 1 3 6
```

Solution # 1040
```
7 9 8 2 4 6 1 3 5
4 1 3 7 9 5 2 8 6
5 2 6 8 3 1 9 7 4
6 3 9 1 5 4 7 2 8
1 7 2 9 6 8 4 5 3
8 4 5 3 7 2 6 1 9
3 8 7 6 2 9 5 4 1
9 5 1 4 8 7 3 6 2
2 6 4 5 1 3 8 9 7
```

Solution # 1041
```
1 3 9 4 6 5 8 2 7
4 6 7 3 8 2 5 1 9
8 2 5 7 9 1 3 4 6
9 8 1 2 5 6 7 3 4
2 7 3 1 4 8 9 6 5
5 4 6 9 7 3 2 8 1
3 1 4 5 2 9 6 7 8
6 9 2 8 1 7 4 5 3
7 5 8 6 3 4 1 9 2
```

Solution # 1042
```
2 7 4 6 9 8 3 1 5
3 5 9 7 1 2 4 8 6
6 1 8 3 4 5 9 7 2
9 3 6 5 8 7 2 4 1
5 2 7 1 3 4 8 6 9
4 8 1 2 6 9 5 3 7
8 6 2 9 7 3 1 5 4
7 9 3 4 5 1 6 2 8
1 4 5 8 2 6 7 9 3
```

Solution # 1043
```
3 1 2 6 5 8 4 9 7
5 6 7 9 4 2 8 1 3
9 8 4 1 3 7 6 2 5
2 7 5 8 1 4 9 3 6
6 9 8 7 2 3 1 5 4
1 4 3 5 9 6 7 8 2
8 3 9 4 7 5 2 6 1
7 5 6 2 8 1 3 4 9
4 2 1 3 6 9 5 7 8
```

Solution # 1044
```
6 8 3 7 4 1 9 2 5
4 9 1 6 5 2 3 7 8
7 2 5 9 3 8 4 6 1
5 6 7 4 2 3 8 1 9
8 3 9 1 7 5 2 4 6
1 4 2 8 6 9 7 5 3
2 1 6 3 8 7 5 9 4
3 5 4 2 9 6 1 8 7
9 7 8 5 1 4 6 3 2
```

Solution # 1045
```
4 2 9 3 7 1 5 6 8
3 6 1 5 8 2 4 9 7
7 8 5 4 6 9 2 1 3
9 4 3 6 1 5 8 7 2
2 1 8 7 4 3 6 5 9
6 5 7 9 2 8 1 3 4
5 7 4 2 3 6 9 8 1
1 3 6 8 9 4 7 2 5
8 9 2 1 5 7 3 4 6
```

Solution # 1046
```
3 5 1 9 7 8 2 4 6
9 7 4 2 6 5 1 3 8
2 8 6 4 3 1 9 7 5
1 6 7 5 2 9 3 8 4
8 3 9 6 1 4 5 2 7
5 4 2 7 8 3 6 1 9
7 9 5 1 4 2 8 6 3
4 1 3 8 9 6 7 5 2
6 2 8 3 5 7 4 9 1
```

Solution # 1047
```
6 4 8 9 3 2 7 1 5
5 1 3 4 7 6 9 8 2
2 9 7 5 1 8 3 4 6
4 7 9 3 8 5 6 2 1
1 8 6 2 4 7 5 3 9
3 5 2 1 6 9 8 7 4
7 2 4 6 5 3 1 9 8
8 6 1 7 9 4 2 5 3
9 3 5 8 2 1 4 6 7
```

Solution # 1048
```
7 9 6 4 8 5 2 3 1
1 8 4 3 6 2 9 5 7
3 2 5 7 9 1 4 8 6
2 6 9 8 3 7 5 1 4
5 1 7 2 4 6 8 9 3
8 4 3 5 1 9 6 7 2
4 5 8 6 7 3 1 2 9
6 7 1 9 2 8 3 4 5
9 3 2 1 5 4 7 6 8
```

Solution # 1049
```
8 6 4 5 3 2 9 1 7
9 1 5 8 4 7 3 2 6
7 3 2 6 1 9 8 4 5
6 8 1 9 7 5 2 3 4
4 5 3 2 6 1 7 9 8
2 7 9 3 8 4 6 5 1
1 4 6 7 2 3 5 8 9
3 9 8 4 5 6 1 7 2
5 2 7 1 9 8 4 6 3
```

Solution # 1050
```
5 2 8 6 4 9 3 7 1
4 7 1 3 2 5 6 8 9
9 6 3 8 1 7 2 4 5
3 8 7 2 6 1 9 5 4
2 9 4 5 3 8 7 1 6
1 5 6 7 9 4 8 2 3
8 3 2 1 5 6 4 9 7
6 1 9 4 7 2 5 3 8
7 4 5 9 8 3 1 6 2
```

Solution # 1051
```
8 9 5 7 4 3 2 6 1
1 6 7 9 2 5 3 4 8
4 2 3 6 1 8 5 9 7
7 3 9 8 6 1 4 2 5
6 8 2 5 9 4 7 1 3
5 4 1 3 7 2 9 8 6
2 5 4 1 3 9 8 7 6
3 1 6 4 8 7 9 5 2
9 7 8 2 5 6 1 3 4
```

Solution # 1052
```
2 9 7 5 3 4 6 8 1
6 1 4 9 2 8 5 7 3
3 8 5 1 7 6 2 9 4
7 6 2 3 1 9 4 5 8
8 4 9 6 5 7 3 1 2
5 3 1 4 8 2 7 6 9
9 7 8 2 6 3 1 4 5
4 5 3 7 9 1 8 2 6
1 2 6 8 4 5 9 3 7
```

Solution # 1053
```
9 2 5 1 4 3 7 8 6
3 8 6 7 9 5 2 1 4
7 4 1 2 6 8 3 5 9
4 5 7 3 1 9 6 2 8
6 3 2 8 7 4 5 9 1
1 7 4 5 8 6 9 3 2
5 6 3 9 2 1 8 4 7
8 1 9 6 5 2 4 7 3
2 9 8 4 3 7 1 6 5
```

Solution # 1054
```
8 1 5 2 9 4 3 7 6
2 4 6 7 3 5 8 1 9
9 3 7 6 1 8 2 5 4
5 6 2 9 4 7 1 8 3
1 9 3 8 5 2 4 6 7
4 7 8 3 6 1 5 9 2
7 2 4 5 8 6 9 3 1
6 5 9 1 2 3 7 4 8
3 8 1 4 7 9 6 2 5
```

Solution # 1055
```
2 1 8 4 5 7 9 3 6
3 5 9 6 8 1 7 2 4
6 4 7 3 2 9 1 5 8
1 8 3 5 6 2 4 7 9
5 7 4 1 9 3 8 6 2
9 6 2 8 7 4 3 1 5
4 9 5 7 3 6 2 8 1
7 2 6 9 1 8 5 4 3
8 3 1 2 4 5 6 9 7
```

Solution # 1056
```
8 1 9 5 2 3 6 4 7
3 7 6 1 4 8 9 2 5
5 4 2 6 7 9 3 1 8
7 9 4 2 8 5 1 3 6
2 5 1 3 6 4 7 8 9
6 3 8 7 9 1 4 5 2
4 6 7 8 3 2 5 9 1
9 8 5 4 1 7 2 6 3
1 2 3 9 5 6 8 7 4
```

Solution # 1057
```
2 4 9 5 3 7 6 1 8
7 1 5 2 6 8 4 3 9
8 3 6 9 1 4 7 2 5
5 8 2 7 4 6 3 9 1
9 6 4 1 5 3 8 7 2
3 7 1 8 9 2 5 4 6
6 9 7 4 8 1 2 5 3
4 5 8 3 2 9 1 6 7
1 2 3 6 7 5 9 8 4
```

Solution # 1058
```
5 9 8 2 4 3 6 1 7
3 6 1 9 8 7 4 2 5
7 4 2 6 5 1 9 8 3
1 3 6 7 9 5 2 4 8
8 7 4 1 3 2 5 9 6
9 2 5 4 6 8 3 7 1
4 5 9 8 1 6 7 3 2
6 8 7 3 2 4 1 5 9
2 1 3 5 7 9 8 6 4
```

Solution # 1059
```
7 5 2 9 1 6 8 3 4
6 3 9 5 8 4 2 1 7
1 4 8 7 3 2 5 6 9
4 2 5 6 9 3 7 8 1
9 6 1 8 2 7 3 4 5
8 7 3 4 5 1 6 9 2
2 1 4 3 7 8 9 5 6
5 8 6 2 4 9 1 7 3
3 9 7 1 6 5 4 2 8
```

Solution # 1060
```
4 3 9 2 1 6 8 5 7
1 6 7 8 5 4 3 2 9
8 5 2 7 3 9 4 6 1
3 9 1 4 2 5 7 8 6
2 8 4 9 6 7 5 1 3
6 7 5 3 8 1 2 9 4
9 2 8 1 4 3 6 7 5
5 1 3 6 7 2 9 4 8
7 4 6 5 9 8 1 3 2
```

Solution # 1061
```
7 6 3 8 4 2 1 5 9
9 4 2 7 1 5 3 8 6
5 8 1 9 6 3 2 4 7
4 3 5 6 9 7 8 1 2
8 7 6 2 5 1 9 3 4
1 2 9 3 8 4 6 7 5
2 5 8 1 7 6 4 9 3
3 9 7 4 2 8 5 6 1
6 1 4 5 3 9 7 2 8
```

Solution # 1062
```
4 3 2 8 7 6 1 9 5
1 7 5 4 2 9 3 6 8
6 9 8 5 3 1 2 4 7
2 1 4 6 5 3 7 8 9
9 5 3 2 8 7 4 1 6
8 6 7 1 9 4 5 3 2
3 2 1 7 6 8 9 5 4
5 8 9 3 4 2 6 7 1
7 4 6 9 1 5 8 2 3
```

Solution # 1063
```
8 7 1 5 9 4 6 2 3
2 6 4 3 7 8 1 9 5
9 3 5 2 1 6 8 7 4
5 9 8 7 2 3 4 6 1
3 2 7 6 4 1 9 5 8
4 1 6 8 5 9 7 3 2
1 5 9 4 3 7 2 8 6
6 4 3 9 8 2 5 1 7
7 8 2 1 6 5 3 4 9
```

Solution # 1064
```
8 6 3 7 1 4 2 9 5
4 1 2 9 5 3 8 6 7
5 9 7 6 8 2 1 4 3
2 7 8 1 6 5 9 3 4
1 5 4 3 7 9 6 8 2
6 3 9 2 4 8 5 7 1
9 2 1 4 3 6 7 5 8
7 4 5 8 9 1 3 2 6
3 8 6 5 2 7 4 1 9
```

Solution # 1065
```
9 1 5 8 3 7 6 2 4
8 4 3 2 5 6 9 1 7
7 2 6 1 9 4 8 3 5
3 5 1 9 6 8 7 4 2
2 8 4 5 7 3 1 9 6
6 9 7 4 2 1 3 5 8
5 7 2 6 1 9 4 8 3
1 3 8 7 4 5 2 6 9
4 6 9 3 8 2 5 7 1
```

Solution # 1066
```
2 6 1 5 3 9 7 8 4
9 4 7 6 8 2 5 1 3
8 3 5 4 1 7 9 6 2
4 1 9 3 7 8 6 2 5
7 5 6 2 9 4 1 3 8
3 8 2 1 6 5 4 7 9
5 9 8 7 2 1 3 4 6
6 7 4 8 5 3 2 9 1
1 2 3 9 4 6 8 5 7
```

Solution # 1067
```
4 5 3 1 8 7 6 9 2
8 9 7 3 6 2 5 4 1
6 2 1 4 5 9 8 7 3
3 4 2 9 7 6 1 8 5
9 7 8 5 2 1 3 6 4
1 6 5 8 4 3 9 2 7
7 3 4 6 9 5 2 1 8
5 8 6 2 1 4 7 3 9
2 1 9 7 3 8 4 5 6
```

Solution # 1068
```
4 6 2 9 3 5 7 1 8
7 8 9 6 4 1 3 5 2
1 3 5 2 7 8 4 6 9
5 9 7 1 6 2 8 4 3
2 4 8 3 5 9 1 7 6
6 1 3 7 8 4 9 2 5
8 5 6 4 1 3 2 9 7
3 2 1 5 9 7 6 8 4
9 7 4 8 2 6 5 3 1
```

Solution # 1069
```
4 8 3 2 5 6 9 7 1
7 1 2 9 8 4 3 6 5
9 5 6 7 3 1 2 8 4
5 7 4 8 6 2 1 9 3
3 6 1 5 9 7 4 2 8
8 2 9 1 4 3 6 5 7
6 9 7 4 1 8 5 3 2
1 3 8 6 2 5 7 4 9
2 4 5 3 7 9 8 1 6
```

Solution # 1070
```
9 6 7 1 3 5 8 2 4
3 4 2 9 6 8 5 1 7
5 8 1 4 7 2 6 3 9
2 1 9 5 8 3 4 7 6
8 3 6 7 4 1 9 5 2
7 5 4 6 2 9 1 8 3
1 7 5 2 9 6 3 4 8
4 9 8 3 5 7 2 6 1
6 2 3 8 1 4 7 9 5
```

Solution # 1071
```
1 5 6 9 7 8 2 4 3
3 7 2 5 6 4 9 1 8
4 9 8 1 3 2 7 5 6
9 6 7 3 2 1 5 8 4
5 4 3 6 8 9 1 7 2
8 2 1 7 4 5 6 3 9
2 1 4 8 5 3 9 6 7
6 3 5 2 9 7 4 1 8
7 8 9 4 1 6 3 2 5
```

Solution # 1072
```
5 4 2 1 6 3 7 9 8
7 3 8 9 4 5 6 2 1
9 6 1 2 8 7 3 4 5
3 5 6 8 7 4 9 1 2
2 8 7 6 9 1 4 5 3
4 1 9 5 3 2 8 7 6
6 2 4 3 5 9 1 8 7
8 7 5 4 1 6 2 3 9
1 9 3 7 2 8 5 6 4
```

Solution # 1073
```
2 3 1 7 8 4 6 5 9
7 5 8 3 9 6 2 1 4
9 4 6 2 5 1 8 3 7
3 7 9 4 2 8 1 6 5
4 8 2 1 6 5 7 9 3
6 1 5 9 7 3 4 2 8
5 9 7 6 4 2 3 8 1
8 6 3 5 1 7 9 4 2
1 2 4 8 3 9 5 7 6
```

Solution # 1074
```
4 3 6 2 5 1 7 9 8
2 9 7 8 4 6 5 1 3
8 1 5 7 3 9 6 2 4
7 2 1 6 9 8 3 4 5
9 6 3 5 2 4 8 7 1
5 8 4 1 7 3 2 6 9
1 4 2 3 6 5 9 8 7
3 7 9 4 8 2 1 5 6
6 5 8 9 1 7 4 3 2
```

Solution # 1075
```
9 8 6 4 2 1 7 3 5
4 7 5 8 9 3 1 2 6
3 2 1 5 7 6 9 4 8
1 3 4 6 8 7 5 9 2
2 9 8 3 5 4 6 7 1
6 5 7 2 1 9 3 8 4
8 1 2 7 3 5 4 6 9
5 6 3 9 4 8 2 1 7
7 4 9 1 6 2 8 5 3
```

Solution # 1076
```
2 4 7 1 9 8 3 5 6
8 9 6 2 3 5 1 4 7
1 5 3 7 4 6 8 2 9
3 8 9 6 2 4 5 7 1
4 1 5 9 7 3 6 8 2
7 6 2 8 5 1 9 3 4
9 3 4 5 1 2 7 6 8
5 6 1 4 8 7 2 9 3
6 2 8 3 7 9 4 1 5
```

Solution # 1077
```
4 6 1 7 9 8 2 3 5
2 8 9 1 5 3 7 6 4
5 7 3 2 4 6 9 1 8
3 4 8 9 6 1 5 2 7
9 1 7 4 2 5 3 8 6
6 3 2 8 7 9 1 4 5
7 2 4 3 8 4 6 9 1
1 2 5 8 3 4 6 7 9
8 9 4 6 1 7 3 5 2
```

Solution # 1078
```
3 1 2 6 5 4 8 7 9
7 6 5 2 8 9 3 1 4
8 4 9 1 3 7 2 5 6
4 8 3 5 9 1 6 2 7
9 7 1 4 2 6 5 3 8
5 2 6 3 7 8 9 4 1
2 9 7 8 6 5 1 4 3
1 3 8 7 4 2 9 6 5
6 5 4 9 1 3 7 8 2
```

Solution # 1079
```
1 8 5 3 6 2 7 4 9
6 4 3 8 7 9 1 5 2
2 9 7 5 1 4 6 8 3
8 3 1 6 2 5 9 7 4
5 6 4 7 9 3 8 2 1
9 7 2 1 4 8 3 6 5
3 2 8 9 5 6 4 1 7
7 5 9 4 8 1 2 3 6
4 1 6 2 3 7 5 9 8
```

Solution # 1080
```
3 4 1 2 5 9 7 8 6
7 2 6 4 8 3 5 1 9
8 9 5 6 1 7 3 2 4
2 3 8 1 7 4 9 6 5
4 6 9 8 3 5 1 7 2
5 1 7 9 2 6 8 4 3
9 7 2 3 4 8 6 5 1
1 5 3 7 6 2 4 9 8
6 8 4 5 9 1 2 3 7
```

Solution # 1081
```
5 7 1 3 9 2 6 4 8
4 2 3 6 8 7 9 1 5
9 8 6 5 1 4 3 7 2
6 3 9 1 2 8 7 5 4
1 5 2 4 7 6 8 9 3
8 4 7 9 3 5 1 2 6
3 9 5 2 6 1 4 8 7
7 6 4 8 5 9 2 3 1
2 1 8 7 4 3 5 6 9
```

Solution # 1082
```
2 1 7 4 8 5 6 9 3
9 4 5 3 7 6 2 8 1
6 8 3 1 9 2 4 7 5
1 5 9 8 4 7 3 6 2
7 3 6 2 5 9 8 1 4
4 2 8 6 3 1 9 5 7
3 6 4 5 1 8 7 2 9
8 7 1 9 2 4 5 3 6
5 9 2 7 6 3 1 4 8
```

Solution # 1083
```
8 9 4 2 1 3 6 7 5
6 5 1 7 4 9 3 8 2
3 2 7 5 8 6 1 4 9
5 7 3 9 6 8 2 1 4
1 6 8 4 2 5 7 9 3
9 4 2 1 3 7 8 5 6
2 3 5 8 9 4 5 1 7
7 1 6 3 5 2 9 4 8
4 8 9 6 7 1 3 2 5
```

Solution # 1084
```
6 3 1 2 4 5 7 9 8
9 8 5 6 7 3 1 2 4
4 2 7 9 1 8 6 5 3
1 7 3 4 6 9 2 8 5
2 5 9 1 8 7 4 3 6
8 4 6 5 3 2 9 1 7
3 6 2 8 9 4 5 7 1
5 1 8 7 2 6 3 4 9
7 9 4 3 5 1 8 6 2
```

Solution # 1085
```
2 4 8 9 6 1 3 7 5
7 1 6 5 3 4 2 8 9
3 9 5 2 8 7 6 4 1
6 5 9 1 4 3 8 2 7
4 3 7 8 2 5 1 9 6
8 2 1 7 9 6 4 5 3
1 8 3 4 7 9 5 6 2
5 7 2 6 1 8 9 3 4
9 6 4 3 5 2 7 1 8
```

Solution # 1086
```
7 3 5 8 9 1 2 6 4
2 9 1 6 5 4 8 7 3
6 4 8 2 3 7 9 1 5
9 1 7 5 4 8 3 2 6
5 6 2 1 7 3 4 8 9
4 8 3 9 6 2 7 5 1
1 7 6 4 8 9 5 3 2
3 2 4 7 1 5 6 9 8
8 5 9 3 2 6 1 4 7
```

Solution # 1087
```
4 2 3 6 7 5 9 1 8
7 5 8 3 1 9 6 4 2
6 9 1 4 2 8 5 3 7
1 8 9 5 6 3 7 2 4
3 4 5 7 8 2 1 6 9
2 7 6 1 9 4 3 8 5
5 1 2 8 3 7 4 9 6
8 3 4 9 5 6 2 7 1
9 6 7 2 4 1 8 5 3
```

Solution # 1088
```
3 8 5 1 7 4 2 9 6
9 4 7 6 2 5 8 1 3
2 1 6 9 8 3 5 7 4
6 2 8 3 1 7 4 5 9
5 7 9 4 6 8 3 2 1
4 3 1 5 9 2 6 8 7
1 9 2 8 4 6 7 3 5
7 6 3 2 5 9 1 4 8
8 5 4 7 3 1 9 6 2
```

Solution # 1089
```
3 9 7 5 4 8 1 6 2
4 1 8 6 3 2 7 5 9
6 5 2 1 7 9 4 3 8
9 8 4 2 1 5 6 7 3
2 7 6 4 9 3 5 8 1
1 3 5 7 8 6 9 2 4
8 4 3 9 6 7 2 1 5
7 2 1 3 5 4 8 9 6
5 6 9 8 2 1 3 4 7
```

Solution # 1090
```
2 5 8 1 6 9 3 4 7
6 9 1 4 3 7 2 8 5
7 3 4 8 2 5 1 6 9
1 2 3 5 8 6 9 7 4
9 8 6 7 4 2 5 3 1
5 4 7 3 9 1 8 2 6
4 6 9 2 1 3 7 5 8
8 7 2 9 5 4 6 1 3
3 1 5 6 7 8 4 9 2
```

Solution # 1091
```
2 9 1 5 4 6 7 3 8
5 4 3 7 9 8 6 2 1
8 6 7 2 1 3 4 5 9
4 8 6 9 5 1 2 7 3
3 1 5 8 7 2 9 4 6
9 7 2 6 3 4 8 1 5
6 3 4 1 2 9 5 8 7
7 2 9 3 8 5 1 6 4
1 5 8 4 6 7 3 9 2
```

Solution # 1092
```
3 2 5 8 6 1 9 7 4
9 8 6 7 4 2 3 5 1
7 4 1 5 3 9 8 6 2
1 3 7 4 5 8 2 9 6
2 9 4 3 1 6 5 8 7
6 5 8 9 2 7 1 4 3
5 6 3 1 8 4 7 2 9
8 7 2 6 9 3 4 1 5
4 1 9 2 7 5 6 3 8
```

Solution # 1093
```
3 1 2 9 4 5 7 8 6
8 5 6 1 3 7 4 9 2
4 9 7 8 6 2 1 3 5
5 8 3 4 2 6 9 1 7
9 2 1 5 7 8 3 6 4
6 7 4 3 9 1 2 5 8
7 3 5 6 1 4 8 2 9
2 6 9 7 8 3 5 4 1
1 4 8 2 5 9 6 7 3
```

Solution # 1094
```
5 6 1 9 7 2 8 3 4
8 9 3 4 6 1 7 2 5
2 7 4 5 3 8 9 1 6
6 4 9 7 1 5 3 8 2
3 2 7 6 8 9 5 4 1
1 5 8 2 4 3 6 7 9
7 8 5 1 9 4 2 6 3
4 3 2 8 5 6 1 9 7
9 1 6 3 2 7 4 5 8
```

Solution # 1095
```
8 2 5 7 9 6 3 1 4
3 4 1 8 2 5 7 9 6
6 7 9 4 1 3 5 8 2
2 1 8 5 7 9 6 4 3
5 6 7 3 8 4 9 2 1
4 9 3 2 6 1 8 7 5
7 3 6 9 4 2 1 5 8
9 5 2 1 3 8 4 6 7
1 8 4 6 5 7 2 3 9
```

Solution # 1096
```
5 4 9 3 7 8 1 6 2
3 8 7 1 6 2 5 4 9
2 1 6 5 9 4 8 3 7
7 3 2 6 8 9 4 5 1
1 9 5 4 2 3 7 8 6
8 6 4 7 1 5 2 9 3
9 7 8 2 4 6 3 1 5
4 5 1 9 3 7 6 2 8
6 2 3 8 5 1 9 7 4
```

Solution # 1097
```
5 1 2 8 4 3 7 6 9
4 7 9 6 2 5 8 3 1
3 8 6 9 1 7 4 2 5
2 4 3 1 6 9 5 7 8
8 9 5 7 3 4 2 1 6
1 6 7 5 8 2 3 9 4
9 5 4 3 7 6 1 8 2
7 2 8 4 9 1 6 5 3
6 3 1 2 5 8 9 4 7
```

Solution # 1098
```
9 2 5 1 6 4 3 8 7
1 4 8 3 7 9 2 6 5
6 3 7 8 2 5 9 4 1
8 9 3 6 1 7 5 2 4
2 5 6 4 8 3 1 7 9
7 1 4 5 9 2 6 3 8
4 7 2 9 5 6 8 1 3
3 8 9 2 4 1 7 5 6
5 6 1 7 3 8 4 9 2
```

Solution # 1099
```
5 9 6 2 3 7 8 1 4
1 4 3 9 6 8 5 7 2
8 7 2 5 4 1 6 9 3
4 8 5 7 1 6 2 3 9
2 1 7 8 9 3 4 5 6
3 6 9 4 5 2 1 8 7
7 5 4 1 2 9 3 6 8
6 2 8 3 7 5 9 4 1
9 3 1 6 8 4 7 2 5
```

Solution # 1100
```
7 9 3 8 1 5 6 4 2
5 2 8 3 4 6 9 1 7
4 1 6 9 2 7 5 3 8
9 3 4 7 5 1 2 8 6
8 7 2 6 3 9 1 5 4
6 5 1 2 8 4 3 7 9
3 6 9 5 7 8 4 2 1
2 4 7 1 6 3 8 9 5
1 8 5 4 9 2 7 6 3
```

Solution # 1101
```
1 5 6 7 4 9 2 3 8
3 7 8 6 5 2 4 1 9
9 2 4 3 8 1 7 6 5
7 9 2 1 6 8 5 4 3
6 4 5 2 3 7 8 9 1
8 1 3 4 9 5 6 7 2
4 6 9 8 2 3 1 5 7
2 3 1 5 7 6 9 8 4
5 8 7 9 1 4 3 2 6
```

Solution # 1102
```
6 7 9 5 2 1 8 4 3
4 5 1 9 8 3 2 7 6
2 8 3 6 7 4 5 9 1
3 2 5 1 9 7 6 8 4
7 1 8 4 6 2 9 3 5
9 4 6 8 3 5 7 1 2
8 6 4 3 5 9 1 2 7
1 9 7 2 4 6 3 5 8
5 3 2 7 1 8 4 6 9
```

Solution # 1103
```
5 1 3 4 6 9 8 2 7
7 4 9 8 1 2 6 5 3
2 8 6 5 3 7 4 1 9
6 9 7 1 2 8 5 3 4
1 3 2 6 4 5 9 7 8
4 5 8 7 9 3 2 6 1
3 6 5 9 8 1 7 4 2
8 7 1 2 5 4 3 9 6
9 2 4 3 7 6 1 8 5
```

Solution # 1104
```
2 3 8 5 7 4 1 6 9
4 5 9 8 1 6 7 2 3
7 6 1 3 2 9 4 5 8
6 7 4 1 3 5 9 8 2
1 9 2 7 6 8 5 3 4
5 8 3 4 9 2 6 1 7
8 1 7 6 4 3 2 9 5
3 2 6 9 5 7 8 4 1
9 4 5 2 8 1 3 7 6
```

Solution # 1105
```
3 1 7 6 8 2 5 4 9
6 8 9 4 5 3 1 7 2
5 2 4 1 7 9 3 6 8
9 5 6 8 4 1 2 3 7
2 3 8 5 9 7 4 1 6
7 4 1 3 2 6 9 8 5
8 9 3 2 6 4 7 5 1
4 7 5 9 1 8 6 2 3
1 6 2 7 3 5 8 9 4
```

Solution # 1106
```
4 1 2 9 7 3 8 5 6
5 6 7 8 1 4 2 9 3
8 9 3 5 6 2 7 1 4
1 7 5 4 8 6 3 2 9
9 8 4 3 2 7 5 6 1
2 3 6 1 9 5 4 8 7
3 4 1 2 5 9 6 7 8
7 5 9 6 4 8 1 3 2
6 2 8 7 3 1 9 4 5
```

Solution # 1107
```
6 5 1 9 8 7 4 2 3
4 3 7 2 6 5 8 1 9
2 8 9 4 1 3 6 5 7
7 2 5 6 9 8 1 3 4
9 6 3 7 4 1 2 8 5
8 1 4 5 3 2 7 9 6
1 4 6 3 2 9 5 7 8
5 9 8 1 7 4 3 6 2
3 7 2 8 5 6 9 4 1
```

Solution # 1108
```
1 8 9 7 6 2 5 4 3
7 6 4 5 3 8 2 9 1
5 2 3 1 9 4 8 7 6
6 4 2 3 5 7 9 1 8
3 1 8 9 2 6 4 5 7
9 7 5 4 8 1 6 3 2
2 9 6 8 1 5 3 7 4
4 3 1 6 7 9 8 2 5
8 5 7 2 4 3 1 6 9
```

Solution # 1109
```
9 6 2 5 3 4 1 8 7
8 1 4 9 7 2 5 3 6
7 3 5 1 6 8 4 9 2
5 7 6 8 9 1 3 2 4
4 2 8 6 5 3 9 7 1
1 9 3 4 2 7 6 5 8
3 8 1 2 4 9 7 6 5
2 5 9 7 1 6 8 4 3
6 4 7 3 8 5 2 1 9
```

Solution # 1110
```
9 1 4 7 3 8 5 6 2
3 2 7 6 4 5 9 1 8
6 5 8 9 2 1 7 4 3
1 6 3 8 9 2 4 5 7
2 4 9 5 6 7 3 8 1
7 8 5 4 1 3 6 2 9
4 9 1 2 7 6 8 3 5
8 7 2 3 5 4 1 9 6
5 3 6 1 8 9 2 7 4
```

Solution # 1111
```
2 7 5 1 9 8 4 6 3
1 8 9 4 3 6 7 5 2
4 3 6 2 7 5 1 8 9
9 2 3 6 4 7 8 1 5
7 5 4 8 1 3 9 2 6
8 6 1 9 5 2 3 7 4
6 9 2 7 8 4 5 3 1
5 4 8 3 2 1 6 9 7
3 1 7 5 6 9 2 4 8
```

Solution # 1112
```
1 8 2 4 9 5 6 7 3
5 3 7 1 6 2 9 4 8
9 6 4 7 3 8 2 5 1
8 2 3 6 7 9 5 1 4
7 9 5 2 1 4 8 3 6
4 1 6 8 5 3 7 9 2
2 7 9 3 8 1 4 6 5
6 4 1 5 2 7 3 8 9
3 5 8 9 4 6 1 2 7
```

Solution # 1113
```
6 7 2 1 9 3 8 4 5
9 1 5 6 8 4 2 7 3
8 4 3 5 2 7 1 9 6
7 5 1 2 4 9 6 3 8
4 8 6 7 3 5 9 2 1
2 3 9 8 1 6 4 5 7
5 6 4 9 7 8 3 1 2
3 2 8 4 5 1 7 6 9
1 9 7 3 6 2 5 8 4
```

Solution # 1114
```
1 9 5 3 2 6 4 7 8
8 3 6 7 4 1 9 5 2
2 7 4 8 9 5 6 1 3
3 6 8 9 1 7 2 4 5
5 4 9 2 8 3 1 6 7
7 2 1 5 6 4 3 8 9
9 1 2 6 5 8 7 3 4
4 8 3 1 7 9 5 2 6
6 5 7 4 3 2 8 9 1
```

Solution # 1115
```
2 8 5 7 6 9 1 3 4
1 9 3 8 5 4 6 2 7
4 6 7 3 1 2 9 5 8
7 5 8 4 3 6 2 9 1
3 4 2 9 8 1 7 6 5
9 1 6 5 2 7 4 8 3
5 2 1 6 4 8 3 7 9
6 3 9 1 7 5 8 4 2
8 7 4 2 9 3 5 1 6
```

Solution # 1116
```
6 1 8 9 5 3 2 7 4
3 7 2 1 4 8 9 5 6
4 5 9 7 6 2 8 3 1
1 6 7 4 3 9 5 8 2
2 3 5 8 7 6 1 4 9
8 9 4 5 2 1 7 6 3
5 2 3 6 1 7 4 9 8
9 4 1 3 8 5 6 2 7
7 8 6 2 9 4 3 1 5
```

Solution # 1117
```
1 4 9 8 7 5 3 6 2
2 3 5 6 1 9 8 7 4
6 8 7 3 2 4 1 5 9
9 2 1 5 4 3 6 8 7
8 7 4 1 6 2 9 3 5
3 5 6 9 8 7 2 4 1
5 6 3 7 9 1 4 2 8
4 9 8 2 5 6 7 1 3
7 1 2 4 3 8 5 9 6
```

Solution # 1118
```
1 8 2 3 7 4 6 9 5
4 9 6 2 1 5 7 8 3
5 3 7 6 9 8 2 1 4
6 7 8 4 5 1 3 2 9
9 2 5 7 3 6 1 4 8
3 4 1 9 8 2 5 6 7
8 6 4 5 2 3 9 7 1
2 5 9 1 4 7 8 3 6
7 1 3 8 6 9 4 5 2
```

Solution # 1119
```
2 7 4 8 3 5 9 1 6
3 9 5 6 1 7 2 4 8
6 1 8 9 2 4 7 3 5
5 2 1 3 4 8 6 9 7
8 3 6 7 5 9 1 2 4
9 4 7 2 6 1 8 5 3
1 6 3 4 7 2 5 8 9
4 5 9 1 8 6 3 7 2
7 8 2 5 9 3 4 6 1
```

Solution # 1120
```
9 7 8 1 3 4 2 6 5
5 6 3 9 2 7 1 4 8
1 4 2 6 5 8 3 7 9
2 9 1 3 8 6 7 5 4
8 5 7 4 9 2 6 1 3
6 3 4 5 7 1 8 9 2
4 2 9 7 6 3 5 8 1
7 8 5 2 1 9 4 3 6
3 1 6 8 4 5 9 2 7
```

Solution # 1121
```
6 3 9 1 2 5 7 4 8
7 2 5 8 4 9 3 6 1
4 8 1 6 3 7 9 2 5
2 1 8 5 9 4 6 3 7
9 7 4 3 6 8 1 5 2
3 5 6 7 1 2 8 9 4
5 4 3 9 7 1 2 8 6
8 6 7 2 5 3 4 1 9
1 9 2 4 8 6 5 7 3
```

Solution # 1122
```
2 1 7 5 3 4 6 8 9
9 5 6 8 7 1 3 2 4
3 4 8 9 2 6 5 7 1
5 6 4 3 1 2 8 9 7
8 7 2 4 6 9 1 3 5
1 3 9 7 5 8 4 6 2
7 8 3 1 9 5 2 4 6
4 2 5 6 8 7 9 1 3
6 9 1 2 4 3 7 5 8
```

Solution # 1123
```
7 8 4 3 1 2 9 6 5
2 5 3 9 4 6 8 1 7
6 1 9 7 8 5 4 2 3
9 3 2 1 6 7 5 4 8
8 6 5 4 3 9 2 7 1
4 7 1 2 5 8 3 9 6
1 9 6 8 2 3 7 5 4
5 2 8 6 7 4 1 3 9
3 4 7 5 9 1 6 8 2
```

Solution # 1124
```
3 8 7 9 4 2 6 1 5
6 5 4 8 1 3 7 2 9
1 9 2 5 7 6 3 8 4
9 7 8 2 3 1 4 5 6
4 6 5 7 8 9 1 3 2
2 1 3 6 5 4 9 7 8
8 1 9 3 6 5 2 4 7
5 2 3 4 9 7 8 6 1
7 4 6 1 2 8 5 9 3
```

Solution # 1125
```
7 2 3 9 1 6 5 8 4
8 6 9 5 4 7 2 1 3
1 5 4 8 3 2 6 9 7
4 3 5 7 2 9 1 6 8
9 7 1 4 6 8 3 5 2
6 8 2 3 5 1 7 4 9
2 9 6 1 7 4 8 3 5
5 4 7 6 8 3 9 2 1
3 1 8 2 9 5 4 7 6
```

Solution # 1126
```
8 4 2 6 1 5 3 9 7
9 5 6 7 3 4 1 2 8
3 1 7 2 8 9 5 4 6
5 8 1 4 9 6 2 7 3
4 7 9 1 2 3 6 8 5
2 6 3 5 7 8 9 1 4
6 9 4 8 5 2 7 3 1
1 3 8 9 6 7 4 5 2
7 2 5 3 4 1 8 6 9
```

Solution # 1127
```
1 8 5 3 9 7 4 6 2
3 7 4 2 6 1 9 5 8
2 9 6 5 8 4 1 7 3
9 2 8 6 7 5 3 4 1
5 1 3 9 4 8 7 2 6
6 4 7 1 3 2 5 8 9
7 6 1 8 5 3 2 9 4
4 3 9 7 2 6 8 1 5
8 5 2 4 1 9 6 3 7
```

Solution # 1128
```
8 5 4 7 2 1 6 3 9
7 3 1 6 4 9 2 5 8
2 6 9 5 8 3 7 4 1
5 2 7 4 9 6 1 8 3
6 4 3 8 1 2 9 7 5
1 9 8 3 7 5 4 6 2
4 1 5 9 3 7 8 2 6
9 7 6 2 5 8 3 1 4
3 8 2 1 6 4 5 9 7
```

Solution # 1129
```
9 5 6 2 4 7 8 1 3
1 7 8 3 5 6 4 2 9
4 3 2 9 1 8 6 5 7
6 2 3 5 8 4 7 9 1
8 9 1 6 7 3 5 4 2
5 4 7 1 2 9 3 8 6
7 1 5 8 3 2 9 6 4
3 8 9 4 6 1 2 7 5
2 6 4 7 9 5 1 3 8
```

Solution # 1130
```
4 6 5 2 1 8 3 9 7
9 1 7 5 6 3 8 2 4
3 2 8 4 7 9 6 1 5
1 9 4 8 2 5 7 3 6
8 5 3 7 9 6 1 4 2
2 7 6 1 3 4 9 5 8
7 8 2 9 4 1 5 6 3
6 4 9 3 5 7 2 8 1
5 3 1 6 8 2 4 7 9
```

Solution # 1131
```
9 8 1 7 5 6 4 3 2
6 5 3 4 1 2 9 8 7
4 2 7 9 8 3 1 5 6
1 4 2 8 7 9 5 6 3
7 3 9 1 6 5 8 2 4
5 6 8 3 2 4 7 9 1
8 9 4 6 3 1 2 7 5
2 7 6 5 4 8 3 1 9
3 1 5 2 9 7 6 4 8
```

Solution # 1132
```
5 1 8 4 2 9 7 3 6
6 2 4 7 3 5 8 9 1
3 9 7 1 8 6 4 2 5
4 8 9 6 5 3 1 7 2
2 7 5 8 1 4 3 6 9
1 6 3 2 9 7 5 4 8
8 3 1 9 4 2 6 5 7
7 5 2 3 6 8 9 1 4
9 4 6 5 7 1 2 8 3
```

Solution # 1133
```
7 4 8 3 5 2 1 9 6
1 2 3 9 6 4 8 7 5
6 5 9 7 8 1 2 4 3
8 1 2 6 7 9 3 5 4
4 7 5 8 1 3 9 6 2
3 9 6 4 2 5 7 8 1
2 6 4 1 9 7 5 3 8
5 8 7 2 3 6 4 1 9
9 3 1 5 4 8 6 2 7
```

Solution # 1134
```
7 6 8 5 2 3 1 4 9
1 3 2 8 9 4 6 7 5
4 9 5 1 6 7 8 3 2
2 8 3 7 4 9 5 6 1
5 7 4 6 1 2 3 9 8
6 1 9 3 8 5 7 2 4
3 2 6 9 5 1 4 8 7
8 4 1 2 7 6 9 5 3
9 5 7 4 3 8 2 1 6
```

Solution # 1135
```
3 7 9 8 4 5 1 6 2
2 1 4 3 9 6 5 7 8
6 8 5 7 2 1 4 3 9
5 2 3 4 1 8 7 9 6
8 6 1 5 7 9 3 2 4
4 9 7 2 6 3 8 1 5
7 5 8 9 3 2 6 4 1
9 4 6 1 8 7 2 5 3
1 3 2 6 5 4 9 8 7
```

Solution # 1136
```
8 6 5 4 2 9 1 7 3
9 4 1 7 6 3 5 2 8
2 7 3 8 5 1 4 6 9
5 2 7 3 9 8 6 1 4
3 1 8 6 4 2 9 5 7
4 9 6 1 7 5 8 3 2
1 8 2 9 3 6 7 4 5
7 3 9 5 1 4 2 8 6
6 5 4 2 8 7 3 9 1
```

Solution # 1137
```
3 6 7 9 4 2 1 8 5
8 9 4 3 5 1 2 7 6
1 5 2 7 6 8 4 3 9
6 2 3 1 8 5 7 9 4
4 7 5 6 3 9 8 1 2
9 1 8 4 2 7 5 6 3
2 8 6 5 7 3 9 4 1
5 3 9 8 1 4 6 2 7
7 4 1 2 9 6 3 5 8
```

Solution # 1138
```
5 2 3 4 8 7 1 9 6
8 1 9 6 3 2 5 7 4
6 7 4 1 5 9 2 3 8
1 4 7 3 2 5 8 6 9
3 8 6 9 7 1 4 5 2
9 5 2 8 6 4 3 1 7
7 6 1 2 4 3 9 8 5
4 3 5 7 9 8 6 2 1
2 9 8 5 1 6 7 4 3
```

Solution # 1139
```
1 9 5 7 2 4 3 8 6
7 2 6 3 1 8 5 9 4
8 3 4 9 6 5 2 1 7
2 1 9 8 7 6 4 5 3
4 8 7 2 5 3 9 6 1
5 6 3 1 4 9 8 7 2
6 4 8 5 3 1 7 2 9
9 7 1 4 8 2 6 3 5
3 5 2 6 9 7 1 4 8
```

Solution # 1140
```
9 5 6 3 8 1 4 2 7
2 7 1 5 9 4 6 3 8
4 3 8 2 6 7 9 5 1
1 6 2 9 5 3 8 7 4
3 9 7 1 4 8 2 6 5
5 8 4 7 2 6 1 9 3
8 4 5 6 3 2 7 1 9
6 1 3 4 7 9 5 8 2
7 2 9 8 1 5 3 4 6
```

Solution # 1141
```
6 2 4 1 8 9 3 5 7
8 3 7 2 6 5 1 4 9
1 5 9 3 4 7 8 2 6
2 8 1 4 7 3 9 6 5
3 4 5 6 9 8 7 1 2
9 7 6 5 1 2 4 3 8
7 1 3 8 2 6 5 9 4
4 9 2 7 5 1 6 8 3
5 6 8 9 3 4 2 7 1
```

Solution # 1142
```
1 9 2 4 8 6 5 3 7
8 7 4 5 3 9 1 2 6
3 6 5 7 1 2 9 4 8
5 3 9 8 2 7 4 6 1
7 1 6 9 4 3 2 8 5
2 4 8 1 6 5 7 9 3
4 2 3 6 7 1 8 5 9
9 8 7 3 5 4 6 1 2
6 5 1 2 9 8 3 7 4
```

Solution # 1143
```
6 8 4 7 3 9 2 5 1
2 7 5 1 4 6 9 8 3
1 3 9 8 2 5 7 4 6
3 5 2 6 9 4 1 7 8
8 6 7 5 1 2 4 3 9
4 9 1 3 8 7 5 6 2
5 2 6 9 7 3 8 1 4
7 4 8 2 6 1 3 9 5
9 1 3 4 5 8 6 2 7
```

Solution # 1144
```
1 5 7 8 9 6 2 4 3
2 9 4 7 1 3 6 8 5
3 6 8 2 5 4 1 9 7
8 1 6 9 7 2 3 5 4
9 2 3 4 8 5 1 6 7
7 4 5 6 3 1 9 2 8
6 8 2 3 4 9 5 7 1
4 3 1 2 5 7 8 9 6
5 7 9 1 6 8 4 3 2
```

Solution # 1145
```
5 9 6 3 4 8 2 7 1
2 8 3 1 6 7 9 4 5
7 4 1 2 9 5 6 8 3
9 2 4 5 3 6 7 1 8
6 1 5 8 7 4 3 2 9
3 7 8 9 2 1 5 6 4
4 5 2 7 1 9 8 3 6
1 3 9 6 8 2 4 5 7
8 6 7 4 5 3 1 9 2
```

Solution # 1146
```
9 7 6 3 8 5 4 2 1
1 8 3 6 2 4 9 5 7
4 2 5 9 1 7 8 3 6
5 6 9 1 7 3 2 4 8
2 1 8 4 5 9 7 6 3
7 3 4 8 6 2 5 1 9
8 4 2 7 3 1 6 9 5
3 9 7 5 4 6 1 8 2
6 5 1 2 9 8 3 7 4
```

Solution # 1147
```
5 7 1 8 3 2 4 6 9
9 3 4 7 6 1 8 5 2
6 8 2 4 5 9 7 1 3
4 5 8 9 7 6 3 2 1
1 2 3 5 8 4 9 7 6
7 9 6 2 1 3 5 8 4
3 4 5 1 2 8 6 9 7
8 1 9 6 4 7 2 3 5
2 6 7 3 9 5 1 4 8
```

Solution # 1148
```
7 2 6 5 1 9 8 3 4
5 8 4 6 2 3 7 9 1
9 3 1 8 4 7 5 2 6
4 5 3 9 7 1 6 8 2
2 1 8 4 5 6 9 7 3
6 7 9 2 3 8 4 1 5
3 4 7 1 8 5 2 6 9
8 9 2 3 6 4 1 5 7
1 6 5 7 9 2 3 4 8
```

Solution # 1149
```
7 4 6 8 1 3 9 2 5
1 9 5 7 2 6 3 8 4
2 8 3 9 4 5 7 1 6
6 2 8 3 5 1 4 7 9
5 3 1 4 7 9 2 6 8
9 7 4 2 6 8 5 3 1
3 5 7 1 8 4 6 9 2
4 1 9 6 3 2 8 5 7
8 6 2 5 9 7 1 4 3
```

Solution # 1150
```
2 1 7 5 6 3 9 4 8
8 3 5 4 1 9 7 6 2
9 6 4 2 8 7 5 1 3
4 5 6 9 3 2 8 7 1
7 2 9 8 4 1 6 3 5
3 8 1 7 5 6 2 9 4
6 4 2 1 9 8 3 5 7
5 7 3 6 2 4 1 8 9
1 9 8 3 7 5 4 2 6
```

Solution # 1151
```
5 9 6 1 3 7 8 2 4
8 4 2 9 6 5 3 1 7
7 1 3 2 4 8 6 5 9
6 3 8 4 1 2 9 7 5
4 7 5 8 9 6 2 3 1
1 2 9 7 5 3 4 6 8
3 6 7 5 8 9 1 4 2
9 5 1 3 2 4 7 8 6
2 8 4 6 7 1 5 9 3
```

Solution # 1152
```
1 8 4 6 5 3 7 2 9
5 9 3 7 2 4 8 6 1
6 7 2 8 1 9 5 4 3
3 1 5 4 9 8 6 7 2
7 2 9 5 6 1 3 8 4
8 4 6 3 7 2 1 9 5
4 6 8 2 3 5 9 1 7
2 5 1 9 8 7 4 3 6
9 3 7 1 4 6 2 5 8
```

Solution # 1153
```
4 9 7 8 5 1 2 6 3
8 3 5 6 2 7 4 9 1
2 6 1 3 4 9 5 8 7
3 7 8 1 9 5 6 4 2
1 5 6 2 8 4 3 7 9
9 2 4 7 6 3 8 1 5
6 1 3 4 7 2 9 5 8
5 8 2 9 1 6 7 3 4
7 4 9 5 3 8 1 2 6
```

Solution # 1154
```
7 5 3 9 6 4 2 8 1
8 6 1 3 5 2 4 7 9
2 9 4 7 1 8 5 6 3
6 8 9 2 4 3 7 1 5
3 7 5 1 8 9 6 2 4
1 4 2 6 7 5 3 9 8
5 3 6 8 2 1 9 4 7
9 1 7 4 3 6 8 5 2
4 2 8 5 9 7 1 3 6
```

Solution # 1155
```
8 7 6 4 5 2 3 9 1
9 4 5 3 1 7 8 6 2
2 3 1 6 9 8 7 4 5
1 5 7 9 8 6 2 3 4
3 9 8 5 2 4 1 7 6
6 2 4 1 7 3 5 8 9
5 8 3 2 6 9 4 1 7
4 1 9 7 3 5 6 2 8
7 6 2 8 4 1 9 5 3
```

Solution # 1156
```
4 7 3 6 5 9 2 1 8
1 8 5 7 2 3 9 6 4
2 9 6 1 4 8 3 7 5
8 6 7 5 9 4 1 2 3
5 3 2 8 7 1 4 9 6
9 1 4 3 6 2 5 8 7
7 5 9 2 3 6 8 4 1
3 4 8 9 1 7 6 5 2
6 2 1 4 8 5 7 3 9
```

Solution # 1157
```
5 4 2 9 3 6 1 8 7
1 7 9 8 2 5 6 4 3
3 8 6 1 4 7 5 9 2
2 6 3 7 9 4 8 1 5
7 9 5 6 1 8 3 2 4
4 1 8 3 5 2 9 7 6
6 3 7 2 8 9 4 5 1
8 5 1 4 7 3 2 6 9
9 2 4 5 6 1 7 3 8
```

Solution # 1158
```
2 6 4 8 5 9 7 1 3
1 7 9 2 6 3 4 8 5
8 5 3 7 4 1 9 6 2
9 8 1 4 3 7 2 5 6
6 4 5 9 1 2 3 7 8
3 2 7 5 8 6 1 4 9
4 1 8 3 9 5 6 2 7
7 9 6 1 2 8 5 3 4
5 3 2 6 7 4 8 9 1
```

Solution # 1159
```
6 8 2 1 5 7 3 4 9
5 4 9 6 3 8 7 2 1
7 1 3 2 4 9 5 8 6
9 2 8 7 1 3 4 6 5
1 5 7 4 8 6 9 3 2
4 3 6 9 2 5 1 7 8
2 7 4 8 9 1 6 5 3
8 9 5 3 6 4 2 1 7
3 6 1 5 7 2 8 9 4
```

Solution # 1160
```
7 1 9 2 6 3 5 8 4
6 2 5 7 8 4 1 9 3
8 4 3 9 5 1 6 2 7
2 7 6 1 4 9 8 3 5
3 5 4 8 2 6 9 7 1
1 9 8 5 3 7 4 6 2
4 3 7 6 1 8 2 5 9
5 8 1 3 9 2 7 4 6
9 6 2 4 7 5 3 1 8
```

Solution # 1161
```
7 8 6 3 4 5 1 2 9
9 1 3 2 6 7 8 4 5
4 5 2 1 9 8 3 7 6
6 2 7 4 3 1 5 9 8
1 9 8 5 7 6 4 3 2
3 4 5 9 8 2 7 6 1
2 6 1 7 5 4 9 8 3
5 7 9 8 2 3 6 1 4
8 3 4 6 1 9 2 5 7
```

Solution # 1162
```
6 3 8 5 4 1 2 9 7
9 4 1 2 6 7 8 3 5
5 2 7 3 8 9 1 4 6
3 5 4 9 2 8 7 6 1
8 9 2 7 1 6 3 5 4
7 1 6 4 3 5 9 8 2
2 7 9 8 5 4 6 1 3
4 6 3 1 9 2 5 7 8
1 8 5 6 7 3 4 2 9
```

Solution # 1163
```
6 4 1 7 5 2 3 9 8
9 5 3 4 1 8 7 2 6
2 8 7 3 9 6 5 4 1
7 3 5 1 2 9 6 8 4
4 1 2 8 6 3 9 7 5
8 9 6 5 7 4 1 3 2
3 6 8 9 4 5 2 1 7
5 7 4 2 3 1 8 6 9
1 2 9 6 8 7 4 5 3
```

Solution # 1164
```
4 2 3 9 7 6 5 8 1
5 6 8 3 1 2 7 9 4
9 1 7 8 4 5 6 3 2
2 9 6 4 5 7 3 1 8
7 8 1 2 6 3 9 4 5
3 4 5 1 8 9 2 7 6
1 5 2 7 3 4 8 6 9
6 3 4 5 9 8 1 2 7
8 7 9 6 2 1 4 5 3
```

Solution # 1165
```
8 9 4 1 3 5 6 2 7
7 1 2 9 6 8 4 3 5
6 3 5 4 7 2 9 8 1
4 8 6 2 5 7 1 9 3
9 2 7 8 1 3 5 6 4
1 5 3 6 9 4 2 7 8
2 4 1 7 8 9 3 5 6
5 7 9 3 4 6 8 1 2
3 6 8 5 2 1 7 4 9
```

Solution # 1166
```
5 3 4 6 7 1 2 9 8
2 7 6 8 9 3 1 5 4
9 1 8 2 4 5 6 7 3
8 4 2 3 5 7 9 1 6
7 9 5 1 6 4 8 3 2
1 6 3 9 8 2 7 4 5
3 2 9 5 1 8 4 6 7
4 5 1 7 2 6 3 8 9
6 8 7 4 3 9 5 2 1
```

Solution # 1167
```
9 1 4 7 5 2 8 3 6
5 2 3 1 6 8 9 7 4
6 8 7 4 9 3 1 5 2
1 3 9 5 7 4 2 6 8
4 5 2 9 8 6 3 1 7
8 7 6 2 3 1 5 4 9
3 9 8 6 1 7 4 2 5
7 4 5 3 2 9 6 8 1
2 6 1 8 4 5 7 9 3
```

Solution # 1168
```
9 1 2 4 6 5 3 8 7
3 5 4 8 7 2 9 1 6
7 8 6 3 9 1 2 5 4
2 4 1 9 5 3 7 6 8
6 9 8 1 4 7 5 3 2
5 7 3 6 2 8 1 4 9
4 6 5 7 3 9 8 2 1
8 3 9 2 1 6 4 7 5
1 2 7 5 8 4 6 9 3
```

Solution # 1169
```
3 1 7 9 5 2 4 8 6
8 6 5 4 1 3 9 2 7
4 2 9 7 8 6 5 3 1
5 7 4 1 3 8 2 6 9
1 8 6 2 9 5 7 4 3
2 9 3 6 4 7 1 5 8
9 3 1 5 6 4 8 7 2
7 5 8 3 2 9 6 1 4
6 4 2 8 7 1 3 9 5
```

Solution # 1170
```
5 9 6 3 4 7 8 1 2
4 7 2 8 6 1 9 3 5
1 8 3 9 5 2 6 7 4
8 6 1 5 3 9 4 2 7
2 3 9 6 7 4 5 8 1
7 4 5 2 1 8 3 6 9
9 5 8 7 2 6 1 4 3
3 1 7 4 8 5 2 9 6
6 2 4 1 9 3 7 5 8
```

Solution # 1171
```
1 7 8 9 6 4 5 2 3
5 6 2 1 3 8 9 7 4
4 9 3 2 7 5 1 6 8
7 2 5 8 9 3 4 1 6
3 1 9 7 4 6 8 5 2
6 8 4 5 1 2 3 9 7
9 3 7 6 8 1 2 4 5
2 4 6 3 5 9 7 8 1
8 5 1 4 2 7 6 3 9
```

Solution # 1172
```
3 7 5 2 4 9 8 6 1
4 8 2 6 1 3 9 5 7
9 1 6 8 5 7 2 3 4
5 6 8 3 7 4 1 2 9
1 4 7 9 2 5 6 8 3
2 9 3 1 6 8 4 7 5
8 3 1 7 9 6 5 4 2
7 5 9 4 8 2 3 1 6
6 2 4 5 3 1 7 9 8
```

Solution # 1173
```
1 4 8 5 9 3 2 6 7
9 2 6 4 7 8 3 5 1
7 3 5 1 2 6 8 9 4
5 8 4 2 6 9 1 7 3
2 1 7 3 8 5 9 4 6
3 6 9 7 1 4 5 2 8
4 9 2 8 3 7 6 1 5
6 7 3 9 5 1 4 8 2
8 5 1 6 4 2 7 3 9
```

Solution # 1174
```
9 1 8 3 5 7 6 2 4
7 3 2 1 4 6 9 8 5
4 5 6 8 9 2 1 7 3
8 4 3 5 6 1 2 9 7
6 7 9 2 3 4 8 5 1
5 2 1 9 7 8 3 4 6
3 6 7 4 8 9 5 1 2
1 8 4 6 2 5 7 3 9
2 9 5 7 1 3 4 6 8
```

Solution # 1175
```
2 7 4 8 5 6 3 9 1
8 9 5 1 2 3 4 6 7
3 6 1 4 9 7 8 2 5
9 1 6 2 8 5 7 3 4
7 8 2 3 4 1 9 5 6
5 4 3 7 6 9 2 1 8
4 5 7 6 3 2 1 8 9
1 2 9 5 7 8 6 4 3
6 3 8 9 1 4 5 7 2
```

Solution # 1176
```
3 4 5 1 8 6 7 2 9
7 8 2 3 9 5 4 6 1
6 9 1 7 4 2 3 8 5
5 3 7 9 6 8 2 1 4
8 2 6 4 1 7 9 5 3
4 1 9 2 5 3 6 7 8
9 7 4 8 2 1 5 3 6
1 5 3 6 7 4 8 9 2
2 6 8 5 3 9 1 4 7
```

Solution # 1177
```
7 8 9 4 6 1 2 3 5
4 2 1 8 3 5 6 7 9
5 6 3 9 7 2 4 8 1
8 9 2 7 5 6 3 1 4
3 5 4 2 1 9 7 6 8
6 1 7 3 8 4 9 5 2
2 3 5 6 9 8 1 4 7
1 4 6 5 2 7 8 9 3
9 7 8 1 4 3 5 2 6
```

Solution # 1178
```
5 8 7 2 4 9 1 6 3
9 6 2 3 5 1 7 8 4
4 1 3 8 6 7 2 9 5
2 3 4 1 9 8 6 5 7
8 7 1 6 3 5 4 2 9
6 9 5 7 2 4 8 3 1
3 4 8 5 1 6 9 7 2
7 2 9 4 8 3 5 1 6
1 5 6 9 7 2 3 4 8
```

Solution # 1179
```
5 1 3 4 7 8 6 2 9
8 2 6 1 9 5 4 3 7
9 7 4 3 6 2 5 8 1
2 5 8 6 3 1 7 9 4
4 6 1 7 2 9 3 5 8
3 9 7 8 5 4 2 1 6
1 3 5 9 4 6 8 7 2
6 8 2 5 1 7 9 4 3
7 4 9 2 8 3 1 6 5
```

Solution # 1180
```
3 9 1 7 2 8 5 4 6
2 5 6 9 3 4 1 7 8
7 4 8 6 1 5 2 9 3
1 2 9 8 6 7 4 3 5
5 8 4 2 9 3 7 6 1
6 3 7 4 5 1 8 2 9
9 6 5 1 7 2 3 8 4
4 1 2 3 8 9 6 5 7
8 7 3 5 4 6 9 1 2
```

Solution # 1181
```
2 3 4 7 8 9 6 5 1
9 6 1 3 5 2 4 8 7
5 7 8 4 1 6 9 2 3
4 9 7 5 6 1 2 3 8
1 2 6 8 3 7 5 9 4
8 5 3 2 9 4 1 7 6
3 8 2 1 4 5 7 6 9
6 1 5 9 7 3 8 4 2
7 4 9 6 2 8 3 1 5
```

Solution # 1182
```
9 4 1 5 3 7 6 8 2
7 5 8 6 2 1 3 4 9
2 6 3 9 4 8 7 5 1
4 8 6 7 1 2 5 9 3
3 9 5 4 6 8 2 1 7
1 7 2 3 9 5 8 6 4
5 2 9 1 7 6 4 3 8
6 1 7 8 4 3 9 2 5
8 3 4 2 5 9 1 7 6
```

Solution # 1183
```
5 2 8 3 1 7 6 4 9
1 9 6 2 4 5 7 8 3
3 4 7 8 6 9 2 1 5
7 5 4 6 8 2 3 9 1
8 6 2 1 9 3 4 5 7
9 1 3 5 7 4 8 6 2
6 7 5 4 3 1 9 2 8
2 8 9 7 5 6 1 3 4
4 3 1 9 2 8 5 7 6
```

Solution # 1184
```
9 7 8 6 5 1 3 2 4
3 1 2 8 9 4 6 5 7
5 4 6 7 3 2 1 8 9
6 5 1 9 2 7 8 4 3
7 3 4 1 8 5 2 9 6
2 8 9 3 4 6 7 1 5
8 2 5 4 7 3 9 6 1
4 6 3 2 1 9 5 7 8
1 9 7 5 6 8 4 3 2
```

Solution # 1185
```
7 2 5 3 1 9 6 4 8
6 8 3 5 7 4 1 2 9
1 4 9 2 6 8 3 5 7
5 7 2 8 3 1 4 9 6
4 3 6 9 5 7 8 1 2
9 1 8 4 2 6 5 7 3
2 6 7 1 8 5 9 3 4
3 9 1 6 4 2 7 8 5
8 5 4 7 9 3 2 6 1
```

Solution # 1186
```
1 5 6 8 4 3 9 2 7
2 8 3 7 1 9 4 5 6
9 7 4 6 5 2 1 3 8
6 2 9 4 3 5 7 8 1
8 1 5 9 2 7 3 6 4
4 3 7 1 8 6 2 9 5
5 6 8 2 9 1 7 4 3
7 4 2 3 6 8 5 1 9
3 9 1 5 7 4 6 8 2
```

Solution # 1187
```
3 1 5 4 8 7 9 6 2
6 2 8 5 9 1 3 4 7
9 7 4 6 3 2 5 1 8
4 8 6 3 2 5 1 7 9
2 5 3 1 7 9 6 8 4
7 9 1 8 6 4 2 3 5
8 4 9 2 1 3 7 5 6
5 3 2 7 4 6 8 9 1
1 6 7 9 5 8 4 2 3
```

Solution # 1188
```
6 3 9 5 4 7 2 8 1
5 8 7 9 2 1 6 3 4
4 1 2 6 3 8 9 5 7
1 4 6 8 7 2 5 9 3
8 9 3 1 5 4 7 6 2
2 7 5 3 9 6 4 1 8
9 2 8 7 1 5 3 4 6
3 6 4 2 8 9 1 7 5
7 5 1 4 6 3 8 2 9
```

Solution # 1189
```
1 2 3 4 7 5 9 6 8
9 7 8 1 6 2 3 5 4
5 4 6 8 3 9 7 2 1
4 1 9 7 5 3 2 8 6
2 6 7 9 1 8 4 3 5
8 3 5 2 4 6 1 7 9
7 5 1 6 2 4 8 9 3
3 9 2 5 8 1 6 4 7
6 8 4 3 9 7 5 1 2
```

Solution # 1190
```
6 5 2 1 9 7 4 3 8
7 8 3 2 5 4 6 9 1
1 9 4 3 6 8 2 7 5
5 6 8 9 3 2 1 4 7
2 4 7 8 1 6 3 5 9
3 1 9 7 4 5 8 2 6
4 2 6 5 8 9 7 1 3
9 7 1 6 2 3 5 8 4
8 3 5 4 7 1 9 6 2
```

Solution # 1226

7	2	9	6	5	8	1	4	3
6	3	4	7	1	2	9	5	8
8	5	1	9	3	4	6	7	2
3	7	8	5	4	9	2	6	1
1	4	2	3	6	7	8	9	5
5	9	6	2	8	1	4	3	7
9	8	3	1	7	6	5	2	4
4	6	7	8	2	5	3	1	9
2	1	5	4	9	3	7	8	6

Solution # 1227

9	3	6	2	8	4	5	7	1
8	2	5	7	6	1	9	4	3
4	1	7	5	3	9	6	8	2
1	9	4	6	5	2	7	3	8
5	6	8	4	7	3	2	1	9
2	7	3	1	9	8	4	5	6
7	8	1	9	4	6	3	2	5
3	4	9	8	2	5	1	6	7
6	5	2	3	1	7	8	9	4

Solution # 1228

7	8	3	9	6	5	2	1	4
5	6	9	2	1	4	8	7	3
2	1	4	8	3	7	9	6	5
9	4	2	7	5	3	1	8	6
6	7	5	1	4	8	3	2	9
1	3	8	6	2	9	5	4	7
3	5	7	4	8	2	6	9	1
8	9	1	3	7	6	4	5	2
4	2	6	5	9	1	7	3	8

Solution # 1229

6	8	3	1	2	9	7	4	5
7	2	9	6	5	4	8	3	1
4	5	1	3	7	8	2	9	6
9	4	5	7	8	6	3	1	2
1	3	7	4	9	2	5	6	8
2	6	8	5	3	1	4	7	9
8	1	2	9	4	7	6	5	3
5	7	6	2	1	3	9	8	4
3	9	4	8	6	5	1	2	7

Solution # 1230

6	8	4	9	3	7	1	5	2
2	9	7	8	1	5	6	4	3
5	1	3	4	6	2	7	9	8
8	4	6	7	5	3	9	2	1
1	7	5	2	9	4	3	8	6
9	3	2	6	8	1	5	7	4
3	2	9	1	7	8	4	6	5
4	6	1	5	2	9	8	3	7
7	5	8	3	4	6	2	1	9

Solution # 1231

5	9	2	6	7	3	1	4	8
1	3	8	9	2	4	6	5	7
6	7	4	8	1	5	9	2	3
9	5	7	2	6	8	3	1	4
2	4	3	7	5	1	8	9	6
8	1	6	3	4	9	2	7	5
3	2	5	4	9	6	7	8	1
4	8	9	1	3	7	5	6	2
7	6	1	5	8	2	4	3	9

Solution # 1232

9	2	3	5	1	7	6	4	8
5	7	6	4	2	8	3	1	9
4	1	8	3	6	9	7	2	5
1	5	4	8	7	3	2	9	6
8	3	9	6	4	2	5	7	1
2	6	7	9	5	1	4	8	3
3	4	1	2	8	6	9	5	7
7	9	5	1	3	4	8	6	2
6	8	2	7	9	5	1	3	4

Solution # 1233

8	3	6	9	4	5	2	1	7
5	7	9	6	2	1	8	4	3
1	4	2	8	7	3	9	6	5
4	1	7	3	8	9	6	5	2
6	5	8	2	1	7	3	9	4
9	2	3	5	6	4	7	8	1
3	6	1	7	5	8	4	2	9
2	9	5	4	3	6	1	7	8
7	8	4	1	9	2	5	3	6

Solution # 1234

5	4	1	7	6	8	2	3	9
9	7	2	1	3	4	5	6	8
3	6	8	2	5	9	7	4	1
2	1	9	5	4	3	6	8	7
6	5	3	8	7	2	1	9	4
4	8	7	9	1	6	3	5	2
7	9	6	4	2	5	8	1	3
1	3	4	6	8	7	9	2	5
8	2	5	3	9	1	4	7	6

Solution # 1235

3	4	7	2	6	9	1	8	5
5	2	9	1	7	8	6	4	3
8	1	6	3	5	4	7	2	9
1	6	2	8	9	3	4	5	7
4	8	3	5	1	7	9	6	2
9	7	5	4	2	6	8	3	1
6	3	1	7	8	5	2	9	4
2	9	4	6	3	1	5	7	8
7	5	8	9	4	2	3	1	6

Solution # 1236

2	8	7	4	6	1	3	9	5
4	9	5	3	2	8	1	7	6
3	6	1	7	9	5	4	2	8
6	3	4	2	1	9	8	5	7
5	7	9	8	3	6	2	1	4
8	1	2	5	4	7	6	3	9
1	4	8	9	5	3	7	6	2
7	5	3	6	8	2	9	4	1
9	2	6	1	7	4	5	8	3

Solution # 1237

5	1	6	4	8	3	2	9	7
4	8	9	2	1	7	3	5	6
7	3	2	5	6	9	8	4	1
8	7	3	1	4	6	5	2	9
9	6	4	7	2	5	1	8	3
1	2	5	3	9	8	7	6	4
3	9	8	6	5	1	4	7	2
2	5	1	9	7	4	6	3	8
6	4	7	8	3	2	9	1	5

Solution # 1238

1	3	4	5	6	2	9	7	8
7	5	2	9	1	8	4	3	6
9	6	8	3	7	4	5	1	2
5	9	6	1	8	3	2	4	7
8	1	3	4	2	7	6	9	5
2	4	7	6	9	5	1	8	3
3	8	1	2	5	9	7	6	4
6	7	5	8	4	1	3	2	9
4	2	9	7	3	6	8	5	1

Solution # 1239

4	7	1	3	8	9	5	6	2
9	5	3	6	1	2	4	8	7
2	6	8	7	5	4	9	1	3
5	3	7	8	9	6	1	2	4
6	8	9	2	4	1	7	3	5
1	2	4	5	3	7	6	9	8
3	4	2	1	6	5	8	7	9
8	9	6	4	7	3	2	5	1
7	1	5	9	2	8	3	4	6

Solution # 1240

7	8	1	5	3	2	9	4	6
4	5	9	1	8	6	2	7	3
3	6	2	9	7	4	1	5	8
2	3	7	6	9	8	4	1	5
5	9	6	3	4	1	8	2	7
8	1	4	2	5	7	3	6	9
6	7	8	4	2	9	5	3	1
1	2	5	8	6	3	7	9	4
9	4	3	7	1	5	6	8	2

Solution # 1241

6	5	1	8	3	7	4	9	2
9	2	3	5	1	4	6	7	8
4	7	8	6	2	9	1	5	3
2	4	6	7	9	1	8	3	5
8	9	7	4	5	3	2	6	1
3	1	5	2	6	8	9	4	7
7	6	2	9	8	5	3	1	4
1	8	4	3	7	6	5	2	9
5	3	9	1	4	2	7	8	6

Solution # 1242

6	4	5	8	2	1	7	3	9
8	9	2	3	7	6	5	4	1
7	1	3	9	4	5	2	6	8
2	3	9	7	5	8	4	1	6
1	8	4	2	6	9	3	5	7
5	6	7	4	1	3	8	9	2
3	5	1	6	8	2	9	7	4
9	7	8	1	3	4	6	2	5
4	2	6	5	9	7	1	8	3

Solution # 1243

2	7	4	6	9	1	5	8	3
5	6	3	8	4	7	2	1	9
8	9	1	2	5	3	7	4	6
4	2	6	7	1	5	9	3	8
3	1	7	4	8	9	6	5	2
9	8	5	3	2	6	1	7	4
1	5	8	9	6	4	3	2	7
7	4	9	1	3	2	8	6	5
6	3	2	5	7	8	4	9	1

Solution # 1244

9	5	2	8	4	7	1	3	6
6	4	3	9	1	5	2	8	7
1	7	8	2	6	3	4	9	5
4	2	7	1	5	8	9	6	3
3	8	9	4	7	6	5	2	1
5	6	1	3	2	9	8	7	4
8	9	4	6	3	1	7	5	2
2	3	5	7	8	4	6	1	9
7	1	6	5	9	2	3	4	8

Solution # 1245

2	7	1	6	9	3	4	8	5
8	3	9	5	4	2	7	1	6
6	5	4	1	7	8	2	9	3
9	1	7	8	6	5	3	4	2
3	6	5	4	2	1	8	7	9
4	2	8	9	3	7	6	5	1
7	9	2	3	5	4	1	6	8
5	8	3	7	1	6	9	2	4
1	4	6	2	8	9	5	3	7

Solution # 1246

6	2	3	8	7	4	1	9	5
7	4	1	5	9	2	3	6	8
9	8	5	1	3	6	4	7	2
3	6	4	9	8	5	2	1	7
1	5	8	6	2	7	9	4	3
2	7	9	4	1	3	8	5	6
8	9	2	7	6	1	5	3	4
4	1	7	3	5	8	6	2	9
5	3	6	2	4	9	7	8	1

Solution # 1247

9	5	7	1	3	4	6	2	8
1	3	2	9	6	8	7	5	4
6	4	8	2	5	7	1	9	3
3	7	4	6	8	5	9	1	2
8	6	9	3	2	1	4	7	5
2	1	5	7	4	9	3	8	6
7	8	6	5	1	3	2	4	9
5	9	3	4	7	2	8	6	1
4	2	1	8	9	6	5	3	7

Solution # 1248

1	7	2	5	3	8	4	6	9
5	8	6	4	2	9	1	3	7
3	9	4	1	7	6	2	5	8
4	6	8	9	5	2	7	1	3
7	2	3	6	1	4	9	8	5
9	1	5	3	8	7	6	4	2
8	5	9	2	4	1	3	7	6
2	4	7	8	6	3	5	9	1
6	3	1	7	9	5	8	2	4

Solution # 1249

4	6	3	7	8	1	9	5	2
2	9	1	4	5	6	3	7	8
7	5	8	9	3	2	6	1	4
6	2	5	8	7	4	1	3	9
1	4	9	5	2	3	7	8	6
8	3	7	6	1	9	4	2	5
5	1	4	3	6	8	2	9	7
3	8	6	2	9	7	5	4	1
9	7	2	1	4	5	8	6	3

Solution # 1250

9	5	8	6	4	3	7	2	1
7	6	3	2	8	1	5	9	4
4	2	1	5	7	9	6	8	3
2	4	5	9	1	8	3	6	7
6	3	7	4	2	5	9	1	8
8	1	9	3	6	7	2	4	5
3	7	4	8	9	2	1	5	6
1	9	6	7	5	4	8	3	2
5	8	2	1	3	6	4	7	9

Solution # 1251

9	4	8	6	3	7	2	1	5
1	3	6	2	5	4	9	8	7
7	5	2	8	9	1	3	6	4
4	1	9	3	6	8	7	5	2
2	7	3	5	1	9	8	4	6
8	6	5	4	7	2	1	9	3
6	8	7	1	4	3	5	2	9
5	9	1	7	2	6	4	3	8
3	2	4	9	8	5	6	7	1

Solution # 1252

8	6	5	9	7	1	2	4	3
2	9	3	5	4	8	1	6	7
7	1	4	6	3	2	8	5	9
3	2	1	8	9	6	4	7	5
5	7	8	3	1	4	9	2	6
6	4	9	7	2	5	3	8	1
1	5	6	2	8	9	7	3	4
9	8	7	4	6	3	5	1	2
4	3	2	1	5	7	6	9	8

Solution # 1253

6	9	7	5	4	1	3	8	2
5	3	2	7	9	8	4	1	6
1	8	4	2	3	6	9	7	5
7	5	3	9	8	2	1	6	4
9	2	6	4	1	7	5	3	8
4	1	8	3	6	5	7	2	9
8	7	5	1	2	9	6	4	3
3	6	9	8	7	4	2	5	1
2	4	1	6	5	3	8	9	7

Solution # 1254

9	7	1	3	2	5	8	6	4
2	4	3	9	6	8	1	7	5
6	5	8	4	7	1	2	3	9
1	3	4	7	8	2	5	9	6
8	9	6	1	5	4	7	2	3
7	2	5	6	3	9	4	8	1
4	8	9	2	1	6	3	5	7
5	6	7	8	4	3	9	1	2
3	1	2	5	9	7	6	4	8

Solution # 1255

2	6	7	1	8	4	3	9	5
4	8	9	5	6	3	7	2	1
1	3	5	9	7	2	4	8	6
6	1	3	4	2	8	5	7	9
8	5	4	3	9	7	6	1	2
7	9	2	6	5	1	8	3	4
3	7	6	2	4	9	1	5	8
5	2	8	7	1	6	9	4	3
9	4	1	8	3	5	2	6	7

Solution # 1256

6	4	9	5	3	1	8	7	2
2	1	5	7	9	8	4	6	3
7	3	8	6	2	4	1	9	5
3	6	4	9	7	5	2	1	8
9	5	7	1	8	2	6	3	4
1	8	2	3	4	6	7	5	9
5	2	3	4	6	7	9	8	1
8	9	6	2	1	3	5	4	7
4	7	1	8	5	9	3	2	6

Solution # 1257

5	9	8	4	1	2	3	6	7
3	2	4	6	7	9	1	8	5
7	1	6	5	3	8	4	2	9
6	7	9	3	5	1	2	4	8
4	8	5	2	9	6	7	3	1
1	3	2	7	8	4	5	9	6
2	4	1	9	6	7	8	5	3
9	5	7	8	4	3	6	1	2
8	6	3	1	2	5	9	7	4

Solution # 1258

3	2	5	7	6	4	8	9	1
9	1	4	8	3	5	6	2	7
8	6	7	9	1	2	5	4	3
5	4	3	2	7	6	1	8	9
2	9	1	3	5	8	7	6	4
6	7	8	1	4	9	2	3	5
4	5	9	6	8	1	3	7	2
1	3	6	4	2	7	9	5	8
7	8	2	5	9	3	4	1	6

Solution # 1259

3	8	1	2	5	7	4	6	9
5	7	9	6	3	4	2	8	1
4	6	2	8	1	9	3	7	5
7	3	5	9	6	1	8	4	2
2	9	6	5	4	8	7	1	3
1	4	8	7	2	3	9	5	6
8	2	7	1	9	5	6	3	4
9	1	3	4	7	6	5	2	8
6	5	4	3	8	2	1	9	7

Solution # 1260

2	1	6	3	8	5	9	4	7
5	9	7	4	6	1	2	3	8
3	4	8	9	7	2	5	6	1
6	7	2	8	9	4	3	1	5
1	8	5	2	3	6	7	9	4
9	3	4	5	1	7	6	8	2
8	6	1	7	5	9	4	2	3
7	2	3	6	4	8	1	5	9
4	5	9	1	2	3	8	7	6